普通高等教育“十一五”国家级规划教材

北京高等教育精品教材
BEIJING GAODENG JIAOYU JINGPIN JIAOCAI

清华大学测控技术与仪器系列教材

Design of Modern Precision Instruments (Second Edition)

# 现代精密仪器设计
## （第2版）

李玉和　郭阳宽　编著
Li Yuhe　Guo Yangkuan

李庆祥　主审
Li Qingxiang

清华大学出版社
北　京

## 内 容 简 介

本书为高等工科院校"精密仪器设计"课程教材，对与精密仪器设计有关的基本理论和方法做了较全面、系统的论述，汇集了现代精密仪器设计的有关资料和科研成果，反映了该学科领域的当代发展水平。

全书共分10章，包括现代精密仪器设计概论、精密仪器设计方法、仪器精度设计与分析、精密机械系统、传感检测技术、光学系统设计、微位移技术、机械伺服系统设计、精密测量技术、精密仪器设计实例与实验。

本书可作为测控技术与仪器、光学工程以及机电类专业大专院校教材，也可供从事仪器科学与技术及机电类研究、设计、制造、调修的工程技术人员学习和参考。



**图书在版编目(CIP)数据**

现代精密仪器设计/李玉和，郭阳宽编著．--2版．--北京：清华大学出版社，2010.1(2024.8重印)
(清华大学测控技术与仪器系列教材)
ISBN 978-7-302-21372-7

Ⅰ．①现… Ⅱ．①李… ②郭… Ⅲ．①仪器－设计－高等学校－教材 Ⅳ．①TH702

中国版本图书馆CIP数据核字(2009)第195545号

**责任编辑**：张秋玲
**责任校对**：赵丽敏
**责任印制**：刘　菲

**出版发行**：清华大学出版社
　　**网　　址**：https：//www.tup.com.cn，https：//www.wqxuetang.com
　　**地　　址**：北京清华大学学研大厦A座　　**邮　　编**：100084
　　**社 总 机**：010-83470000　　**邮　　购**：010-62786544
　　**投稿与读者服务**：010-62776969，c-service@tup.tsinghua.edu.cn
　　**质量反馈**：010-62772015，zhiliang@tup.tsinghua.edu.cn
**印 装 者**：三河市龙大印装有限公司
**经　　销**：全国新华书店
**开　　本**：185mm×230mm　　**印　　张**：21.75　　**字　　数**：475千字
**版　　次**：2010年1月第2版　　**印　　次**：2024年8月第13次印刷
**定　　价**：62.00元

产品编号：029596-06

# 第2版前言

仪器仪表工业是信息工业，是信息的源头，是认识世界的工具，是人们用来对物质(自然界)实体及其属性进行观察、监视、测定、验证、记录、传输、变换、显示、分析处理与控制的各种器具与系统的总称，其实质是研究信息的获取、处理和利用。仪器仪表发展至今已成为一门独立的学科，即仪器科学与技术，而现代精密仪器则是仪器科学与技术的一个重要组成部分。

当今科学仪器技术最引人注目的发展是在生物、医学、材料、航天、环保、国防等直接关系到人类生存和发展的诸多领域中，研究的尺度深入到介观(纳米)和微观；仪器的研制和生产趋向智能化、微型化、集成化、芯片化和系统工程化；利用现代微制造技术(光、机、电)、纳米技术、计算机技术、仿生学原理、新材料等高新技术发展新式的科学仪器已经成为主流，为精密仪器设计提出了新的研究课题。

随着科学技术的进步，特别是微电子技术、宇航工业、材料科学、生物工程等的发展，使精密仪器已进入亚微米、纳米级的新时代，为精密仪器提供了广泛的研究领域。为适应科技发展的需要，赶上世界科技进步的步伐，提高我国精密仪器的水平，本书从实际应用出发，参照全国精密仪器设计的教学大纲编写而成。书中总结了编著者长期的教学经验与科研工作成果，汇集了有关现代精密仪器设计理论和成果，着力反映了这一学科领域的当代发展水平，使读者充分了解和掌握精密仪器的学术动态和最新成就。同时力图做到概念清楚、深入浅出，对精密仪器设计有关的共同性理论和方法进行了系统、全面地阐述。每章有设计实例和习题，目的是便于学生自学并启发学生的创造性。

“精密仪器设计”是以设计为主的专业课程，其目的是使学生综合运用基础理论知识，掌握光、机、电、算相结合的现代仪器仪表设计理论和方法，以培养学生独立设计与研究现代精密仪器及微纳米系统的能力。

根据高等学校仪器科学与技术教学指导委员会测控技术与仪器专业本科教学规范的要求，以及本教材的实际使用情况和建议，第2版对第1版中的部分内容进行了修订：

(1) 按测控技术与仪器专业本科教学规范,缩减“微型机电系统”一章,其内容在其他教材另行详细、充分阐述;

(2) 增加光电传感技术的有关内容,以更多地满足测控学科和专业教育教学要求;

(3) 瞄准与对准系统讲述测量基准,定位与测量系统分析测量方法,因此将二者整合为“精密测量技术”,以便对测量有更全面、整体的理解;

(4) 增加“精密仪器设计实例与实验”一章,利用典型实例阐述现代仪器设计方法,加强仪器设计的实践环节;

(5) 调整“自动调焦系统”一章,有关知识在第10章中以实例方式阐述说明。

具体内容如下:

第1章 现代精密仪器设计概论

阐述了仪器仪表学科的重要性和我国以及国际上这一学科当代的发展水平与发展趋势;介绍了仪器仪表的组成、设计与原则。

第2章 精密仪器设计方法

总体设计是“战略”性的、方向性的、把握全局性的设计。由于总体设计是一个战略性的工作,其优劣直接影响到精密仪器的性能和使用,所以总体设计是创造性的工作,特别是现代精密仪器,是光、机、电、算技术的综合。在进行总体设计时,设计者要有创新的观念,要充分运用科学原理和设计理论。本章介绍了几种设计方法,对总体设计原则、方法及总体方案制定内容通过实例进行了讨论。

第3章 仪器精度设计与分析

精度(不确定度)是精密仪器及精密机械设备的核心技术指标。随着科学技术的发展,对于精密机械及精密仪器的精度提出了愈来愈高的要求。本章介绍了精度的概念、精度评价方法、误差的来源及计算与分析方法、误差的综合及动态精度,为现代精密仪器的设计打下了基础。

第4章 精密机械系统

精密机械系统是实现精密仪器高精度的基础,特别是当代科技发展已进入纳米时代,对仪器功能和精度提出了更高要求,因此对机械系统的设计与制造应给予高度重视。本章主要对精密机械系统中的关键部分设计(包括基座与支承件、导轨、轴系等)进行了阐述,着重讨论了影响系统精度和性能的因素及提高精度的措施。

第5章 传感检测技术

光电传感为精密仪器的检测、分析提供数据来源,直接影响仪器功能及性能。本章主要介绍了精密仪器中常用的传感系统检测方法、系统构成、传感器选择以及抗干扰技术等。希望通过本章的学习读者能够对传感检测相关技术有清晰的了解,并掌握传感器选择方法以及抗干扰技术。

第6章　光学系统设计

光学系统在现代仪器尤其是光学仪器中起着越来越重要的作用。光学系统既是使仪器走向高精度测量不可或缺的部分，随着视觉技术的发展，光学系统也必然成为很多常规仪器的核心内容。本章在光学系统构成基础上，讲述了光学系统各构成部分的设计思路，重点讲述了光学照相、显微、望远及照明系统的设计方法。最后以傅里叶变换红外光谱仪为例说明了光学系统的总体设计方法。

第7章　微位移技术

微位移技术是实现精密仪器亚微米、纳米级精度的关键技术。本章阐述了微位移驱动方法及分类，介绍了各种微位移器件的原理、特点及其应用，分析了各种微位移系统的设计方法、优缺点、适用范围及达到的精度，特别是对柔性铰链微位移系统作了全面的论述，同时还介绍了目前世界上多种先进、实用的微位移机构，供设计者参考。

第8章　机械伺服系统设计

伺服系统是实现精密仪器智能化、自动化的基础。为了实现精密仪器系统高效率、高精度、稳定运动的要求，伺服控制系统必须具有很好的快速响应性，能灵敏地跟踪指令，以达到运动精度及稳定性的要求。本章介绍了伺服控制系统的分类、组成、设计要求及性能指标，阐述了精密机电传动系统静态参数设计与动态分析、开环与闭环伺服系统设计原理，并给出了应用实例。

第9章　精密测量技术

瞄准与对准系统是精密仪器及光学仪器中的重要组成部分。精密仪器的核心问题是精度问题，瞄准与对准是精密仪器的基准，因此瞄准与对准精度将直接影响仪器精度，特别是对高精度仪器影响更大。本章介绍了瞄准与对准系统的用途与性能，对目前通用接触式和非接触式瞄准方法进行了全面论述。另外，精密仪器精度高低，除精密机械部分运动精度外，很大程度上还取决于其定位系统，因此定位测量也是精密仪器中的一个重要组成部分，特别是对高精度仪器尤为重要。本章重点论述了目前大量应用的高精度光栅及激光干涉定位系统，并对该系统的设计和特点等问题进行了详细分析与讨论。

第10章　精密仪器设计实例与实验

本章以线宽测量自动调焦系统、基于光学立体显微镜的微装配系统为例，对精密仪器设计的过程、方法进行了说明；并利用精密仪器设计综合实验对仪器应用及技术进行了实践分析。

本书是在普通高等教育"十五"国家级规划教材、北京高等教育精品教材《现代精密仪器设计》(清华大学出版社，2004)的基础上，依据科学进步与教学经验进行改编的。其中，第1,2,7,9,10章由李玉和编写，第4,5,8章由郭阳宽编写，第6章由王东生编写，第3章由王鹏编写，全书由李玉和统稿，李庆祥教授主审。本书编写过程中得到李庆祥教授、王东生教授、訾艳阳博士的大力支持和帮助,在此表示感谢!

本书可供高等工科院校测控技术与仪器、电子精密机械、机电一体化及光学仪器等专业师生使用,同时也可供从事精密仪器与机械及微纳米机电系统的研究、设计、制造、使用和调修的工程技术人员学习和参考。

由于编者水平有限,书中难免有不妥甚至错误之处,殷切希望读者提出宝贵意见。

编者

2009年10月于清华园

# 目录


1 现代精密仪器设计概论 …… 1
1.1 现代精密仪器概述 …… 1
1.1.1 仪器仪表是信息的源头 …… 1
1.1.2 我国现代精密仪器发展的状况 …… 3
1.1.3 国外仪器发展趋势 …… 5
1.1.4 “精密仪器设计”课程的目的与要求 …… 6
1.2 精密仪器的基本组成 …… 7
1.3 精密仪器设计的指导思想与程序 …… 9
1.3.1 指导思想 …… 9
1.3.2 设计程序 …… 11
习题 …… 12
2 精密仪器设计方法 …… 13
2.1 设计方法概述 …… 13
2.2 设计任务分析 …… 15
2.3 系统参数与指标设计 …… 17
2.3.1 主要参数与技术指标的内容 …… 17
2.3.2 确定主要参数和技术指标的方法 …… 18
2.4 总体方案的制定 …… 25
2.4.1 基本设计原则 …… 25
2.4.2 总体方案制定的内容 …… 40
2.5 典型设计方法 …… 47

2.5.1 优化设计 …… 47
2.5.2 可靠性设计 …… 49
2.5.3 虚拟仪器设计 …… 51
习题 …… 54

3 仪器精度设计与分析 …… 57
3.1 仪器精度概述 …… 57
3.1.1 误差 …… 57
3.1.2 精度(不确定度) …… 59
3.1.3 仪器精度(不确定度)指标 …… 60
3.2 仪器误差的来源与分类 …… 65
3.2.1 原理误差 …… 65
3.2.2 制造误差 …… 66
3.2.3 运行误差 …… 66
3.3 误差计算分析方法 …… 70
3.3.1 误差独立作用原理 …… 70
3.3.2 微分法 …… 72
3.3.3 几何法 …… 72
3.3.4 逐步投影法 …… 73
3.3.5 作用线与瞬时臂法 …… 73
3.4 误差综合与实例分析 …… 77
3.4.1 随机误差的合成 …… 77
3.4.2 系统误差的合成 …… 78
3.4.3 不同性质误差的合成 …… 79
3.4.4 误差分析计算实例 …… 80
习题 …… 82

4 精密机械系统 …… 87
4.1 基座与支承件 …… 87
4.1.1 基座与支承件的结构特点 …… 87
4.1.2 对基座和支承件的主要技术要求 …… 88
4.1.3 基座与支承件的设计要点 …… 90
4.2 导轨副 …… 92
4.2.1 种类及特点 …… 92
4.2.2 基本要求 …… 94

4.2.3 导轨设计思路 …… 97
4.3 主轴系统 …… 100
4.3.1 设计的基本要求 …… 100
4.3.2 主轴的类型 …… 102
4.3.3 结构举例 …… 105
4.3.4 几种轴系的比较 …… 106
习题 …… 106

5 传感检测技术 …… 107
5.1 检测系统 …… 107
5.1.1 测量方法简介 …… 107
5.1.2 传感检测系统的构成 …… 110
5.1.3 检测系统设计要点 …… 111
5.2 传感器选择 …… 113
5.2.1 模型与指标参数 …… 114
5.2.2 传感器的分类 …… 116
5.2.3 传感器选择原则 …… 120
5.2.4 典型仪器传感器 …… 121
5.2.5 多传感器信息融合技术 …… 125
5.3 传感检测抗干扰技术 …… 127
5.3.1 噪声源及噪声耦合方式 …… 127
5.3.2 共模与差模干扰 …… 132
5.3.3 屏蔽技术 …… 135
5.3.4 接地技术 …… 138
习题 …… 140

6 光学系统设计 …… 141
6.1 光学系统的组成与特点 …… 141
6.1.1 光学系统的组成 …… 141
6.1.2 光学系统的特点 …… 142
6.2 人眼和光电探测器 …… 142
6.2.1 人眼的特征 …… 143
6.2.2 光电探测器概述 …… 144
6.3 光源 …… 147

6.4 光学系统设计原则及典型光学系统的基本参数 …… 149
6.4.1 光学系统总体设计原则 …… 149
6.4.2 显微系统及其参数确定 …… 150
6.4.3 投影系统及其参数确定 …… 156
6.4.4 望远系统及其参数确定 …… 160
6.4.5 照明系统及其参数确定 …… 165
6.5 光电系统参数 …… 170
6.5.1 入瞳直径的计算 …… 170
6.5.2 探测器位于像面上的结构 …… 171
6.5.3 光源像大于探测器的结构 …… 173
6.5.4 探测器位于出瞳上的结构 …… 174
6.6 总体设计举例 …… 175
6.6.1 FTIR 光谱仪器的原理、特点及用途 …… 175
6.6.2 技术指标 …… 176
6.6.3 设计方案 …… 177
6.6.4 FTIR 主要结构参数的确定 …… 178
习题 …… 181

**7 微位移技术 …… 183**
7.1 概述 …… 184
7.2 柔性铰链 …… 187
7.2.1 柔性铰链的类型 …… 187
7.2.2 柔性铰链设计 …… 188
7.2.3 典型柔性铰链及应用 …… 189
7.3 精密致动技术 …… 193
7.3.1 机电耦合致动 …… 193
7.3.2 电磁致动 …… 197
7.4 典型微位移系统 …… 201
7.4.1 柔性支承＋压电致动 …… 201
7.4.2 滚动导轨＋压电致动 …… 203
7.4.3 弹簧导轨＋机械致动 …… 204
7.4.4 弹簧导轨＋电磁致动 …… 205
7.4.5 气浮导轨 …… 206
7.4.6 滑动导轨＋压电致动 …… 207
7.4.7 其他微位移系统 …… 208

7.5 精密微动系统设计实例 …… 213
7.5.1 微动工作台设计要求 …… 213
7.5.2 系统设计中的关键问题分析 …… 214
7.5.3 精密微动工作台的设计 …… 218
7.5.4 微动工作台的特性分析 …… 221
习题 …… 224

8 机械伺服系统设计 …… 226
8.1 概述 …… 226
8.1.1 伺服系统的分类及闭环控制系统的构成和设计步骤 …… 226
8.1.2 设计要求及性能指标 …… 228
8.1.3 伺服系统的设计步骤 …… 230
8.2 开环伺服系统设计 …… 231
8.2.1 步进电机控制系统 …… 231
8.2.2 开环系统的误差分析与校正 …… 232
8.3 闭环伺服系统设计 …… 236
8.3.1 闭环伺服系统的基本类型及原理 …… 236
8.3.2 设计举例：脉宽调速系统的设计和校正 …… 241
习题 …… 251

9 精密测量技术 …… 254
9.1 精密测量技术概述 …… 254
9.2 瞄准与对准技术 …… 255
9.2.1 接触式瞄准方法 …… 256
9.2.2 非接触式瞄准方法 …… 267
9.2.3 典型光电对准系统 …… 273
9.3 光栅测量技术 …… 284
9.3.1 测量原理 …… 285
9.3.2 光栅系统设计 …… 289
9.3.3 典型光栅测量系统 …… 293
9.4 激光干涉测量技术 …… 296
9.4.1 测量原理 …… 296
9.4.2 激光干涉测量系统设计 …… 297
9.4.3 双频激光干涉测量系统 …… 305
习题 …… 308

10 精密仪器设计实例与实验 …… 310
10.1 线宽测量仪自动调焦系统 …… 310
10.1.1 仪器设计任务 …… 310
10.1.2 系统方案选择 …… 311
10.1.3 清晰度判据函数选择 …… 312
10.1.4 最佳物面搜索 …… 315
10.1.5 自动调焦实验 …… 317
10.2 基于光学立体显微镜的微装配系统 …… 318
10.2.1 仪器设计任务 …… 318
10.2.2 系统方案选择 …… 319
10.2.3 微动工作台设计 …… 322
10.2.4 系统测量实验 …… 323
10.3 精密仪器设计综合实验 …… 327
10.3.1 实验目的 …… 327
10.3.2 实验原理 …… 327
10.3.3 实验仪器 …… 328
10.3.4 综合实验 …… 328
习题 …… 334
参考文献 …… 335

# 1 现代精密仪器设计概论

## 1.1 现代精密仪器概述

### 1.1.1 仪器仪表是信息的源头

仪器是认识世界的工具，是信息的源头，是人们用来对物质(自然界)实体及其属性进行观察、监视、测定、验证、记录、传输、变换、显示、分析处理与控制的各种器具与系统的总称。仪器的功能在于用物理、化学或生物的方法，获取被检测对象运动或变化的信息，通过信息转换的处理，使其成为易于人们阅读和识别表达(信息显示、转换和运用)的量化形式，或进一步信号化、图像化，再通过显示系统，以利观测、入库存档，或直接进入自动化、智能运转控制系统。它的实质是研究信息的获取、处理和利用。仪器仪表发展至今已经成为一门独立的学科即仪器科学与技术，而现代精密仪器则是仪器科学与技术的一个重要组成部分。它研究的对象不仅是测量各种物理量所用的仪器仪表，而且已经发展成为具有多种功能的高科技系统设备。

认识世界往往是改造世界的先导，所以仪器与机器同等重要。在现代条件下，仪器往往还是生产的物质先导，历史上许多重要仪器的科研成果常常会带来生产力水平的飞跃。

**1. 仪器及检测技术已成为促进当代生产的主流环节，仪器整体发展水平是国家综合国力的重要标志之一**

在现代化的国民经济活动中，仪器有着比以前更为广泛的用途，几乎涉及人类所有活动的需求。在国民经济建设中仪器意义重大，在工业生产中起着把关和指导者的作用。它从生产现场获取各种参数，运用科学规律和系统工程，综合有效地利用各种先进技术，通过自控手段和装备，使每个生产环节得到优化，进而保证生产规范化，提高产品质量，降低成本，满足需求，保证安全生产。

目前，仪器及检测技术广泛应用于炼油、化工、冶金、电力、电子、轻工、纺织等行业。据悉，现代化宝山钢铁集团的技术装备投资，有 1/3 的经费用于购置仪器和自控系统。即使原来认为可以土法生产的制酒工业,今天也需要通过精密仪器仪表严格控制温度流程才能创出名牌。

据美国国家标准技术研究院(NIST)的统计,美国为了质量认证和控制、自动化及流程分析,每天要完成2.5亿个检测,占国民生产总值(GNP)的3.5%。要完成这些检测,需要大量的种类繁多的分析和检测仪器。仪器与测试技术已是当代促进生产的一个主流环节。美国商业部国家标准局(NBS)在20世纪90年代初评估仪器仪表工业对美国GNP的影响作用时提出的调查报告中称,仪器仪表工业总产值只占工业总产值的4%,但它对GNP的影响达到66%。

仪器仪表对国民经济有巨大的"倍增器"和拉动作用。应用仪器仪表是现代生产从粗放型经营转变为集约型经营必须采取的措施,是改造传统工业必备的手段,也是产品具备竞争能力、进入市场经济的必由之路。

仪器在产品质量评估及计量等有关国家法制实施中起着技术监督的"物质法官"的作用。在国防建设和国家可持续发展战略的诸多方面,都有至关重要的作用。现代仪器已逐渐走进千家万户,与人们的健康、日常生活、工作和娱乐活动休戚相关。

**2. 先进的科学仪器设备是知识创新和技术创新的前提**

科学仪器是从事科学研究的物质手段,科研之成败决定于实验方法及探测仪器。有些科研工作可以用现成的商品仪器来完成,这时对仪器的配置,可以认为是科研上技术条件的后勤工作;但是当需要靠仪器装备的创新开发来解决科研和生产中的关键问题时,探索研究实验方法和仪器设备的研制,就应该是科技发展工作,是科研工作的重要组成部分,也是当前所提倡的知识创新、技术创新研究的主体内容之一和创新成就的重要体现形式。科学技术欲转化为生产力,首先要靠科学仪器仪表去认识世界。

仪器的进展代表着科技的前沿,是科学发展的支柱。能不能创造高水平的新式科学仪器和设备,体现了一个民族、一个国家的创新能力。例如,电子显微镜、质谱技术、CT断层扫描仪、X射线物质结构分析仪、光学相衬显微镜、扫描隧道显微镜等的发明,说明科学技术重大成就的获得和科学研究新领域的开辟,往往是以检测仪器和技术方法上的突破为先导的。为此,有些科学仪器越来越复杂、功能越来越多、性能越来越先进、规模也越来越大。

**3. 仪器是信息的源头技术**

仪器又是国家高科技发展水平的标志。特别是在今天的信息时代,仪器具有多学科综合的特点,因此仪器科技在学科上也应具有适应时代发展的独立的学术地位。只有对仪器的地位和作用树立了正确的观念,才有利于仪器事业的发展。

今天,世界正在从工业化时代进入信息化时代,向知识经济时代迈进。这个时代的特征是以计算机为核心延伸人的大脑功能,起着扩展人脑力劳动的作用,使人类正在走出机械化的过程,进入以物质手段扩展人的感官神经系统及脑力智力的时代。这时,仪器的作用主要是获取信息,作为智能行动的依据。

仪器是一种信息的工具，起着不可或缺的信息源的作用。仪器是信息时代的信息获取-处理-利用的源头技术。如果没有仪器，就不能获取生产、科研、环境、社会等领域中全方位的信息，进入信息时代将是不可能的。新技术革命的关键技术是信息技术。信息技术由测试技术、计算机技术、通信技术3部分组成，测试技术是关键和基础。

仪器不是单纯的精密仪器，也不是单纯的精密机械加光学，而是机、电、光、计算机、材料科学、物理、化学、生物学等先进技术高度综合的高技术。仪器又是国家高科技发展水平的标志。特别是在今天的信息时代，仪器具有多学科综合的特点。

### 1.1.2 我国现代精密仪器发展的状况

我国古代就已发明创造了仪器，如算盘、指南针、记里鼓车、地动仪等。但是由于长期处于封建统治之下，社会生产力始终停留在较低的水平上，因而仪器的发展远远落后于世界水平。

新中国成立前，我国长期遭受帝国主义的掠夺和反动派的残酷统治，根本谈不上有仪器工业。仅有的几家小型企业，技术落后、设备陈旧，只能生产一些教学仪器、电工测试仪表，以及温度计、压力表等产品。新中国成立后我国的仪器事业几乎是从零开始发展起来的。1955年制定的12年科技远景规划中，发展仪器仪表事业是其中的第54项。为此，在国家科委设立了专家组，成立了仪表总局，建设了一批门类比较齐全的仪器仪表的生产和科研基地，为钢铁、煤炭、电力、石油、化工、轻纺、交通等国家经济建设各行业，为国防建设、“两弹一星”及科学研究做出过积极而有成效的贡献。仪器仪表事业也得到了相应的重视和发展。针对我国仪器工业的严峻形势，1995年20位院士联名向国务院递交了《关于振兴仪器仪表工业的建议》，得到了国家和国务院多方面的重视和支持。国家计委、经委、科技部、科学院、自然科学基金委等部门为科学仪器的发展作出了一定的安排。科技部颁发了《关于“九五”期间科学仪器发展的若干意见》，并将科学仪器研究开发列为“九五”国家科技攻关计划。这些措施的实施对振兴我国的科学仪器事业正在产生积极的影响。近年来我国科学仪器研究工作有了很大发展，在生物、医学、材料、航天、环保、国防等直接关系到人类生存和发展的诸多领域中取得了可喜成果，部分科研已达到或接近世界先进水平。例如，中国科学院的原子力显微镜、清华大学的大型检测集装箱系统、微纳米检测仪器(见图1-1、图1-2)等，尺度已深入到介观(纳米)和微观领域。在国家基金委和“985”、“863”的支持下，在智能化、微型化、集成化、芯片化和系统工程化及微型元器件(见图1-3、图1-4)方面都取得了可喜的进步，但是尚未能形成批量生产。同时，还应该看到，现在我国科学仪器事业还处在十分被动的局面，与世界先进水平的差距还在不断扩大而不是逐年接近，大量高档

测量范围：10~2000 nm
测量精度：1 nm

图1-1 表面形貌测量系统

的仪器和重大设备主要依赖进口。1995年仪器仪表进口为机械工业的第一位。据有关部门对分析仪器的调查统计表明,目前国外分析仪器占据我国市场的份额仍然高达70%以上!全自动生化仪器、高档医疗仪器和科学仪器几乎全部是进口的。在工程建设配套中,过去还常使用国产仪器,而现在则以配套进口仪器作为现代化的象征。

测量分辨率: 0.01 μm
测量精度: ± 0.05 μm

图 1-2 线宽测量仪系统

图 1-3 航天清华一号

(a)

(b)

图 1-4 微机械陀螺仪

2002年,王大珩、杨嘉墀和金国藩院士上书国家计委(现更名为国家发展和改革委员会),建议将"自动化仪表与控制系统"列为专项予以支持发展,以适应国际发展的潮流与我国的市场需求,尽快扭转我国自动化仪表与控制系统被动落后的局面。我国政府非常重视仪器仪表行业专家的意见和建议,并在制定相关规划中予以采纳。在《国家中长期科技发展规划纲要(2006—2020)》中,仪器仪表被列入重点领域的优先主题。

经过几十年的发展,我国仪器仪表行业基本构成了学科和产业体系,形成了一定规模。但产业规模仍然较小,相关企业也不大,最大企业的产值只有20多亿元人民币。从技术水平上看,与国外差距总体上还落后10多年,尤其是大型高端精密仪器。中国科学技术协会2007年3月发布的调查结果显示,社会上正在应用的90余种主体分析仪器中,我国只能生产20余种，其中生命科学专用仪器约有80余种，我国商品化的只有6种，目前在研的约有10余种，离市场需求相差甚远。相关资料显示，我国在作为科技发展基础的科学仪器与装备方面对科技发达国家的依赖性过大。目前，我国固定资产投资中，有60%以上是用于进口设备，而实验室使用的高端精密仪器几乎100%进口。以分析检测仪器为例，近年来，我国销售额仅占全球销售额的0.3%，且绝大部分为中低档产品，高端仪器设备，如色谱-质谱仪、核磁波谱仪、等离子质谱仪、电子能谱仪、透射和扫描电镜、自动生化分析仪和核酸测序仪等100%依赖进口。

据了解，中低档产品中，国产仪器仪表大部分可以替代进口产品，但高档产品的可靠性指标，即平均无故障运行时间，与国外产品大约相差1～2个数量级，测量精度一般相差1个数量级。仪器仪表行业专家指出，当今国外产品的更新周期大约在2～3年，新技术储备往往可提前到10年。而我国企业往往是通过引进外国设备来实现产品更新的，在新产品开发方面原创性成果很少。一些采用新原理的产品，在我国还处于空白状态。科研院所在跟踪新技术方面虽然有成果，但与企业结合进行产业化相当艰难，导致产品技术更新周期过长。

有关权威人士分析认为，由于对大型工程工艺不熟悉，缺乏应用技术集成能力，目前生产高档仪器产品相对困难，同时由于体制、机制问题，我国仪器仪表行业缺乏高层次复合型人才，缺乏熟悉、精通各学科交叉的综合型人才，这些无疑会造成国产仪器仪表与进口产品的差距。

仪器工业是我国的支柱产业，尽管现在处在相对弱势，但仪器仪表行业体现国家的综合国力，一定要使我国支柱性的民族仪器工业成长起来，振兴我国仪器仪表工业，为使我国的科学仪器在达到或接近国际先进水平，赶超世界先进水平而奋斗。

### 1.1.3 国外仪器发展趋势

#### 1. 科学仪器发展已成为国家的一项战略措施

发达国家科学仪器的发展，已从自发状态转入到有意识、有目标的政府行为上来。美国、日本、欧洲等发达国家和地区早已制定了各自的发展战略并锁定目标，有专门的投入，以加速原创性仪器的发明、发展、转化和产业化进程。

发达国家凭借其先进的科学研究水平、长期高技术储备、有效的管理体制、广泛占领世界市场的基础、强大的经济与军事实力，企图遏制发展中国家科学仪器的自主研制。这种态势日益明显，应引起我们的高度注意。

#### 2. 当今科学仪器技术最引人注目的发展是在生物、医学、材料、航天、环保、国防等直接关系到人类生存和发展的诸多领域中

仪器研究的尺度已深入到介观(纳米)和微观，要求不仅能确定分析对象中的元素、基因和含量，而且能回答原子的价态、分子结构和聚集态、固体结晶形态、短寿命反应中间产物的状态和生命化学物理进程中的激发态；不但能提供在自在状态下的分析数据，而且可作表

面、内层和微区分析，甚至三维立体扫描分析和时间分辨数据。发展高分辨率、高选择性、高灵敏度的活体动态研究技术、原位技术、非接触(无损)测定技术等已成为趋势，发展超快时间分辨和超高空间分辨技术已成为仪器发展的新的追求目标。

仪器研究的对象和过程已从静态转入动态。国际上正在大力发展集采样、样品处理(制作)、自动检测分析和结果输出于一身的流程分析系统；发展现场和实时的研究手段。生命科学等复杂体系研究的瓶颈是缺乏灵敏、有效和快速的现场或实时的研究手段，解决这一问题的突破口在于发展新的检测原理和新的检测仪器。

**3. 仪器的研制和生产趋向智能化、微型化、集成化、芯片化和系统工程化**

利用现代微制造技术(光、机、电)、纳米技术、计算机技术、仿生学原理、新材料等高新技术发展新式的科学仪器已经成为主流，如微型全化学分析系统、微型实验室、生物芯片、芯片实验室等。

例如，正在发展的芯片型自动分析元件，不仅有测试功能，而且还可以执行分离、反应等操作。综合这些芯片的功能将组成微型的分析仪器，进而形成芯片实验室。现在用于基因及基因组研究的器件包括微流量分配装置、微电泳仪、微聚合酶链式反应器(PCR 仪)等。这些分离、分析元器件可做在玻璃、熔石英或塑料上，大小犹如芯片，且具备某些"传统"分离、分析仪器的功能。

在微型元器件、微处理器高度发展的基础上研究和开发小型、价廉而又准确、可靠的家用和个人分析仪器可能有广大的市场容量。

另外，在一些重大科学前沿研究中，测试及研究手段已成为重大复杂的科研工程，如大型天文望远镜、高能粒子加速器、航天遥感系统等，都是由诸多高新技术武装起来的分系统集成。

**4. 测试仪器网络化**

随着仪器自动化、智能化水平的提高，多台仪器联网已推广应用，虚拟仪器、三维多媒体等新技术开始实用化。因此，通过互联网，仪器用户之间可异地交换信息和浏览，厂商能直接与异地用户交流，能及时完成如仪器故障诊断、指导用户维修或交换新仪器改进的数据、软件升级等工作。仪器操作过程更加简化，功能更换和扩展更加方便。网络化测试系统(仪器)是今后测试技术发展的必然道路。

### 1.1.4 "精密仪器设计"课程的目的与要求

我国的仪器仪表生产与技术，不仅落后于工业发达国家，也远远满足不了国内的需要。因此，为仪器仪表行业输送具有坚实的理论基础，较强的独立工作能力，勇于探索、改革，富于创新的仪器专业人才，就成为一项重要的战略任务。"精密仪器设计"课程是培养现代精密仪器设计方面专业人才的一门主修课程，是一门综合性、实践性很强的专业课，其要求是：

(1) 掌握机、光、电、算技术结合的仪器总体设计的有关基础理论知识；

(2) 初步掌握仪器总体设计和系统设计的方法；

(3) 初步具有正确的估算和分析仪器精度的能力。

## 1.2 精密仪器的基本组成

仪器种类异常繁多,但不论现代精密仪器有多大的差别,从它的功能或其他方面出发也可以将其分为若干个基本的组成部分。下面以微器件装配系统为例,说明现代精密仪器的组成。

**例 1-1** 微器件装配系统

微器件装配系统用于微器件的装配,它采用精密机械-光学显微镜-CCD 摄像机-微机控制的总体方案,其系统外形如图 1-5 所示,结构关系如图 1-6 所示。

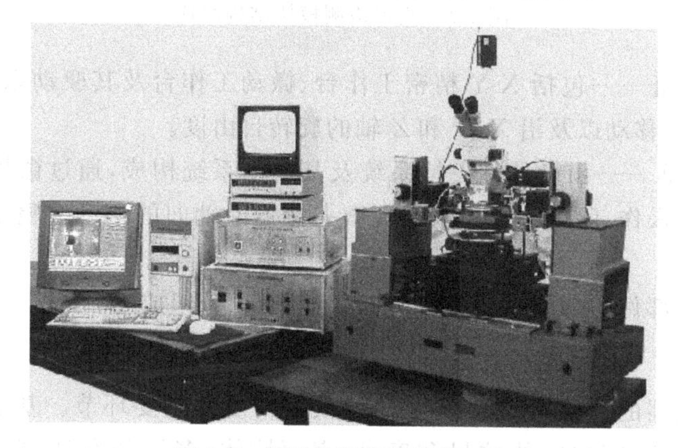

图 1-5 微器件装配系统外形图

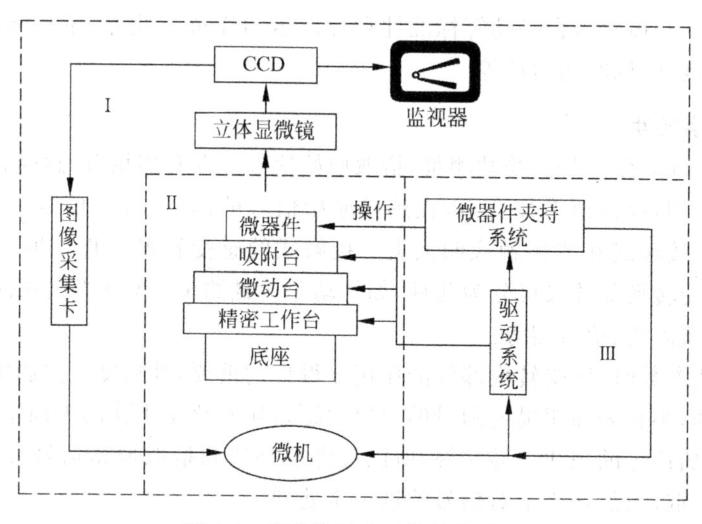


图 1-6 微器件装配系统结构关系

微器件装配系统由3部分组成：

(1) 观测系统Ⅰ——由立体显微镜、图像采集卡和CCD摄像机以及监视器组成，主要用来实现微器件图像的采集和操作过程的实时监视，如图1-7所示。

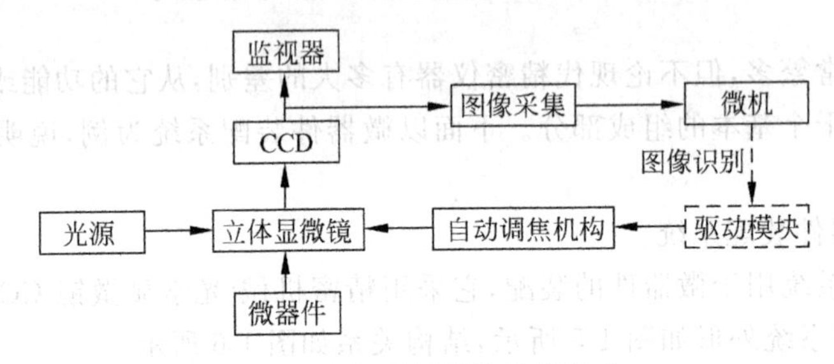


图1-7 监视检测模块结构组成

(2) 承载系统Ⅱ——包括X-Y精密工作台、微动工作台及其驱动系统，用来实现装配系统沿$X$和$Y$轴的移动以及沿$X$,$Y$和$Z$轴的旋转自由度。

(3) 夹持系统Ⅲ——由微器件夹持系统及其驱动系统构成，通过微机控制系统对微器件进行夹紧和释放操作，驱动系统用来实现微夹持器沿轴向的移动。整个装配过程由微机控制完成。

根据仪器中各部件的功能，仪器由以下几个基本部分组成。

**1. 基准部件**

基准部件是仪器的重要组成部分，是决定仪器精度的主要环节。基准器的形式或载体很多，如量块、精密测量丝杠、线纹尺和度盘、多面棱体、多齿分度盘、光栅尺(盘)、磁栅尺(盘)、感应同步器及光波等。对复杂参数，还有渐开线样板、表面粗糙度样板，以及标准的圆运动、渐开线运动和齿轮啮合运动等标准件和标准运动样板。此外，还有标准硬度块、标准频率计、标准照度计、标准测力计等。

**2. 感受转换部件**

感受转换部件的作用是感受被测量，拾取原始信号。在有些场合，感受转换部件仅起感受原始信号的作用，但在很多场合下，在感受原始信号的同时，也起信号一次转换的作用。感受转换部件有接触式和非接触式两大类。接触式的感受转换部件一般指各种机械式测头；非接触式感受转换部件又可分为几种，如气动非接触测头、CCD光电探测器、光学探头、红外传感器、涡流测头、拾音器等。

在测量某些参数时，感受转换部件的作用显得特别重要，其精度直接影响到整个测量系统的精度。例如，小孔表面粗糙度测量的主要问题是如何感受小孔的表面不平度；检查表面缺陷时，由于原始信号的规律不易掌握，所以首先也是遇到拾取原始信号方面的困难，如果原始信号无法拾取，当然谈不上对信号的进一步处理了。

#### 3. 转换放大部件

转换放大部件的作用是将感受转换来的微小信号，通过各种原理（如光、机、电、气）进行进一步的转换和放大，成为可使观察者直接接收的信息，如供显示或进一步加工处理的信号。在绝对法测量的条件下，对于感受基准量的部分来说，其中的转换放大部件，或是一套测微读数装置，或是对莫尔条纹或光波干涉条纹等的细分装置及相应的电路。

#### 4. 瞄准部件

瞄准部件的主要要求是指零准确，一般不作读数用，故不要求确定的灵敏度。瞄准显微镜虽然具有对被测量原始信号的感受转换和放大功用，但由于它在这里主要对被测量起瞄准作用，所以把这类部件统称为瞄准部件。

在具体测试中，读数部分和瞄准部分有时可以互换而不是绝对的，如测微仪主要用于读数，但亦可作为瞄准部件。

#### 5. 处理与计算部件

处理与计算部件的主要功能包括数据加工和处理、校正、计算等。这些工作常用微处理器、微处理机来进行。

#### 6. 显示部件

显示部件的作用是显示测量结果。其种类很多，如指针表盘、记录器、数字显示器、打印机、荧光屏图像显示器等。

#### 7. 驱动控制部件

驱动控制部件的作用是驱动测量部分的测头移动或驱动工作台实现测量运动；或在自动检测仪器中，将测量出的误差量放大，驱动控制系统实现误差补偿等。

#### 8. 机械结构部件

机械结构部件主要有基座和支架、导轨与工作台、轴系以及其他部件，如微调和锁紧、限位和保护等机构。它们都是仪器中不可缺少的部件，其精度有时对仪器的精度起决定性作用。

具体的一台仪器仪表，应该包括上述哪些部件，应根据需要，在总体设计时统一考虑和确定。

## 1.3 精密仪器设计的指导思想与程序

### 1.3.1 指导思想

#### 1. 精度（不确定度）

对于测量仪器，首要的是精度（不确定度）。根据不同的仪器及不同的测量条件，选用相应的静态或动态精度特性指标。仪器精度取值要合理。不分对象地要求仪器精度愈高愈好,实际上是完全不必要的。应该根据实际中被测对象的精度要求来确定仪器精度,一般仪器的测量误差取被测件公差的1/3,有时取被测件公差的1/5或1/10。对仪器零件精度的要求也应合理,不应要求仪器所有零件都高精度,而只应对仪器中直接参与测量的那些零部件,即测量链中的关键零件规定严格的精度要求。同时还应采取补偿措施,提高整体精度。

**2. 经济性**

设计仪器时,不应盲目地追求复杂、高级的方案。如果采用某种最简单的方案便能满足所提出的功能要求,则此方案便是最经济的设计方案。因为采用最简单的方案意味着零部件少、元件少、可靠性高、成本低等。一般说来,简单方案比较经济,但也不能一概而论,还必须和被测件批量的大小、要求的效率、测量误差所造成的损失、零件公差带及尺寸分布情况等综合考虑。当大批生产时,往往自动测量比手工测量更为经济;在精度或效率要求较高时,简单方案便不能满足要求,必须由简到繁选用相应的方案。在技术设计阶段中,还应注意零部件的通用性、生产专业化与自动化,提高产品生产率,使零件制造也符合经济性的要求。仪器生产大部分产品是小批量、多品种,因而在组织设计与生产时,要灵活、迅速地采用各种先进技术,争取最大的经济效果。

在考虑仪器的经济性时,不应仅限于仪器的制造成本,还应考虑仪器的使用成本,即除仪器原价外,还有使用期间的保养费、工时费、备件费、运转费(动力及辅料费)、停工损失费、管理费、培养费等。必须综合考虑后,才能看出真正的经济效果,从而做出选用方案的正确决策。

**3. 效率**

一般情况下,测量或检验效率应与生产制造效率相适应。实际上,测量效率通常比生产效率低。在这种情况下,则应尽量考虑采用自动化或半自动化测量方案。若工艺稳定,则可采用统计检验方案。在自动化生产线上,整个过程是按严格的节拍进行的。此时测量速度必须与生产节拍相吻合。因此,仪器的操作方式要适合生产测量的需要。提高测量速度,不仅会提高生产率,有时也可以起到提高精度的作用。因为生产效率提高,会缩短测量时间,从而减少温度变化对降低测量精度的影响。

采用自动化测量不仅可以缩短时间,提高生产率,而且可以提高测量精度,节省人力,消除人为误差,避免重复单调的劳动操作,减少费用,还便于远距离显示及反馈,避免辐射影响等,这是测量技术发展的主要方向之一。

**4. 可靠性**

可靠性是指一种产品在一定时间内和一定条件下,不出故障地发挥其规定功能的概率。可靠性指标除了用完成规定功能的成功概率表示外,还可以用平均故障间隔时间或称产品平均寿命、故障率或称失效率、有效性、平均保养间隔时间或平均寿命等来表示。

一台仪器或一套自动测量系统，无论在原理上如何先进，在功能上如何全面，在精度上如何高级，假若可靠性差，故障频繁，不能长时期地稳定工作，则该仪器或系统就没有使用价值。因此，随着现代化仪器及测量系统的发展，可靠性要求愈来愈重要，与此相应，可靠性的评价便不能像过去那样仅停留在定性的概念性分析上，而应该科学地进行定量计算。

**5. 寿命**

在设计中应注意考虑提高寿命的方法，如结构中尽量减少磨损件，用分子内摩擦元件代替外摩擦元件；选用适当的材料及热处理、化学处理方法；规定合理的使用操作规程、维护保养方法、包装搬运要求及使用环境条件等。

**6. 造型**

仪器的外观设计亦极为重要。总体结构的安装、部件间的造型、细部的美化等，都必须认真考虑。最好经过美工人员的专门设计，使产品造型优美、色泽柔和、美观大方、外廓整齐、细部精致。总之要使人们感到是一台现代精密仪器，必须小心维护，细致操作，从而提高仪器的精度保持性和仪器的使用寿命。

### 1.3.2 设计程序

精密仪器的具体设计程序可归纳如下：

(1) 根据用户要求、国家发展要求、国内外市场需求等来确定仪器任务。

(2) 调查研究国内外同类产品的性能和特点等技术指标。

(3) 对设计任务进行分析，制定设计任务书。

(4) 进行总体方案设计。在明确设计任务和深入调查之后，就可以进行总体方案的构思和设计了。总体设计包括：①分析实现功能；②确定信号转换原理与流程；③确定有关机、光、电、算系统的配合并建立数学模型；④确定主要参数；⑤进行技术经济评价。总体设计是仪器设计的关键一步。在分析时，要画出示意草图和关键部件的结构草图，进行初步的精度试算和精度分配，进行方案论证和必要的模拟试验，以考查所拟方案是否可行，确定最佳方案之后，才可进行下一步的具体技术设计。

(5) 进行技术设计，包括：①总体结构设计；②部件设计；③零件设计；④精度计算；⑤技术经济评价；⑥编写包括分析和计算的设计说明书。这一步应该包括机、电、光各部分的结构设计。

(6) 制造样机，进行样机鉴定。设计完成后要制造样机，进行产品试验，并对样机进行鉴定，编写设计说明书、使用说明书、检定规程。根据试制和试验总结，修正设计，最后设计定型，并进行技术经济评价及市场情况分析。

(7) 批量投产。

# 习　题

1-1　我国仪器仪表的综合技术水平与国际水平的差距表现在哪些方面？

1-2　仪器属于什么技术系统？有何特点？其学科组成如何？

1-3　试述仪器的分类和用途。

1-4　仪器的基本组成，按各部件的功能分为哪几部分？

1-5　仪器设计要求有哪几个方面？其设计原则是什么？

1-6　仪器设计原理包括哪些主要内容？

1-7　仪器仪表发展的特点和趋势是什么？

# 精密仪器设计方法

科学技术的迅猛发展加速了产品更新换代的进程。目前对产品品种的要求不断扩大，市场竞争日益剧烈，因此新产品的性能不但应满足工业发展的需要，而且价格、生产进程也要适应市场的需求。

总体设计是“战略”性的、方向性的、把握全局性的设计，因而要求设计师在进行总体设计时，既要赶超世界先进水平，又要符合中国的国情；既要技术先进，又要经济合理；既要使用方便，又要制造、维修方便；既要性能价格比合理，又要可靠性高、工作稳定。总体设计的优劣直接影响到精密仪器的性能和使用，如果总体设计不合理，很可能制造出后不久就被淘汰，缺乏竞争力，所以总体设计是创造性的工作，特别对于现代精密仪器，是光、机、电、液、气、计算机技术的综合。在进行总体设计时，设计者要有创新意识，要充分运用科学原理和设计理论，在充分调查研究，掌握大量第一手资料的基础上，重视科学实验，做到理论和实践紧密结合，尽力使总体设计技术上先进、原理上正确、实践上可行、经济上合理，使产品具有竞争力。

## 2.1　设计方法概述

精密仪器产品设计主要有以下 3 种类型：

(1) 创新设计。进行新产品设计时应根据市场需要进行创新性开发，根据所开发产品的品种，拟定出新的方案原理进行设计。

(2) 适应性设计。当已有产品不能满足市场需要时，要在保留原理方案的基础上，对系统、部件进行重新设计。

(3) 变型设计。基本保留原产品的功能、方案原理和结构，只是改动尺寸大小或结构布局的设计，形成系列产品。

新产品的设计应本着技术先进，结构简单，容易加工制造，使用、操作、维修方便，安全，外型美观，性能价格比好等基本原则，进行全面考虑、分析和估算，形成总体设计。图 2-1 是新产品设计试制进程方案。由图 2-1 可见，从下达计划开始，首先进行文献资料调研，掌握

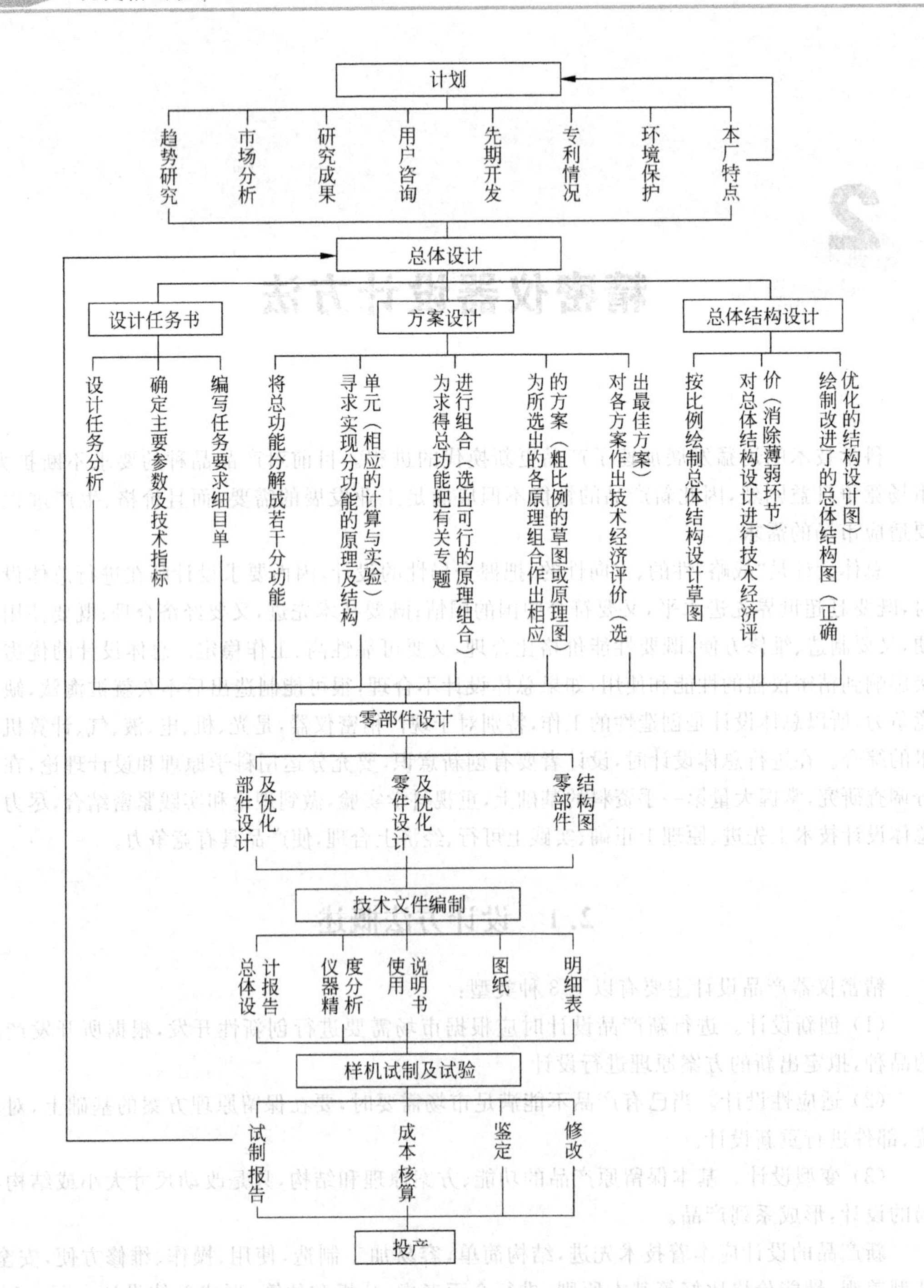


图2-1　新产品设计试制过程方案

该领域的技术水平，并经过设计任务分析，确定主要参数及技术指标；要进行总体设计，包括设计任务书编制、方案设计和总体结构设计然后进行零部件设计并编制技术文件；最后进行样机试制及试验投产。在总体设计之后，应该形成下列技术文件：

(1) 设计任务书(或称技术任务书)；

(2) 光学、电气、气动、液压等原理图，机械运动简图；

(3) 总装配图、部件装配图、明细表；

(4) 总体设计报告，包括方案分析比较、设计原理、总体布局、精度分析等；

(5) 经济成本评价。

通常，一项新的产品设计，对关键技术先进行实验取得设计数据和方案后，还要经过模拟试验装置的设计和试制、样机设计和试制、定型设计和试制等 3 个阶段，样机数量以一二台为宜。这样经过不断试制、使用、改进，使各项性能达到设计要求。

总体设计是设计中的一部分。总体设计给具体设计规定了总的原则和布局，指导具体设计的进行，而具体设计则是在总体设计的基础上的具体化，同时还要不断地丰富和修改总体设计，两者相辅相成，有机结合，不能断然分开，常常交叉进行。

客观形势的发展，要求对工程设计的意义、作用和影响作出新的估价，这就对工程设计的质量、经济价值、进程速度提出了新的要求，对设计师的素质修养要求更全面。一项工程设计决策的错误或者技术上的失败，会导致企业的经济损失，丧失市场信誉，以致危及企业的生存。因此设计方法的探讨引起了世界科学家的普遍重视。近 10 年来设计方法学在国外得到迅速发展，并在实际工作中得到愈来愈广泛的应用。

设计科学和设计方法学是一门新兴的学科。设计科学是设计领域逻辑关系的综合。设计方法学是反映设计过程的客观规律，保证工程设计质量的战略进程，为进程各阶段、各工作步序相适应的战术方法的综合与管理以及为提高设计工效而进行的先进手段的研究应用等。从经验设计(或经验类比设计)过渡到科学设计。科学设计的目的是找出最佳方案，保证设计质量，减少设计师的冒险程度，充分利用现代设计手段，使设计师有更多的时间从事创造性的工作。我国近年所讨论的现代设计方法与理论主要是指系统工程学、优化设计、可靠性设计、价值工程以及计算机辅助设计的理论和方法(已有专著)。本章对这些方法作一概括介绍。

## 2.2 设计任务分析

在总体设计时，首先要作设计任务分析，也就是要详细了解设计任务的各种要求。这一工作的目的是要弄清设计任务对仪器设计提出的各项指标，摘要写进设计任务书中，并且根据总体设计的基本原则逐一地进行分析研究。

通过设计任务分析，可以对任务有一个梗概的了解。应尽可能多地收集有关资料，包括经验总结及计算资料等，分析哪些是关键问题、哪些是次要问题，抓住影响全局性的关键问题,进行深入调查研究,比较多种方案,为总体设计打下基础。

设计任务分析的内容应包括下列几项。

#### 1. 使用要求

精密仪器的使用要求,即要求精密仪器在一定的工作范围内能有效地实现预期的功能,并在一定的使用期限内不丧失原有功能。对仪器的使用要求及其必须具备的功能一定要分析清楚,它是仪器设计的出发点和归宿。

#### 2. 仪器精度(不确定度)

精密仪器的精度是仪器设计的一项重要技术指标,也是仪器设计中的关键问题。

精密仪器及设备精度一般可分为3类:

(1) 中等精度——直线位移精度为1~10 μm,主轴回转精度为1~10 μm,圆分度精度为$1'\sim10''$。

(2) 高精度——直线位移精度为0.1~1 μm,主轴回转精度为0.1~1 μm,圆分度精度为$0.2''\sim1''$。

(3) 超高精度——直线位移精度小于0.1 μm,主轴回转精度小于0.1 μm,圆分度精度小于$0.1''$。

由于精度等级不同,在设计时无论是精密机械系统还是控制系统都有很大的差异,甚至导致实现的原理不同,价格差别很大。高精度的仪器或设备,在低精度的场合使用是不经济的,而且也达不到使用的目的。所以精度必须与经济性相匹配。

#### 3. 生产批量

生产批量是由市场需要决定的。同一种仪器,不同的生产批量在设计时的结构不同。大批量生产的结构设计,应尽量采用专用机床和专用工夹具,零件结构应尽量简单,并尽量采用系列化、通用化和标准化的零件,而且要便于维修;而对单件小批量生产,则可采用通用机床加工、配作等,其毛坯成形应尽量少采用铸压件。

#### 4. 生产效率

对精密机械设备、微细加工设备来讲,生产效率是指在单位时间内所能加工的工件数量;对于计量、检测仪器来说,则是其单位时间内的检测效率。在设计时应根据所要求的仪器效率考虑仪器的自动化程度,如微机控制、自动上下料、自动传送工件、自动检测、自动定位、自动修正、自动打印结果,或者只有一部分自动功能,一部分半自动及手动相互配合。

#### 5. 工作环境

工作环境(如振动、温度、湿度、空气净化程度等)对精密机械与仪器的使用有很大影响。由于仪器的使用要求及使用场合不同,在仪器设计时考虑外界条件影响的侧重点也有所不同。对在计量室内使用的仪器,一般都是高精度的仪器,设计时应尽量采取措施避免外界条件变化对它的精度影响,或者设计时有消除外界条件变化时对测量结果影响的修正环节;而在车间条件下使用的仪器，考虑的主要出发点则是防尘、防油、防腐等密封装置；至于其他环境条件，只要在允许的要求范围内变化时，保证仪器正常工作即可。有些高精度的仪器为了确保仪器的性能，还要考虑隔振、恒温、恒湿及净化等措施。

#### 6. 安全保护

当精密仪器在特殊环境下工作时，如高压、放射性物质、有毒气体等，则应采取特种防护装备，使操作人员的人身安全得到保证；同时使仪器本身得到保护，需要设计一些安全装置，如过载装置、互锁保险装置及行程限位等。

## 2.3 系统参数与指标设计

### 2.3.1 主要参数与技术指标的内容

仪器的使用者往往只能提出对仪器的具体使用要求、使用环境条件等，但这些条件不能直接作为仪器设计的起始数据。另外，仪器的设计者(或生产者)在向使用者介绍产品的性能时，也需要让对方了解一定的参数和指标。然而至今尚没有在设计者和使用者之间统一的名词、术语。此处列举一些有关仪器的基本技术指标，这些指标既可作为仪器设计的根据，又能使仪器的使用者通过它们了解仪器的性能。

精密仪器的主要参数是能够基本反映该设备的概貌和特点的一些项目，包括精度参数、尺寸参数、运动参数、动力参数等。例如，微细加工设备的精度参数表明能制作的最细线条尺寸，尺寸参数是该设备所能加工硅片的最大尺寸，运动参数则是精密工作台的运动速度，动力参数则表明电机的功率、额定扭矩及照相用的光源的功率等，结构参数是说明整机、主要部件主要结构尺寸的参数。又如，精密计量仪器的技术参数为测量精度、测量范围、示值范围、工作距离、放大率、数值孔径、视场、焦距等，基本上反映该类仪器的概貌。

精密仪器的技术指标，是用来说明一台精密仪器性能和功用的具体数据的，因此它既是设计的基本依据，又是检验成品质量的基本依据。

精密机械设备与仪器的技术指标与用途、功能、特点等有关，不同类型的设备与仪器有不同的技术指标，但归纳起来可分为下列几个方面：

(1) 反映设计工作性能，如设备的各种功能、加工对象范围与尺寸范围、测量对象范围与尺寸范围、运动速度范围、显示功能、打印数据功能等。

(2) 反映设备精度，如加工精度、表面粗糙度、刻划精度、制造精度、测量精度、示值误差、分辨率、灵敏度等。

(3) 反映设备自动化程度，如半自动、全自动、数控、微机控制、计算机数据处理等。

(4) 反映工作效率，如生产率、检验效率等。

(5) 反映设备可靠性。可靠性是产品技术性能在时间上的延续性和稳定性的重复性，也就是说指定产品在给定的时间内、在规定的条件下、完成规定功能的能力。所谓规定的条件是指产品工作所处的环境条件、使用条件及工作方式,如温度、湿度、振动、干扰强度和操作规程等;所谓规定功能就是产品性能技术指标。一般可靠性用平均故障间隔时间(MTBF)或平均故障率(单位时间内故障次数=1/MTBF)等来表示。

(6) 反映设备维修性。维修性是产品维修的难易程度,它是衡量产品发生故障后能迅速修复并恢复其功能的指标。常用平均修理时间(MTTR)表示。设计人员在考虑设计方案时,一方面要提高产品的可靠性以求少出故障;另一方面是在出了故障后能很快修复,使停工损失和修理费用最少。

(7) 反映设备安全性。产品使用的安全性从设计开始就必须严肃对待,是最重要的产品质量特性,用故障概率 $P$ 衡量,安全性$=1-P$。

(8) 反映设备大小,如重量、外形尺寸等,这种指标对生物医学以及航空、宇航设备是很关键的。

根据具体情况,以上的主要参数和技术指标可作增减。对一些技术指标的要求,不同的人员和部门往往有不同的观点,我们既不能毫无根据地依从某些部门和人员盲目提高所设计对象的性能指标,也不能主观片面地听从另一些部门和人员只求降低生产成本取得最大利润而降低必要的性能指标。一切应从价值观念出发,在设计开发产品的全过程中都要开展价值分析,科学地调整两个方面的要求,使产品的使用价值和生产成本相匹配,即使该项精密机械设备的技术性能既能满足实际使用要求,又要使其使用寿命周期的总成本(包括生产成本、使用成本)最低,产品的价格性能比好,以达到产品适销对路的最佳点。

### 2.3.2 确定主要参数和技术指标的方法

**1. 根据设备的用途确定**

使用单位在提出设备要求时,一般只提出使用要求,设计者必须将使用要求转换成设计工作所需要的技术指标。这一工作有时是很复杂的,需要进行大量的实验、统计研究工作。无论是设计通用设备、仪器,还是专用的设备、仪器,一般都以对象作为设计依据,什么样的对象,采用什么样的加工或测量方法,就要设计什么样的设备或仪器来完成。对通用的设备或仪器,要考虑适当加工或测量多种类型的工件,它的加工或测量范围要尽可能广一些;对于专用设备或仪器,因是为某一特定工序或某一特定工件设计的,其加工或测量范围较小。

**2. 根据测量(加工)对象的主要尺寸确定**

可以根据测量(加工)对象的尺寸,来确定设备(仪器)主要参数的技术指标。例如,微细加工设备中的分步相机或光刻机等,可根据加工硅片的尺寸确定精密工作台的行程,若加工 $\phi200$ mm 的硅片,则 $x$,$y$ 工作的行程应大于 200 mm,考虑留有余地,行程应为 205~210 mm。

三坐标测量机的外轮廓尺寸及工作行程等参数是根据它所测量的工件尺寸的大小决定的。例如,测量范围小于 600 mm 往往设计成小型坐标测量机,测量范围在 600~3000 mm

之间则是中型坐标测量机，当测量范围大于 3000 mm 时则是大型坐标测量机。大、中、小型测量机适于测量不同尺寸的工件，其结构及主要参数差异很大。

工具显微镜中主显微镜工作距离的数值也是由测量范围决定的。如图 2-2 所示，在测量圆柱体的直径时，需要两次对准，要求两次对准时保证立柱(带动主显微镜)只作平移而不作上升下降运动(否则两次定位不准会带来测量误差)，即应保证工作距离 $S$ 大于被测工件的半径 $R_{\max}$。如果设计时将此距离设计小了，在测量大于工作距离所允许的零件直径数值时，会造成测量精度下降，甚至不能测量。

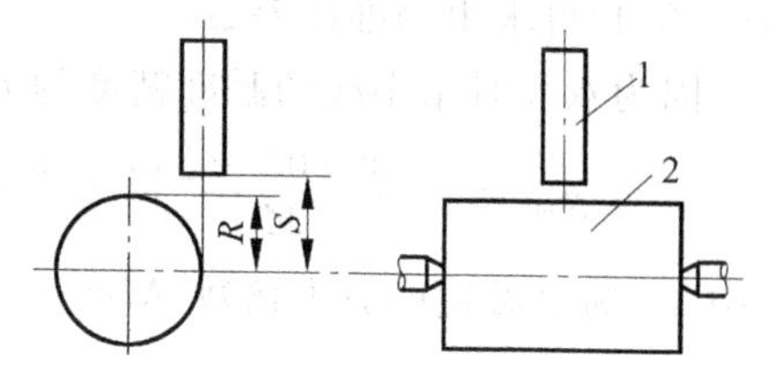


图 2-2 显微镜工作距离示意图

1—主显微镜系统；2—被测工件

**3. 根据测量(加工)精度的要求确定**

1) 根据参数本身对仪器精度的影响

在仪器设计时，某些参数取不同的数值会使仪器产生不同的误差，故这些参数不可随意选择。

**例 2-1** 自动分步重复光刻机(DSW)

应根据套刻精度要求确定工作台的定位精度和对准精度。如果加工 64 KB 随机存储器，其线条的宽度为 2～2 μm，套刻的位置误差允许是线宽的 1/5～1/2，那么工作台的定位精度应为±0.25～±0.5 μm。

**例 2-2** 灵敏杠杆杠杆比的确定

光学灵敏杠杆的原理见图 2-3，在设计时首先要求确定光学杠杆长度 $l_1$、机械杠杆长度 $l_2$ 及尺寸 $l_3$ 的数值(图 2-3(a))，然后才能进行具体设计。

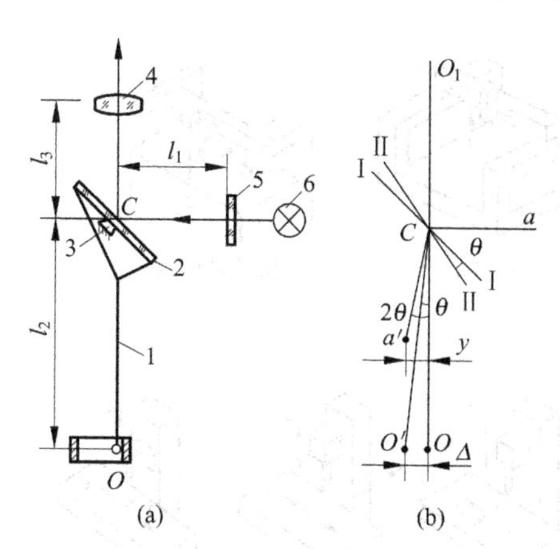


图 2-3 杠杆比的确定

1—测杆；2—反射镜；3—支座；4—目镜；5—分划板；6—光源

如图 2-3(b)所示，设测球 $O$ 点有 $\Delta$ 的位移，机械杠杆及反射镜随之摆过 $\theta$ 角，反射镜由位置Ⅰ—Ⅰ摆到位置Ⅱ—Ⅱ。当反射镜在位置Ⅰ—Ⅰ时，设双刻线 $a$ 对Ⅰ—Ⅰ的成像位置在光轴 $O_1O$ 上，而当反射镜在位置Ⅱ—Ⅱ时，双刻线 $a$ 对Ⅱ—Ⅱ的成像位置在 $a'$ 点上，而 $a'C$ 光线对光轴的夹角为 $2\theta$，$a'$ 点离光轴的距离为 $y$，则

$$y \approx l_1 \cdot 2\theta$$

$$\theta \approx \Delta / l_2$$

所以

$$y \approx \frac{2l_1\Delta}{l_2} \tag{2-1}$$

为了分辨双线像对米字线的偏离,对 $y$ 值有一定的数值要求。根据分辨最小的 $y$ 值,由式(2-1)可求出瞄准误差 $\Delta$。

因为双线对米字线的瞄准精度约为 $10''\approx 0.000\,05$ rad,所以能分辨的最小 $y$ 值为

$$y_{\min}=\frac{0.000\,05\times 250}{M}=\frac{0.000\,05\times 250}{30}\text{mm}\approx 0.0004\ \text{mm}=0.4\ \mu\text{m}$$

式中,$M$ 为显微镜的放大倍数,$M=30$。相应的瞄准误差(单位:μm)为

$$\Delta=\frac{l_2 y_{\min}}{2l_1}\approx\frac{0.2l_2}{l_1} \tag{2-2}$$

由式(2-2)可见,瞄准误差 $\Delta$ 与机械长度 $l_2$ 和光学长度 $l_1$ 的比值有关,减小 $l_2$ 或增大 $l_1$ 均可减小瞄准误差。但 $l_2$ 不宜太短,因为能够伸出此附件壳体的杠杆长度要比 $l_2$ 小。杠杆伸出长度越小,有些参数就会因为接触不到无法感受而不能实现瞄准;同时 $l_1$ 也不能太长,因为 $l_1+l_3$ 距离就是显微物镜的工作距离,加大 $l_1$ 就要减小 $l_3$,而 $l_3$ 太小在结构布置上会带来困难。$l_1$ 太大会使体积变大,故要在一定的瞄准精度下,合理选择 $l_1$ 和 $l_2$ 的长度。

2) 根据力变形对仪器精度的影响

仪器中某些参数的确定,是从受力变形后对仪器精度的影响这一角度出发来考虑的。但是,在分析仪器结构受力产生变形以及结构参数和变形之间的关系时,碰到的问题是要把分析的对象加以模型化,即用一个什么样的模型来代替实际的研究对象以及采用什么样的方法来进行计算,这对于复杂仪器来说是一个相当困难的问题,需要作简化和近似处理。

**例 2-3** 三坐标测量机

三坐标测量机的结构形式很多,如图 2-4 所示。由于结构形式不同,其变形对精度的影响也不同,故应根据所设计的三坐标测量机的精度和测量的工件尺寸来选择其结构形式。

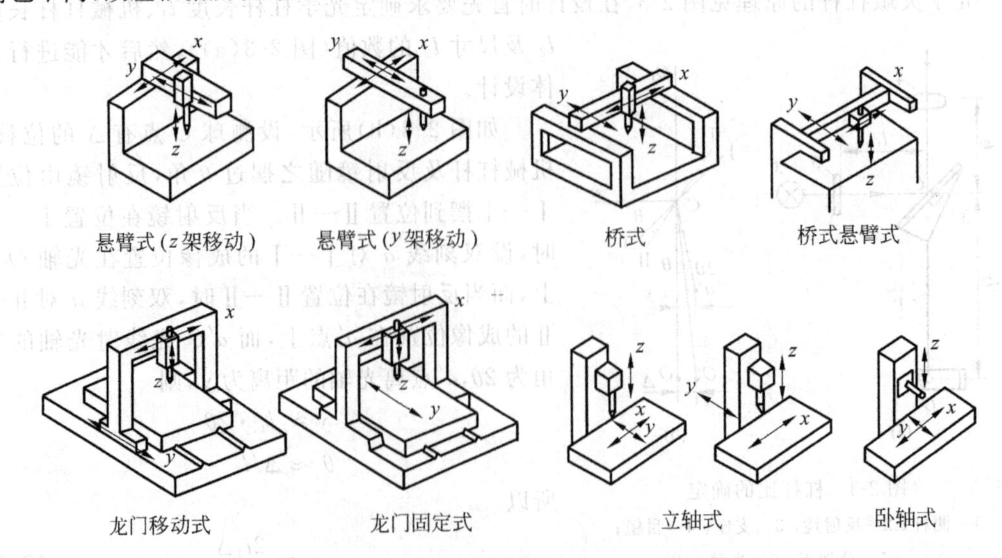


图 2-4 三坐标测量机的主要结构形式

悬臂式的特点是工作面开阔，工件容易装卸，测量操作方便，但悬臂结构易产生变形，且悬臂的变形随 $y$ 轴的位置而变化，所以一般适于 $y<500$ mm，$z<300$ mm，$x\leqslant1000$ mm 的情况，其精度低于 0.01 mm/m。桥式的特点是刚性好，$x,y,z$ 的行程都很大，其精度也较好。龙门固定式结构刚性好，多为精密测量机及中型测量机所采用，但不适于测量重型工件。立轴式适于小型精密测量机。卧轴式适于中型及精密级测量机。

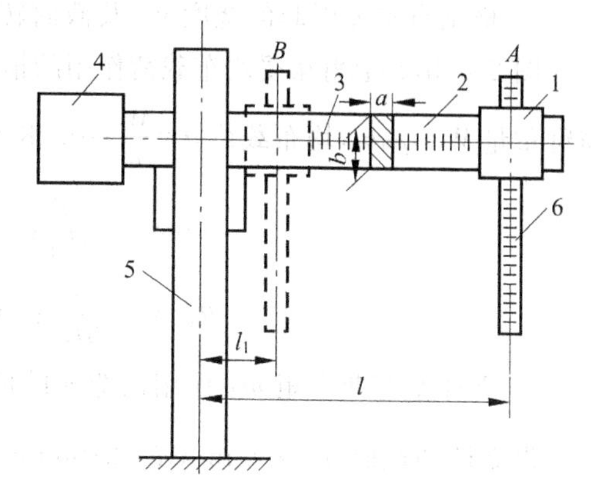


图 2-5 坐标测量机示意图
1—测头部件；2—横臂；3,6—刻度尺；4—配重；5—立柱

悬臂式的测量原理如图 2-5 所示。在测量过程中，横臂 2 可绕立柱 5 回转。假设初始设计时测头部件 1 的自重为 200 N，横臂为采用截面积为 $ab=50\text{ mm}\times200\text{ mm}$ 的等截面矩形梁，梁长 $l=3000$ mm。现分析由于力变形而带来的测量误差。

（1）测头处在横梁最外端时，横臂上 $A$ 点的挠度 $y_A$ 及截面转角 $\theta_A$ 的数值（见图 2-6）

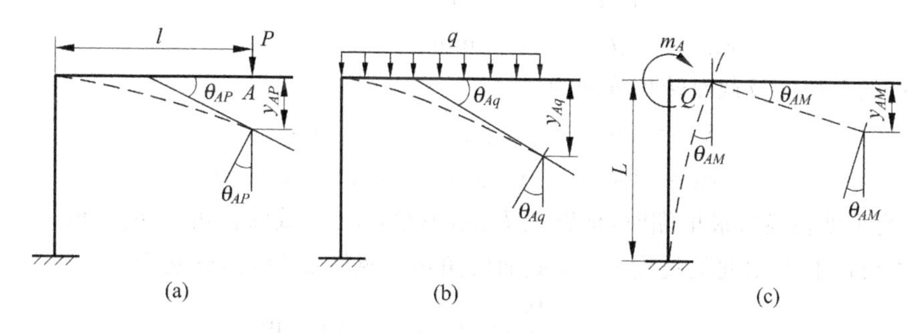


图 2-6 悬臂梁受载示意图

① 测头自重 $P$ 引起的挠度 $y_{AP}$ 及截面转角 $\theta_{AP}$

悬臂梁受集中载荷作用时的情况如图 2-6(a)所示，$A$ 点的挠度为

$$y_{AP}=-\frac{Pl^3}{3E_1I_1}$$

截面转角为

$$\theta_{AP}=-\frac{Pl^2}{2E_1I_1}$$

设横臂材料选用铝合金，$E_1=0.5\times10^5\text{MPa}$，$I_1=\dfrac{ab^3}{12}=\dfrac{1}{3}\times10^4\text{cm}^4$，$P=200$ N，$l=300$ cm，则

$$y_{AP}=-1.08\ \text{mm},\quad \theta_{AP}=-54\times10^{-5}\ \text{rad}$$

② 横梁自重 $q$ 引起的挠度 $y_{Aq}$ 及截面转角 $\theta_{Aq}$

图 2-6(b)是悬臂梁受均布载荷作用的情况。对铝合金材料，密度 $\rho=2.8\times10^{-5}\ \text{N/mm}^3$，横臂重量 $W=\rho abl$，均布载荷 $q=\dfrac{W}{l}=0.28\ \text{N/mm}$，则挠度及截面转角分别为

$$y_{Aq}=-\frac{ql^4}{8E_1I_1}=-1.7\ \text{mm}$$

$$\theta_{Aq}=-\frac{ql^3}{6E_1I_1}=-75.6\times10^{-5}\ \text{rad}$$

③ 立柱受弯曲力矩 $m_A$ 作用而造成的横臂 $A$ 点下沉量 $y_{AM}$ 及转角 $\theta_{AM}$

设立柱圆截面 $d=200\ \text{mm}$，$l=2200\ \text{mm}$，材料为碳钢，$E_2=2\times10^5\ \text{MPa}$，$I_2=\dfrac{\pi d^4}{64}=\dfrac{\pi}{4}\times10^4\ \text{cm}^4$。如图 2-6(c)所示，在横梁自重及测头重量的作用下，立柱所受弯曲力矩 $m_A=Pl+\dfrac{ql^2}{2}$，则可求得立柱上 $Q$ 点的扭转角及 $A$ 点的下沉量分别为

$$\theta_{AM}=-\frac{m_A}{E_2I_2}=-\frac{Pl+\dfrac{ql^2}{2}}{E_2I_2}=-2.6\times10^{-4}\ \text{rad}$$

$$y_{AM}=\theta_{AM}l=-0.78\ \text{mm}$$

所以，$A$ 点的总挠度及截面转角分别为

$$y_A=y_{AP}+y_{Aq}+y_{AM}=-3.56\ \text{mm}$$

$$\theta_A=\theta_{AP}+\theta_{Aq}+\theta_{AM}=-155.6\times10^{-5}\ \text{rad}$$

(2) 测头处在横臂最里端时，横臂上 $B$ 点的挠度 $y_B$ 及截面转角 $\theta_B$ 的数值

① 测头自重 $P$ 引起的挠度 $y_{BP}$ 及截面转角 $\theta_{BP}$（见图 2-7(a)）分别为

$$y_{BP}=-\frac{Pl^3}{3E_1I_1}=-2.6\times10^{-3}\ \text{mm}$$

$$\theta_{BP}=-\frac{Pl^2}{2E_1I_1}=-0.96\times10^{-5}\ \text{rad}$$

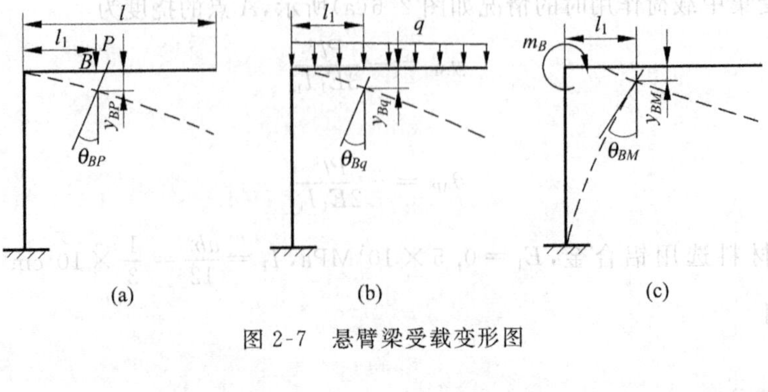

图 2-7 悬臂梁受载变形图

② 横梁自重 $q$ 造成的挠度 $y_{Bq}$ 及截面转角 $\theta_{Bq}$（见图 2-7(b)）分别为

$$y_{Bq}=-\frac{ql^4}{24E_1I_1}\left(6\frac{l_1^2}{l^2}-4\frac{l_1^3}{l^3}+\frac{l_1^4}{l^4}\right)=-0.055\ \text{mm}$$

$$\theta_{Bq}=-\frac{ql^4}{6E_1I_1}\left(3\frac{l_1}{l^2}-3\frac{l_1^2}{l^3}+\frac{l_1^3}{l^4}\right)=-26.4\times10^{-5}\ \text{rad}$$

③ 立柱受弯曲力矩 $m_B$ 作用而造成的横臂 $B$ 点下沉量 $y_{BM}$ 及转角 $\theta_{BM}$（见图 2-7(c)）

立柱承受的力矩为

$$m_B=Pl_1+\frac{ql^2}{2}=134\,000\ \text{N}\cdot\text{cm}$$

则

$$\theta_{BM}=-\frac{m_Bl}{E_2I_2}=-18.8\times10^{-5}\ \text{rad}$$

$$y_{BM}=\theta_{BM}l_1=-0.0752\ \text{mm}$$

所以，$B$ 点的总挠度及截面转角分别为

$$y_B=y_{BP}+y_{Bq}+y_{BM}=-0.13\ \text{mm}$$

$$\theta_B=\theta_{BP}+\theta_{Bq}+\theta_{BM}=-46.2\times10^{-5}\ \text{rad}$$

根据上述计算，由于力变形而带来的误差由下列两部分组成：

第一，测头在 $B$ 处的挠度 $y_B=-0.12$ mm，在 $A$ 处的挠度 $y_A=-2.56$ mm，所以这时在工件高度方向引起的测量误差为 2.42 mm；

第二，如图 2-8 所示，由于标尺线和测量线不在同一条直线上，两者之间的距离为 $S$，不符合阿贝原则（见 2.4 节），因此 $B$ 点和 $A$ 点截面转角不等引起的测量误差为 $S(\theta_A-\theta_B)$。当 $S=1000$ mm 时，测量误差为 1.1 mm。

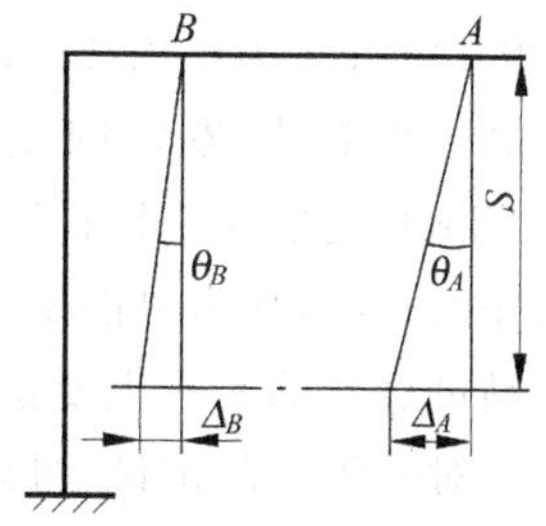

图 2-8 标尺线与测量线相距 $S$ 造成的误差

上述分析表明，当结构参数或结构形式选择不当或考虑不周时，由于力变形会造成很大的测量误差。因此在设计之初，就应该在力变形计算的基础上确定仪器的合理参数，如果参数选择不当，经计算后应及时修改，否则会使设计失败。

**4. 根据设备或仪器中的薄弱环节确定**

精密仪器和设备的共同特点是精度要求高，所受载荷小，有时工作速度也较低，因此只有很少的情况需要进行强度核算，而着重刚度、变形、振动、精度等计算。高精度与低速度给设计增加了很多困难，弹性变形、摩擦、爬行、振动等变成了突出的问题。所以每一个环节都要慎重考虑，应抓住关键和薄弱环节加以解决。有些技术指标，则是根据薄弱环节的情况来确定的。例如，自动检测速度指标是由仪器的动态特性和振动引起的精度损失来确定的。

**5. 根据系列化要求**

精密仪器与设备上的各种参数,如尺寸系列、锥度系列、动力参数系列等,应尽量采用标准系列,其具体数值可参阅有关手册。例如,硅片有 $\phi25$,$\phi50$,$\phi100$,$\phi125$ mm 等尺寸系列,在微细加工设备及检测仪器的设计中,应按这个系列尺寸进行。

**6. 根据产品可靠性与成本的要求确定**

对于精密机械与仪器产品来说,情况是多种多样的。有的是希望以有限的费用得到具有适当可靠性的产品;有的则希望可靠性尽可能高,而对费用却不进行过多的考虑,例如载人宇宙飞船要求可靠性100%。一般来说,产品的可靠性不可能无限提高,必须有一个合理的指标,应当结合必要性和可能性提出恰当的指标。所谓必要性,是指使用者根据实际需要对产品提出的可靠性要求,产品必须达到这个要求才有使用价值。所谓可能性,是根据现有的生产手段、费用、器件等条件,产品达到的可靠性指标。

对整套设备仪器来说,没有可靠性则不能生产。例如,集成电路的生产设备和仪器,要保证流水生产,必须对每台设备和仪器都提出可靠性、稳定工作时间的要求,根据这个要求来对仪器设备本身提出要求。

例如数控机床,根据机械加工的特点和实际经验,其可靠性指标至少应达到

$$\left.\begin{array}{l}\mathrm{MTBF} \geqslant 100\ \mathrm{h} \\ A \geqslant 0.95\end{array}\right\} \tag{2-3}$$

式中,MTBF 为平均故障间隔时间,即可维修产品的平均寿命(可靠度函数的平均值),是指产品在两次故障之间正确工作的平均时间;$A$ 为平均有效度,$A=\mathrm{MTBF}/(\mathrm{MTBF}+\mathrm{MTTR})$。把 MTBF 看作产品可能工作的时间,把产品平均修理时间 MTTR 看作产品不能工作的时间,那么可能工作时间与总时间之比 $A$ 反映了产品提供正确使用的能力,是衡量产品可靠性的又一主要指标。

对一种产品来说,可以用试验的方法对 MTBF 值作出估计。设某一产品经连续试验共运行了时间 $T_{\Sigma}$,其间发生了 $n$ 次故障。利用统计平均的概念可以得出其故障间隔平均时间为

$$\mathrm{MTBF}=T_{\Sigma}/n \tag{2-4}$$

由于可靠性试验一般要耗费较大的人力、物力,所以希望一次试验就得到一个完整的可靠性认识,为此必须用概率论对数据进行分析。设 $T_g$ 为平均寿命的真值(MTBF),$T_\theta$ 为其试验估计值,$n$ 为故障次数,那么对于较小的给定百分数 $\alpha$,有 $c_1$,使

$$P(T_g \geqslant c_1 T_\theta)=1-\alpha=\nu \tag{2-5}$$

式中,$\nu$ 为置信度;$c_1 T_\theta$ 为在置信度 $\nu$ 之下 MTBF 的置信下限。$c_1$ 可由下式求出:

$$c_1=2n/\chi^2(\alpha,\ 2n) \tag{2-6}$$

式中,分母表示概率为 $\alpha$、自由度为 $2n$ 的 $\chi^2$ 分布函数。式(2-6)表明,不同置信度 $\nu$ 之下的 $c_1$ 值是 $n$ 的函数,部分计算值见表2-1。$n$ 愈大,估计值愈接近于实际值。估计时,对试制产

品一般取 $\nu=70\%\sim80\%$，对定型产品取 $\nu=90\%$。

**表 2-1 不同 $\nu$ 与 $n$ 的 $c_1$ 值**

| $n$ | $\nu=80\%$ | $\nu=90\%$ | $n$ | $\nu=80\%$ | $\nu=90\%$ |
|---|---|---|---|---|---|
| 1 | 0.621 | 0.424 | 7 | 0.771 | 0.665 |
| 2 | 0.668 | 0.514 | 8 | 0.782 | 0.680 |
| 3 | 0.701 | 0.564 | 9 | 0.791 | 0.693 |
| 4 | 0.725 | 0.599 | 10 | 0.799 | 0.704 |
| 5 | 0.744 | 0.626 | 11 | 0.806 | 0.714 |
| 6 | 0.759 | 0.647 | 12 | 0.812 | 0.723 |

**例 2-4** 某产品在交付给使用单位时进行鉴定试验，测得 8 个寿命数据，累计工作时间 $T_\Sigma=2000\ \mathrm{h}$。问是否达到了原定平均寿命 150 h 的指标？

**解**：$\mathrm{MTBF}=\dfrac{T_\Sigma}{n}=\dfrac{2000}{8}=250(\mathrm{h})$

因为是定型产品，取 $\nu=90\%$，查表 2-1 得 $c_1=0.68$，因此 MTBF 的置信下限为

$$c_1\cdot\mathrm{MTBF}=0.68\times250=170(\mathrm{h})$$

结论：有 90% 的把握，此产品的 MTBF 超过 170 h，即超过原定的 150 h 指标，可以交货。

**例 2-5** 现有两台设备，第一台的 MTBF=2000 h，第二台的 MTBF=1500 h。若第一台维修性较差，排除一个故障平均需要 30 h；第二台维修性较好，排除一个故障平均只需要 10 h。比较其可靠性指标——有效度 $A$。

**解**：$A_1=\dfrac{2000}{2000+30}\approx0.985$，　$A_2=\dfrac{1500}{1500+10}\approx0.993$

结论：第二台的实际使用率比第一台高。

## 2.4 总体方案的制定

总体方案的制定是在设计任务分析、确定主要参数及技术指标的基础上进行的。它包括工作原理、方案的比较，系统简图（或运动简图）的绘制，总体布局，总体精度分配，总装配图的绘制，造型与装饰设计，总体报告的编写等。

在比较总体方案及确定主要结构方案时，要注意理论结合实际，善于运用各种设计原理，以求得最佳方案。

### 2.4.1 基本设计原则

在精密机械与仪器的总体设计中，一个很重要的方面是要考虑各种设计原则在设计中

应如何应用,以及应采取何种措施。

**1. 阿贝原则**

阿贝(Abbe)原则是仪器设计中一个非常重要的原则,在设计时应尽量遵守。

古典的阿贝原则是阿贝于1890年提出的一项量仪设计的指导性原则。他说:"要使量仪给出准确的测量结果,必须将被测件布置在基准元件沿运动方向的延长线上。"因此,阿贝原则也可称为共线原则。

为了说明阿贝原则,分析在线纹尺计量方式中的3种基本方式,如图2-9所示。标准尺与被测尺安装在$x$—$y$平面内,瞄准用显微镜$M_1$与读数用显微镜$M_2$都刚性地固定在悬臂支架$B$上且与$x$—$y$平面垂直。工作时先用$M_1$,$M_2$瞄准,然后移动工作台(或支架),再对准测量,两次读数之差即被测尺寸。由于在移动过程中导轨等不可能是理想的,总要伴随一些非测量需要的运动,可分为3个移动量$\vec{x}$,$\vec{y}$,$\vec{z}$和3个转动量$\widehat{x}$,$\widehat{y}$,$\widehat{z}$。其中,3个移动量对两个显微镜作用相同,因此对测量结果没有影响。

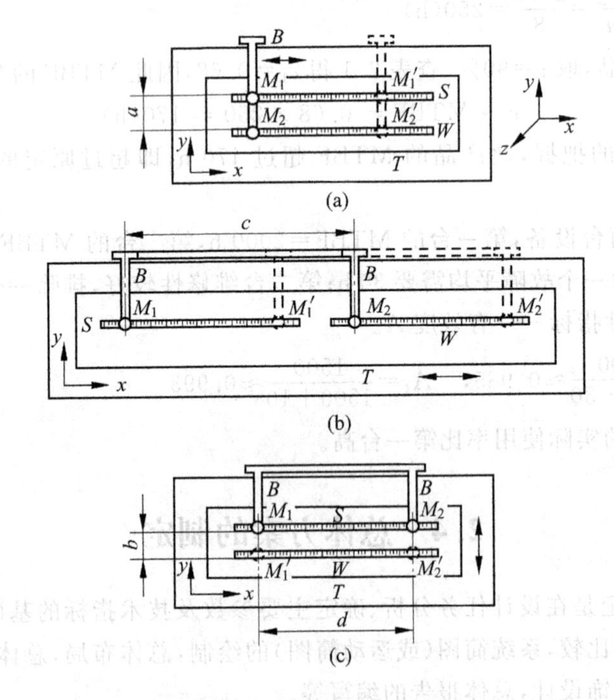


图2-9 线纹计量方式比较

(a) 并联式;(b) 串联式;(c) 横向移动式

$S$—标准件;$W$—被测件;$T$—工作台;$M_1$,$M_2$—瞄准及读数用显微镜;$B$—悬臂支架

在图2-9(a)的并联形式中,绕$x$轴转动会使显微镜产生离焦但不产生测量误差,绕$y$轴转动会使两显微镜在$x$方向的移动量相同,也不引起测量误差。当绕$z$轴转动时,设转

动中心在 $M_1'$ 的中心处，如图 2-10 所示，若转角为 $\varphi$，则产生的测量误差 $\delta_1$ 为

$$\delta_1 = a\tan\varphi = a\left(\varphi + \frac{1}{3}\varphi^3 + \frac{2}{15}\varphi^5 + \cdots\right)$$

当 $\varphi$ 角不大时，有

$$\delta_1 \approx a\varphi \tag{2-7}$$

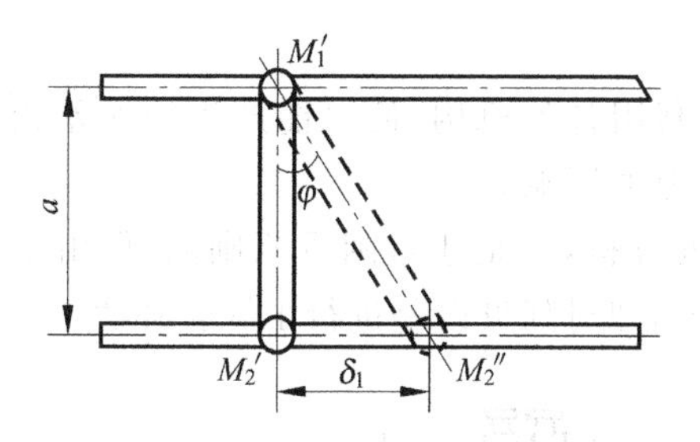


图 2-10 并联时支架绕 $z$ 轴转动

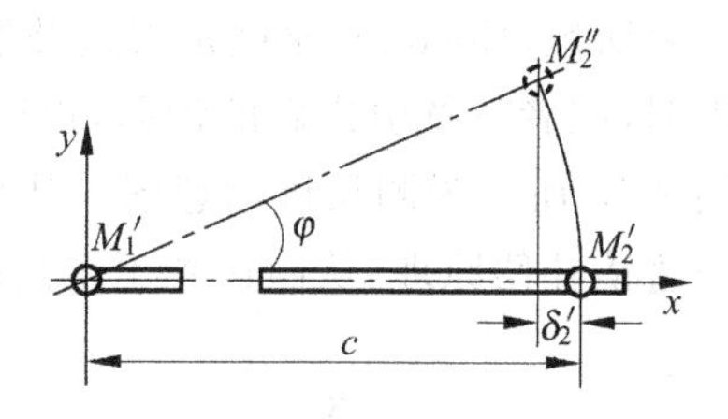


图 2-11 串联时支架绕 $z$ 轴转动

在图 2-9(b)的串联形式中，绕 $x$ 轴转动不产生误差，绕 $z$ 轴转动引起误差 $\delta_2'$（图 2-11），其值为

$$\delta_2' = c(1-\cos\varphi) = c\left[1-\left(1-\frac{\varphi^2}{2}+\frac{\varphi^4}{4}+\cdots\right)\right]$$

将 $\cos\varphi$ 展开并略去 $\varphi^2$ 以上的项得

$$\delta_2' \approx \frac{1}{2}c\varphi^2$$

绕 $y$ 轴转动引起误差 $\delta_2''$（图 2-12），其值为

$$\begin{aligned}\delta_2'' &= OH - OG \\ &= c(\sec\varphi - 1) = c\left[\left(\frac{1}{\cos\varphi}\right)-1\right]\end{aligned}$$

将 $\cos\varphi$ 展开略去 $\varphi^2$ 以上的项得

$$\delta_2'' \approx \frac{1}{2}c\varphi^2$$

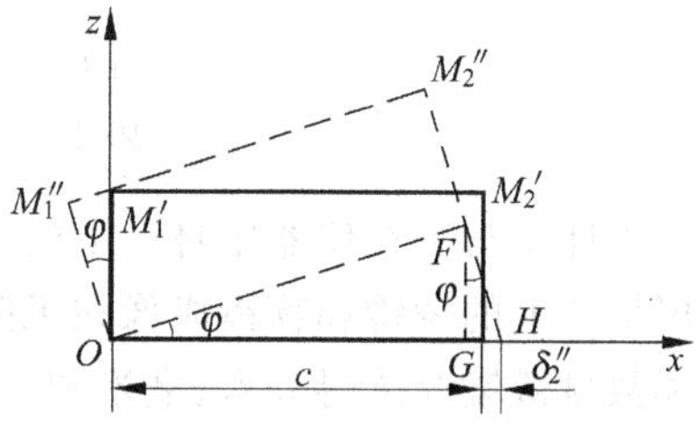

图 2-12 串联时支架绕 $y$ 轴转动

设两个转角 $\varphi$ 相等，则串联方式的总误差 $\delta_2$ 为

$$\delta_2 = \delta_2' + \delta_2'' = c\varphi^2 \tag{2-8}$$

由式(2-7)和式(2-8)可见，$\delta_1 > \delta_2$，$\varphi$ 越大差距越明显。通常称 $\varphi$ 为微量，$\varphi^2$ 就是二阶微量。所以称 $\delta_1$ 为一阶误差，$\delta_2$ 为二阶误差。

图 2-9(c)虽然也是并联，但由于显微镜作 $y$ 向运动，所以绕 $x$ 轴转动不产生误差，绕 $y$，$z$ 轴转动产生二阶误差。

由以上分析可见，遵守阿贝原则可以消除一阶误差，从而提高仪器的精度。但会使仪器的结构增大，带来一系列新问题。在设计时由于结构限制，严格做到遵守阿贝原则往往是很困难的，设计者可以考虑减小或消除误差影响的措施。

1) 结构上的措施

首先从设计及工艺上提高导轨的运动精度,减小因导轨运动不直线性带来的倾角值。在结构布置上,应尽量使读数线(线纹尺或光栅尺、激光等)和被测参数的测量线靠得近一些,减小两者之间相隔的距离。

2) 补偿措施

(1) 爱彭斯坦原理

爱彭斯坦(Epstein)原理是误差补偿原理,即利用各种机构,使可能产生的误差相互抵消或削弱,或者故意引进新的误差,以减小某些误差的影响。

图2-13所示为测长机示意图。从设计的角度分析,它是违背阿贝原则的,但由于运用了棱镜透镜补偿原理,从而达到了很高的测量精度,即对阿贝误差进行了综合补偿。

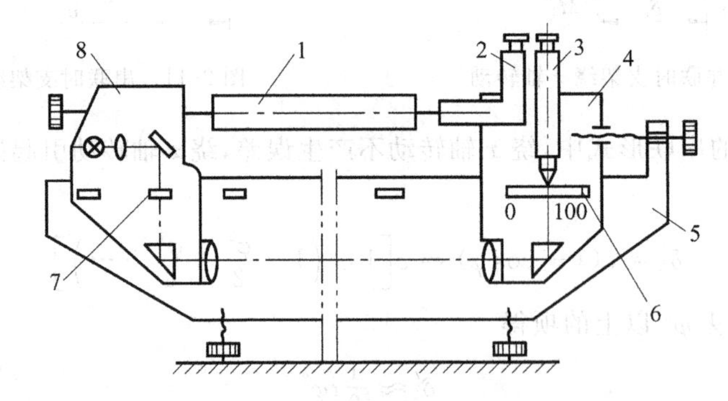


图2-13 测长机示意图

1—工件;2—光学计;3—读数显微镜;4—尾架;
5—床身;6—毫米刻尺;7—分米分划板;8—尾架

工件1与装在仪器床身5上的分米分划板7及毫米刻尺6不在一条直线上。分米刻线被尾架8上的棱镜和物镜成像在无限远,通过尾架4内的物镜和棱镜成像在毫米刻尺6上。由读数显微镜3读得分米、毫米和1/10毫米数,光学计2再显示出微米数。

由于间隙等原因造成的尾架倾斜,使得测头顶点由$A$移至$A_1$(图2-14),由此产生的测量误差$\Delta l$为

$$\Delta l = H\sin\varphi - (l - l\cos\varphi) \approx H\varphi - \frac{1}{2}l\varphi^2$$

式中,$H$为被测件与刻尺间的距离;$\varphi$为尾架倾角;$l$为尾架至测头间的距离。

令高度$H$与物镜的焦距$f'$相等,当尾架倾角为$\varphi$时,分米刻线的像由$S'$移至$S''$,其移动方向与测量顶点相反,设其量为$\Delta l_1$,则

$$\Delta l_1 \approx f'\varphi = H\varphi$$

故仪器的实际误差$\delta_l$为

$$\delta_l = \Delta l - \Delta l_1 \approx H\varphi - \frac{l}{2}\varphi^2 - H\varphi = -\frac{1}{2}l\varphi^2$$

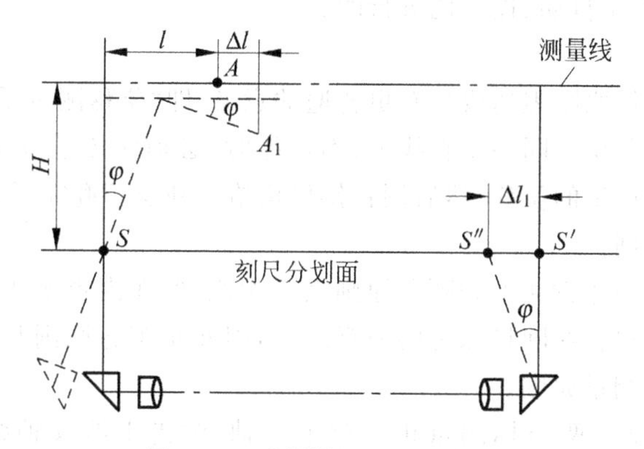


图 2-14 爱彭斯坦原理的应用

可见，该仪器是二阶微量的误差，利用爱彭斯坦原理进行补偿可达到很好的效果。

(2) 直接补偿

在采用光栅、激光等信号转换原理的数字式计量仪器中，可采用根据测得的偏差值直接补偿阿贝误差，其电路框图如图 2-15 所示。由干涉仪输出的信号，一路直接送到计数器——计算机进行运算，然后由数码显示或打印机打印；另一路则经低通滤波器送到加减门。加减门的开闭决定于 D/A 转换器的输出电压与自动准直仪的输出电压比较的结果。如果两个电压平衡，比较线路无输出，加减门均关闭而无加减脉冲输出。只要两个电压不相等，经过比较线路，或把加法门打开，或把减法门打开。这样，就有脉冲通过加法门或减法门输出，一路加到计数器计算机进行误差补偿；一路送到 128 进位计数器，使 D/A 转换器的输出电压和自动准直仪的输出电压达到重新平衡，又使加减门关闭。所以补偿的基本原理是，由自动准直仪测得的与导轨不直线性成比例的输出电压，通过 128 进位计数器及比较线路，用干涉条纹的脉冲当量数相平衡，并将此脉冲当量数加到计数器计算机进行误差补偿。在

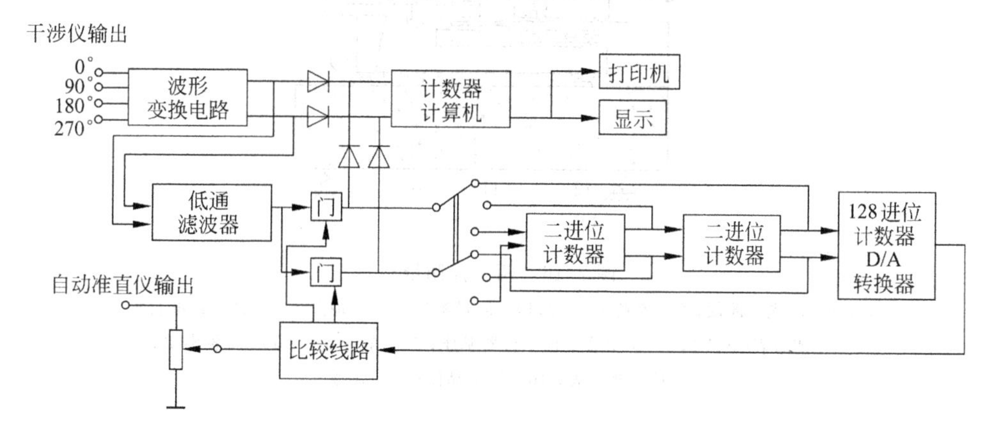


图 2-15 补偿电路框图

整个测量过程中,补偿是自动、连续地进行的。

(3) 布莱恩原则

布莱恩建议将阿贝原则表达成具有更普遍的意义,即"位移测量系统工作点的路程应和被测位移作用点的路程位于同一条直线上;不可能时,必须使传送位移的导轨没有角运动;或者必须算出角运动产生的位移,然后用补偿机构给予补偿。"遵守了上述3条中的1条,即遵守了广义的阿贝原则。

布莱恩的建议在叙述方法上和阿贝原则完全相似,但在内容实质和概念上则是有区别的。这一内容并没有包含在阿贝原理的原意之中,因此布莱恩原则和阿贝原则并列为两个最基本的设计原则和测量原则。

图2-16所示为 $y$-$z$ 两坐标测量机。对于 $z$ 轴,激光干涉仪轴线的延长线通过测端17的中心。对于 $y$ 轴,虽然 $y$ 方向激光干涉仪轴线的延长线并不通过测端的中心,但 $y$ 方向上有上下两个激光干涉仪7和9,这两个干涉仪的读数差用来作为伺服输入信号,去驱动支承在 $y$ 轴滑块14一端的压电晶体16,校正了滑块14在移动过程中可能产生的倾斜,即消除了 $y$ 轴滑块14的角运动。因此从整机看,两个方向都符合阿贝原则,区别是 $z$ 方向布置在一条直线上,$y$ 方向采取消除工作台角运动的影响的办法。

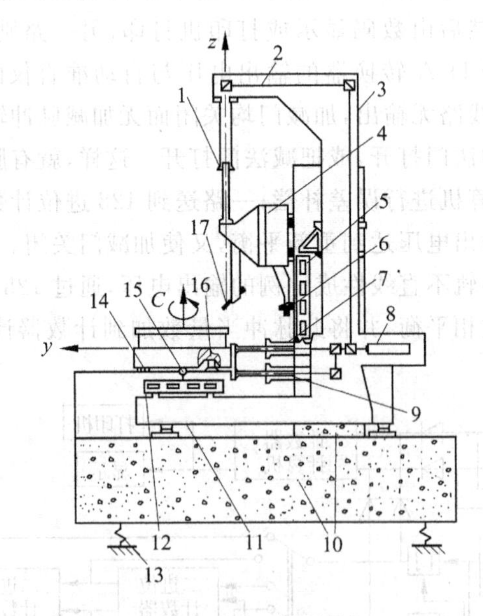


图2-16 两坐标测量机

1,7,9—激光干涉仪;2—激光光路;3,11—测量框架;4—$z$ 轴滑块;5,12—标准直尺;6—测微表(测头);8—激光器;10—仪器基座;13—隔振支承;14—$y$ 轴滑块;15—测微表;16—压电晶体;17—测端

对于平直度测量也是符合布莱恩原则的。图 2-16 所示两坐标测量机的平直度测量简图如图 2-17(a)所示，用测端17 测工件的直线性 $ll'$，为了消除 $z$ 轴滑块 4 在移动过程中由于导轨不直线性所引起倾斜而带来的误差，设置了由标准直尺 5 和测头 6 组成的平直度测量系统。布莱恩原则主要有两点：第一，滑块 4 没有角运动，若滑块 4 只有左右平移，则因平移而引起的测头 6 的位移量和测端 17 的位移量是相同的，因此根据测头 6 的位移量来修正测量结果后，就消除了因滑块 4 左右平移造成的测量误差；第二，如果滑块 4 在移动过程中有角运动，那么设计应满足“平直度测量系统的工作点，应当位于垂直于滑板移动方向并通过被测平直度的作用点的方向线上”的要求。图 2-17(a)中就应使该测头 6 和测端 17 的测球中心的连线垂直于滑块 4 的运动方向。因为只有这样布置时，当滑块 4 有不大的转角时，测端 17 的位移量与测头 6 的位移量才相等。这点可以很容易地从图 2-17(b)中得到证明。当滑块绕 $O$ 点有一不大的转角时，只有 $A$ 点的位移量与 $A_0$ 点的位移量近似相等，而 $A_1$ 和 $A_2$ 点的位移均不等于 $A_0$ 点的位移。因此在滑块 4 有转角时，用测头 6 的位移量来修正测量结果后，滑块 4 的角运动也不会引起测量误差。

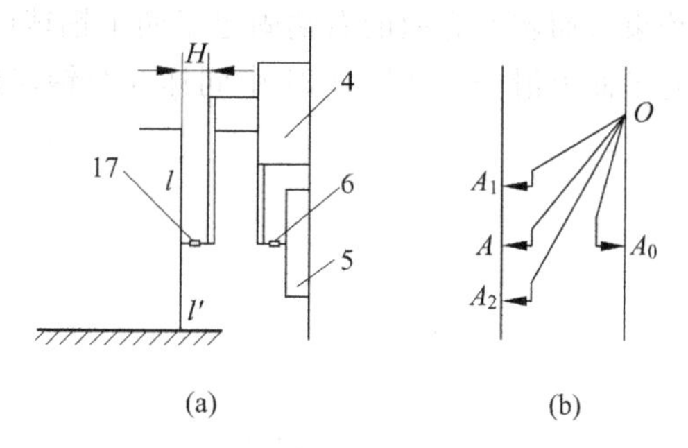

图 2-17 坐标测量机的测端简图

**2. 运动学设计原则**

空间物体具有 6 个自由度，可以用 6 个适当配置的约束加以限制。自由度 $S$ 与约束 $Q$ 有如下关系：

$$S = 6 - Q \tag{2-9}$$

所谓运动学设计原则是根据物体要求运动的方式(即要求自由度)按式(2-9)确定施加的约束数。对约束的安排不是任意的，一个平面上最多安置 3 个约束，一条直线上最多安置 2 个约束，约束应是点接触，并且同一平面(或线)上的约束点应尽量离开得远一些，约束面应垂直于欲限制的自由度的方向。

满足运动学设计原则的设计具有以下优点：

(1) 每个元件是用最少的接触点来约束的，每个接触点的位置不变，这样作用在物体上的力可以预先进行计算，因此能加以控制。可避免由于过大的力引起材料变形而干扰机构的正常工作性能，且定位精确可靠。

(2) 工作表面的磨损及尺寸加工精度对约束的影响很小，用大公差可以达到高精度，因而降低了对加工精度的要求。在接触面产生磨损时，稍加调整就可以补偿磨损造成的位移。

(3) 若结构要求能拆卸，则拆卸后能方便而精确地复位。

图 2-18 和图 2-19 是符合运动学设计原则的滑动导轨，具有 1 个移动自由度和 5 个约束。图 2-20 和图 2-21 是具有 1 个转动自由度的轴系。在图 2-20 中，基座的左端固定了由

3个钢球组成的球座,在转臂底面的左端固定了一个钢球,它支承在球座内旋转(形成3个约束);而转臂底面的右端固定了两个钢球(形成两个约束),转臂旋转时这两个球就在基座的平面上滑动。在图2-21中同样5个钢球形成5个约束。

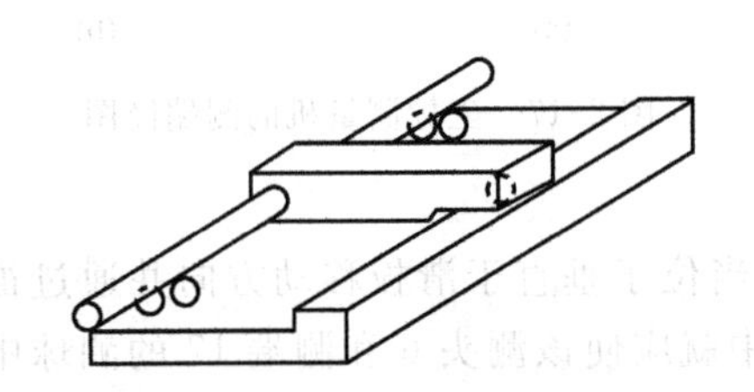

图2-18 符合运动学设计的滑动导轨之一

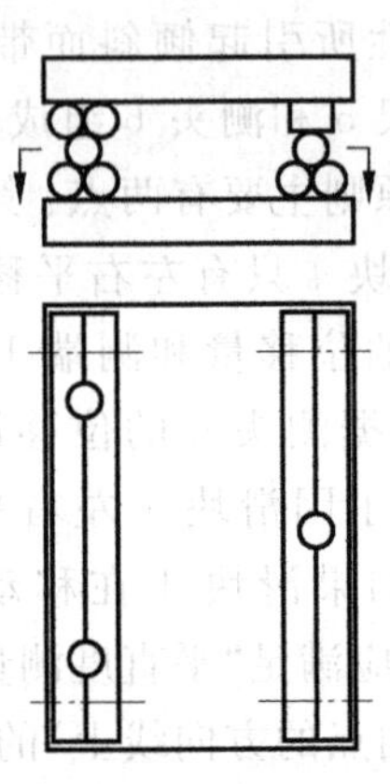

图2-19 符合运动学设计的滑动导轨之二

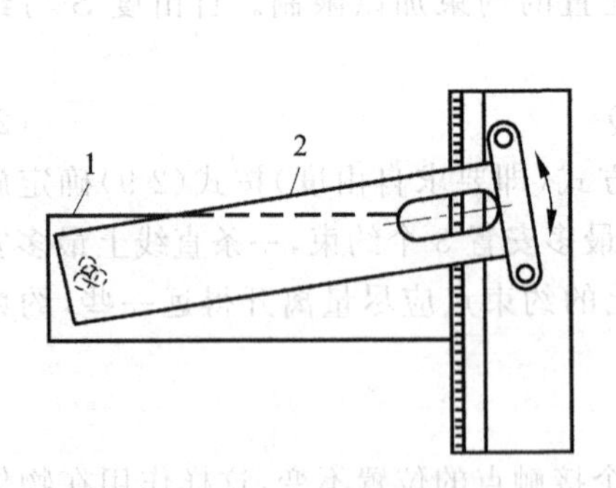


图2-20 符合运动学设计的轴系之一

1—基座;2—转臂

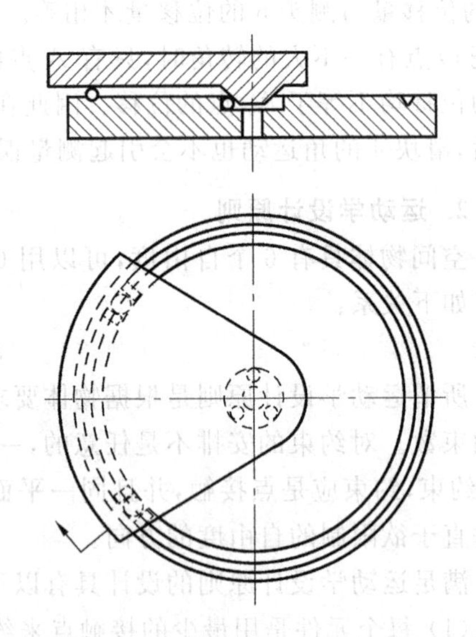

图2-21 符合运动学设计的轴系之二

运动学设计原则要求施加约束的是点接触。但理想的“点”在实际中是不存在的。当零件较重、载荷较大时,接触处的应力很大,材料发生形变,接触处实际上就变成一块小面积。另外,“点”接触易磨损,这就限制了运动学设计原则的应用。若将约束处适当地扩大成为一有限大的面积,而运动学设计原则不变,则称为半运动学设计。半运动学设计扩大了运动学设计原则的应用范围。图2-22和图2-23是应用半运动学设计原则设计的导轨和轴系。

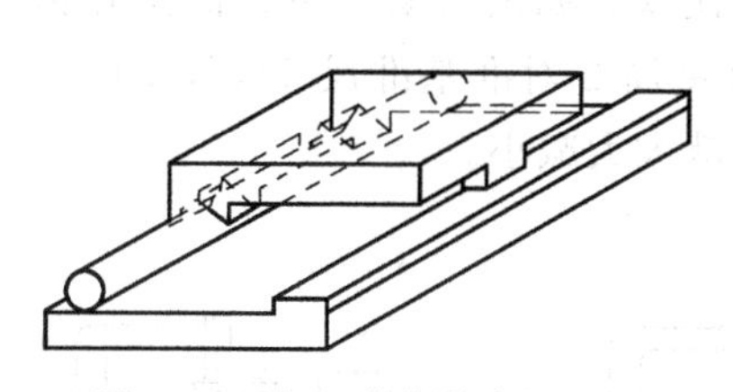
图 2-22 半运动学设计的导轨

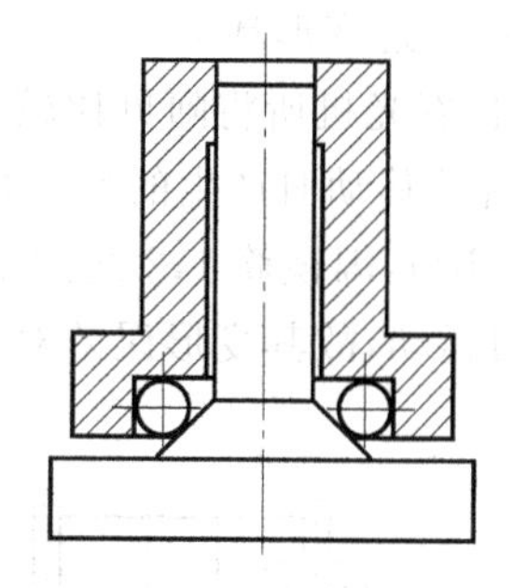
图 2-23 半运动学设计的轴系

在仪器整体结构设计时，也可以应用半运动学设计原则。例如，大型平板(或大型仪器的底座)的支承问题，用运动学设计原则，一个平面上只要 3 个约束就可以了，且这 3 个约束离得愈远愈稳定。当平板很大时其自重可能造成平板的变形，增加支承点又破坏了运动学设计原则，从而使支承不稳定。若采用图 2-24(a)的支承方式，整个平板由 3 个支承点($A$，$B$，$C$)支承在地面上。$B$，$C$ 支承又分解成 3 个支点(图 2-24(b))；支承点 $A$ 处为一杠杆式支承，杠杆的两端 $D$ 与 $E$ 也分别分解成 3 个支点(图 2-24(c))。由此可见，支承在地面上的就是 $A$，$B$，$C$ 3 个点，而支承在平板上的却有 12 个点，这些点最好布置在筋的交叉位置上，既符合运动学设计原则，又可避免因自重造成的变形。

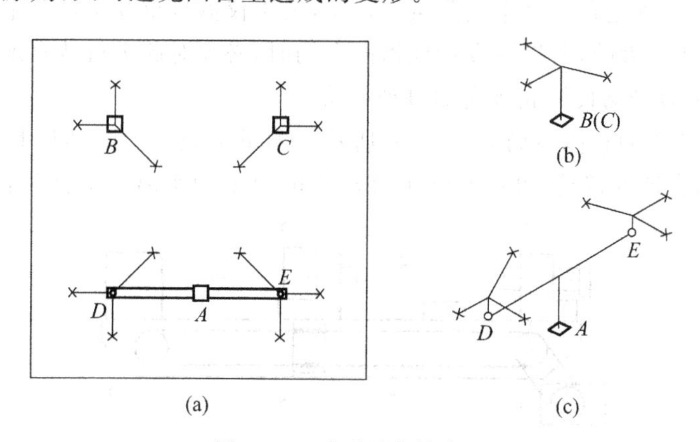

图 2-24 重型平台的支承

**3. 变形最小原则**

在仪器工作过程中，无论是受力引起的变形，还是因温度变化或其他原因引起的变形，都是无法避免的。因此仪器设计者的任务是在设计中采取各种措施，使变形最小。

1）合理安排布置

例如，X 型国际标准线纹尺的刻线是刻在它的中性面上的，且支点对称安装在贝塞尔点上，即两支点相距 5/9 的全尺长度，因而线纹尺受力变形时对精度的影响最小。

2）避免经过变形环节

例如，长春光机所将阿贝比较仪改装成200 mm刻尺装置(见图2-25)，刀架4装在支座3上，工作台7移动时产生的变形使刻划件6产生误差。如果刀架4单独固定在镜筒1上(见图2-25(b))，因镜筒1,2之间不经过变形环节(镜筒2对准基准尺5)，且支座3只传递刻线和落刀运动，故其变形误差对刻划件6的影响就大大减小。

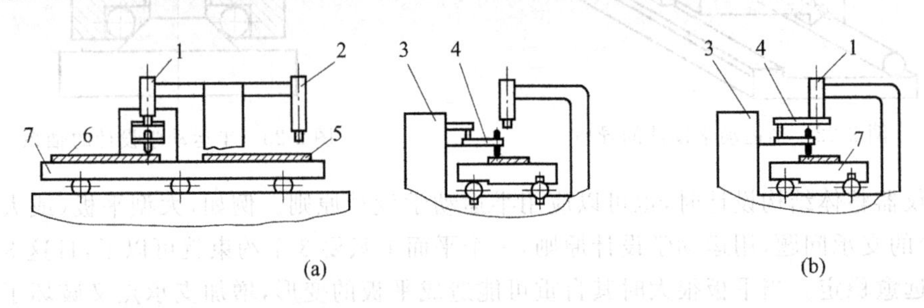


图2-25 刻尺装置的合理布局

1,2—镜筒；3—支座；4—刀架；5—基准尺；6—刻划件；7—工作台

3）提高系统的刚度

(1) 根据许用变形量确定系统的刚度、构件截面形状和尺寸

在测量仪器，特别是在一些重型测量仪器中，由于仪器自重及工件重量引起的变形而带来的测量误差是相当大的，所以在设计仪器的布局时，必须对此进行认真地考虑。

**例2-6** 一米激光测长机底座变形自动补偿

一米激光测长机的总体布局如图2-26所示。测量头架3由电动机和变速箱6通过闭合钢带7、电磁离合器8带动，可在导轨上移动1 m以上的距离。工件放在工作台4上，工

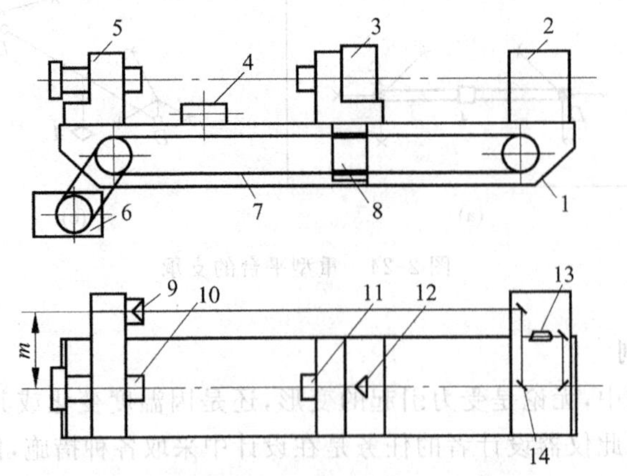


图2-26 测长机底座变形自动补偿

1—底座；2—干涉箱；3—测量头架；4—工作台；5—尾座；6—变速箱；7—钢带；8—电磁离合器；9,11—棱镜；10—尾杆；12—主轴；13—激光器；14—分光镜

作台可在导轨上移动，固定立体直角锥棱镜9与尾座5固接在一起，可动立体直角锥棱镜11与测量头架3内的测量主轴12固接在一起；测量主轴可在测量头架内作±5 mm的轴向移动。装在干涉箱2内的激光器13发出的激光经过反射镜，由分光镜14分成两路，一路到固定立体直角锥棱镜9，一路到可动立体直角锥棱镜11，这两束光返回后发生干涉。

在开始测量前，移动测量头架，使测量主轴12在一定测量力作用下与尾杆10相接触，仪器进行对零。这时底座1处在一定的重力变形状态下。在测量时，移开测量头架，放上工件，底座上增加了重量，同时测量头架及工作台在底座上的位置也变动了，底座就产生新的重力变形。如果在测量位置上，尾座轴线相对于导轨面在垂直平面内发生倾斜变化，设倾斜角为5″，尾座中心高为200 mm，则引起的变化量为

$$\Delta = 5 \times \frac{1}{2 \times 10^5} \times 200 = 5(\mu\text{m})$$

如果参考光束的光程不变，那么5 μm的变化量将成为测量误差。为了消除这一影响，在设计时采取以下措施：

① 把固定立体直角锥棱镜9与尾座5固接成一体；

② 把固定立体直角锥棱镜的锥顶安放在尾杆10的轴线离底座导轨面等高的同一平面；

③ 可动立体直角锥棱镜11的锥顶位于测量主轴12的轴线上(即符合阿贝原则)；

④ 尽可能减小固定立体直角锥棱镜9和尾杆10在水平面内的距离。

采取上述措施后，可使因重力变形引起的测量误差大大减小。下面分析3种情况。

第一，设尾座因变形而在垂直面内有倾角变化，变化量为$\Delta\theta$。

图2-27中的位置Ⅰ是测量头对零时的位置。测量光束由可动立体直角锥棱镜到分光镜之间的光程为$L_1$，参考光束由固定立体直角锥棱镜到分光棱镜之间的距离为$s+c$，两路光束的光程差为

$$\delta_1 = 2[(s+c) - L_1]$$

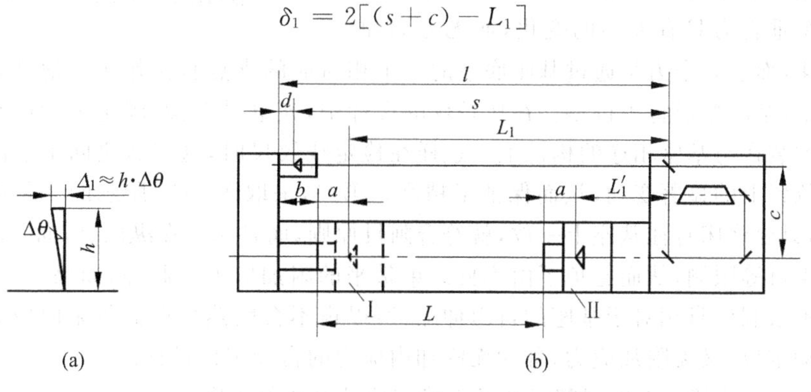


图2-27 补偿光路

图2-27中的位置Ⅱ为测量头在测量时的位置，两光路的光程差为

$$\delta_2 = 2[(s+c)+\Delta_1] - 2(L_1+\Delta_1+L) = 2[(s+c)-L_1+L]$$

其中，$\Delta_1 = h\Delta\theta$，$h$为尾杆轴到底座导轨面的距离。测量和对零时两光程差的变化量为

$$\delta = \delta_2 - \delta_1 = 2L$$

可见，光程差的变化量正比于被测长度$L$，这时尾杆的零位变化量已由参考镜的零位变化量所补偿。如不满足条件①和条件②，则会引起测量误差。

第二，设测量头在垂直平面内有倾角变化，由于满足条件③符合阿贝原则，故只引起二次微量误差，可忽略。

第三，尾座在水平面内有摆角变化，因不符合阿贝原则，引起的误差不能补偿，故应减小固定镜与尾杆在水平面内的距离。

在满足上述条件①，②，③时，还可以补偿因导轨不直在垂直平面内引起倾角变化的影响。

**例2-7**　光电光波比长仪

在光电光波比长仪中，为了减小力变形的影响，仪器设计采用了工作台、床身、基座3层结构形式，如图2-28所示。工作台1在床身2上移动(滚动导轨)，床身和基座3之间用3个钢球支承。基座则用3个支点支承在地基上，钢球支承和基座支点是对应的，3个钢球支承的支承座结构各不相同，后面一个支承座是平支承面4，前面两个中，一个是圆锥形球窝支承面5，另一个是V形槽支承面6，V形槽的方向与基座纵方向相平行。

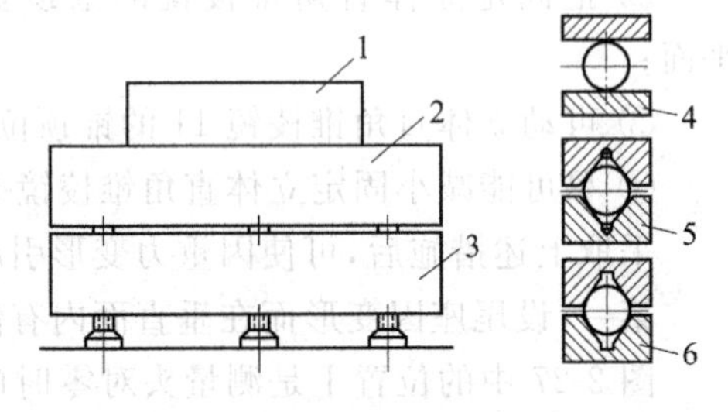


图2-28　三球支承

1—工作台；2—床身；3—基座；4—平面支承面；5—圆锥形球窝支承面；6—V形槽支承面

采用这种结构后有两个优点：第一，工作时无论工作台1怎样移动，工作台1及床身2的重量始终通过3个球支承作用在基座上，即基座受到的这3个垂直力只有大小的变化，而无方向和位置的变化，而这3个力又通过基座底下的3个相对应的支点直接作用在地基上。因此在工作过程中，基座变形将小得多。在比长仪的设计中，光电显微镜、固定参考镜和干涉系统的分光镜均装在与基座相连的构件上。这样在检定线纹尺时，这三者之间不会因工作台的移动而有位置上的显著变动，从而保证了精度。第二，采取图2-28所示的3种钢球支承座的结构后，只要将床身往基座上一放，就符合阿贝原则，而且床身在纵向、横向及转角方向均无需再加螺钉等限制，从而避免了由不良约束带来的附加应力。此外，如果有温度变化，这种结构也不限制床身相对于基座的自由伸缩，所以也不会因热变形而带来内应力。这种设计既能自动定位，又无附加应力，称为无附加内应力的自动定位设计。

(2) 根据运动部件不出现爬行的条件确定传动系统的刚度

使运动部件不出现爬行的条件是：

$$K \geqslant K_{\lim} = \psi \frac{\Delta F^2}{mv^2} \times 10^{-6} \tag{2-10}$$

$$C \geqslant C_{\lim} = \psi \frac{\Delta M^2}{J\omega^2} \tag{2-11}$$

式中，$K$，$K_{\lim}$ 为传动系统的当量刚度；$m$ 为运动件质量；$C$，$C_{\lim}$ 为传动系统的当量扭转刚度；$v$，$\omega$ 为运动件速度、角速度；$\psi$ 为系数；$J$ 为系统的当量转动惯量；$\Delta F$，$\Delta M$ 为静、动摩擦力之差及力矩之差。

(3) 根据微动量进给的灵敏度确定传动系统的刚度

如果传动系统刚度不足，则在进给量很小时，部件会出现爬行现象，从而降低微动灵敏度。为此，对有微量进给要求的精密机械，其传动系统刚度应满足

$$K \geqslant \frac{F_0}{\Delta} \tag{2-12}$$

式中，$F_0$ 为静摩擦力；$\Delta$ 为所需最小进给量之半。

**4. 基面合一原则**

总体设计时，安排布置要尽量用基面合一原则，即应使定位基面尽量与使用基面和加工基面相一致，这样可减小由于基面不一致所带来的误差。

例如，阿基米德螺旋线分划板刻划机的设计，图 2-29 所示为两种不同的方案。分划板 1 在使用时以其中心的球窝 2 作安装基准，因此也应取分划板中心的球窝作加工时的定位基准(见图 2-29(a))。刻制分划板时，与钢球配对放入该机中，此时由球窝中心线与主轴 7 中心线不同心所引起的误差较小。如果分划板直接安装在主轴上刻划，用分划板外圆为基准调偏心，则球窝与中心线的不同心引起的误差较大(见图 2-29(b))。

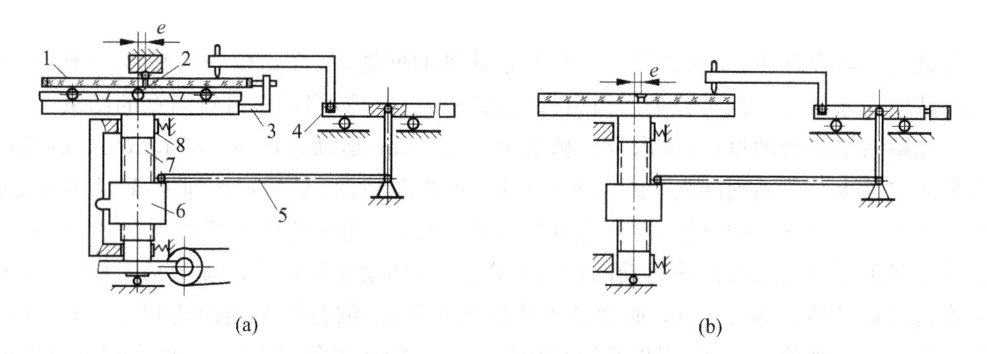


图 2-29 刻线基准的不同方案

(a) 以球窝为中心；(b) 以主轴为中心

1—分划板；2—球窝；3—拨杆；4—工作台；5—杠杆；6—螺母；7—主轴(带有螺纹)；8—弹簧轴瓦

定位基面为分划板外圆时的误差 $\delta_1$ 为

$$\delta_1 = e\sin\theta \tag{2-13}$$

定位基面为球窝中心线时的误差 $\delta_2$ 为

$$\delta_2 = \frac{e\sin\theta}{2\pi r}K_1 = \frac{e\sin\theta}{2\pi r}tK_2 \tag{2-14}$$

式中,$e$ 为球窝中心与主轴中心的偏心量;$r$ 为刻线处的半径;$t$ 为螺距;$K_1$,$K_2$ 分别为传动系统的传动比和杠杆比。

**5. 最短传动链原则**

精密设备的总体布局,应尽量采用最短传动链原则。精密机械与仪器的传动链包括主传动链和辅助传动链,其中主传动链对该设备的总体精度和其他性能起主要作用。因此,在总体布局时使主传动链愈短愈好,这样它的结构就愈简单,性能就愈稳定可靠,精度就愈容易保证。在需要为某些用途而增加机构时,宜加在辅助传动链上,主传动链仍为最短。

另外,还需要考虑机构简单、直接、对称、稳定及加工方便等。例如,工具显微镜的测量原理是以测量工作台的移动量而获得被测量的数值。在老式的工具显微镜中,工作台的移动量是通过测得精密千分螺杆的移动量(包括加垫的量块值)而获得的。虽然这一方案具有结构简单等优点,但它的测量链较长,这是影响仪器精度提高的原因之一。因此,从提高仪器精度需缩短测量链的原则出发,采取直接测量工作台移动量的方案为宜。目前所有新型工具显微镜的设计,几乎全部放弃了精密千分螺杆的结构,而改用直接测量工作台移动量的测量装置,如线纹尺、光栅、激光干涉仪等。这样既缩短了测量传动链,提高了精度,同时又扩大了仪器的量程等。

**6. 粗精分离原则**

在总体设计中,要注意粗精分离的原则。粗精分开有利于提高仪器的精度,同时使设计方案易于实现。

在某些仪器设计中,往往会遇到一些较难处理的问题,如高速度与高精度的矛盾、大范围与高精度的矛盾等。此时若采用粗精分离的原则去处理,则可获得较满意的结果。

例如精密工作台的设计,要求定位精度为±0.1 μm,运动速度 $v>30$ mm/s。运动速度高将造成惯性大等一系列问题,要达到±0.1 μm 的高精度,显然很困难甚至是不可能的。这时就可采用粗精分离的方法,即高速度达到低精度,再用小范围补偿的方法达到高精度。在设计方案上采用大行程高速运动的粗动工作台,在粗动工作台上面加微动工作台,高速粗动工作台的运动精度为±5 μm,而微动工作台在±5 μm 的行程范围内达到±0.1 μm 的定位精度是容易实现的。又如,调焦系统采用粗调焦与精调焦分离方案,既可实现大范围的调焦,又可实现高精度。

总之,采用粗精分离原则,既比较经济,又比较容易实现,这是仪器设计时的重要原则之一。

**7. 外界环境影响最小原则**

外界环境,特别是温度、振动等因素不但直接影响精密机械设备和仪器的精度,而且还影响它的传动性能和工作的稳定性。因此在总体设计时，要估算温度和振动对设备的影响，尽量使热源、振动源与主要精度环节相隔离，同时要慎重考虑部件的热膨胀系数的配置及热量的均衡问题。还要估算设备的动刚度、动态特性及动力精度，验算或试验它的抗振性，从而选择一个温度、振动影响最小的最优方案。

此外，温度、湿度、气压变化对仪器测量基准的影响也要计算，并采取恒温或自动补偿的措施。

**8. 系列化、通用化和标准化原则**

精密机械产品品种的系列化、零部件通用化和标准化简称“三化”，它是一项重要的技术经济政策。实行“三化”，对国家、用户、制造厂都有利。尤其是按专业化组织生产，更需要迅速地实现“三化”，以缩短设计、生产周期，提高产品质量，降低成本。

零部件通用化和标准化的目的，是要尽量加大通用件和标准件在零件总量中的比重。整个系列产品的模块化设计，可加速新产品的开发周期。

**9. 工作可靠、安全，维修与操作方便原则**

产品工作的可靠性、安全性和维修性是产品可靠性设计的内容。设备操作方便、省力、容易掌握及不易发生故障和操作错误，会增加工作的安全性和可靠性。

**10. 结构工艺性良好原则**

产品结构尽可能简单，工艺性良好，容易制造和装配，有利于提高产品质量，降低成本。

**11. 造型与装饰宜人原则**

仪器虽非艺术品，但精密仪器产品也与其他产品一样有造型美观的要求，甚至要求更高，即外形要美观大方、匀称稳定、色调适宜。造型设计不容忽视，它的外形应与它的精度相匹配。很难想象一台精度较高但外型粗糙难看的仪器，会受到用户的欢迎。造型设计也是争夺用户的条件之一。

**12. 价值系数最优原则**

价值系数(价格与性能比)是产品的重要标志之一。以往在价值观念上，生产厂家关心的是如何降低成本以获取最大的利润。通过价值分析才懂得价值系数是衡量一件产品社会价值的综合性指标。它们的关系是

$$V=\frac{F}{C} \tag{2-15}$$

式中，$V$ 为价值系数；$F$ 为产品功能；$C$ 为产品总成本。

由式(2-15)可见，同样的功能，总成本愈低，产品的社会价值越高；同样的成本，功能越佳，社会价值越高。总成本指的是产品的生产成本和使用成本。生产成本包括设计制造成本、开发投资和固定投资成本；使用成本包括运转费用、维修费用、故障造成的停工损失费用等。

产品的价值系数在很大程度上取决于设计水平,为此在设计的每个阶段,都要进行价值分析,采取多种方案进行技术经济性比较,以取得最佳方案。用户是按产品功能的优劣来选购相应价格产品的,因此生产厂必须提供成本低、功能好的产品,才有竞争力,才能吸引用户,提高产品声誉,使企业获得最大的经济效益,在竞争中获得生存。

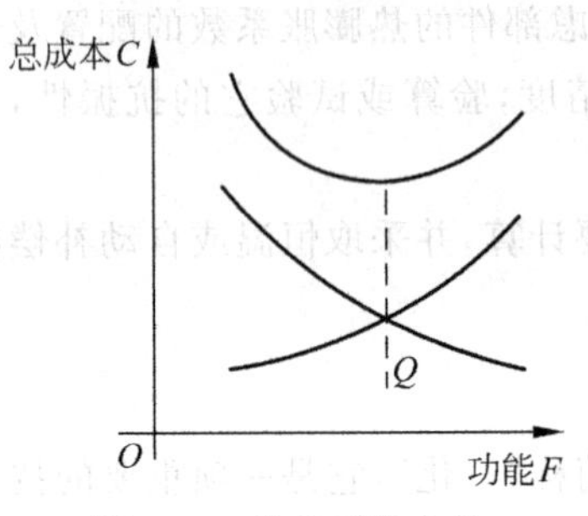

图 2-30 价值系数曲线

价值分析的主要目的是提高设计人员的价值观念。设计中对用户需要的功能,必须克服尽善尽美的观点,去掉那些用户并不介意的多余功能以及设计上不必要的过高要求。产品功能与总成本的关系如图 2-30 所示。$Q$ 点是总成本 $C$ 的最低点,所以按这一点设计最受用户欢迎。作为价值分析就是要取得这一点,可以进一步从结构上分析如何降低生产成本和使用成本,以获得价值系数最优的方案。

## 2.4.2 总体方案制定的内容

### 1. 工作原理的设计

工作原理的设计是总体设计的关键,设计质量的优劣取决于是否能有效、合理地运用设计原理。除应用现有的设计原理外,设计者还可根据具体仪器进行创造性的设计,勇于开拓新的领域,探索新原理,使仪器总体方案立于不败之地。同时应正确地选用基准器件和运动方式,以满足设计任务提出的各项设计要求,从而形成总体方案的初步轮廓。

为了启发设计人员的创造性,将现有的部分设计原理进行讨论,其目的是期望在实践中不断总结和归纳,以丰富设计原理。

1) 误差平均原理

误差平均原理是指采用多次重复测量,如多测头、多次重复分度、多次重复曝光等,取得平均误差,以提高精度的方法。误差平均原理在设计中应用比较广泛,既可用于工作原理设计,亦可用于结构设计。应用误差平均原理进行设计,对提高仪器精度会产生良好的效果。

图 2-31 所示为双读数头系统。设在开始测量前分度盘中心与主轴中心 $O$ 重合,当主轴转过任意 $\theta$ 角后,由于主轴晃动,度盘中心移至 $O_1$,此时度盘刻线从 $a$—$b$ 位置移至 $a'$—$b'$。由于偏心引起的读数头 $A$ 与 $B$ 的读数值差,二者大小相等方向相反,因此当采用两个读数头读数的平均值时,双读数头系统可以消除主轴的单周晃动奇次谐波分量引起的读数值误差。双读数头系统还可以消除度盘偏心引起的读数值误差,即

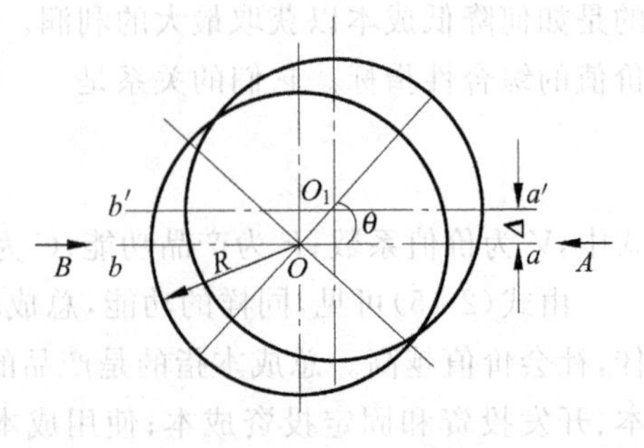

图 2-31 双读数头系统

$$\Delta\theta=\Delta\theta_{\mathrm{I}}+\Delta\theta_{\mathrm{II}}=\frac{e}{R}\sin\theta+\frac{e}{R}\sin(180^{\circ}+\theta)=0 \tag{2-16}$$

一般来说，度盘（或圆光栅）的刻线误差是一个由多次谐波合成的周期误差。当取两个读数头读数的平均值作为读数值时，其角度读数值误差为

$$\Delta\theta=\sum_{m=1}^{k}\frac{e_m}{R}[\sin m\theta+\sin m(180^{\circ}+\theta)] \tag{2-17}$$

式中，$m=1,2,\cdots$；$k$ 为谐波阶次；$e_m$ 为谐波幅值；$R$ 为刻划半径。

当 $m=1,3,5,\cdots$时，$\Delta\theta_m=0$，即所有奇次谐波的读数误差可以全部消除。

在一些高精度的光栅式分度装置中，还广泛采用沿圆周均布多个读数头的结构。用多个读数头读数的平均值作为读数值，能消除多次谐波误差的影响，从而提高分精度。

当采用 $n$ 个读数头时，第 $m$ 次谐波的角度读数值误差为

$$\begin{aligned}\Delta\theta_m=&\left\{\sin m\theta+\sin m\left(\frac{2\pi}{n}+\theta\right)+\sin m\left(\frac{2\times2\pi}{n}+\theta\right)\right.\\&\left.+\cdots+\sin m\left[\frac{(n-1)\times2\pi}{n}+\theta\right]\right\}\frac{e_m}{R}\end{aligned} \tag{2-18}$$

由式(2-18)可以证明，除了 $m=kn(k=1,2,\cdots)$次谐波的误差之外，所有其他各次谐波的误差对读数值误差的影响可全部消除。在测定所采用圆分度基准件各次谐波分量 $e_m$ 大小的基础上，选取读数头的个数以消除 $e_m$ 较大的那些谐波，可获得较理想的效果。

由于误差平均原理可以提高仪器的精度，所以已普遍作为仪器设计的基本原理，尤其是在高精度的分度仪器中。同时，除了平均读数原理之外，在测量仪器中，有些测量原理本身还具有平均误差的性质。例如，光栅测量中的莫尔条纹、感应同步器、多齿分度盘、滚动导轨副中多个滚动体的弹性变形等使误差均化，都是误差平均原理的应用。

2）位移量同步比较原理

位移量同步比较原理是指当相应的位移作同步运动的过程中，分别测出它们的位移量，再根据它们之间存在的特定关系直接进行比较而实现测量和控制，以提高仪器（或测量）精度，简化仪器结构。

对于一些复杂参数的测量，如渐开线齿形、齿轮运动误差、丝杠周期误差等，过去大都采用建立相应的标准运动来与被测运动相比较的方法。这类方案的共同特点是结构复杂，测量链长，环节多，工艺难度大，例如老式万能渐开线检查仪、机械式齿轮单面啮合仪等。近年来，由于光栅、激光及电子技术的发展，对这类参数的测量均采用了位移量同步比较原理，使在仪器设计方案上有所突破。

例如，图 2-32 所示的丝杠动态测量仪可用来检查精密丝杠的单扣螺距误差、在一定长度及全长上的螺距累积误差以及丝杠的周期误差。该仪器采用圆光栅作为测量转角的角度标准，激光干涉仪作为测量线位移的长度标准。当丝杠转过某一角度 $\Delta\theta$ 时，与丝杠同步旋转的圆光栅就给出相应于 $\Delta\theta$ 角的光栅莫尔条纹。同时激光干涉仪给出与 $\Delta\theta$ 相应的轴向位移量 $\Delta t$ 的激光干涉条纹数。因为一定的 $\Delta\theta$ 转角对应相应的 $\Delta t$ 轴向位移，因此一定的莫尔

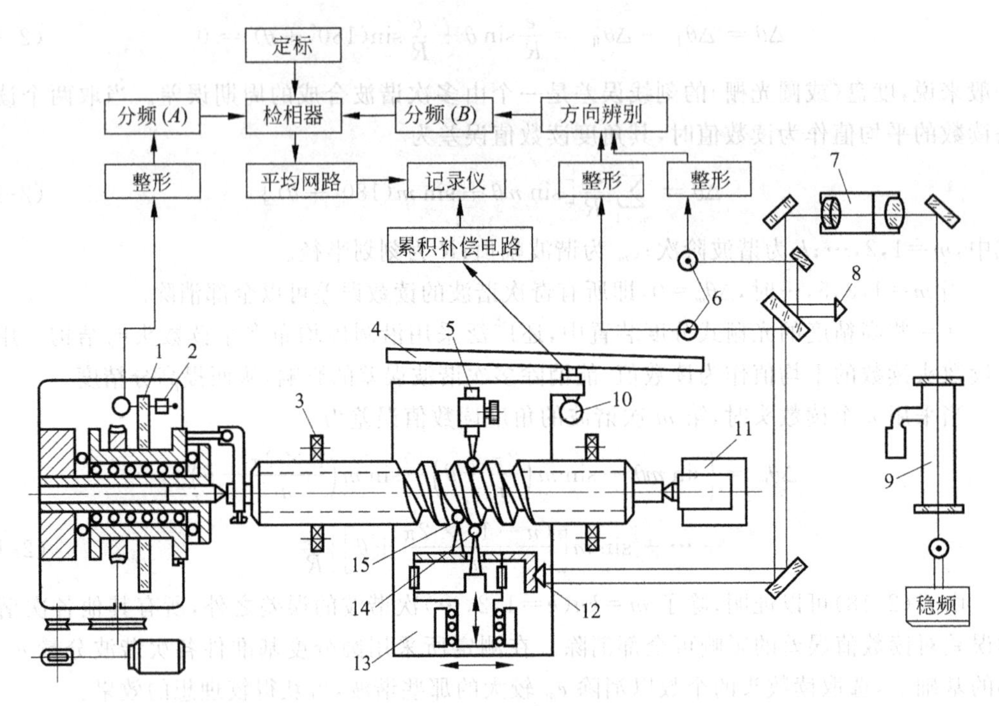


图 2-32 丝杠动态测量仪

1—标尺圆光栅；2—指示光栅；3—支承；4—校正平尺；5—带动杆；6—光电元件；7—平行光管；8—参考角隅棱镜；9—激光管；10—电感传感器；11—尾座；12—测量角隅棱镜；13—工作台；14—外圆定位测头；15—测量头

条纹数对应相应的干涉条纹数。这两路信号经过各自的光电接收、放大、整形形成脉冲信号，再经分频，使两者频率相等而后进行比相。如果有误差，两路信号相位差的变化便直接描绘出丝杠误差曲线；如果没有误差，两路信号的相位差就不变。仪器的结构设计保证了光栅和激光分别对转角及线位移进行直接测量。总之，采用位移量同步比较原理，可以使测量链短，测量精度高，机械结构简单，并实现动态测量，反映丝杠的全面精度，从而解决高精度丝杠的测量问题。

采用位移量同步比较原理的设计还有光栅式齿轮单面啮合检查仪、万能齿轮整体误差测量机、齿轮磨床等。

3）误差补偿原理

误差补偿原理是仪器设计中应用广泛而意义重大的设计原理。任何仪器的零部件，都存在着加工误差和装配误差，这些系统误差可以通过校正机构加以校正，使仪器的总体精度得到提高；也可以设置检测装置，实时检测误差，反馈后进行实时补偿。总之，高精度的仪器、设备，不能仅仅依靠加工、装配精度来保证。如果采用巧妙的补偿办法，往往可以收到非常好的效果。

补偿原理的范围非常广泛，它几乎包罗了精密机械设备、仪器设计中的一切有关调整、校正、补偿等的全部内容。尤其采用计算机之后，在设计中采用补偿原理的范围及可能性越加广泛，设计者对这一原理应引起足够的重视。

**2. 基准器件的选择**

在总体设计时应根据仪器的精度合理地选择基准器件。低精度的仪器选用高精度的基准器件，不但会使仪器的结构复杂化，而且会大大提高仪器的成本；高精度的仪器选用低档的基准器件，很难满足所要求的精度。在同档基准器件的选择时，主要应考虑仪器工作的可靠性、维修性及成本，特别要注意使用条件及生产条件。也就是说，基准器件的选择应与所设计的精度相匹配。

传统的基准器件，长度用量块、线纹尺、精密丝杠，圆分度用精密分度蜗轮，它们广泛应用在各种领域，如各种机床、卡尺、千分尺、工具显微镜、刻线机、分步重复照相机等。它们的共同特点是结构简单，工作稳定可靠，成本低，使用维修方便；但由于受加工限制，一般很难达到高精度，适于中低等精度的设备和仪器。

数字式测长仪器主要采用激光干涉、感应同步器、磁栅、光栅等基准器，它们同样也广泛用于角度测量中。此外，在一些可靠性要求特别高的场合，还采用编码器作基准器件。

与光栅、磁栅、感应同步器相比，激光干涉仪上的精度是最高的。光栅、磁栅、感应同步器等都是以一定的实物方式来复现长度基准——光波波长。在复制过程中，精度有一定程度地下降。此外，激光干涉在大量程的测量中使用方便，而且它提供的原始脉冲当量很小，不需要很高的细分数就能满足一般测量分辨率的要求。而光栅、磁栅、感应同步器一般节距较大，需要较高的细分数。但它对环境条件要求严格。脉冲当量是一个无理数，且与环境条件有关，需要进行脉冲当量变换。激光干涉仪用于高精度的定位与测量，如光电光波比长仪等。

感应同步器广泛应用在测长与测角、精密机床、航海、军事领域中，与激光、光栅相比，具有对环境条件要求低、抗干扰能力强、工艺性好、成本低等优点。与磁栅相比精度高，高精度的直线感应同步器精度可达$\pm 1\ \mu m$，圆感应同步器可达$\pm 0.5''$，适于中高精度的设备与仪器。

磁栅的特点是录制方便，价格低廉，对环境条件要求低，磁带可做得很长且结构很小，适于大量程测量和小型便携式仪器，它比激光、光栅、感应同步器精度低。

光栅在长度、角度的定位与测量中应用特别广泛。从测长精度看仅次于激光，对环境条件要求比激光低，结构、电路、光路较简单、紧凑。从测角来看，主要是保证分度均匀，能较好地利用平均效应提高测量精度。从制作精度看，它比感应同步器、磁栅高；栅距也可做得比它们小，同时感应同步器、磁栅都存在函数误差，即输出信号除基波外还含有较丰富的高次谐波从而影响细分精度。

码尺和码盘属于绝对码测量元件，其示值与测量的起始与终止位置有关，而与测量的中间过程无关，故抗干扰能力很高，适于很高的运动速度。

**3. 运动方式的选取**

运动方式的选取是原理设计的进一步具体化，是总体设计方案的重要步骤之一。运动方式的选取不但决定仪器的效率，而且还影响到仪器精度、控制方式及结构。

例如，自动分步重复照相机运动方式的选择。首先，形成图形的曝光方式有两种，即行进曝光和停位曝光。行进曝光是在精密工作台运动中完成曝光；而停位曝光是在精密工作台运动到预定位置停下来曝光后再运动。这两种曝光方式无论是在灯源上还是控制方式上都是不同的。行进曝光生产效率高，无停位误差，位置精度高；但对光源要求高，从光源点燃和从点燃到熄灭工作台面有位移，故有行迹误差，控制系统比较复杂，若采用机械式快门，则快门寿命也是一个问题。停位曝光是在静止状态下完成曝光，故成像清晰，控制比较简单；但生产效率低，有停位误差(偶然误差)，位置精度较低。采用哪种曝光方式应根据实际情况选择。其次是运动轨迹的选择。运动轨迹有3种(见图2-33)，其中，E型是在$x$方向前进时曝光，完成$x$方向曝光后沿原路快速返回原点不曝光；$y$方向再重复上述运动，直至曝光完全部图形后返回原点。E′型与E型基本相同，但在返回时$x$,$y$同时运动。S型是在$x$方向前进、后退均曝光。E型与E′型的特点是重复精度较高，可以消除导轨运动中的反向调头误差，但效率低，E′型比E型效率略高，但控制略复杂；S型的生产效率比E型高1倍，但精度比E型低，控制比E型复杂。

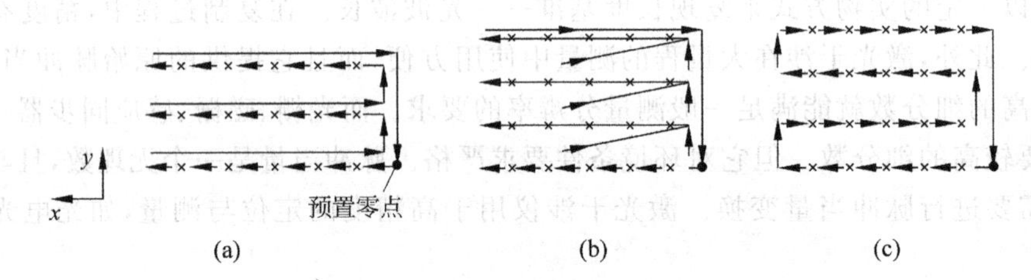


图2-33 工作台运动轨迹

(a) E型；(b) E′型；(c) S型

精密分度一般分为间歇运动和连续运动两种。传统机械都采用间歇运动方式，其机构较简单，由于动静摩擦系数之差、局部变形和惯性等因素的影响，限制了精度的提高。目前在超高精度和重型精密机械中，已多采用连续运动方式。例如，在罗兰型物理光栅刻线机上光栅毛坯作分度间歇运动，刻刀作往复运动(图2-34(a))。这种刻线机结构较简单，只是工

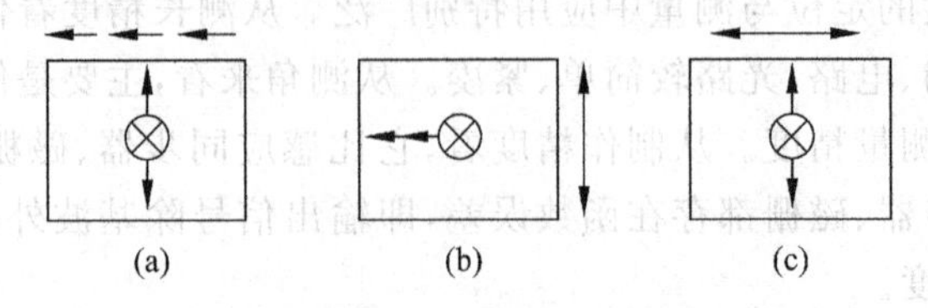


图2-34 刻线机的运动方式

(a) 罗兰型；(b) 斯特朗型；(c) 哈里逊型

作台的运动直线性误差会引起光栅刻线的平行度误差。而在斯特朗型物理光栅刻线机上光栅毛坯作往复重复运动,刻刀作间歇分度运动(图2-34(b)),其刀桥导轨的直线性误差不引起光栅刻线的平行度误差。哈里逊型则是光栅毛坯作等速连续运动,刻刀作往复重复运动(图2-34(c)),它的精度很高,适于大型天文光栅的刻划。

**4. 主要结构方案的选择**

机械结构的类型很多,选择精密设备的主要结构方案必须保证所要求的精度,工作稳定可靠,制造、装配、调整方便,应符合运动学的设计原则或误差平均原理。

按运动学原则进行结构设计时,不允许有过多的约束。例如,激光比长仪基座与床身之间采用3个球支承(见图2-28),有5个约束和1个自由度,可补偿床身与基座之间因温度不同而产生的热变形。因与基座的3个支承座位置一一对应,因此当工作台移动到床身与基座之间时力的传递点不变,仅有力值大小发生变化,基座的变形几乎不变,安装在基座上的测量装置相对位置变动极小,保证了测量精度。

按误差平均原理设计结构时,允许有过多的约束,此时是利用材料的弹性变形使零件的微小误差相互得到平均,例如滚动导轨中的多个滚动体。特别地,当零件承受较重载荷时,如果按运动学原则设计,则点接触变形大,易磨损,为了保证精度,宜采用多点、线或面接触。

**5. 摩擦及局部变形的考虑**

精密机械设计的关键之一是认真对待摩擦问题。如果处理得不好,由于静、动摩擦力相差太大,会引起局部变形的差别,造成爬行,满足不了精密机械所要求的精度。因此在制定总体设计方案时,必须选取满足工作要求的导轨。

导轨有滑动、滚动、静液压、气压之分。滑动导轨结构最简单,但由于静、动摩擦系数相差较大,且运动摩擦力大而又不太均匀以及低速爬行等原因,一般用在精度要求不高的工作台上。如果使用低摩擦系数的以聚四氟乙烯为主要原料的塑料将使上述问题得到改善,在精缩机、投影光刻机上有应用,但仍存在滑动摩擦副常有的缺点。滚动摩擦导轨的静、动摩擦系数相差很小,但因滚柱(珠)与隔离架之间有滑动摩擦,钢球与导轨面接触,在高速运动情况下会产生振动问题,从而影响定位精度。滚动导轨经过精细加工后可以得到较高的平滑运动,在定位精度要求1 μm左右的设备中得到广泛应用。静液压导轨中液压的刚度大,但装置复杂,环境有可能受污染,主要用于数控机床中,此外,在图形发生器和电子束微细加工设备中也有少量应用。气体静压导轨比液压导轨装置简单一些,其动、静摩擦系数趋近于0,导轨无磨损;缺点是刚度小。在仪器中由于不承受外加切削力或其他负载,所以在用于高速高精度运动系统中时具有优势。例如,GCA250cc图形发生器采用大理石作为$x$,$y$向固定电机与导向的基座的气浮静压导轨;ETEC电子束曝光机采用气浮静压的双圆柱导轨等。近年来,气浮静压导轨在仪器(如三坐标测量机)与大规模集成电子工艺设备和检测仪器中应用得越来越多,有很好的前景。

**6. 系统简图的绘制**

根据总体设计方案的初步轮廓和设想,用各种符号代表各种机构和系统(包括传动系统、液压系统、光学系统、电气系统等),画出它们的总体安排,这就形成了机、光、电、液结合的精密机械设备的系统简图(或运动简图)。

可以根据这些简图进行方案论证,经过多次修改后确定最佳方案。经过总体布局后,就可着手画总装配图、部分装配图和电气原理图等。系统简图的各种符号有机械的、光学的、电气的、液压的,可以参阅有关手册。

**7. 总体布局的考虑**

精密仪器、设备的总体布局应考虑各主要部件之间的相对位置关系以及它们之间的相对运动关系。设备的使用要求决定了它所需要的运动,完成每个运动须有相应的部件,从而可以确定各部件的相对运动和相对位置关系。有些精密仪器、设备已经形成了传统的布局形式,随着技术的发展也还会不断有所改进;一些专用设备的布局往往灵活性较大。总体布局是带有全局性的重要问题,它对产品的制造和使用都有很大影响。在进行总体布局时可以从两方面来考虑:一方面从设备本身考虑,即根据工作原理处理好各部分之间的相互关系,例如工作台、基准元件、瞄准系统、传送工件、传动系统之间的相互位置与运动,机械光学电控关系、工件重量和外形、精度要求等;另一方面要考虑到人和设备之间的关系,例如操作与维修、制造工艺性、设备重量、体积和外形等。在考虑上述问题时,要充分运用设计原理,拟出最佳的布局方案。

**8. 总体精度的分配**

总体精度分配是将机、光、电各部分的精度进行分配。由于各部分的技术难易程度不同,因此在精度分配时不应采取平均分配的方法。给容易达到精度的部分分配高一些的精度;给困难的部分分配低一些的精度。在精度分配时,要进行误差计算,把光、机、电各部分的原始项目按系统误差、偶然误差归类,分别计算,与分配的误差比较,并根据实际情况加以修改,使各部分尽可能做到精度分配合理,以取得最好的性能价格比。

**9. 造型与装饰**

造型设计就其内容来看,大体上分为造型和装饰两个方面。其中,造型是基本的,装饰是其次的。体型好加上好的装饰,是锦上添花,反之,则有可能弄巧成拙。当然也有造型稍差,但由于装饰得当而"以俊遮丑"的情况。因此,造型和装饰都不应忽视。

1) 造型要求

(1) 外形轮廓应由直线和光滑曲线组成,但要注意曲线、圆弧、直角、棱边的挺度问题。应尽量避免过度的凸出物,使外形美观大方。

(2) 结构匀称,长和宽的比例多采用黄金分割。古希腊人认为,所有长方形中,以符合黄金分割的长方形最美。也就是说,长和宽的比例应该是(长+宽)/长=长/宽,即近似比为8∶5,或接近此比例。日常生活中的许多物品也都是按这个比例设计的。在仪器设计中,也要注意黄金分割原理。

(3) 稳定而安全,切忌头重脚轻,或过于细长,要给人以稳定安全感,这就要求高度与长宽呈适当的比例。

2) 装饰要求

(1) 色彩格调是人们选择产品时需要考虑的因素之一。色彩新颖和谐的设备容易引起人们的注意,从而可以达到促进销售的目的。就人-机-环境系统关系来说,设备色彩如果能与环境相协调,就能起到美化环境的作用,并能给操作者以美的享受,从而有利于提高工作效率。

设备色彩的选择与配置,不是千篇一律和一成不变的,它与设备的品种、结构特点、使用场合以及人们的不同爱好与习惯有关。对于出口设备,不仅要考虑出口地区气候的环境条件,还要考虑世界各国和地区的爱好与禁忌。因此在设计精密仪器设备的色彩时,不仅要注意调查研究世界各国当前流行的色彩格调,而且要注意研究主要竞争对手所采取的色彩格调以及研究和预测其发展变化趋势。

(2) 装饰经济美观,其中的喷漆、镀铬抛光、喷砂、染黑等处理须配置得当,有的外罩也要用锤纹漆、桔型漆等进行装饰,既美观又雅致。

(3) 在造型与布局的关系上,应以布局为主,造型为布局服务,为布局上的使用方便服务。例如,仪器高度要适合中等身材的操作者;操作手柄及按钮安排要适当;采光照明要良好;观察读数要舒适、方便,等等,即在满足仪器各方面性能要求的前提下使造型美观、大方。

总之,造型装饰不容忽视,除总体设计和具体部件设计人员要特别考虑之外,还需要艺术造诣较深的艺术工作者专门从事这项工作的研究,并负责造型设计。总体设计人员要密切配合,设计出外形美观、精度高、使用方便、竞争能力强的精密仪器和设备的新产品。

**10. 总体设计报告**

总结上述设计的各个方面,深入浅出地写出总体设计报告,以便指导具体设计。总体设计报告应重点突出,将所设计的仪器特点阐述明白、清楚,同时应列出所采取的措施及注意事项。这样,既能推动设计工作,又能积累经验,是搞好总体设计的最后一环。

在当今科学技术与工业生产迅速发展的时代,精密仪器和设备更新换代很快,作为一个优秀的设计师应密切注视仪器发展的新动向,掌握时代的信息,以最新的技术武装自己,在总体设计中,努力创出新原理和新技术,使自己设计的仪器赶上时代的步伐。

## 2.5 典型设计方法

### 2.5.1 优化设计

任何产品,均可以看成一个系统。一个系统的输入、输出指标提出之后,系统的优化问题便是从下列两个集合中挑选最佳元素:一个是系统的结构集合;另一个是系统的参数集合。

优化设计是将优化技术应用于设计过程中,最终获得比较合理的设计参数。优化设计方法可分为直接法和求导法。直接法是直接计算函数值、比较函数值,以此作为迭代收敛的基础;求导法是以多变量函数极值理论为依据,利用函数性态作为迭代收敛的基础。这两种方法的择优和运算过程按预先编制的程序在计算机上进行,也称为自动设计。其步骤如下:

(1) 建立数学模型,将精密仪器的设计问题转化为数学规划问题,选取设计变量,建立目标函数,确定约束条件;

(2) 选择最优化的计算方法;

(3) 按算法编写迭代程序;

(4) 利用计算机选出最优设计方案;

(5) 对优选的方案进行分析,判断其是否满足设计要求。

近年来优化设计有了很大的发展,已开始应用于工程设计中,例如光学系统的设计等。实践证明,优化设计可以显著提高设计速度和质量。

目前在仪器的优化设计中,采用三次设计的较多。三次设计可分为3个阶段。

**1. 系统设计**

系统设计是指由专业人员根据专业知识设计产品的结构和各元器件的中心值及其误差等级范围等,也就是通常的专业设计。这个阶段主要采用传统设计方法,即用传统的实验方式、经验设计公式以及设计者的经验进行设计。但从优化的角度看,无论是以计算为主,还是以实验为主,其产品参数均带有直接的性质,即由系统的输入、输出指标,根据系统的物理性能,直接设计系统的一组参数值,一旦符合指标要求,设计就告完成。因此,一般来说尚未考虑系统参数的优化问题。

**2. 参数设计**

这是一个新的设计技术,是设计一个高质量产品的最重要的阶段。其目的是从庞大的组合关系中找出最好的参数搭配关系,使质量最稳定可靠。其手法,从根本上来讲,用到了所谓非线性技术以及多种因素之间搭配关系的优选技术。在一般情况下,参数设计的结果会改变第一次设计的中心值,并较大地改变第一次设计的各元器件的参数。通过第二次设计,往往可以使产品质量从精度和稳定性上获得很大提高,有时甚至是非常大的提高。可以说,不经过参数设计的产品,绝大多数情况下不是质量最好的产品。此项技术要反复应用较大型的正交表,一般在计算机上完成。

**3. 允差设计**

允差设计是找出对产品质量影响显著的重要元件,然后对其进行经济效益计算,最后定出高质量、低成本的方案。一般也是在计算机上反复应用正交设计技术完成的。

三次设计后,产品的质量会接近最佳平均值,工厂在生产时的质量会接近正态分布。

## 2.5.2 可靠性设计

产品的可靠性是指在规定条件和规定时间内，完成规定功能的概率。它用产品的可靠度、失效率、寿命及维修度与有效度来表征。可靠性是产品质量的重要指标之一而不是全部，即可靠性高未必质量好。

可靠性设计贯穿从产品开发到产品生产的全过程。通常包括4个阶段：定义；论证与研制；生产；使用与维修。各阶段的内容及其相互关系如图2-35所示。

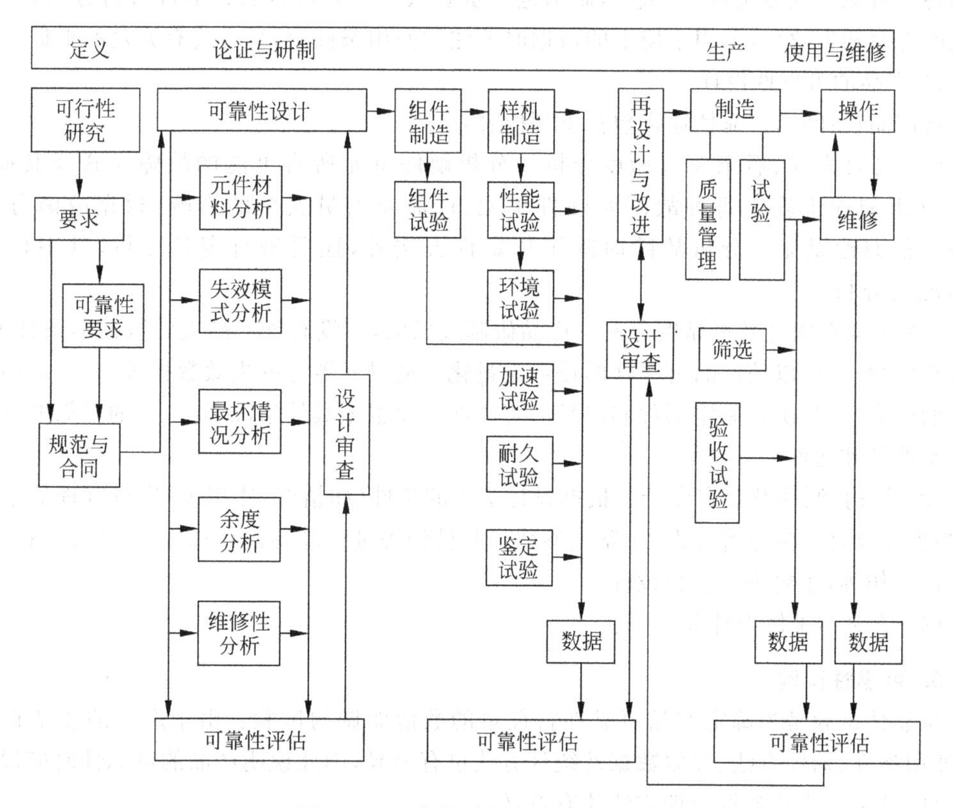


图2-35 可靠性计划各阶段流程图

### 1. 产品可靠性分析

产品可靠性分析是可靠性设计中的基本内容之一。可以从不同的角度对产品进行分析。例如，对产品结构原理的分析，目的在于分析组成产品各个系统的工作原理以及它们与整机的关系，系统的输入、输出及反馈关系，同时还应考虑产品与运输、产品的使用与外界干扰的关系等。在可靠性分析中，应建立整机与部件、部件与部件、部件与元件之间的逻辑图和数学物理模型，通过逻辑图和数学物理模型进行分析，以保证产品的可靠度。

**2. 产品设计与研制中的可靠性问题**

任何产品都具有一定的功能,以达到使用的目的。可靠性设计就是要保证产品在整个寿命期间各阶段都能够可靠地工作。

1) 可行性研究

可行性研究是指在达到目标的多种可能途径与手段中,选择最优的一种。它是一种工程决策,应充分考虑产品的效果及长远利益。要在可行性研究的基础上进行论证,对各项指标的各种可能实现方法,结合试验,做出进一步确认。要对材料及元器件进行分析,特别是它们的寿命和失效率,引用手册上的数据时要注意使用条件等,总之要有充足的根据。

2) 产品的可靠性设计

在产品设计时,可靠性通常包括下列内容:

(1) 失效模式、后果及致命度分析。分析硬件单元所有可能的故障模式及其原理,通过分析和评价确定每种故障对硬件单元、产品及人员安全的影响,根据故障分析提出设计的修改意见。分析故障时除了用定性方法外,还要进行定量分析,其中包括最坏情况的分析。

(2) 可靠性预计及可靠度分配。产品研制成以前,在没有该产品失效数据的条件下,通过可靠性预计,可以使产品可靠性的设计定量化。通过元器件的失效数据等,首先应确定元器件的可靠性,其次要确定部件和产品的可靠性。要根据具体情况,将产品的可靠度合理地分配给部件和元件。

(3) 结构、漂移及兼容设计。根据设计给定的条件(如精度、体积等)进行合理的结构设计;根据元器件的参数容许误差、寄生参数(如电路)等进行漂移设计;为防止外界干扰,包括防止误操作等,还要进行兼容设计。

(4) 安全与维修设计等。

**3. 可靠性试验**

可靠性试验是为确定产品可靠性特征量的数值而做的试验。由于产品的复杂程度不同,使用条件、抽样方法、失效数据及统计方法也有差异,因此说明产品的可靠性时应说明试验条件、试验方法及数据处理方法才有意义。

可靠性试验的目的如下:

(1) 发现产品在设计、材料、工艺等方面的缺陷,为改进设计提供依据;

(2) 提供可靠性数据,为工作状态、维修成本等估计提供参考。

产品可靠性试验分为破坏性试验和非破坏性试验,主要有寿命试验、可靠性增长试验和可靠性鉴定试验等。

**4. 可靠性统计评定**

精密仪器产品的主要性能指标及可靠性指标一般都与使用时间有关。因此产品经过一定时间的使用之后,要对其能否保持原设计指标、寿命的分布规律如何等进行评定。由于某些产品的批量很大，只能采用随机抽样方法做试验，根据试验数据获得的可靠性特征量来评定这些产品的可靠性指标。通常采用统计的方法，常用的有点估计法和区间估计法。如果数据经过统计处理，得出的数值是一个单值，则叫点估计法；如果统计处理结果是一个有上限及下限的区间，则称为区间估计法。

### 2.5.3　虚拟仪器设计

#### 1. 虚拟仪器技术的发展

虚拟仪器是计算机技术应用在仪器仪表领域而形成的富有生命力的仪器种类。目前，国际上存在几种比较流行的虚拟仪器的定义。一种是美国 NI 公司利用虚拟现实给出的：虚拟仪器是在通用计算机上加上一组软件和硬件，使得使用者在操作这台计算机时，就像在操作一台自己的专用传统电子仪器。而按照当前自动测试行业流行的说法，虚拟仪器可以定义为所有那些具有仪器功能特征的基本组成单元，也包括由它们组合而成的典型仪器，以及一些发挥计算机功能并实现更高要求的(自动测试要求)自动测试的专用软件模块。还有一种定义是在虚拟仪器生成过程的基础上，利用软件在微机上构成虚拟仪器面板功能，在有足够的硬件支持下对信号进行采样，在离线条件下，经软件处理得到测量结果的测量仪器。在这些定义中，软件和计算机处于核心地位。有人甚至将虚拟仪器简单定义为一种具有虚拟仪器面板的个人计算机仪器，虚拟仪器界则更有“软件即仪器(The software is the instrument)”之说。图 2-36 所示框图反映了常见的虚拟仪器方案。

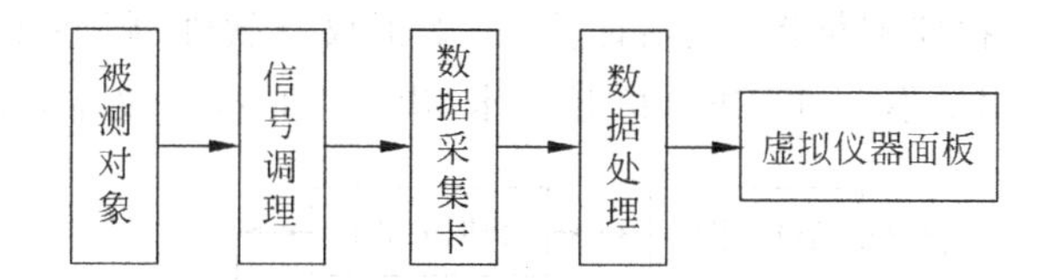


图 2-36　虚拟仪器方案的结构框图

因此，虚拟仪器是以个人计算机为核心，通过测量软件支持(若干独立仪器功能由软件实现)，具有虚拟仪器面板功能和足够的仪器硬件以及通信功能的测量信息处理机械。虚拟仪器是以计算机系统为基础发展起来的，因而它可以利用计算机内的微处理器、存储器和显示器的基本资源。近年来，计算机的处理能力是以指数级数增加的，远远超出了传统仪器处理能力的增长，例如 Pentium 处理器和 686 处理器的广泛使用，Intel 64 位处理器的面世，还有功能更强的 Risc 处理器。此外，计算机还在仪器所需的显示和存储能力方面提供了最先进的技术，出现了高分辨率图形显示器、图形加速卡、几百兆字节的磁盘、大容量半导体存储器等。计算机处理能力的增强是近年来虚拟仪器飞速发展的原因之一。

虚拟仪器必不可少的部件是仪器硬件，即模数转换器和数模转换器、数字量输入输出、定时、信号处理和信号源等。而两个快速发展的硬件是插入式数据采集卡(DAQ)和计算机仪器总线 VXI。DAQ 已有兆赫级的采样速度，精度可达 24 位。高精度仪表放大器(instrumentation amplifer)、增量调制模数转换器、高性能抗混淆滤波器(antialiasing filter)和多通道全程控信号波形处理器是这些硬件的精华。VXI 将通用接口总线(GPIB)技术和计算机总线相结合，提供了一个高速的工业标准。

选定计算机和必需的仪器硬件后，构造和使用虚拟仪器的关键是应用软件。目前应用软件有 3 个主要功能：提供一个集成的开发环境、一个与仪器硬件的高级接口以及一个虚拟仪器用户接口。应用软件给出一个彼此相容的集成框图，把虚拟仪器的硬件和软件结合在一起，进行数据的采集和控制、分析和显示，以及与用户接口的功能。其中，重要的一种是图形研制环境。例如，LabVIEW 图形软件的开发、个人计算机和工作站计算性能的进步以及图形接口的标准化已使更流行的平台适合于图形研制环境。应用软件为仪器的硬件提供了一个高水平的可视编程软件模块。用户不必对 GPIB，VXI 和 DAQ 有专门的了解，就可以有效地使用硬件选件来控制专门仪器的软件模块。控制专门仪器的软件模块称为仪器驱动器，由生产厂家提供。使用仪器驱动器，用户可以容易地将一些仪器与数据分析、数据显示和用户接口代码结合起来创建虚拟仪器。用户接口开发工具是通用语言的标准部件，两个通用的用户接口用于 Windows 的 VB 和 VC++。虚拟仪器软件不仅要包括一般用户特点，如菜单、对话框、按键和图示，还应有旋钮、条纹表格、可编程光标和数字显示，这些都是仪器应用所必需的。

**2. 虚拟仪器系统的组成**

图 2-37 所示为虚拟仪器框图，包括计算机、虚拟仪器软件、硬件接口和/或测控仪器。硬件接口种类包括数据采集卡、IEEE 488 接口卡、串/并口、插卡仪器以及其他接口卡。

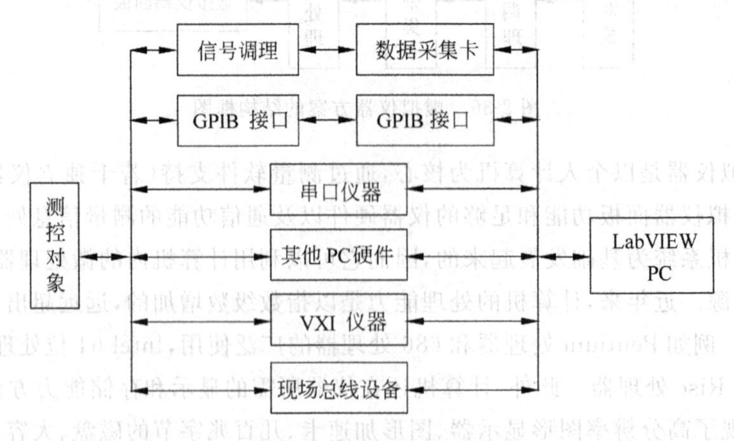


图 2-37　虚拟仪器框图

目前较为常用的虚拟仪器系统是数据采集系统、GPIB 系统、VXI 仪器系统以及这三者之间的任意组合。

1）数据采集系统的构成方法

一个典型的数据采集系统的构成如图2-38所示，主要由4大部分组成。图2-38中的数据采集卡是虚拟仪器最常用的接口形式，具有灵活、成本低的特点，其功能是将现场数据采集到计算机，或将计算机数据输出给受控对象。用数据采集卡配以计算机平台和虚拟仪器软件，便可构造出各种测量和控制仪器，诸如存储式数字万用表、信号发生器、示波器、动态信号分析仪、逻辑分析仪和振动分析仪等。

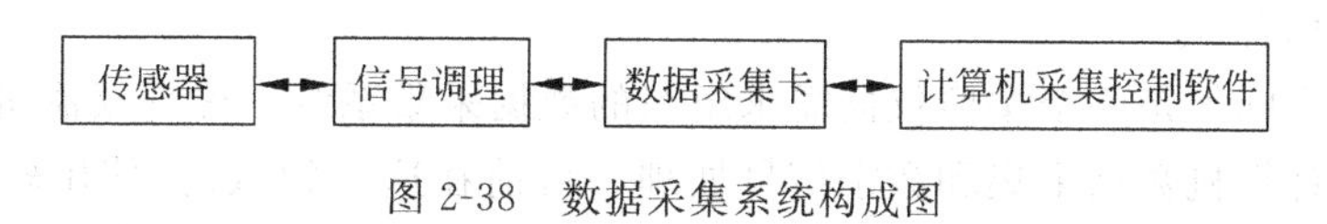


图2-38 数据采集系统构成图

目前，由于多层电路技术、可编程仪器放大器技术、即插即用(plug & play)技术、系统定时控制器技术、多路采集实时系统集成总线技术、高速数据采集的双缓冲区技术以及实现数据高速传送的中断、DMA等技术的应用，使得最新的数据采集卡/板能保证仪器级的性能、精度与可靠性。由此为用户建立功能灵活、性能价格比高的数据采集控制系统提供了很好的解决方案。

2）GPIB仪器控制系统的构成方法

GPIB(general purpose interface bus)技术可以说是虚拟仪器技术发展的第一阶段。GPIB犹如一座金桥，把可编程仪器与计算机紧密地联系在一起，从此电子测量由独立的手工操作的单台仪器向组成大规模自动测试系统的方向迈进。

一个典型的GPIB测量系统由一台PC、一块GPIB接口卡/板和若干台GPIB仪器通过GPIB电缆连接而成。在标准情况下，一块GPIB接口卡/板可带多达14台仪器，电缆长度可达20 m。

利用GPIB技术，可以用计算机实现对仪器的操作和控制，替代传统的人工操作方式，排除人为因素造成的测试测量误差。同时，由于可以预先编制好测试测量程序，实现自动测试，因此可以提高测试测量的可靠性和效率。利用GPIB技术，还可以很方便地扩展传统仪器的功能。例如，把示波器的信号送到计算机后，即可增加频谱分析仪的功能。

3）虚拟仪器控制系统的构成方法

虚拟仪器技术最引人注目的应用是VXI自动测试仪器系统。VXI总线仪器系统是将若干仪器模块插入VXI总线的机箱中，仪器模块没有操作和显示面板，仪器系统必须由计算机来控制和显示。VXI将仪器和仪器、仪器和计算机紧密地联系在一起，综合了数据采集卡/板和台式仪器的优点，代表着今后仪器系统的发展方向。VXI的开放结构、即插即用、虚拟仪器软件体系(VISA)等规范使得用户在组建VXI系统时可以不必局限于一家厂商的特定仪器模块，从而达到系统最优化。VXI的优点还包括便于组建自动测试系统、系统升级容易、数传速率高、空间体积小而紧凑，尤其适合像星载、机械、车载、生产线、计量等大规模的自动检测系统。因此，VXI在军工企业和大型企业得到了广泛应用。一个基本的

VXI仪器系统可以采用GPIB控制、嵌入式计算机控制和MXI总线控制3种不同的配置方式。

各种VXI控制方式中,GPIB控制适用于对总线控制的实时性要求不高,并需在系统中集成较多GPIB仪器的场合;嵌入式计算机控制由于在系统的体积、控制速率和电磁兼容性方面具有优势,因而适用于性能要求较高和投资较大的场合,如航天、军事等领域;MXI总线控制具有较高的性价比,便于系统扩展和升级,适用于各种实验室中科研系统以及对体积有不同要求的场合。

虚拟仪器实际上是一个按照仪器需求组织的数据采集系统。虚拟仪器研究中涉及的基础理论主要有计算机数据采集和数字信号处理。目前在这一领域内,使用较为广泛的计算机语言是美国NI公司的LabVIEW。

LabVIEW(laboratory virtual instrument engineering)是一种图形化的编程语言,被工业界、学术界和研究实验室广泛接受,视为一个标准的数据采集和仪器控制软件,可生成独立运行的可执行文件,并提供了Windows,UNIX,Linux,Macintosh的多种版本。

在测试与测量方面,LabVIEW已成为测试与测量领域的工业标准,通过GPIB、VXI、PLC、串行设备和播卡式数据采集卡可以构成实际的数据采集系统。它提供了工业界最大的仪器驱动程序库,同时还支持通过Internet,ActiveX,DDE和SQL等交互式通信方式实现数据共享,它提供的众多开发工具使复杂的测试与测量任务变得简单易行。

在过程控制和工业自动化方面,LabVIEW强大的硬件驱动、图形显示能力和便捷的快速程序设计,为过程控制和工业自动化应用提供了优秀的解决方案。对于更复杂、更专业的工业自动化领域,在LabVIEW基础上发展起来的BridgeVIEW是更好的选择。

在实验室研究与自动化方面,LabVIEW为科学家和工程师提供了功能强大的高级数学分析库,包括统计、估计、回归分析、线性代数、信号生成算法、时域和频域算法等众多科学领域,可满足各种计算和分析需要。即使在联合时域分析、小波和数字滤波器设计等高级或特殊分析场合,LabVIEW也提供了专门的附加软件包。

## 习 题

2-1 总体设计的目的和意义是什么?

2-2 目前从设计方法来说总体设计有哪几种?它们各有何特点?

2-3 总体设计前为什么要进行设计任务分析?设计任务分析应考虑哪些问题?

2-4 试说明精密仪器技术指标的作用。精密仪器的技术指标分几个方面?

2-5 说明确定精密仪器的主要参数及技术指标的方法。

2-6 精密仪器设计时应遵守哪些设计原则?

2-7 什么是阿贝原则?举例说明应采取何种技术措施减小阿贝误差。

2-8 什么是布莱恩原则?它与阿贝原则在内容实质和概念上有何区别?

2-9 题图 2-9 所示机构哪些符合阿贝原则,哪些不符合?说明原因。

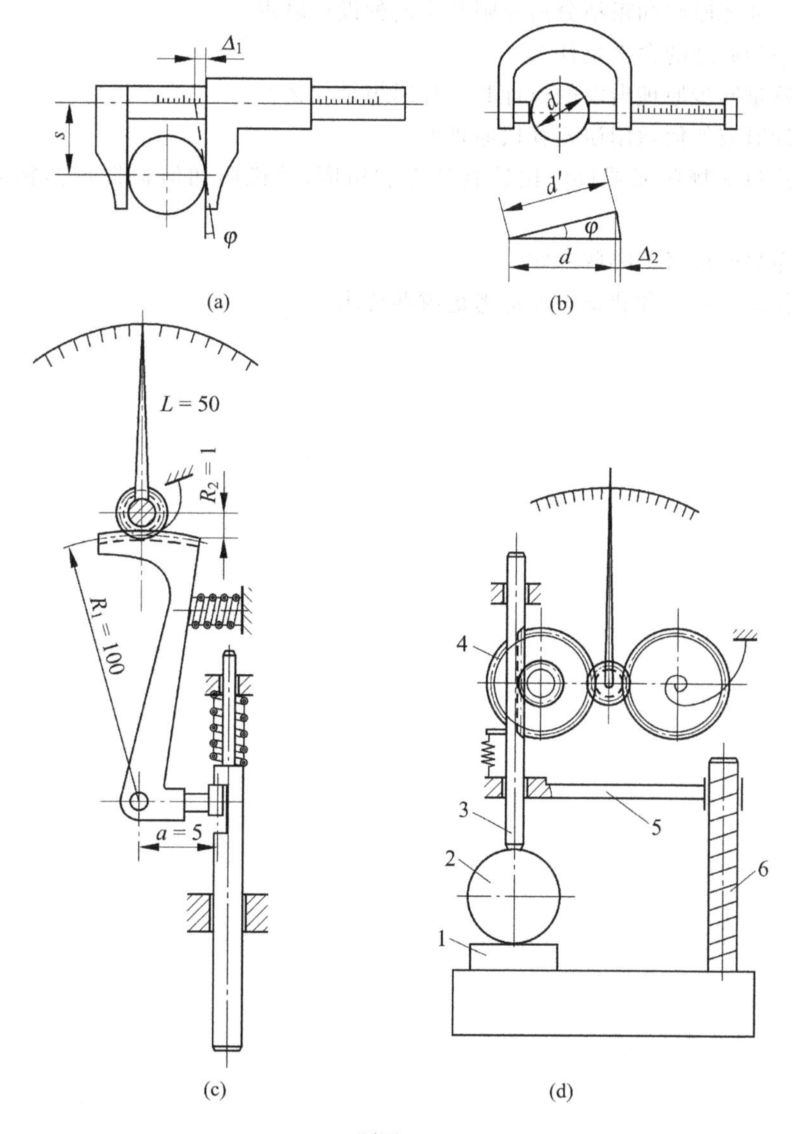


题图 2-9

1—台面;2—工件;3—测杆;4—齿轮;5—横梁;6—立柱

2-10 如果由于某种原因,所设计的仪器不能符合阿贝原则,一般应由何处着手减小阿贝误差?

2-11 什么是运动学原理?在仪器设计时满足运动学原理有哪些优点?

2-12 半运动学原理与运动学原理有何区别?

2-13 设计者从哪些方面考虑才能实现最小变形的原则?

2-14 最短尺寸链原则和粗精分离原则基于何种设计思想?

2-15 误差平均原理的含义是什么?

2-16 按位移量同步原理出发的设计其指导思想是什么?

2-17 在设计时应如何运用误差补偿原理?

2-18 基准器包括哪些元器件?比较其特点和精度,并说明如何根据仪器精度要求进行选择。

2-19 总体布局时应考虑哪些问题?

2-20 精密仪器在造型和装饰方面应考虑哪些要求?

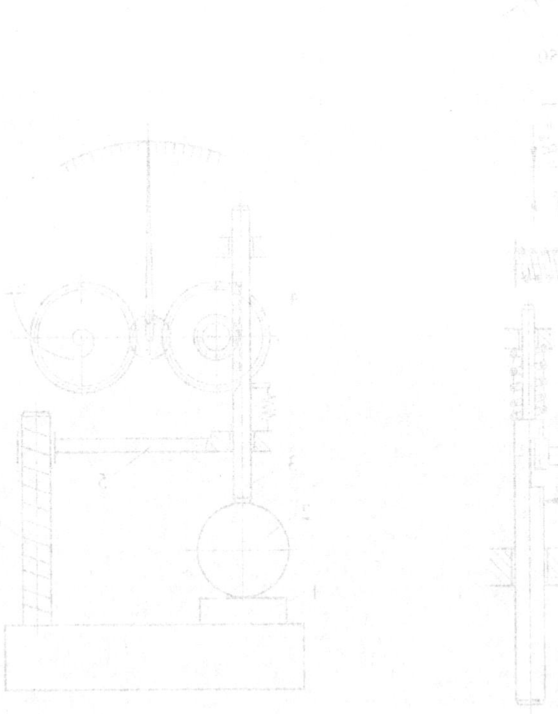

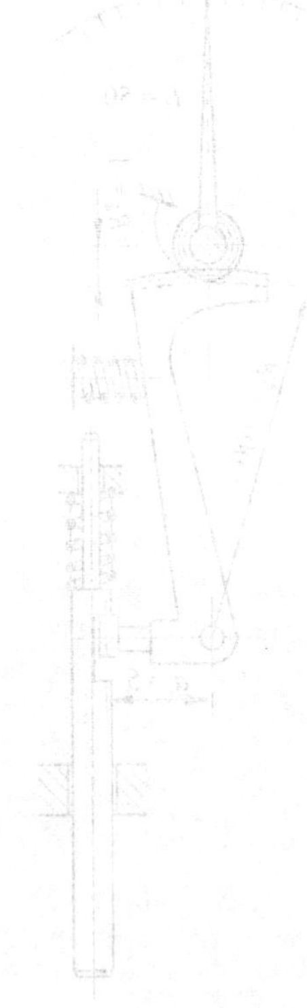

# 仪器精度设计与分析

精度(不确定度)是精密仪器及精密机械设备的一项重要技术指标。随着科学技术的发展,对于精密机械与仪器的精度也提出了愈来愈高的要求。例如在半导体工业中,64 Kb 的随机存储器线宽为 2～3 μm,而 356 Kb 存储器的线宽达到 0.7 μm,目前线宽已达0.1 μm。要求半导体的光刻设备和测试仪器本身的精度能达到亚微米、纳米级。由此可见,精度设计是仪器设计成败的关键。精密仪器及设备的精度无论多高,总是存在着误差。进行精度分析的目的是找出产生误差的根源和规律,分析误差对仪器设备精度的影响,以便合理地选择方案、设计结构、确定参数和设置必要的补偿环节,从而在保证经济性的基础上达到高的精度。

仪器精度理论主要研究影响仪器精度的各项误差来源及特性,研究误差的评定和估计方法,掌握误差的传递、转化和相互作用的规律,掌握误差合成与分配原则,从而为精度设计提供可靠的科学依据。

## 3.1 仪器精度概述

### 3.1.1 误差

**1. 误差的定义**

当对某物理量进行测量时,所测得的数值与标称值(或真值)之间的差称为误差,即

$$\Delta_i = x_i - x_b, \quad i = 1,2,\cdots,n \tag{3-1}$$

式中,$\Delta_i$ 为真误差值;$x_i$ 为测量值;$x_b$ 为标称值;$i$ 为测量次数。

1) 误差的特点

误差的大小反映了测量值对于标称值的偏离程度,具有以下特点:

(1) 任何测量手段无论精度多高,总是有误差存在,即真误差是客观存在的,永远不会等于零。

(2) 多次重复测量某物理参数时，各次的测定值并不相等，这是误差不确定性的反映。只有仪器的分辨率太低时，才会出现相等的情况。

(3) 真误差是未知的，因为真值通常是未知的。

2) 与误差有关的概念

为了能正确地表达精度，人们在长期实践中确定了以下基本概念。

(1) 理论真值(即名义值)：设计时给定的或是用数学、物理公式计算的给定值，如零件的名义尺寸等。

(2) 约定真值：世界各国公认的一些几何量和物理量的最高基准的量值，如作为公制长度的基准“米”，约定为

$$1\ \mathrm{m} = 1\,650\,763.73\lambda$$

式中，$\lambda$ 为氪86的($2p_{10}$-$5d_5$)跃迁在真空中的辐射波长。

(3) 相对真值：如果标准仪器的误差比一般仪器的误差小一个数量级，则标准仪器的测定值可视为真值，称作相对真值。

(4) 残余误差：其定义为

$$V_i = X_i - \overline{X} = X_i - \frac{\sum_{i=1}^{n} X_i}{n} \tag{3-2}$$

式中，$V_i$ 为残余误差；$X_i$ 为相对真值(标准仪器的测定值)；$\overline{X}$ 为多次测定值的算术平均值。

**2. 误差的分类**

1) 按误差的性质区分

(1) 随机误差：由一些独立因素的微量变化的综合影响造成的误差。其数值的大小和方向没有一定规律，但就其总体来说，服从统计规律。大多数随机误差服从正态分布。

(2) 系统误差：大小和方向在测量过程中恒定不变，或按一定规律变化的误差。一般来说，系统误差可以用理论计算或实验方法求得，可预测它的出现，并可以进行调节和修正。

(3) 粗大误差：一般是由于疏忽或错误，在测得值中出现的误差，应予以剔除。

2) 按被测参数的时间特性区分

(1) 静态参数误差：不随时间而变化的被测参数称为静态参数，测定静态参数所得的误差称为静态参数误差。

(2) 动态参数误差：是时间函数的被测参数称为动态参数，测定动态参数所得的误差称为动态参数误差。

3) 按误差间的关系区分

(1) 独立误差：彼此相互独立，互不相关，互不影响的误差。

(2) 非独立误差(或相关误差)：一种误差的出现与其他误差相关联，这种彼此相关的误差称为非独立误差。在计算总误差时其相关系数不为零。

**3. 误差的表示方法**

1）绝对误差

绝对误差指测量值 $x$ 与被测量真值 $x_0$（或相对真值）之差。绝对误差具有量纲，能反映出误差的大小和方向，但不能反映出测量的精细程度。用公式表示为

$$\Delta = x - x_0 \tag{3-3}$$

式中，$\Delta$ 为绝对误差；$x$ 为测量值；$x_0$ 为标称值。

2）相对误差

绝对误差与被测量真值的比值称为相对误差。相对误差无量纲，但它能反映测量工作的精细程度。用公式表示为

$$\delta = \frac{\Delta}{x_0} \tag{3-4}$$

式中，$\delta$ 为相对误差。

## 3.1.2 精度（不确定度）

**1. 精度（不确定度）的含义**

精度（不确定度）是误差的反义词，精度的高低是用误差来衡量的。误差大则精度低，误差小则精度高。

通常把精度区分为以下几种：

（1）准确度，反映系统误差的大小；

（2）精密度，反映随机误差的大小；

（3）精确度，反映系统误差和随机误差的综合。

由此可见，精密度高未必准确度一定高，反之亦然。只有在精确度高的情况下，才表明准确度和精密度都高。图 3-1 表示出了精度的各种情况。

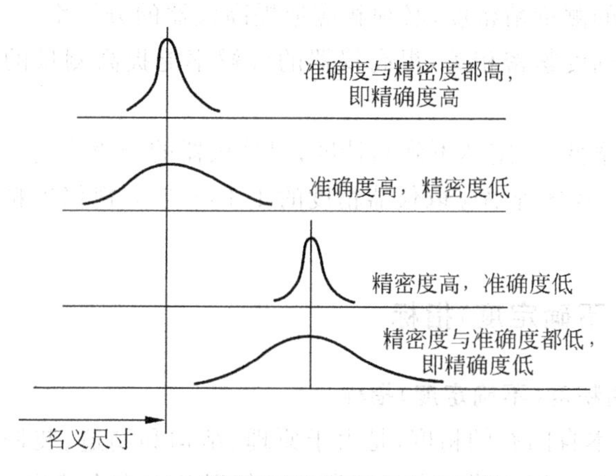


图 3-1 精度（不确定度）的各种情况

**2. 重复精度与复现精度**

1) 重复精度

重复精度是指在同一测量方法和测试条件(仪器、设备、测试者、环境条件)下,在一个不太长的时间间隔内,连续多次测量同一物理参数所得数据的分散程度。重复精度反映一台设备固有误差的精密度。

2) 复现精度

复现精度又称再现精度。它是用不同的测量方法,不同的测试者,不同的测量仪器,在不同的实验室内,在较长的时间间隔内对同一物理参数作多次测量,所得数据相一致的接近程度。

对于某一物理参数的测量结果,若重复精度和复现精度都很高,则表示该设备精度稳定,测量结果准确可信。否则,需要找出不一致的原因。复现精度一般应低于重复精度,因为测定复现精度时所包括的随机变化因素多于重复精度。

**3. 灵敏度与分辨率**

1) 灵敏度

对于测量仪器来说,灵敏度 $K$ 等于被观测的示值增量($\mathrm{d}l$)与测量的增量($\mathrm{d}G$)之比,可以表示为:

$$K = \frac{\mathrm{d}l}{\mathrm{d}G} \tag{3-5}$$

2) 分辨率

分辨率是仪器设备的一个重要技术指标,是仪器设备能感受、识别或探测的输入量(或能产生、能响应的输出量)的最小值。例如,光学系统的分辨率是指光学系统可分清的两物点间的最小间距。分辨率和精密度、精确度之间的关系如下:

(1) 要提高仪器的测量精密度,必须相应地提高仪器的分辨率。

(2) 分辨率与精确度紧密相关,提高仪器的分辨率能提高测量的精确度。但二者有时又是完全独立的。

(3) 仪器的分辨率低,一定达不到高精度;但是仪器的分辨率高,也不一定达到高精度。只有相应的分辨率(通常分辨率应取仪器精度的1/10~1/3,视仪器精度高低而定),才能达到要求的精度。

## 3.1.3 仪器精度(不确定度)指标

**1. 精密仪器常用精度(不确定度)指标**

仪器精度是指其本身固有的精度,是由于原理、结构和制造、装调等方面的不完善所造成的。仪器的精度高低可用仪器本身缺陷所造成的误差大小来评定。衡量仪器精度的指标通常有两种,即重复精度和复现精度。

(1) 重复精度。有些仪器在使用时只要求其在多次测量中的重复精度。例如,ZFJ 型自动分步重复照相机的精度指标为重复定位精度$\pm 1\ \mu$m,因为对于一整套掩膜版,只要求互相套准即可,并不要求绝对尺寸精度。

(2) 复现精度。用与标准量(真值或约定值)的偏差来表示。例如,双频激光干涉仪的测量精度为$\pm\sqrt{0.32^2+5\times10^{-7}L}\ \mu$m。它是与标准米尺的偏差,并随测量长度 $L$ 变化。测量长度愈长,误差就愈大。

由此可见,复现精度是要求仪器的精确度高,而重复精度则是要求仪器的精密度高。

**2. 随机误差评定尺度**

评定随机误差时,假设测量值不含系统误差及粗大误差,随机误差相互独立,是等精度测量,测量次数 $n\to\infty$。通常用均方根误差、算数平均误差、或然误差来表征。

1) 均方根误差 $\sigma$

设重复测量某值 $x_i$,得随机误差数列 $\varepsilon_1,\varepsilon_2,\cdots,\varepsilon_n$,即

$$\varepsilon_i = x_i - x_0$$

定义该数列的均方根误差为

$$\sigma = \sqrt{\frac{\sum\limits_{i=1}^{n}\varepsilon_i^2}{n}} \tag{3-6}$$

或写成

$$\sigma = \sqrt{\frac{\sum\limits_{i=1}^{n}(x_i - x_0)^2}{n}} \tag{3-7}$$

均方根误差的定义不仅适用于正态分布,同样也适用于其他分布。需要强调指出的是:

(1) $\varepsilon_1,\varepsilon_2,\cdots,\varepsilon_n$ 为纯随机误差,不包括系统误差。

(2) 所得的结果是数列均方根误差,不是测量结果的均方根误差。它表明整个数列的离散程度,仅反映整个测量过程的精密程度。

(3) 均方根误差可以表示为绝对误差,也可以表示为相对误差。

(4) 上述公式仅适于等精度测量,即测量数列中每一数据的精确度相等。

2) 算术平均误差 $\lambda$

设重复测量某一值,得随机误差数列为 $\varepsilon_1,\varepsilon_2,\cdots,\varepsilon_n$,定义该数列的算术平均误差为

$$\lambda = \frac{\sum\limits_{i=1}^{n}|\varepsilon_i|}{n} \tag{3-8}$$

积分式为

$$\lambda = \pm\int_{-\infty}^{+\infty}|\varepsilon|\, f(\varepsilon)\mathrm{d}\varepsilon \tag{3-9}$$

在均方根误差中提到的几点此处也适用。由概率积分可以求得均方根误差$\sigma$与算术平均误差的关系如下：

$$\lambda=\int_{-\infty}^{+\infty}|\varepsilon|\frac{1}{\sigma\sqrt{2\pi}}e^{\frac{-\varepsilon^2}{2\sigma^2}}d\varepsilon=2\int_{0}^{+\infty}\frac{1}{\sqrt{2\pi}\sigma}\varepsilon e^{\frac{-\varepsilon^2}{2\sigma^2}}d\varepsilon$$

$$=\frac{1}{\sqrt{2\pi}\sigma}\int_{0}^{+\infty}e^{\frac{-\varepsilon^2}{2\sigma^2}}d\varepsilon=\frac{1}{\sqrt{2\pi}\sigma}(-2\sigma^2)\left[e^{\frac{-\varepsilon^2}{2\sigma^2}}\right]_0^{\infty}$$

$$=\frac{-2\sigma}{\sqrt{2\pi}}(-1)=\sigma\sqrt{\frac{2}{\pi}}=0.7979\sigma\cong\frac{4}{5}\sigma \tag{3-10}$$

极限误差为

$$3\sigma=\frac{15}{4}\lambda \tag{3-11}$$

如果不是正态分布，而是其他分布，则以上比例常数不相同。

3）或然误差$\rho$

在一组等精度的测量数列中，若某随机误差具有的特性是绝对值比它大的误差个数与绝对值比它小的误差个数相同，则称此误差为或然误差，即

$$\int_{-\infty}^{-\rho}f(\varepsilon)d\varepsilon+\int_{+\rho}^{+\infty}f(\varepsilon)d\varepsilon=\int_{-\rho}^{+\rho}f(\varepsilon)d\varepsilon=\frac{1}{2} \tag{3-12}$$

或然误差$\rho$与均方根误差$\sigma$之间的关系为

$$\rho=0.6745\sigma=\frac{2}{3}\sigma,\quad \sigma=\frac{3}{2}\rho \tag{3-13}$$

均方根误差$\sigma$、算数平均误差$\lambda$、或然误差$\rho$均可作为随机误差评定的尺度。世界各国大多采用均方根误差作为随机误差评定尺度，其主要优点是$\sigma$与$\varepsilon^2$正比，因而对大的随机误差更敏感，能更灵敏地反应出数列的离散程度。

4）极限误差与仪器的精确度

误差的极限范围称为极限误差。极限误差用相对误差表示时称为相对极限误差；用绝对误差表示时称为绝对极限误差，又称最大误差。

由概率积分可知，随机误差正态分布曲线下的全部面积相当于全部误差出现的概率，即

$$\frac{1}{\sigma\sqrt{2\pi}}\int_{-\infty}^{+\infty}e^{\frac{-\varepsilon^2}{2\sigma^2}}d\varepsilon=1 \tag{3-14}$$

随机误差在$+\varepsilon\sim-\varepsilon$范围内的概率为

$$\rho(\pm\varepsilon)=\frac{2}{\sqrt{2\pi}}\int_{0}^{t}e^{-t^2/2}dt \tag{3-15}$$

概率积分为

$$\varphi(t)=\frac{1}{\sqrt{2\pi}}\int_{0}^{t}e^{-t^2/2}dt \tag{3-16}$$

随着$t$的增大，超出$|\varepsilon|$的概率很快减小。当$t=2$，即$|\varepsilon|=2\sigma$时，在22次测量中只有一

次的误差值超出 $3\sigma$ 范围。而当 $t=3$，即 $|\varepsilon|=3\sigma$ 时，在 370 次测量中只有一次误差值超出 $3\sigma$ 范围。对一般测量，测量次数很少超出几十次，可以认为绝对值大于 $3\sigma$ 的误差几乎是不可能出现的，故通常将这种误差称为单次测量的极限误差，即

$$\Delta_{\max}=\pm 3\sigma \tag{3-17}$$

仪器说明书中规定的精度是用极限误差来表示的。例如，5%精度的电压表，0.05%的频率计，都是指该仪器的极限误差。

**3. 系统误差**

仪器系统误差的数学特征为一定值或是按某种函数规律变化。它是由固定不变的或按确定规律变化的因素造成的，因而有可能予以消除。系统误差中占大多数的是设计原理方面的误差。除此之外，仪器零件制造和安装不正确也会引起系统误差。

系统误差可以分为定值系统误差和变值系统误差(如线性误差、周期误差和按复杂函数关系变化的系统误差)。

1) 定值系统误差对测量结果的影响

若 $x_1,x_2,\cdots,x_n$ 为某量 $x$ 的一组等精度测量值数列，其真值为 $x_0$，在 $x_i$ 中包含有定值系统误差 $\delta_0$ 和随机误差 $\varepsilon_1,\varepsilon_2,\cdots,\varepsilon_n$，则

$$\begin{aligned} x_1 &= x_0+\delta_0+\varepsilon_1 \\ x_2 &= x_0+\delta_0+\varepsilon_2 \\ &\vdots \\ x_n &= x_0+\delta_0+\varepsilon_n \end{aligned}$$

由此得出均值为

$$\bar{x}=\frac{1}{n}\sum_{i=1}^{n}x_i=x_0+\delta_0+\frac{1}{n}\sum_{i=1}^{n}\varepsilon_i \tag{3-18}$$

当 $n$ 足够大时，式(3-18)中最后一项趋近于零，故

$$\bar{x}=x_0+\delta_0 \tag{3-19}$$

由此可知，当 $n$ 足够大时，随机误差 $\varepsilon_i$ 对算术平均值 $\bar{x}$ 的影响可以忽略不计，但定值系统误差 $\delta_0$ 则全部反映在 $\bar{x}$ 中。若引入修正值 $p=-\delta_0$，从理论上讲可使测得值的 $\bar{x}$ 达到真值 $x_0$。实际上，$\bar{x}$ 接近 $x_0$ 的程度取决于 $n$ 的容量和修正值 $p$ 的精度及 $x_i$ 的测量精度。

定值系统误差 $\delta_0$ 对标准偏差 $\sigma$ 的影响，可以从残差与定值系统误差的关系式中求得。

当 $n$ 足够大时，有

$$v_i=x_i-\bar{x}=(x_0+\delta_0+\varepsilon_i)-(x_0+\delta_0)=\varepsilon_i$$

由此可知，$\delta_0$ 不影响残差 $v_i$ 的计算，亦不影响 $\delta_0$ 的计算。

由此得出结论：定值系统误差不影响随机误差分布密度曲线的形状，即不会影响随机误差的分布范围，而只影响随机误差分布位置的改变。

2) 变值系统误差对测量结果的影响

若 $x_i=(x_1,x_2,\cdots,x_n)$ 为某量 $x$ 的一组等精度测量值的数列,$x$ 的真值为 $x_0$,在 $x_i$ 中包括变值系统误差 $\delta_i(\delta_1,\delta_2,\cdots,\delta_n)$ 和随机误差 $\varepsilon_i(\varepsilon_1,\varepsilon_3,\cdots,\varepsilon_n)$,则

$$\begin{aligned} x_1 &= x_0+\delta_1+\varepsilon_1 \\ x_2 &= x_0+\delta_2+\varepsilon_2 \\ &\vdots \\ x_n &= x_0+\delta_n+\varepsilon_n \end{aligned}$$

由此得 $x_i$ 的算术均值为

$$\bar{x}=\frac{1}{n}\sum_{i=1}^{n}x_i=x_0+\frac{1}{n}\sum_{i=1}^{n}\delta_i+\frac{1}{n}\sum_{i=1}^{n}\varepsilon_i \tag{3-20}$$

当 $n$ 足够大时,式(3-20)中最后一项趋近于零,故

$$\bar{x}=x_0+\bar{\delta} \tag{3-21}$$

其中

$$\bar{\delta}=\frac{1}{n}\sum_{i=1}^{n}\delta_i$$

由此可知,变值系统误差以其算术均值反映在 $\bar{x}$ 中,在 $\bar{\delta}$ 未知时难以修正。

当 $n$ 足够大时,有

$$v_i=x_i-\bar{x}=(x_0+\delta_i+\varepsilon_i)-(x_0+\bar{\delta})=(\delta_i-\bar{\delta})+\varepsilon_i$$

由于 $\delta_i-\bar{\delta}\neq 0$,且其数值不易确定,故变值系统误差不仅影响 $x_i$ 的算术均值 $\bar{x}$,而且也影响 $x_i$ 的残差 $v_i$,必然影响 $\sigma$ 的计算值,即变值系统误差不仅影响随机误差分布曲线的位置,而且也影响它的分散范围,使分布曲线产生“平移”和“变形”。

上述各类误差可以用图 3-2 表示。

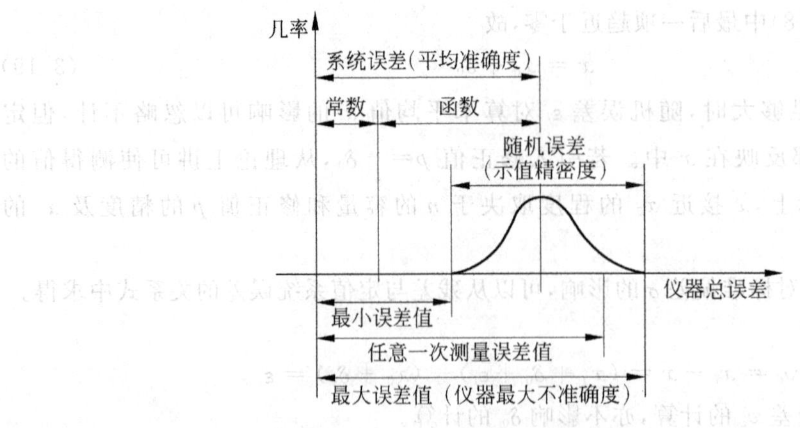


图 3-2 误差曲线图

## 3.2 仪器误差的来源与分类

仪器的误差在仪器制成后，在规定的环境条件下已基本上固定了。但仪器测量误差，不仅包括仪器误差，还包括使用或运行时因为环境条件、测量方法及测量人员主观因素等造成的综合误差，它可以用测量结果与被测量量值的偏差值来表示。

为了获得所需求的仪器精度，必须对影响仪器精度的各项误差源进行分析，找出影响精度的主要因素加以控制，设法减少其对仪器精度的影响。造成仪器误差的因素是多方面的，在仪器设计、制造和使用的各个阶段都可能造成误差。在仪器的各种误差源中，制造误差数值最大，运行误差次之，但在仪器测量误差中运行误差是主要的。

### 3.2.1 原理误差

原理误差可以分为理论误差、方案误差、机构原理误差、零件原理误差等。

#### 1. 理论误差

理论误差是指由于应用的工作原理的理论不完善或采用了近似理论所造成的误差。例如激光光学系统中，由于激光光束在介质中的传播形式不同于球面波，而是呈高斯光束，如果仍用几何光学原理来设计，则会带来理论误差。

#### 2. 方案误差

方案误差是指由于采用的方案不同而造成的误差。

#### 3. 机构原理误差

仪器结构有时也存在着原理误差，即实际机构的作用方程与理论方程有差别，因而产生机构原理误差。此外，由于采用简单机构代替复杂机构或用一个主动件的简单机构实现多元函数作用方程，也会产生机构原理误差。例如在实现 $y=f(u,v)$ 的函数机构中，变量 $u$ 起主要作用，而 $v$ 的变化对函数影响不大，如图 3-3 所示。

按照理想情况，应该设计两个主动件。为简化设计，用单一主动件来实现。设取 $v=a_1$，即用 $y=f(u,a_1)$ 代替 $y=f(u,v)$。而这种机构对于 $v=a_1$ 的情况是理想的，而在其他情况下就有机构原理误差出现。

#### 4. 零件原理误差

如图 3-4 所示，在实现 $h=f(\varphi)$ 的运动规律的凸轮机构中，为了减少磨损，常需将从动杆的端头设计成半径为 $r$ 的圆球头，由此引起误差 $\Delta h$：

$$\Delta h = OA - OB \approx \frac{r}{\cos\alpha} - r\cos\alpha = \frac{r\sin^2\alpha}{\cos\alpha}$$

$$= r\tan\alpha\sin\alpha \approx r\alpha^2$$

式中，$\alpha$ 为压力角。

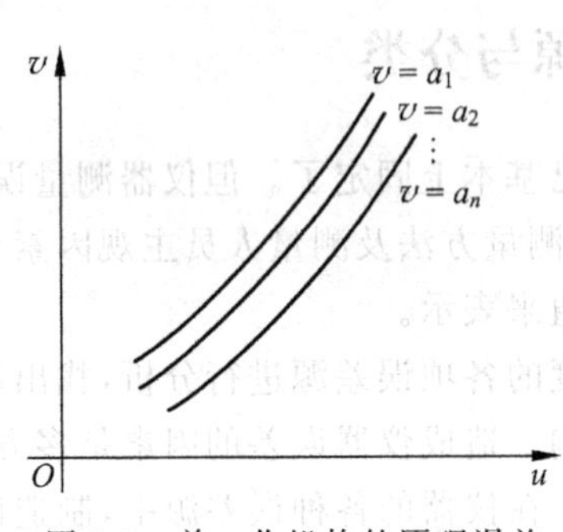

图 3-3 单一化机构的原理误差

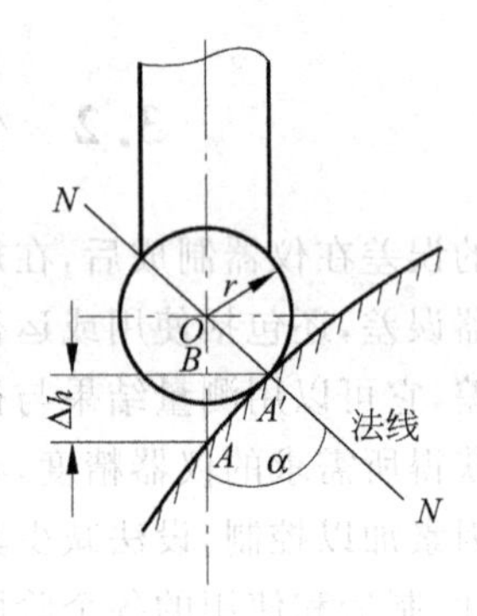

图 3-4 凸轮机构设计误差计算简图

### 3.2.2 制造误差

仪器零部件在制造过程中会产生许多误差，设计时只考虑能引起仪器误差的项目。制造误差可以在设计时通过合理确定公差来进行控制。设计零件时，应注意遵守基面统一原则，以减少制造误差。

基面大体上可分为以下 3 种：

(1) 设计基面，即零件工作图上标注尺寸的基准面；

(2) 工艺基面，即用来加工其他面的定位基准面；

(3) 装配基面，即确定零件间相互位置的基准面。

应尽可能把以上 3 个基面统一起来，以利保证精度。

### 3.2.3 运行误差

仪器在工作过程中也会产生误差，如变形误差、磨损和间隙造成的误差以及温度误差等。

由于受力零件常产生变形，材料又具有内摩擦，从而使负荷-变形曲线有时呈现如图 3-5 所示的性质，即出现弹性滞后或弹性后效。以上两种现象有时可以忽略，有时不能忽略，因

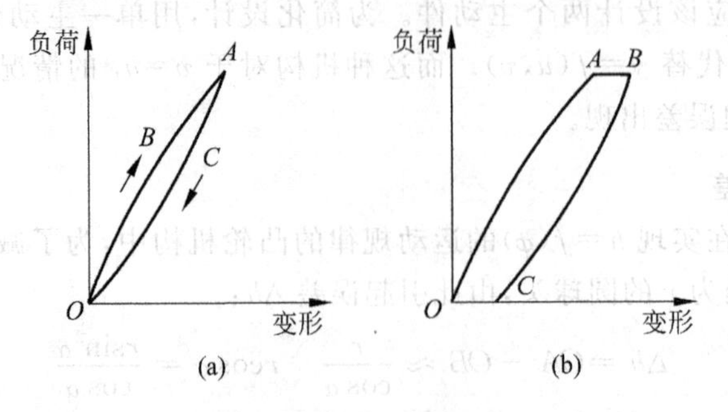

图 3-5 负荷-变形曲线

(a) 弹性滞后；(b) 弹性失效

为它们对弹性测量元件或弹性机构运动部件有明显影响。

根据材料力学的分析，在同样大小的力作用下，零件尺寸不变时，拉伸(压缩)变形比弯曲和扭转变形小，所以在结构设计时应尽量避免使零件产生弯曲或扭转变形。

由于零件自身重量产生的变形一般很小，常可以忽略不计。但随着零件尺寸的增大，变形将急骤增长，由重力造成的变形与零件尺寸增大倍数的平方成正比。因此大型精密机械零件(如床身、横梁等)的自重变形对精度有较大的影响。

**1. 自重变形引起的误差**

自重变形量与零件支点的位置有关。正确选择支点位置，可以使一定部位的变形误差达到最小值。乔治·艾里(G. Airy)和贝塞尔利用材料力学原理分别计算出了不同部位误差最小时选用的最优支承点。

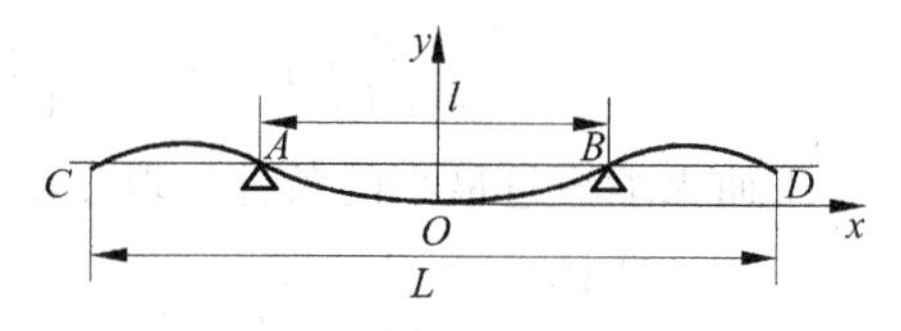

图 3-6 梁体自重所形成的弹性曲线

设某梁体在 $A$,$B$ 点支承时产生弹性变形如 $CAOBD$。由于对称性，可只研究 $OB$ 和 $BD$ 两段，如图 3-6 所示。

中段 $OB$ 所受弯矩为

$$M=-\frac{p}{2}\left(\frac{L}{2}-x\right)^2+\frac{pL}{2}\left(\frac{l}{2}-x\right)$$

右段 $BD$ 所受弯矩为

$$M=\frac{p}{2}\left(\frac{L}{2}-x\right)^2$$

式中，$p$ 为梁体单位长度的重量。

边值条件为 $y_{x=0}=0$，$y'_{x=0}=0$，并且 $y$，$y'$ 在 $B$ 点连续。由此得出，在中段 $OB$ 的情况是

$$y''=\frac{1}{2EI}pL^2\left[-\frac{1}{4}+\frac{l}{2L}-\left(\frac{x}{L}\right)^2\right]$$

$$y'=\frac{1}{2EI}pL^3\left[\left(-\frac{1}{4}+\frac{l}{2L}\right)\frac{x}{L}-\frac{1}{3}\left(\frac{x}{L}\right)^3\right]$$

$$y=\frac{1}{2EI}pL^4\left[\left(-\frac{1}{2}+\frac{l}{L}\right)\frac{1}{4}\left(\frac{x}{L}\right)^2-\frac{1}{12}\left(\frac{x}{L}\right)^4\right]$$

在右段 $BD$ 的情况是

$$y''=\frac{1}{2EI}pL^2\left[-\frac{1}{4}+\frac{x}{L}-\left(\frac{x}{L}\right)^2\right]$$

$$y'=\frac{1}{2EI}pL^3\left[-\frac{1}{8}+\left(-\frac{l}{L}\right)^2-\frac{x}{4L}+\frac{1}{2}\left(\frac{x}{L}\right)^2-\frac{1}{3}\left(\frac{x}{L}\right)^3\right]$$

$$y=\frac{1}{2EI}pL^4\left[-\frac{1}{48}\left(\frac{l}{L}\right)^3+\frac{1}{8}\left(\frac{l}{L}\right)\frac{x}{L}-\frac{1}{8}\left(\frac{x}{L}\right)^2+\frac{1}{6}\left(\frac{x}{L}\right)^3-\frac{1}{12}\left(\frac{x}{L}\right)^4\right]$$

而

$$y_B = \frac{1}{2EI}pL^4\left[-\frac{1}{32}\left(\frac{l}{L}\right)^2+\frac{1}{16}\left(\frac{l}{L}\right)^2-\frac{1}{192}\left(\frac{l}{L}\right)^4\right]$$

$$y_O = \frac{1}{2EI}pL^4\left[-\frac{1}{64}+\frac{1}{16}\left(\frac{l}{L}\right)^2-\frac{1}{48}\left(\frac{l}{L}\right)^3\right]$$

曲线上任意两点内的弧长为

$$S=\int_{x_2}^{x_1}\left[1+\left(\frac{\mathrm{d}y}{\mathrm{d}x}\right)^2\right]^{\frac{1}{2}}\mathrm{d}x\approx\int_{x_2}^{x_1}\left[1+\frac{1}{2}y^2\right]\mathrm{d}x$$

由中段 $y'$ 求出 $S_{OB}$，由右段 $y'$ 求出 $S_{BD}$ 的缩短量为

$$\begin{aligned}\Delta L&=2(S_{OB}+S_{BD})-L\\&=\frac{1}{768}\left(\frac{p}{EI}\right)^2L^7\left\{\frac{3}{28}-\frac{3}{4}\left(\frac{l}{L}\right)^2+\frac{7}{4}\left(\frac{l}{L}\right)^4-\frac{4}{5}\left(\frac{l}{L}\right)^5+\frac{1}{60}\left(\frac{l}{L}\right)^6\right\}\end{aligned}$$

下面求缩短量最小的条件。取 $\Delta L$ 对 $(l/L)$ 的偏导数，并使其等于零，即

$$\frac{\partial\Delta L}{\partial(l/L)}=\frac{1}{768}\left(\frac{p}{EI}\right)^2L^7\left\{-\frac{3}{2}+7\left(\frac{l}{L}\right)^2-4\left(\frac{l}{L}\right)^3+\frac{1}{10}\left(\frac{l}{L}\right)^4\right\}\frac{l}{L}=0$$

用牛顿法求得方程在(0,1)上的唯一解为

$$\frac{l}{L}=0.559\,380\,1 \tag{3-22}$$

此时的支承点 $A$,$B$ 即为贝塞尔点。

对于量块或标准棒等以端面间距为工作长度的量具，其支承位置的选择应以保证两端平行为准。此时其弹性曲线端点的切线应该水平，因此右端 $y'=0$，则

$$\frac{1}{8}\left(\frac{l}{L}\right)^2-\frac{1}{24}=0$$

由此可得

$$\frac{l}{L}=\frac{\sqrt{3}}{3}=0.577\,35 \tag{3-23}$$

此时支承点 $A$,$B$ 即为艾里点。

当多支承点时，设支承点数为 $n$，支点间距离 $a$ 与长度 $L$ 之间的关系为

$$a=\frac{L}{\sqrt{n^2-1}}$$

当希望中点挠度为零时，则

$$\frac{l}{L}=0.522\,77 \tag{3-24}$$

当希望中点与 $C$,$D$ 端点等高时，则

$$\frac{l}{L}=0.553\,70 \tag{3-25}$$

**2. 应力变形引起的误差**

零件虽然经过时效处理，内应力仍可能不平衡，金属的晶格处于不稳定状态，使零件产

生变形，在运行时产生误差。减小或消除内应力的一般方法是充分进行时效处理，切除表面应力层，用氮化代替淬火，锻造代替轧制等。

### 3. 接触变形引起的误差

在精密传动件中，常有点接触形式，这种接触变形对精度有明显影响。接触变形量与接触表面的形状、材料以及相互作用力有关。例如，工具显微镜测微丝杆端部球头与工作台间的接触变形，在需要垫量块进行测量时，接触变形的变动量将构成误差。

### 4. 磨损

磨损可能引起误差。由于零件加工表面的轮廓微观形状不规则，配合面有少数顶峰接触，因而单位面积的摩擦力很大，使顶峰很快磨平，从而迅速扩大接触面积，磨损速度随之变慢，实际磨损过程如图 3-7 所示。

为减少磨损造成的误差，在装配过程中或试用阶段常采用“跑合”措施，即经过很短一段时间 $t_1$，使磨损量达到 $\Delta f_h$，磨损速度随之变缓，从而使精度趋于稳定。

### 5. 间隙与空程引起的误差

如果零件配合存在间隙，则会造成空程，影响精度。弹性变形在许多情况下将引起另一种空程——弹性空程，也会影响精度。减小空程误差的方法如下：

(1) 使用仪器时，采用单向运转，把间隙和弹性变形预先消除，然后再进行使用；

(2) 采用间隙调整机构，把间隙调到最小；

(3) 提高构件刚度，以减少弹性空程；

(4) 改善摩擦条件，降低摩擦力，以减少由于摩擦力造成的空程。

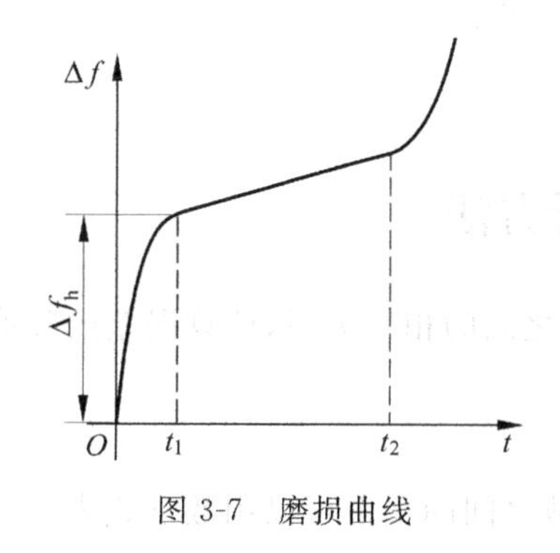


图 3-7 磨损曲线

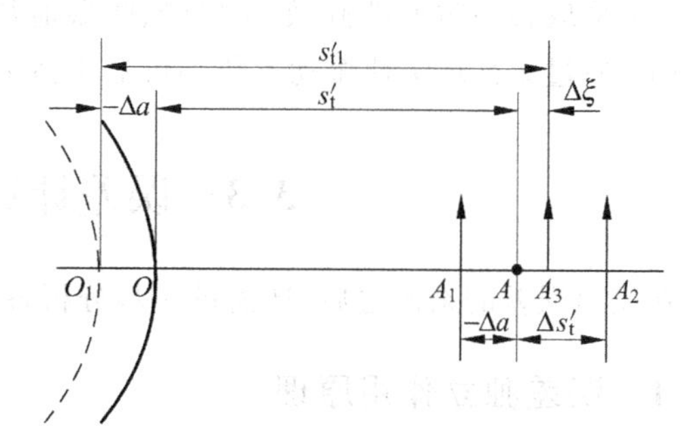


图 3-8 温度对成像位置的影响

### 6. 温度引起的误差

在使用过程中，由于温度变化使仪器零部件尺寸、形状和物理参数改变，可能影响仪器的精度。例如，作为传动部件的丝杠热变形对精度有较大的影响。由热力学可知，1 m 长的丝杠均匀温升 1℃，轴向伸长达 0.011 mm。这可能引起传动误差，应采取措施予以消除。

又如，光学仪器中温度对像面的影响可以从图 3-8 看出，由于温度变化，使仪器上的光

学零件最后一面 $O$ 移向 $O_1$,移动量为 $-\Delta a$,它使像面离开理想位置,由 $A$ 移至 $A_1$,$\overline{AA_1}=-\Delta a$;另一方面,光学零件的热变形也引起像面移动,由 $A$ 移至 $A_3$,$\overline{AA_2}=-\Delta s_t'$。实际成像面在 $A_3$ 处,最终的离焦量 $\Delta\xi$ 为

$$\Delta\xi=-\Delta a+\Delta s_t'$$

要求仪器在温度变化条件下能够保证 $\Delta\xi=0$,即

$$-\Delta a=0$$

和

$$\Delta s_t'=0$$

或

$$\Delta a=\Delta s_t'$$

由此可见,欲要保证较高的精度,必须采取措施,消除温度可能引起的误差。

**7. 振动引起的误差**

振动可能使工件或刻尺的像抖动或变模糊;振动频率高时,会使刻线或工件轮廓像扩大,产生测量误差;若外界的振动频率与仪器的自振频率相近,则会发生共振。振动会使零件松动。

减小振动影响的办法如下:

(1) 在高精度计量仪器中,尽量避免采用间歇运动机构,而用连续扫描或匀速运动机构;

(2) 零部件的自振频率要避开外界振动频率;

(3) 采取各种防振措施,如防振墙、防振地基、防振垫等;

(4) 通过柔性环节使振动不传到仪器主体上。

## 3.3 误差计算分析方法

在找出误差的来源之后,还需进一步分析各误差源之间的相互关系,计算误差的数值。

### 3.3.1 误差独立作用原理

仪器的输出(即所显示的被测量)和有关零部件参数之间的关系可以用数学式表示:

$$y_0=f(x,q_{01},q_{02},\cdots,q_{0n}) \tag{3-26}$$

式中,$x$ 为被测尺寸;$q_{01},q_{02},\cdots,q_{0n}$ 为仪器的有关零部件参数;$n$ 为零件数;$y_0$ 为指示参数,一般与示值呈线性关系。下标"0"表示没有误差时的名义值。

当仪器的有关零部件参数具有误差时,有

$$q_1=q_{01}+\Delta q_1$$
$$q_2=q_{02}+\Delta q_2$$

$$\vdots$$

$$q_n = q_{0n} + \Delta q_n$$

式中，$\Delta q_i$ 是各参数 $q_i$ 的相应误差，$i=1,2,\cdots,n$。因此，实际仪器的输出方程式为

$$y = f(x, q_1, q_2, \cdots, q_n)$$

$\Delta q_1, \Delta q_2, \cdots, \Delta q_n$ 使仪器产生的误差为

$$\Delta y = y - y_0$$

当 $\Delta q_1 \neq 0$，而 $\Delta q_2 = \Delta q_3 = \cdots = \Delta q_n = 0$ 时，$y_1 = f(x, q_{01}, q_{02}, \cdots, q_{0n})$，则由 $\Delta q_1$ 引起的误差为

$$\Delta y_1 = y_1 - y_0$$

由 $\Delta q_i$ 引起的误差为

$$\Delta y_i = y_i - y_0 = f(x, q_{01}, q_{02}, \cdots, q_{0i}, \cdots, q_{0n}) - f(x, q_1, q_2, \cdots, q_i, \cdots, q_n)$$

可以近似简化为

$$\Delta y_i \approx \partial y_i = \frac{\partial y}{\partial q_i} \mathrm{d} q_i \approx \frac{\partial y}{\partial q_i} \Delta q_i \tag{3-27}$$

其物理意义是，$\Delta y_i$ 是 $\Delta q_i$ 单独作用造成的仪器误差。现以 $\Delta P_i$ 表示，即

$$\Delta P_i = \frac{\partial y}{\partial q_i} \Delta q_i \tag{3-28}$$

在仪器加工前，仪器的实际方程式是不知道的，偏导数$\frac{\partial y}{\partial q_i}$无意义。但

$$y \approx y_0 + \sum_{i=1}^{n} \frac{\partial y_0}{\partial q_i} \Delta q_i$$

对 $q_i$ 取导数，有

$$\frac{\partial y}{\partial q_i} \approx \frac{\partial y_0}{\partial q_i}$$

即在误差 $\Delta P_i$ 的表示式中，可利用理想方程式 $y_0$ 求偏导数，则

$$\Delta P_i = \frac{\partial y_0}{\partial q_i} \Delta q_i$$

由此得出，误差源 $\Delta q_i$ 引起的误差 $\Delta y_i$ 是该误差源的线性函数，其线性常数是理想方程式对于该误差参数的偏导数$\frac{\partial y_0}{\partial q_i}$。

若仪器有关参数均具有误差，取理想方程式的全微分，即可得

$$\Delta y = \sum_{i=1}^{n} \frac{\partial y_0}{\partial q_i} \Delta q_i$$

式中，$\Delta y$ 是仪器各误差源共同作用所产生的误差。

综上所述，一个误差源仅使仪器产生一定的误差；仪器误差是其误差源的线性函数，与其他误差源无关。这就是误差的独立作用原理。因此，可以逐个计算各误差源所造成的仪器误差。

由于在推导过程中忽略了相关因子，因此误差独立作用原理是近似原理，但在大多数情

况下都能适用。

### 3.3.2 微分法

列出仪器的作用方程式,用微分求出各因素误差对仪器误差的影响。

**例 3-1** 求接触式光学球径仪测环半径误差对球径仪精确度的影响,其方程式为

$$R=\frac{r^2}{2h}+\frac{h}{2}\mp a$$

式中,$R$ 为被测样板曲率半径;$r$ 为测环半径;$h$ 为矢高;$a$ 为测环钢珠半径,测凸样板时取"−"号,测凹样板时取"+"号。

将上式对 $r$ 取偏微分,用 $\Delta r$ 代替 $\mathrm{d}r$,得仪器误差表示式

$$\Delta R=\frac{\partial}{\partial r}\left(\frac{r^2}{2h}+\frac{h}{2}\mp a\right)\Delta r=\frac{r}{h}\Delta r$$

微分法的优点是运用高等数学解决了其他方法难以解决的误差计算问题。但微分法也具有局限性,不少误差不能用微分法计算或很难计算,如仪器中常遇到的测杆间隙误差,就不能用微分法求得。

### 3.3.3 几何法

几何法是指利用几何图形找出误差源造成的误差,求出它们之间的数值和方向关系。

**例 3-2** 在图 3-9 所示的螺旋测微机构中,由于制造或装配产生的误差,使得螺旋轴线与滑块运动方向成一定夹角,求由此而引起的滑块位置误差 $\Delta L$。

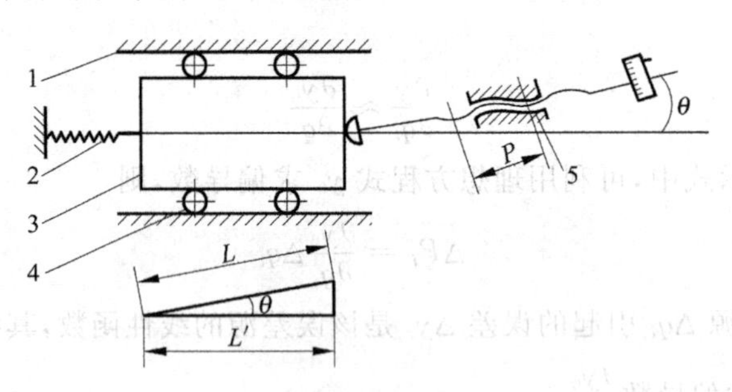


图 3-9 螺旋测微机构示意图

1—导轨;2—弹簧;3—滑块;4—滚珠;5—螺旋副

机构的传动方程为

$$L=\frac{\varphi}{2\pi}P$$

式中,$L$ 为滑块移动距离;$\varphi$ 为螺旋转角;$P$ 为螺距。

由于有原始误差夹角 $\theta$,滑块的实际移动距离 $L'$ 为

$$L'=L\cos\theta=\frac{\varphi}{2\pi P\cos\theta}$$

故位置误差为

$$\begin{aligned}\Delta L &= L - L' = \frac{\varphi}{2\pi}P - \frac{\varphi}{2\pi}P\cos\theta \\ &= \frac{\varphi}{2\pi}P(1-\cos\theta) \\ &\approx \frac{\varphi}{2\pi}P\left(1-1+\frac{\theta^2}{2}\right) \\ &\approx \frac{\varphi P}{4\pi}\theta^2\end{aligned} \tag{3-29}$$

几何法的优点是简单、直观，但应用在复杂机构上较为困难。

### 3.3.4 逐步投影法

这种方法是将主动件的某原始误差先投影到与其相关的中间构件上，然后再从该中间构件投影到下一个与其有关的中间构件上去，最终投影到机构从动件上，求出机构位置误差。例如，图 3-10 所示的平行四边形机构，要求零件 $AD$ 能作严格的平移，将角度以 1∶1 的比例由 $AB$ 传到 $CD$。由于制造或装配误差会造成 $AB \neq CD$，误差 $\Delta a = |a - a_1|$，这时可用逐步投影法求算所产生的从动件转角误差 $\Delta\varphi_a$。

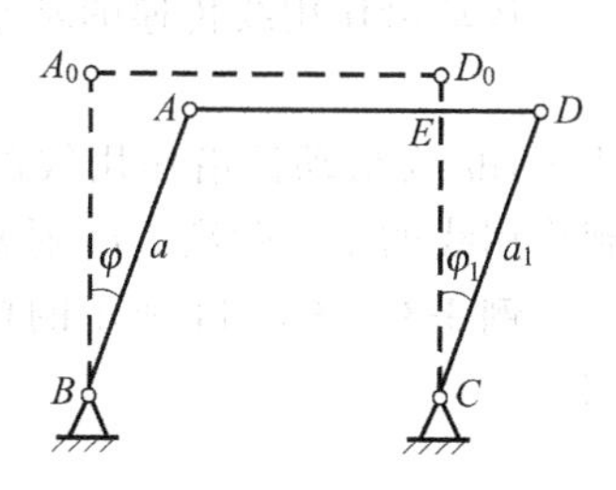


图 3-10 平行四边形机构误差计算简图

由图 3-10 可知，$\Delta a$ 在 $AD$ 上的逐步投影值 $\Delta_{AD}$ 为

$$\Delta_{AD} = \Delta a\cos(90° - \varphi) = \Delta a\sin\varphi$$

构件使从动件 $CD$ 转动的作用臂是 $C$ 点到 $AD$ 的垂直距离 $\overline{CE}$：

$$\overline{CE} = \overline{CD}\cos\varphi_1 = a_1\cos\varphi_1 \approx a\cos\varphi$$

故从动件转角误差 $\Delta\varphi_a$ 为

$$\Delta\varphi_a = \frac{\Delta_{AD}}{\overline{CE}} \approx \frac{\Delta a\sin\varphi}{a\cos\varphi} = \frac{\Delta a}{a}\tan\varphi$$

### 3.3.5 作用线与瞬时臂法

上述各种计算方法都是直接导出误差源的原始误差和示值误差的关系，而没有分析原始误差作用的中间过程。有些原始误差的影响并不能直接导出答案，例如齿轮的周节误差、齿形误差对示值误差的影响。因而有必要研究原始误差作用的中间过程，以便最终求出需要的结果。

瞬时臂法就是研究机构传递运动的过程，并分析原始误差怎样伴随运动的传递过程而传到示值上去，从而造成示值误差。

仪器机构传递运动可分为推力传动和摩擦传动两种形式。力和运动的传递都通过作用线，推力传动的作用线是零件接触处的公法线（见图 3-11），摩擦传动的作用线是零件接触处的公切线(见图3-12)。

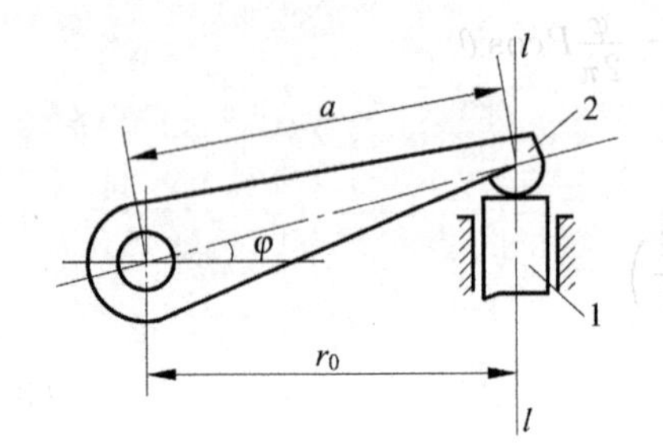


图3-11　推力传动方式

1—主动件；2—从动件

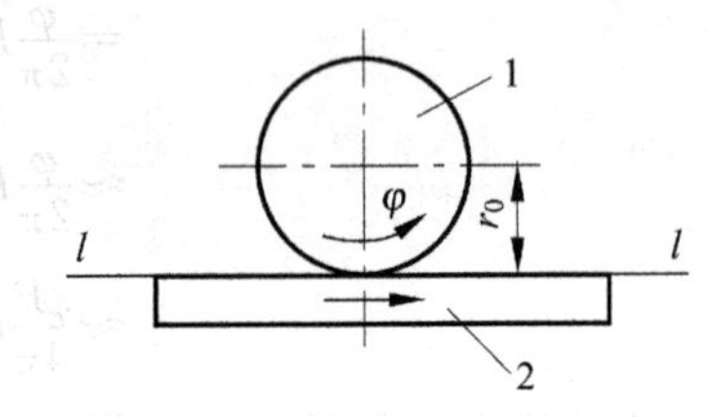


图3-12　摩擦传动

1—主动件；2—从动件

为了求出机构原始误差造成的示值误差值，首先需要列出运动传递的基本公式。

运动沿作用线传递的基本公式是

$$\mathrm{d}l = r_0\,\mathrm{d}\varphi \tag{3-30}$$

式中，$\mathrm{d}l$ 为从动件沿作用线的微小位移；$\mathrm{d}\varphi$ 为主动件的微小位移；$r_0$ 为主动件的回转中心到作用线的垂直距离。$r_0$ 通常是变量，称为瞬时臂。

**例3-3**　图3-11所示的杠杆机构，其传递运动的方程式与上述基本公式是一致的，可以列为

$$\mathrm{d}l = r_0\,\mathrm{d}\varphi,\quad r_0 = a\cos\varphi$$

所以

$$\left.\begin{aligned}\mathrm{d}l &= a\cos\varphi\mathrm{d}\varphi\\ L &= \int_0^{\varphi} a\cos\varphi\mathrm{d}\varphi\\ L &= a\sin\varphi\end{aligned}\right\} \tag{3-31}$$

**例3-4**　齿轮传动方程式

齿轮1和齿轮2(见图3-13)的传递运动作用线就是齿轮传动的公法线 $l$—$l$。在作用线上的微小位移可分别表示为 $\mathrm{d}l_1$ 和 $\mathrm{d}l_2$。

$$\mathrm{d}l_1 = r_1\,\mathrm{d}\varphi_1,\quad \mathrm{d}l_2 = r_2\,\mathrm{d}\varphi_2$$

又

$$r_1 = R_1\cos\alpha,\quad r_2 = R_2\cos\alpha$$

式中，$\alpha$ 为压力角；$R_1$，$R_2$ 为齿轮节圆半径。

由于两齿轮在传动中沿作用线的微小位移相等，即

$$\mathrm{d}l_1 = \mathrm{d}l_2$$

或

$$R_1\cos\alpha\mathrm{d}\varphi_1 = R_2\cos\alpha\mathrm{d}\varphi_2,\quad R_1\mathrm{d}\varphi_1 = R_2\mathrm{d}\varphi_2$$

$$\int_0^{\varphi} R_1\,\mathrm{d}\varphi_1 = \int_0^{\varphi} R_2\,\mathrm{d}\varphi_2,\quad R_1\varphi_1 = R_2\varphi_2$$

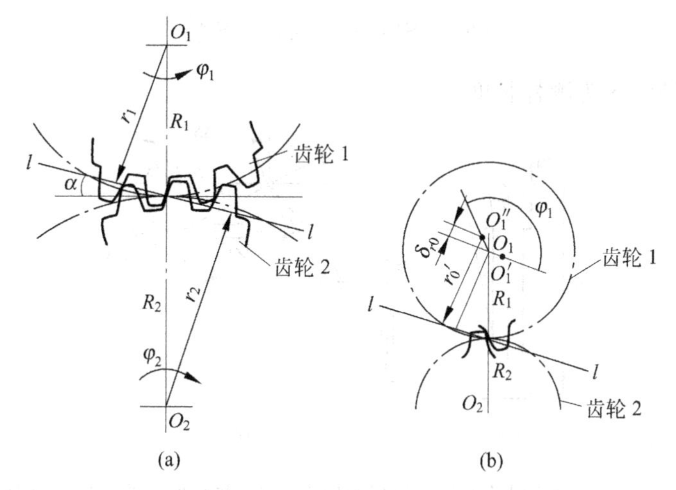

图 3-13 齿轮传动

根据上述这些基本机构的传动方程式,便可得出由它们组成的仪器机构方程式。

在实际条件下,各种机构都有误差,都将使瞬时臂增添多余的变动量 $\delta_{r_0}$。具有误差的实际机构的瞬时臂可表示为

$$r_0' = r_0 + \delta_{r_0}$$

实际机构传递运动的基本公式如下:

$$\mathrm{d}l' = r_0'\mathrm{d}\varphi = r_0\mathrm{d}\varphi + \delta_{r_0}\mathrm{d}\varphi \tag{3-32}$$

或

$$L' = \int_0^{\varphi}\mathrm{d}l' = \int_0^{\varphi} r_0'\mathrm{d}\varphi = \int_0^{\varphi} r_0\mathrm{d}\varphi + \int_0^{\varphi}\delta_{r_0}\mathrm{d}\varphi$$

与理想机构公式相比,可以看出,上式的第二项就是由误差源造成的从动件误差。

在具体计算每一原始误差在作用线上的误差(作用误差 $\Delta F$)时,有 3 种可能情况:

(1) 原始误差可以换算成(或等于)瞬时臂误差。如式(3-32)所述,$\Delta F$ 为由于瞬时臂误差 $\delta_{r_0}$ 而引起的在作用线上的作用误差。

(2) 原始误差与作用线方向一致,如齿形误差,作用线 $l$—$l$ 与 $\Delta J$ 方向相同,如图 3-14 所示。当一个齿啮合时,有

$$\Delta F = \Delta J \tag{3-33}$$

式中,$\Delta J$ 为齿形误差。

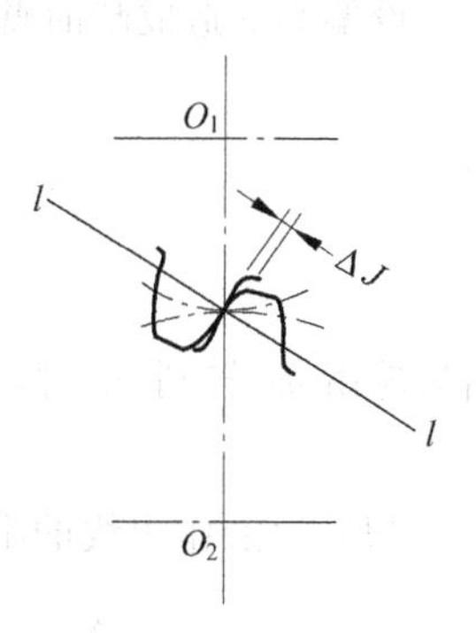

图 3-14 原始误差与作用线方向一致

(3) 原始误差不能换算成瞬时臂误差,并与作用线方向不重合时,如图 3-15(a)所示,由于间隙使测杆倾斜,则在作用线上的误差用几何关系换算得到:

$$\Delta F = S(1-\cos\alpha) = S\frac{\alpha^2}{2} \tag{3-34}$$

式中,$\alpha$ 为测杆倾角;$S$ 为测杆长度。

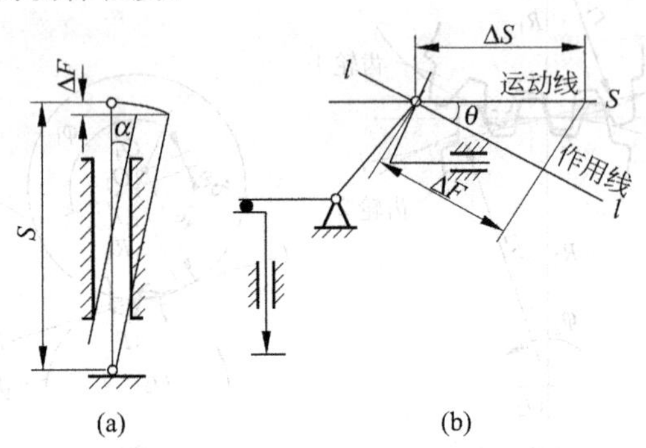


图 3-15 原始误差不能换算成瞬时臂误差,并与作用线方向不重合

(a) 测杆在轴孔中倾斜;(b) 作用线与运动线不一致

如果作用线与从动件运动线不重合、不平行,而是交叉的(见图 3-15(b)),则反映从动件运动方向上的误差与作用线上的作用误差之间的关系为

$$\Delta S = \frac{\Delta F}{\cos\varphi} \tag{3-35}$$

式中,$\varphi$ 为作用线与运动线之间的夹角;$\Delta S$ 为从动件运动方向误差。

瞬时臂法可以概括为:找出造成瞬时臂的变动量 $\delta_{r_0}$,将其代入误差传递公式中,进而求出在作用线上产生的误差,最后再归算到从动件上去。

瞬时臂法比逐点投影法更深刻地描述了误差的传递,在解空间机构误差问题时具有突出的优点。

**例 3-5** 求渐开线齿轮偏心 $e$ 造成的传动误差(见图 3-13(b))。

设偏心 $e$ 造成瞬时臂的附加变动为 $\delta_{r_0}$。令

$$\overline{O_1O_1'} = \overline{O_1O_1'} = e$$

则

$$\Delta Fe = \int_0^{\varphi} e\sin\varphi \mathrm{d}\varphi = e(1-\cos\varphi_1)$$

当齿轮由 $\varphi_{10}$ 转到 $\varphi_{12}$ 时,有

$$\Delta Fe = e(\cos\varphi_{10} - \cos\varphi_{11})$$

$\Delta Fe$ 为沿作用线的附加运动,它使齿轮 2 转了一个附加的角度 $\Delta\varphi_{2e}$:

$$\Delta\varphi_{2e} = \frac{\Delta Fe}{r_2} = \frac{\Delta Fe}{R_2\cos\alpha} = \frac{e}{R_2\cos\alpha}(\cos\varphi_{10} - \cos\varphi_{11})$$

## 3.4 误差综合与实例分析

在新产品设计和技术鉴定以及对旧的产品进行精度复测时，都需要对该产品的总精度进行分析和估计，对各个主要部件的误差进行分配和综合。由于误差的种类不同，综合的方法也各异。对于随机误差，采用方差运算规则合成，对已定系统误差的综合采用代数和法；对属于系统误差性质，但对其大小或方向还不确切掌握的所谓未定系统误差，则采用绝对和法与方和根法。

### 3.4.1 随机误差的合成

设有 $n$ 个随机性原始误差，其标准差为 $\sigma_1,\sigma_2,\cdots,\sigma_n$。根据方差运算规则，其合成的总随机误差标准差为

$$\sigma=\sqrt{\sum_{i=1}^{n}\sigma_i^2+2\sum_{1\leqslant i<j\leqslant n}^{n}\rho_{ij}\sigma_i\sigma_j} \tag{3-36}$$

式中，$\rho_{ij}$ 为第 $i,j$ 个相关随机误差间的相关系数；$\sigma_i,\sigma_j$ 为相关误差的标准差，$i,j=1,2,\cdots,n,i\neq j$。

合成后的总误差(总随机不确定度)的极限误差为

$$\Delta_\Sigma=\pm t\sigma=\pm t\sqrt{\sum_{i=1}^{n}\sigma_i^2+2\sum_{1\leqslant i<j\leqslant n}^{n}\rho_{ij}\sigma_i\sigma_j} \tag{3-37}$$

式中，$t$ 为置信系数，但与置信概率及对应的随机误差的分布有关；$\Delta_\Sigma$ 为合成总极限误差。

各单项随机误差的极限误差为

$$\delta_i=\pm t_i\sigma_i$$

式中，$\sigma_i$ 为各随机误差的标准偏差；$t_i$ 为各对应随机误差的置信系数。将上式代入式(3-37)得

$$\Delta_\Sigma=\pm t\sqrt{\sum_{i=1}^{n}\left(\frac{\delta_i}{t_i}\right)^2+2\sum_{i,j=1}^{n}\rho_{ij}\left(\frac{\delta_i}{t_i}\right)\left(\frac{\delta_j}{t_j}\right)} \tag{3-38}$$

式中，$-1\leqslant\rho_{ij}\leqslant 1$(即 $|\rho_{ij}|\leqslant 1$)。

当 $0<\rho_{ij}<1$ 时，两随机误差正相关，其中一个随机误差增大时，另一个误差的取值平均地增大；当 $0>\rho_{ij}>-1$ 时，两随机误差负相关，即一随机误差增大时，另一误差的取值平均地减小；当 $\rho_{ij}=\pm 1$ 时，称为完全相关(或称强正相关)，即两随机误差之间存在着确定的线性函数关系；当 $\rho_{ij}=0$ 时，两随机误差不相关(无线性关系)，表示两随机误差完全独立，这时由式(3-38)得出总极限误差综合为

$$\Delta_\Sigma=\pm t\sqrt{\sum_{i=1}^{n}\left(\frac{\delta_i}{t_i}\right)^2} \tag{3-39}$$

如果为正态分布，则置信系数 $t=3$ 时(其约定概率为 $\rho=0.9973$)的随机性总极限误

差为

$$\Delta_{\Sigma}=\pm\sqrt{\sum_{i=1}^{n}\sigma_i^2} \tag{3-40}$$

以上都是误差传递系数为1的情况。如果$\frac{\partial f}{\partial q_i}$不为1,则

$$\Delta_{\Sigma}=\pm\sqrt{\sum_{i=1}^{n}\left[\frac{\partial f}{\partial q_i}\sigma_i\right]^2} \tag{3-41}$$

### 3.4.2 系统误差的合成

**1. 已定系统误差的合成**

已定系统误差的数值大小和方向已知,其合成方法用代数和法。设有$r$个已知系统误差,则已定系统误差为

$$\Delta_e=\Delta_1+\Delta_2+\cdots+\Delta_r=\sum_{i=1}^{r}\Delta_i \tag{3-42}$$

**2. 未定系统误差的合成**

未定系统误差的数值大小与方向不明确,常用两种方法合成。

1) 绝对和法

绝对和法又称为最大最小法。若各单项未定系统误差的不确定度(极限误差)分别为$e_1,e_2,\cdots,e_m$,则总误差的不确定度按绝对值相加,即

$$\Delta_e=|e_1|+|e_2|+\cdots+|e_m|=\sum_{i=1}^{m}|e_i| \tag{3-43}$$

这种合成方法对总误差的估计偏大,显然不完全符合实际。但此法比较简便、直观,因而在原始误差数值较小或选择方案时采用。

2) 方和根法

方和根法的系统误差计算公式为

$$\Delta_e=\pm\sqrt{e_1^2+e_2^2+\cdots+e_m^2}=\pm\sqrt{\sum_{i=1}^{m}e_i^2} \tag{3-44}$$

式中,$e_1,e_2,\cdots,e_m$为$m$个未定系统误差。

式(3-44)是假设各单项原始误差不相关($\rho_{ij}=0$)且未知其概率分布,而当做正态分布来对待。这种方法计算的结果略低于实际总误差,只有在误差数目很多时,才较接近实际情况。

当单项原始误差不相关,各误差概率分布已知时,采用广义方和根法最为合适。该法较严格,适用于任何概率分布的误差合成。由于其估算精度较高,对精密机械尤为合适。

广义方和根法的总合成误差$\Delta_e$为

$$\Delta_e = \pm t\sigma_m = \pm t\sqrt{\left(\frac{e_1}{t_1}\right)^2 + \left(\frac{e_2}{t_2}\right)^2 + \cdots + \left(\frac{e_m}{t_m}\right)^2} = \pm t\sqrt{\sum_{i=1}^{m}\left(\frac{e_i}{t_i}\right)^2} \tag{3-45}$$

式中，$t_1, t_2, \cdots, t_m$ 为各系统误差在具体约定概率条件下对应的置信系数；$t$ 为总误差分布的对应置信系数；$\sigma_m$ 为总合成误差的标准偏差；$e_1, e_2, \cdots, e_m$ 为各未定系统误差的极限误差（系统不确定度）。一般测量时，$m$ 取 10～15，$t=3$。

设计精密机械时，$m$ 个单项极限误差 $e_1, e_2, \cdots, e_m$ 取相应尺寸公差的一半，即 $e_i = \Delta x_i/2$。

精密机械含有各种单项原始误差，有些不相关，有些相关。因此在合成误差时要注意考虑相关系数的影响，其处理方法同随机误差合成相同，即

$$\Delta_e = \pm t\sqrt{\sum_{i=1}^{m}\left(\frac{e_i}{t_i}\right)^2 + 2\sum_{1 \leqslant i \leqslant j \leqslant m}^{m} e_{ij}\left(\frac{e_i}{t_i}\right)\left(\frac{e_j}{t_j}\right)} \tag{3-46}$$

### 3.4.3 不同性质误差的合成

**1. 已定系统误差和随机误差的合成**

设各单项原始误差中有 $r$ 个已定系统误差 $\Delta_i$，$n$ 个随机误差 $\delta_i$，则合成误差为

$$\Delta_s = \sum_{i=1}^{r}\Delta_i \pm t\sqrt{\sum_{i=1}^{n}\left(\frac{\delta_i}{t_i}\right)^2} \tag{3-47}$$

**2. 随机误差与已定系统误差和未定系统误差的合成**

设各单项原始误差中有 $r$ 个已定系统误差 $\Delta_i$，有 $m$ 个未定系统误差 $e_i$，有 $n$ 个随机误差 $\delta_i$。在合成误差时，要根据仪器设备的未定系统误差的类型来选定计算方法。

当计算一台仪器设备的最大极限误差值时，未定系统误差的随机性大为减少，因此可按系统误差来处理，其合成误差为

$$\Delta_s = \sum_{i=1}^{r}\Delta_i + \sum_{i=1}^{m}|e_i| \pm t\sqrt{\sum_{i=1}^{n}\left(\frac{\delta_i}{t_i}\right)^2} \tag{3-48}$$

这种计算方法适用于超差概率极小的仪器设备，如高精度计量标准仪器。

当计算一批同类仪器设备的合成极限误差时，未定系统误差呈现随机误差性质，因此误差合成按随机误差方法来处理。如果单项原始误差中含有相关的误差，则其合成误差为

$$\Delta_s = \sum_{i=1}^{r}\Delta_i \pm t\sqrt{\sum_{i=1}^{m}\left(\frac{e_i}{t_i}\right)^2 + \sum_{j=1}^{n}\left(\frac{\delta_j}{t_j}\right)^2 + 2\sum_{i,j=1}^{m,n}\rho_{ij}\left(\frac{e_i}{t_i}\right)\left(\frac{\delta_j}{t_j}\right)} \tag{3-49}$$

它反映不出一台设备的最大极限误差，因此不适用于计算一台仪器设备的合成极限误差。

在一般设备或仪器中求一台仪器设备的总极限误差时，强调未定系统误差的两重性，即在未定系统误差合成时，按随机误差来处理，强调其随机性质；而它与随机误差合成时，则强调其系统性质，按系统误差与随机误差合成方法处理，其计算式为

$$\Delta_s = \sum_{i=1}^{r}\Delta_i \pm t\sqrt{\sum_{i=1}^{m}\left(\frac{e_i}{t_i}\right)^2} \pm t\sqrt{\sum_{j=1}^{n}\left(\frac{\delta_j}{t_j}\right)^2} \tag{3-50}$$

如果各单项原始误差有相关误差存在,求合成误差时还应考虑相关系数。

### 3.4.4 误差分析计算实例

图3-16为激光干涉定位自动分步重复照相机的精密机械传动系统结构示意图。主机工作台的纵、横滑板分别用滚柱支承在互相垂直的纵、横导轨上,在水平面内用聚四氟乙烯特制的触头导向和张紧,并分别由两套电动机驱动。为使工作台既有较快的移动速度,又能微动,采用了快速伺服电动机与步进电动机联用的结构。为避免电动机振动的影响,将机底座与主机分开,用尼龙绳传动。

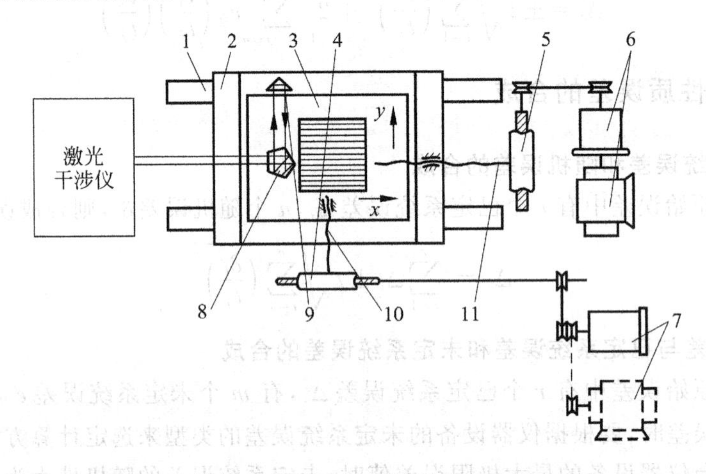


图3-16 机械传动系统结构示意图

1—下层导轨;2—中层导轨;3—上滑板工作台;4—$y$向传动蜗轮副;
5—$x$向传动蜗轮副;6—$x$向拖动电动机组;7—$y$向拖动电动机组;8—五棱镜;
9—直角立方棱镜;10—$x$向传动丝杠螺母副;11—$y$向传动丝杠螺母副

仪器设备的误差源是多方面的,有原理性的,也有加工、装配、调整等工艺方面的,此外还有环境条件的影响以及所用材料本身变化所带来的误差。

**1. 阿贝误差**

受结构限制,干涉仪的测量线与工作物的照相点在$x$方向相距65 mm,在$y$方向相差55 mm。因此当工作台在移动中导向运动有偏差时,就会带来测量误差。导轨本身的非直线性误差、导向触头的弹性变形及滚柱的加工误差、丝杠的径向脉冲以及丝杠螺母配合不平稳造成的跳动、张紧弹簧力不均、驱动力与工作台阻力中心不重合形成的力矩等都会直接造成误差。

经过综合,本机工作台由运动非线性引起的阿贝误差,在$x$方向为

$$\Delta L_{1xs}=0,\quad \Delta L_{1ys}=65\times10^3\times\frac{\pm1.5''}{206\,265''}=\pm0.47(\mu\text{m})$$

在 $y$ 方向为

$$\Delta L_{1xc}=55\times10^3\times\frac{\pm1.5''}{206\,265''}=\pm0.4(\mu\text{m}),\quad \Delta L_{1yc}=55\times10^3\times\frac{\pm1.5''}{206\,265''}=\pm0.4(\mu\text{m})$$

对于反向时摆动(在垂直面内不存在),

$$\Delta L_{2xs}=\Delta L_{2ys}=40\times10^3\times\frac{\pm1.5''}{206\,265''}=\pm0.29(\mu\text{m})$$

**2. 数字控制器原理误差**

本机是闭环控制系统,工作台移动靠激光干涉仪给出的信号进行控制。当计数器达到预定值时,电动机停止。但由于惯性作用,工作台在电动机停止后仍向前有少许"过冲"。此时,控制器不再将工作台拉回,而是将此数记入,在下一步中扣除。此过冲量不大于3个脉冲信号,因此其误差极限值为

$$\Delta L_3=\pm0.079\times3=\pm0.24(\mu\text{m})$$

**3. 光波在空气中波长发生变化引起的误差**

空气介质的折射系数受温度、湿度、气压及二氧化碳含量的影响,引起波长发生变化,从而造成误差。在(30±1)℃的恒温室内使用,环境条件近于标准状态,空气折射率的变化量 $\Delta n$ 按下式计算:

$$\Delta n=a(t-20)+b(P-760)+c(e-10)$$

其中,

$$a=\frac{-(n_c-1)\times0.001\,388\,239P}{(1-0.003\,671t)^2}\times10^{-8}$$

$$b=\frac{(n_c-1)\times0.001\,388\,239}{1+0.003\,671t}\times10^{-8}$$

$$c=-\left(5.722-\frac{0.0457}{\lambda_0^2}\right)\times10^{-8}$$

式中,$t$ 为空气温度,℃;$P$ 为大气压,mmHg(1 mmHg=133.333 Pa);$e$ 为空气中水蒸气压力,mmHg;$\lambda_0$ 为真空中激光波长,mm;$n_c$ 为温度15℃、气压760 mmHg条件下的干燥空气折射系数。

波长为

$$\lambda=\lambda_0 n^{-1}$$

取微分则为

$$\mathrm{d}\lambda=\lambda_0\frac{\mathrm{d}n}{n^2}$$

因为空气中 $n\approx1$,故可近似认为 $\Delta\lambda=\lambda_0\Delta n$,即可直接用 $\Delta n$ 作为波长的修正系数。

本机在恒温室内使用,温度波动(30±1)℃,空气中水蒸气压力变化在±10 mmHg内,气压波动±10 mbar(1 bar=$10^5$ Pa),经查表计算得出

$$\Delta n=(0.93\times 1+0.36\times 7.4+0.06\times 10)\times 10^{-6}=4.2\times 10^{-6}$$

在40 mm×40 mm的板面内,取此项误差的极限值为

$$\Delta L_4=\pm 40\times 4.2\times 10^{-6}=\pm 0.17(\mu\text{m})$$

**4. 温度变化引起变形造成的误差**

1) 工作物——照相干板热变形

在正常情况下,由于感光层很薄,并且具有弹性,其变形量基本上与玻璃板一致。

常用的玻璃板基线膨胀系数为$(8.5\sim 9.7)\times 10^{-6}$。取此项误差极限值为

$$\Delta L_5=\pm 40\times 9.7\times 10^{-6}=\pm 0.4(\mu\text{m})$$

2) 机身、工作台等机械部分热变形

由于布置上的原因,干涉仪的参考镜筒离照相镜头较远,光程曲折,机身热变形对光程的影响很难精确计算或测量。用刻度值为0.2℃的贴附温度计对机身各部作长期监测表明:在±1℃的恒温室内,空气温度虽有波动,机身温度波动不超过0.1℃,机身为铸铁及钢件制成,平均线膨胀系数取$11\times 10^{-6}$,故此项误差为(参考臂长度为400)

$$\Delta L_6=400\times 11\times 10^{-6}\times(\pm 0.1)=\pm 0.44(\mu\text{m})$$

用方和根法求得综合误差为

对$x$方向

$$\sum\Delta L_x=\pm\sqrt{\left(\frac{\Delta L_{1xc}}{2}\right)^2+\left(\frac{\Delta L_{2xs}}{2}\right)^2+\left(\frac{\Delta L_3}{2}\right)^2+\left(\frac{\Delta L_4}{2}\right)^2+\left(\frac{\Delta L_5}{2}\right)^2+\left(\frac{\Delta L_6}{2}\right)^2}$$
$$=\pm 0.68\ \mu\text{m}$$

对$y$方向

$$\sum\Delta L_y=\pm\sqrt{\left(\frac{\Delta L_{1ys}}{2}\right)^2+\left(\frac{\Delta L_{1yc}}{2}\right)^2+\left(\frac{\Delta L_{2ys}}{2}\right)^2+\left(\frac{\Delta L_3}{2}\right)^2+\left(\frac{\Delta L_4}{2}\right)^2+\left(\frac{\Delta L_5}{2}\right)^2+\left(\frac{\Delta L_6}{2}\right)^2}$$
$$=\pm 0.72\ \mu\text{m}$$

# 习 题

3-1 试分析分辨力(分辨率)与精度的关系。如何确定仪器的分辨率?

3-2 为什么要求设计基准、工艺基准、检测基准、装配基准要一致?举例说明。

3-3 试说明求仪器误差的微分法、几何法、逐步投影法、作用线与瞬时臂法各适用在什么情况下,为什么?

3-4 何谓动态精度?接触式测量系统的主要动态指标有哪些?非接触式测量系统的主要动态误差有哪些?如何计算?

3-5 某工具显微镜的纵向运动工作台5上放测量工件3(工件3支承在顶尖中心线),4是

工件上的被测量轴线,1 是测量位移用的标准刻尺,标准刻尺与工件上被测量线的相对位置如题图 3-5 所示。

设被测工件的长度为 $L$(mm),工作台行程 $L_{max}$=300 mm,水平面内测量轴线 2 与标准刻尺 1 的距离为 $H$(mm),导轨移动时水平面内因导轨直线度影响了 $\varphi('')$,导轨假设为圆弧形,其曲率半径为 $R$(mm)。试求在水平面上导轨不直度所产生的阿贝误差。

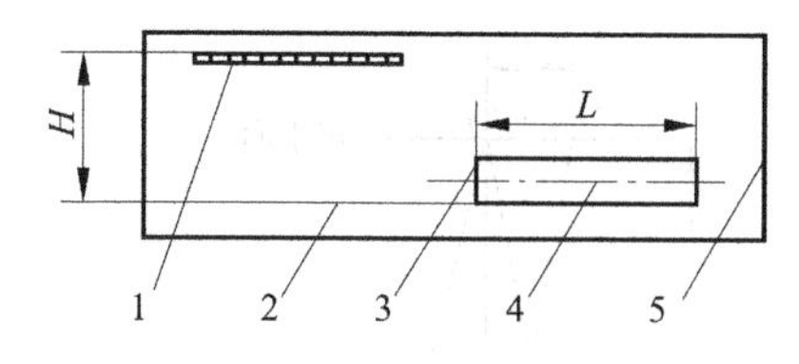


题图 3-5

1—标准刻尺;2—测量轴线;3—被测工件;4—顶尖中心线;5—工作台

3-6 测量某工件长度,得到下列数列:

| | | | | |
|---|---|---|---|---|
| 30.43 | 30.43 | 30.40 | 30.43 | 30.43 |
| 30.43 | 30.39 | 30.30 | 30.40 | 30.43 |
| 30.43 | 30.41 | 30.39 | 30.39 | 30.40 |

求:(1) 算数平均值 $\bar{x}$;

(2) 残余误差 $\nu_i$;

(3) 单次测量均方根误差 $\sigma$;

(4) 有无粗大误差?写出判断准则及判别过程;

(5) 算数平均的均方根误差 $\sigma_p$;

(6) 测量结果尺寸 $A=\bar{x}+3\sigma_p$;

(7) 测量结果的极限误差 $\Delta_{max}=\pm 3\sigma_p$。

3-7 对一轴径进行 10 次测量,得下列测量数列:

| | | | | |
|---|---|---|---|---|
| 34.774 | 34.778 | 34.771 | 34.780 | 34.773 |
| 34.777 | 34.773 | 34.773 | 34.775 | 34.776 |

求:(1) 算数平均值;

(2) 残余误差;

(3) 测量方法的均方误差;

(4) 判断有无粗大误差,写出判断准则及判断过程;

(5) 算数平均值的均方误差;

(6) 测量结果;

(7) 测量结果的均方误差。

测量轴直径为____,均方误差为____,最大可能的误差不超过____。

3-8 题图 3-8 所示为采用光学杠杆放大原理制造的立式光学计。设物镜焦距为 $f$,测量轴的位移为 $h$,指示光栅像的位移为 $L$。试计算机构的原理误差。

3-9 端面式杠杆百分表如题图 3-9 所示。测头 1 与端面齿轮 2 按摩擦组合的方式组成杠杆齿轮;当测头有位移时,齿轮便绕其枢轴摆动,同时带动齿轮 3 和固定在它上面的指针 4 一起转动,最后由指针在刻度盘 $E$ 上指出相应的数值。

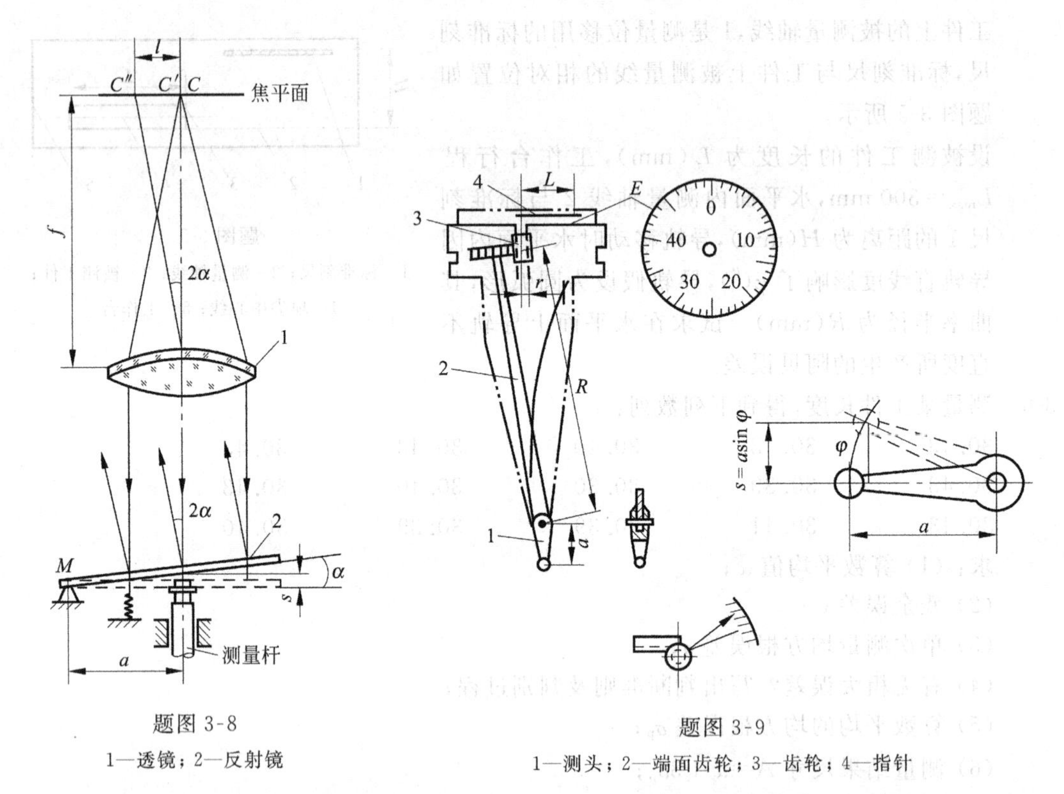


题图 3-8

1—透镜；2—反射镜

题图 3-9

1—测头；2—端面齿轮；3—齿轮；4—指针

设 $R$ 为端面齿轮的节圆半径，$L$ 为指针长度，$a$ 为测头中心长度，$b$ 为轴齿轮的节圆直径。在测头部分图中，$s$ 为测头位移，$\varphi$ 为由位移 $s$ 引起的杠杆短臂 $a$ 的转角，$t$ 为位移 $s$ 引起的指针末端的理论位移。

(1) 试分别用微分法和瞬时臂法计算由于 $R,a,b$ 存在原始误差而引起的指针位移误差($\Delta\varphi$)的大小；

(2) 计算测头部分由正弦机构引起的原理误差。

3-10 自准直仪如题图 3-10 所示。用分划板上的刻尺来测量远距离目标间的夹角 $\alpha$，其刻尺理论方程为 $z=f\tan\alpha$，分划板采用等分分划板，求其原理误差。

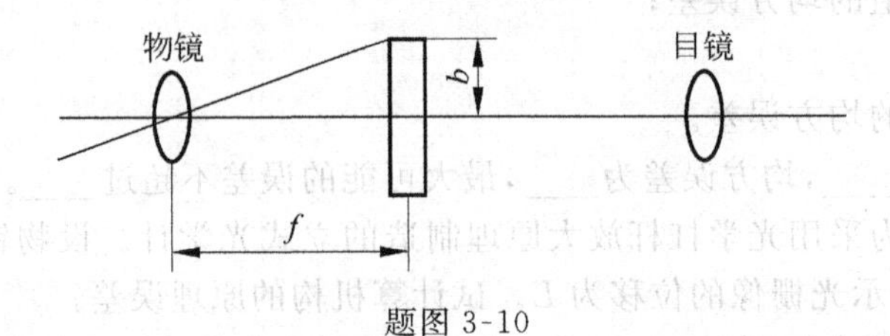


题图 3-10

3-11 某仪器 $x$—$y$ 方向导轨的运动结构有两种布置方案，如题图 3-11 所示。

方案(a)：纵向工作台移动($x$ 向)，横向($y$ 向)立柱(带显微镜瞄准)一起移动。

方案(b)：$x$—$y$ 双层迭合式工作台，分别实现 $x$—$y$ 运动。

(1) 分析这两种方案的特点；

(2) 用几何图解法分别计算 $y$ 向导轨倾斜 $\theta$ 时在垂直平面内所引起的误差(设被测件的长度为 $l$，测点高为 $H$)。

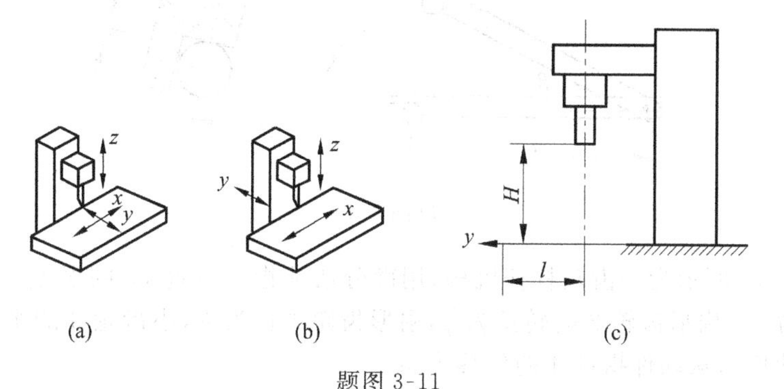


题图 3-11

3-12 用几何图解法求因表盘偏心所引起的示值最大误差，如题图 3-12 所示。

设 $O$ 是表盘中心，$O'$是指针中心。由于两中心安装不对中，当指针指示 $\alpha$ 角时，在表盘上的示值却是 $\alpha+\Delta\alpha$ 角，求其误差 $\Delta\alpha$ 的最大值。

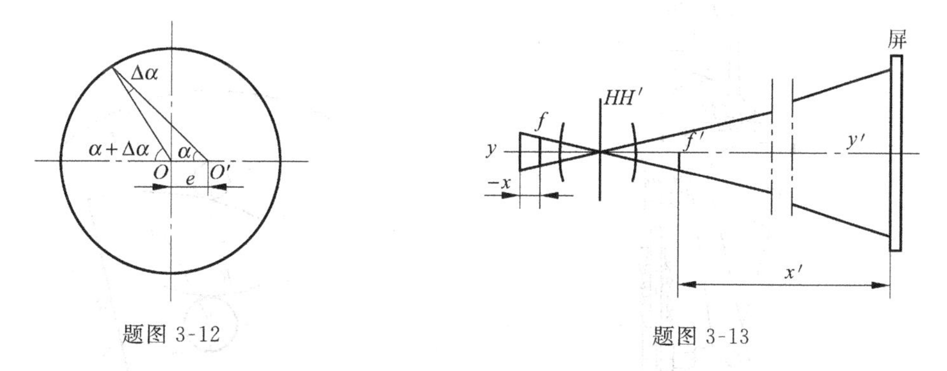


题图 3-12 题图 3-13

3-13 投影仪光路如题图 3-13 所示。光源发出的光线经聚光镜会聚，均匀照明不透明的被测物，经投影物镜放大成像，被测物体成像在屏上。如果由于投影仪机体加工有误差，使物镜到屏的距离 $x'$有安装误差 $\Delta x'$。

(1) 用图解法求测量工件尺寸 $y$ 的误差；

(2) 如果 $x'=100$ mm，工件 $y=-20$ mm，$\Delta x'=0.1$ mm，那么测量误差差值为多少？

(3) 如果是加工装配了一批投影仪，因而 $f$ 也是变量，$x$ 也是变量，试求这一批仪器测量工件时的误差表达式(用最简便方法求)；

(4) 如果 $f'=50$ mm，$\Delta f'=2.5\times10^{-3}$ mm，$y=-20$ mm，$\Delta x'=0.1$ mm，求 $\Delta y$。

3-14 如题图 3-14 所示，用微分方法求出正弦式倾侧平台中，各参数 $a,b,d$ 与台板倾侧角度$\beta$的误差$\Delta\beta$之间的微分关系式？设$a$为台板上圆柱销到铰链中心的距离；$b$为专用调整量块的尺寸；$d$为圆柱销直径。

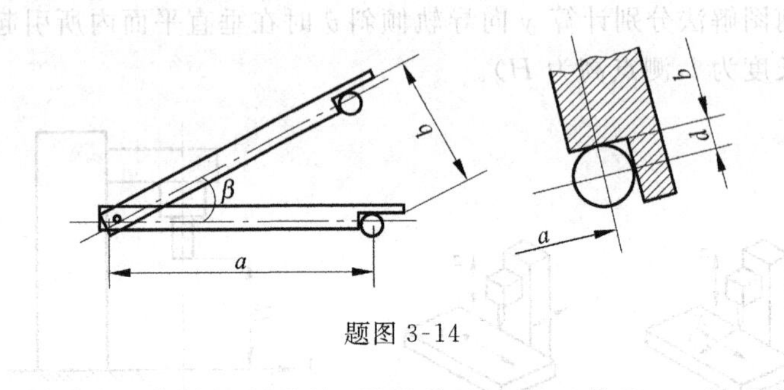


题图 3-14

3-15 题图 3-15 所示为一齿轮杠杆机构，用微分法求指示位置$s_{从}$的误差。设主动件1的位移为$s_{主}$，扇形齿轮2的转角为$\varphi$，扇形齿轮半径为$R$，小齿轮3的半径为$r$，臂长为$a$，指针长$l$，从动件指针4的位移为$s_{从}$。

3-16 机械式测微仪的原理如题图 3-16 所示。设原始误差为$\Delta a$和$\Delta l$(不计其他误差)，求由此引起的换算到指针末端的仪器误差。

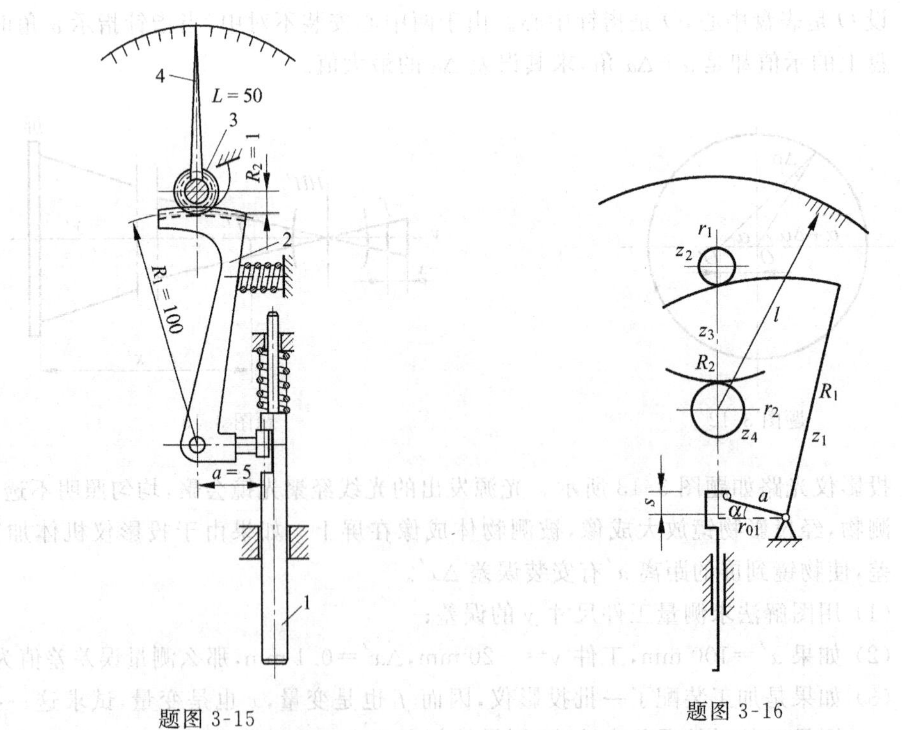


题图 3-15

1—主动件；2—扇形齿轮；3—小齿轮；4—指针

题图 3-16

# 精密机械系统

精密机械系统是实现精密仪器高精度的基础和基本保证。科技发展已进入纳米时代，对仪器的功能和精度提出了更高的要求。例如，目前对于工作台的定位精度或传动精度一般要求小于0.1 μm，主轴回转精度小于0.01 μm，分度精度为0.2″左右；功能上要求能对点、线，以致空间曲面进行检测；自动地采集和处理数据并能在线实时进行监测和控制。上述要求只能依靠计算机、光学、电气和机械等综合技术才可能实现。

本章主要对精密机械系统中的关键部分(基座与支承件、导轨、轴系等)的设计进行阐述，着重讨论影响系统精度和性能的因素及提高精度的措施。

## 4.1 基座与支承件

所有的测控仪器都离不开基座与支承件。典型的如三坐标测量机和微操作系统，分别如图4-1和图4-2所示。

图4-1所示的三坐标测量机的主体主要由以下各部分组成：底座、测量工作台、立柱、$x$及$y$向支承横梁和导轨、$z$轴部件及测量系统(感应同步器、激光干涉仪、精密光栅尺等)、计算机及软件。

图4-2所示为基于视觉的微操作系统，底座等支承着精密工作台、微动工作台、吸附台、光栅测量系统等，通过视觉技术实现微装配，整机精度为±1 μm。

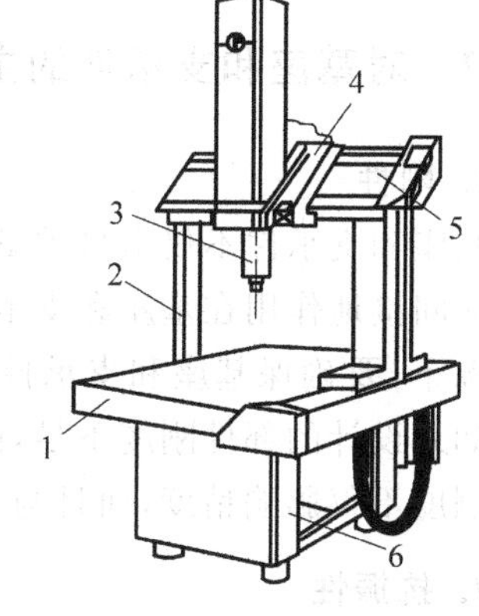


图4-1 某型三坐标测量机结构示意图

1—测量工作台；2—移动桥架；3—$z$轴；4—中央滑架；5—横梁；6—底座

### 4.1.1 基座与支承件的结构特点

精密机械与仪器具有各种各样的基座和支承件，它们不仅连接和支承各种零部件，保证零部件间的相互位置，而且还是保证仪器工作精度的基础。

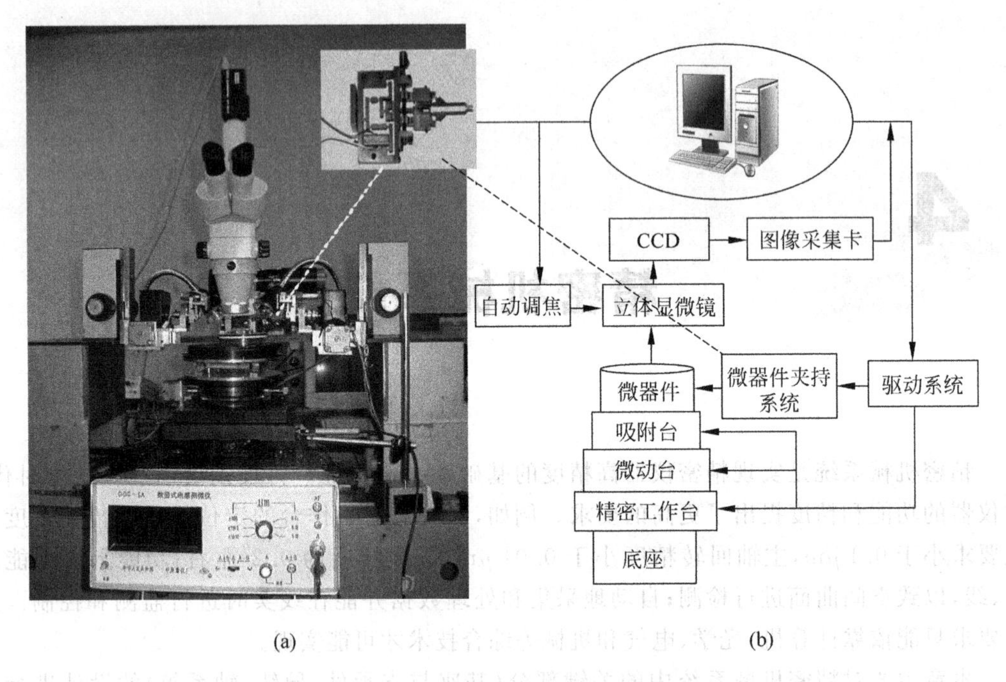


图 4-2 基于视觉的微操作系统(清华大学)
(a) 系统照片；(b) 系统结构原理框图

基座与支承件的特点是：

(1) 尺寸较大，是整台仪器的基础支承件，不仅自身重量较大，而且承受主要的外载荷；

(2) 结构比较复杂，有很多加工面(或孔)，而且相互位置精度和本身精度都较高。

根据以上特点，设计时要特别注意刚性、热变形、精度、抗振性以及结构工艺性等问题。

### 4.1.2 对基座和支承件的主要技术要求

#### 1. 刚性

基座和支承件不仅本身重量较大，而且由于其上有工作台等结构，因而一些部件载荷都直接或间接地作用在基座和支承件上。随着运动部件的移动，受载情况将发生变化。在这种情况下，要确保基座和支承件受力后的弹性变形在允许范围内，就必须具有足够高的刚度。如果设计的部件刚度不足，由此造成的几何和位置偏差可能会大于制造误差。

刚度不仅影响精度，而且与自振频率有直接关系，对动态性能的改善有重要意义。

#### 2. 抗振性

支承件的抗振性是其抵抗受迫振动的能力。造成振动的振源可能在仪器的内部，如电动机转子或旋转零件的不平衡、往复运动件换向的冲击等。振源也可能在仪器的外部，如机器、车辆、人员活动，以及恒温室的通风机、冷冻机等。当基座受到振源的影响产生振动时，除了使仪器整机振动、摇晃外，各主要相关部件、部件相互之间还可能产生弯曲或扭转振动。整机摇晃振动一般不影响工作，但部件或部件相互之间的振动可能对仪器精度产生影响。当振源频率与构件的固有频率重合或为其整倍数时将产生共振，有可能使仪器不能正常工作，降低使用精度，缩短使用寿命。因此，对振动的振幅，特别是相对的振幅，都有规定的允许值。例如，光波干涉孔径测量仪(精度为 3 μm)的激振频率为 35 Hz 时，允许工作台在垂直方向的振幅为 0.12 μm，水平方向的振幅为 0.22 μm。对于三坐标测量机，国外一些产品通常规定激振频率在 50 Hz 以下，振幅不得超过 5 μm。提高仪器抗振性的措施主要有以下几种：

(1) 提高静刚度。合理设计构件截面形状和尺寸，合理布置筋板或隔板可以提高静刚度，提高固有频率，避免产生共振。

(2) 增加阻尼。增加阻尼对提高刚度有很大作用。液体动压或静压导轨、气体静压导轨的阻尼比滚动导轨的阻尼大。

(3) 减轻重量。在不降低构件刚度的前提下减轻重量，可以提高固有频率。为适当减薄壁厚，可以采用钢材焊接结构等。

(4) 采取隔振措施以减小外界振源对仪器正常工作的影响。目前常用的隔振材料有钢弹簧、橡胶、泡沫乳胶，此外还可以采用气垫隔振。

**3. 稳定性**

基座与支承件的结构比较复杂，经常采用铸造方式制造，在浇铸时由于各处冷却速度不均，很容易产生内应力。这种内应力是造成零件尺寸长期不稳定的主要原因。因此，对基座和支承件要进行时效处理，以消除内应力、减小变形、稳定组织和尺寸、改善机械性能。

时效处理是指合金工件经固熔处理、冷塑性变形或铸造、锻造后，在较高的温度(或室温)放置，使其性能、形状、尺寸随时间而变化的热处理工艺。时效处理包括自然时效与人工时效两种。

**4. 热变形**

由于整机和各个部件尺寸、形状、结构不同，因此到达热平衡的时间也各异。构件热膨胀的速度与热容量的大小有关。基座和支承件受热变形将造成很大的误差，势必影响仪器的精度。因此，有必要采取措施将温度控制在一定的范围之内。

1) 严格控制工作环境的温度

不同的仪器精度，对环境温度提出了不同的要求。一般利用恒温室将温度控制在(20±1)℃；对于高精度大型仪器如激光测量仪，则需要采用“室中之室”和分级控制室温的方法。

2) 控制仪器内部热源的热传递

仪器自身的电动机、照明灯等热源的热传递也需要采取措施加以控制。主要控制方法有以下几种：

(1) 采用冷光源(如发光二极管);

(2) 隔开热源或将热源分离出去;

(3) 对于不能隔开又不便分离出去的热源,如轴承、丝杠螺母副等,则需采取措施,以减少热的生成;

(4) 待仪器温度平衡后再开始工作。

### 4.1.3 基座与支承件的设计要点

根据不同要求,基座与支承件的设计可采取经验、类比、试验和计算等方法进行,主要有选择材料、选择截面、布置筋板等。

**1. 选择材料**

通常要求基座与支承件的材料具有较高的强度、刚度和耐磨性以及良好的铸造和焊接工艺性,并且成本低,如铸铁、合金铸铁、钢板、花岗岩等。各种材料的性能如表4-1所示。

**表4-1 机座与支承件材料的主要性能**

| 材 料 | 优 缺 点 |
| --- | --- |
| 铸铁 | 可铸形状复杂的支承件。抗振性比钢高3倍,但需要制作木型等,制造周期长,适于成批生产。常用:①HT200,其抗拉、抗弯性能较好,流动性稍差,用作结构不复杂的带导轨支承;②HT150,其铸造性好,机械性能较差,用于制作形状复杂、受载不大的支承;③合金铸铁,主要有高磷铸铁、磷铜钛铸铁、钒钛铸铁等,其耐磨性比灰铸铁高3倍,用于制造具有良好耐磨性的导轨支承 |
| 天然花岗岩 | 性能稳定,精度保持性好;抗振性能好,阻尼系数比钢大15倍;耐磨性比铸铁高5~10倍;热稳定性好,导热系数和线膨胀系数小;不导电,抗磁,与金属不黏合;加工方便,容易得到很高的精度和表面粗糙度。但抗冲击性差,质脆;容易渗入油和水等液体而局部变形胀大;难制作形状复杂的零件。是制作高精度工作台(如三坐标测量机)和气浮导轨的理想材料 |
| 人造花岗岩 | 和铸铁相比,人造花岗岩阻尼系数大,振幅对数衰减率比铸铁高10倍;热稳定性高,导热系数为铸铁的1/40~1/25;重量轻,密度为铸铁的1/3;静刚度比铸铁高16%~44%;耐腐蚀性好,抗油、抗水,对酸、碱不敏感;与金属的黏结力强;生产周期短 |
| 钢板和型钢 | 多采用焊接结构。和铸铁相比,生产周期短,抗弯能力强;重量轻;抗振性差,阻尼系数约为铸铁的1/3;重量轻;适于单件及小批量或大尺寸结构生产 |

**2. 正确选择截面**

由材料力学可知,构件受压时的变形量与截面积大小有关,受弯、扭时的变形量与截面的抗弯、抗扭惯性矩有关,而惯性矩取决于截面面积形状。由同样重量的钢铁材料制成不同的截面或外形,其刚度会有很大的差别。因此正确选择截面与外形结构是十分重要的。

**3. 合理布置筋板及结构**

合理布置筋板(或加强筋)可以较好地增大刚度,其效果较之增加壁厚更为显著。筋板按布置形式可分为纵向筋板、横向筋板和斜置筋板。

通过正确选择截面、合理布置筋板等，基座刚度可以得到提高。但是在工作台移动过程中，由于工作台位置变化，其重心也随之变动，因而使基座产生微小的附加变形。这些变化带来的误差，对于高精度仪器来说是不允许的。

在基座或支承上加筋是增强刚度、提高抗振能力的重要措施。同样的立柱采取不同的加筋方式后的相对抗弯刚度和相对抗扭刚度如表 4-2 所示。

**表 4-2 某立柱的加筋位置与相对抗弯刚度和相对抗扭刚度**

| 加强筋位置 | 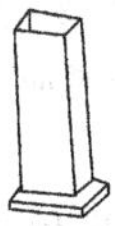 | 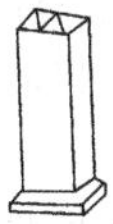 | 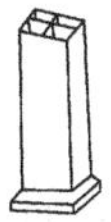 | 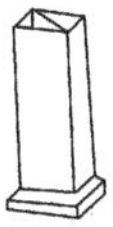 | 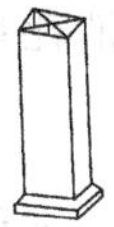 | 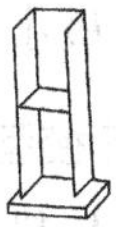 | 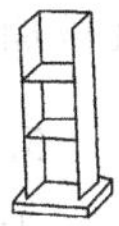 |
|---|---|---|---|---|---|---|---|
| 相对抗弯刚度 | 1.0 | 1.17 | 1.14 | 1.21 | 1.32 | 0.91 | 0.85 |
| 相对抗扭刚度 | 1.0 | 1.2 | 3.8 | 5.8 | 3.5 | 3.0 | 3.0 |

在基座或支承中，筋的布置形式很多，表 4-3 给出了一些典型的布置方式和特点。

**表 4-3 筋的布置形式**

| 筋布置形式 | 特　点 | 筋布置形式 | 特　点 |
|---|---|---|---|
| 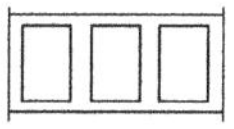 | 纵横交错的矩形结构。结构简单，用于自重和载荷不大的场合 | 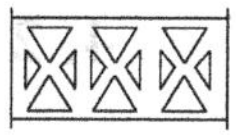 | 铸造工艺比较复杂，而且铸造泥芯很多，但刚度很好 |
| 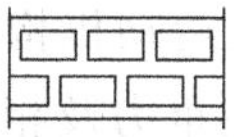 | |  | |
| 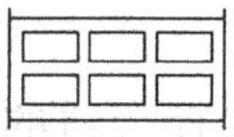 | | 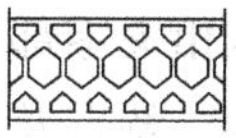 | |
|  | 为三角形肋，不仅刚度较好，工艺也较简单 | | |
| 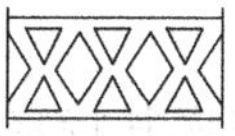 | | | |

**例 4-1　刻线机基座设计**

在 2 m 长的刻线机基座中间固定一个龙门架，架上安装一个反射镜，基座端头安放一个光波干涉仪。当工作台移动到端部时，光波干涉仪移动 3 个干涉条纹，其基座变形带来的误差为 $\Delta\delta=\pm\frac{\lambda}{2}\times 3=\pm 0.9492\ \mu\text{m}$。仅这项机械变形的误差就已经大大超过了整个仪器的精度要求，显然是不能允许的。为了防止产生这种变形，很多高精度大型仪器采用了双层基座三点松弛支承的结构形式,如图 4-3 所示,使基座变形减小很多。采用这种结构形式后,用上述光波干涉法测量,仅移动 0.1 个干涉条纹,其基座变形带来的误差为

$$\Delta\delta = \pm \frac{\lambda}{2} \times 0.1 = \pm 0.031\,64\ \mu\text{m}$$

这种结构在大型仪器设备中应用较广。

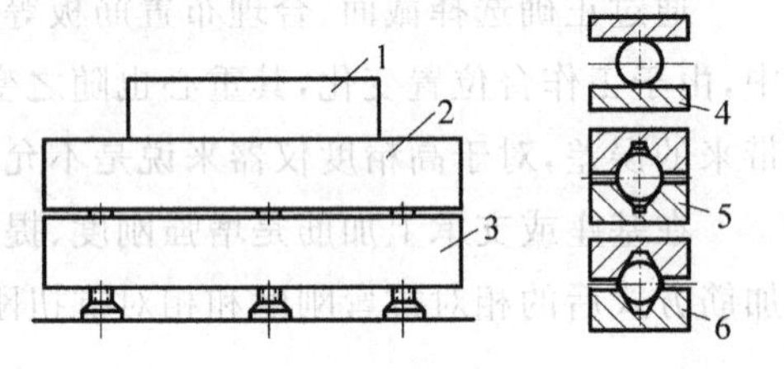


图 4-3 刻线机基座

1—工作台;2—床身;3—基座;4—平面支承面;5—圆锥形球窝支承面;6—V形槽支承面

**4. 保证良好的结构工艺性**

在保证刚度要求的前提下,应尽量使铸造及机械加工量最小,材料消耗量最低。

**5. 进行模型试验**

为了校核机械构件(零件或部件)设计方案是否能满足性能要求和选择较优设计方案,必要时可采用模型试验的方法。所谓模型试验,就是将仪器实物按比例缩小尺寸制成模型,利用模型模拟实物进行试验,例如静刚度试验、热变形试验、抗振性试验等。

**6. 进行仿真试验**

为校核机械构件(零件或部件)设计方案是否能满足性能要求,可建立仿真模型利用计算机进行仿真。

## 4.2 导 轨 副

所谓导轨副是指导轨是一个部件,其作用有两个:一个是导向,即保证运动机构在特定方向上在一定精度下运动;另一个是支承,即要有足够的强度和刚度保证在重力及相关载荷作用下系统的运动精度不变,相关零部件的相对位置不变。

本节主要讲导轨副的种类、特点及设计思路,以保证在仪器设计中能选择合适的导轨副形式,并能有明确的设计思路。

### 4.2.1 种类及特点

导轨既能实现对机械系统各运动机构的支承,又能保证各运动机构完成其特定方向的运动。导轨一般称为导轨副,主要由支承件和运动件构成。根据导轨摩擦性质的不同,可分为滑动摩擦导轨、滚动摩擦导轨、液体静压导轨、空气静压导轨等,如图 4-4 所示。

**1. 滑动摩擦导轨**

滑动摩擦导轨是由支承件和运动件直接接触的导轨。其优点是结构简单,制造容易;接触刚度大。缺点是摩擦阻力大,磨损快;动、静摩擦系数差别大,低速度时易产生爬行。

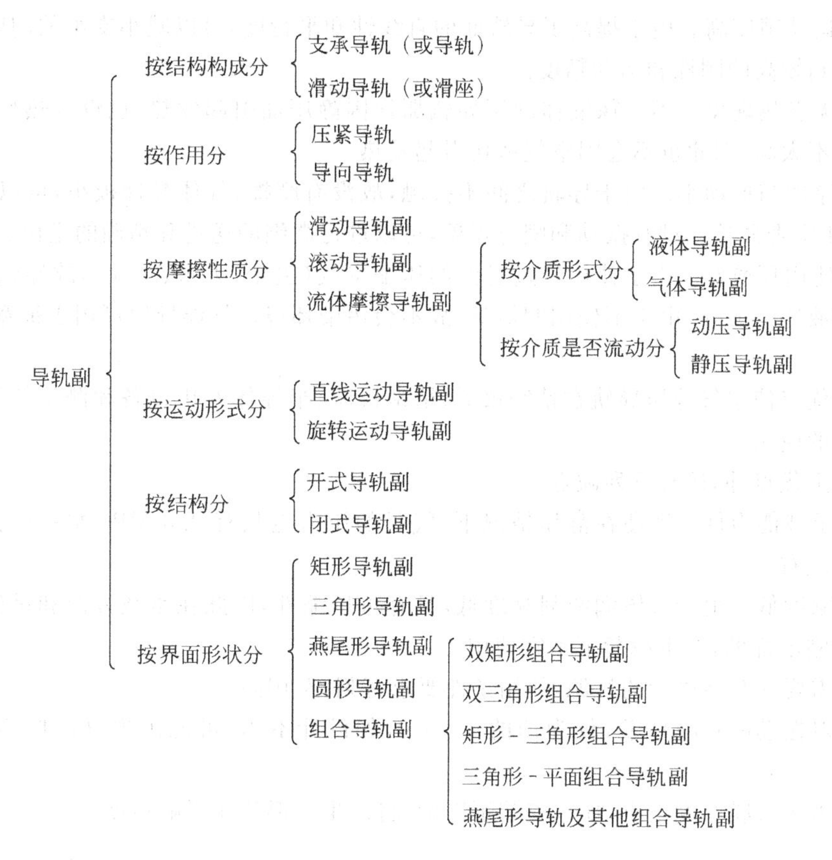


图 4-4　导轨副的分类

**2. 滚动摩擦导轨**

滚动摩擦导轨是在两导轨面之间放入滚珠、滚柱、滚针等滚动体，使导轨运动处于滚动摩擦状态。由于滚动摩擦阻力小，使工作台移动灵敏，低速移动时不易产生爬行；工作台起动和运行消耗的功率小，滚动导轨磨损小，保持精度持久性好。故滚动摩擦导轨在仪器中广泛应用。

**3. 液体静压导轨**

液体静压导轨是指在导轨面上有油腔，当压力油引入后，工作台（或滑板）浮起，在两导轨面之间形成一层极薄的油膜，且油膜厚度基本上保持恒定不变。在规定的运动速度和承载范围内，相配的导轨工作面不接触，形成完全的液体摩擦。其承载能力高，运动精度高，但结构复杂，易污染。

**4. 空气静压导轨**

空气静压导轨具有以下优点：

(1) 运动精度高。由于提高了导轨面的直线性和平行度,可以减小支承的间隙,因此也就可以得到较高的刚性和运动精度。

(2) 无发热现象。不会像液体静压导轨那样因静压油引起发热,也没有热变形。由于移动速度不太高,因此也不会因空气剪切引起发热。

(3) 摩擦与振动小。由于导轨之间不接触,故没有摩擦,气体黏性极小,可以认为是无摩擦,故使用寿命长。没有振动和爬行现象,可以进行微细的送进和精确的定位。

(4) 使用环境好。由于使用经过过滤的压缩空气(去尘、去水、去油),故导轨内不会浸入灰尘和液体。另外,由于不使用润滑油,故不会污染环境。气浮导轨可用于很宽广的温度范围。

这些优点使空气静压导轨在精密仪器、精密机床、半导体专用设备和测量仪器上,获得日益广泛的应用。

除以上优点外,还有下列缺点:

(1) 承载能力低。即使在静压情况下,气膜的压力也只有0.3 MPa左右(气源压力为0.5 MPa左右)。

(2) 刚度低。由于气体润滑剂黏度低,具有可压缩性,因此在承载方向和进给方向上,气浮导轨刚度都低,在重载荷下不宜使用。

(3) 需要一套高质量的气源,使用条件要求苛刻,费用高。

(4) 对振动的衰减性差,仅为油的1/1000,如设计不当,可能出现自激振荡等不稳定问题。

(5) 由于气膜厚度很小,如果安装不准确,将产生变形从而影响精度。

### 4.2.2 基本要求

对导轨的基本要求是:导向精度高,刚度大,耐磨性好,精度保持性好,运动灵活而平稳,结构简单,工艺性好。

**1. 导向精度**

导向精度是导轨副的重要精度指标。所谓导向精度就是指导轨运动轨迹的精确度。运动件的实际运动轨迹与给定方向之间的偏差愈小,导向精度愈高。

影响导向精度的主要因素有结构类型、几何精度和接触精度、导轨和机座刚度、导轨的油膜厚度和油膜刚度、导轨和机座热变形等。

1) 导轨在垂直平面内和水平面内的直线度

如图4-5(a),(b)所示,理想的导轨在各个截面 $A$—$A$ 的连线应是一条直线。但由于有制造误差,致使实际轮廓线偏离理想直线,其值 $\Delta$ 是导轨全长在垂直平面(图4-5(a))和水平面(图4-5(b))的不直线度。

2) 导轨面间的平行度

图4-5(c)所示为导轨面间的平行度示意图。这项误差会使滑板在导轨上运动时发生

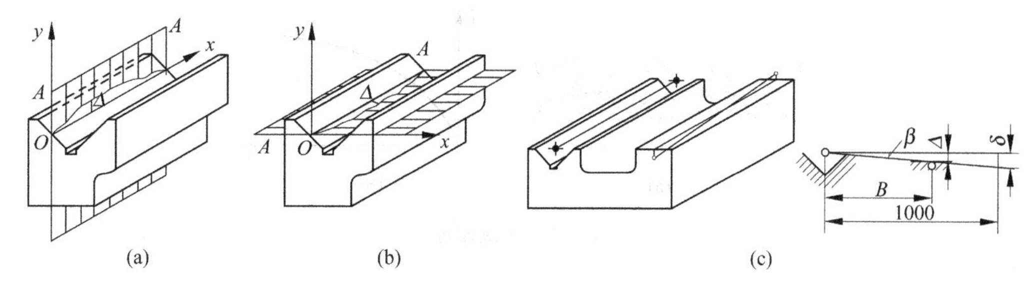


图 4-5 直线运动导轨的几何精度

"扭曲",其精度以两导轨面间横向某长度上的扭曲值 $\delta$ 表示。

3) 导轨间的垂直度

除了单方向导轨精度外,还要求两个方向导轨之间有较高的垂直精度(或角度精度)。如图形发生器和三坐标测量机等,其导轨间垂直度的误差,都会造成明显的仪器误差。

4) 接触精度

精密仪器的滑(滚)动导轨,在全长上的接触应达到 80%,在全宽上应达到 70%。刮研导轨表面,每 25 mm×25 mm 的面积内,接触点数应不少于 20 点。一般对导轨接触精度的检查是采用着色法。

**2. 刚度**

导轨受力会产生变形,其中有自身变形、局部变形和接触变形。导轨自身变形是由作用在导轨面上的零部件重量造成的。如三坐标测量机的横梁导轨(见图 4-6),因横梁 2 和箱体 3 的重量作用而向下弯曲变形。这种变形通常会影响加工精度。为了减小这类变形量,常需要在结构尺寸及筋板布置上采取措施,或将导轨面预先加工成中凸的形状,用以补偿受力后的弯曲变形。有时还要设置补偿装置。

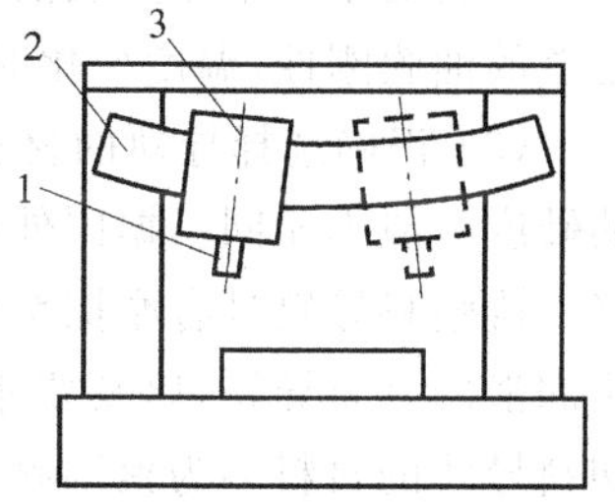


图 4-6 导轨自身变形

1—测头; 2—横梁; 3—箱体

导轨局部变形发生在载荷集中的地方,如立柱与导轨接触部位。接触变形是由于平面微观不平度,造成实际接触面积仅是名义接触面积的很小一部分,如图 4-7(a)所示。当压强很小时,两个接触面间只有少数高点接触,接触变形较大,接触刚度较小。当压强增大时,这些接触点进一步变形,也可能又有一些新的接触点,使得接触面积扩大了,从而接触刚度有所提高。因此,接触刚度不是一个固定值,压强 $p$ 与变形 $\delta$ 之间的关系是非线形的,如图 4-7(b)所示。

实际应用时,必须取一固定的接触刚度值。对于相互固定不动的接触面(如机身与立柱的接合面)要预先施加载荷(如旋紧连接螺钉),预加的载荷应远大于放置在其上的部件的重量和承受的外载。对于活动的接触面,施加的预载荷一般等于滑动件及其上的工件等的重量。

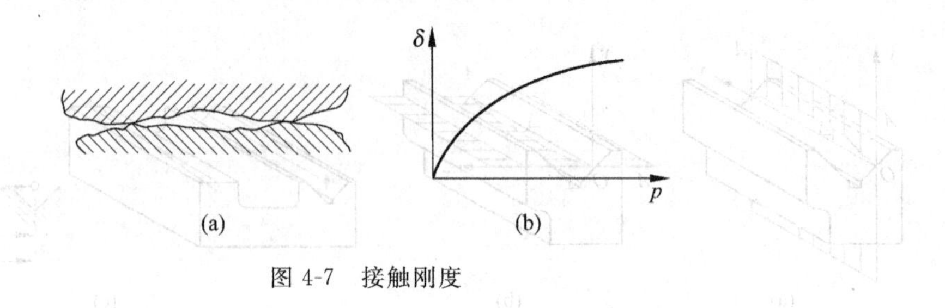


图 4-7 接触刚度

**3. 耐磨性**

导轨运动一段时间后,将会产生不同程度的不均匀磨损,影响导向精度,从而影响仪器精度。导轨耐磨性与摩擦性质、导轨材料、加工工艺方法以及受力情况有关。提高导轨的耐磨性是提高仪器使用寿命的重要途径。可以采取下列措施:

(1) 降低导轨面的比压。大、中型仪器的导轨面允许比压最大值为 0.07 MPa,平均比压为 0.04 MPa。若适当加大导轨宽度仍不能满足要求时,则可采取卸荷措施。

(2) 保证良好的防护与润滑。在导轨上安装防护罩可以防止灰尘和污物进入,有利于延长其使用寿命和保护导轨精度。精心设计的防护罩能使仪器外形美观。良好的润滑能使滑动导轨处于半干摩擦或液体摩擦状态,能改善磨损状况。润滑油应具有良好的润滑性和足够的油膜刚性,温度变化时黏度变化要小,不腐蚀机体,杂质要少。

(3) 正确选择导轨的材料及热处理工艺。为了提高导轨耐磨性,固定导轨与运动导轨的硬度一般不相同。据国外资料报道,固定导轨的硬度比运动导轨的硬度大 1.1~1.2 倍最好。镶塑料导轨具有摩擦系数小、耐磨性好、工艺简单、成本低等优点。对于润滑不良或无法润滑的垂直导轨,以及要求重复定位精度高、微进给移动无爬行现象的导轨,最为适当。塑料导轨的材料多为聚四氟乙烯、DU 材料板及 FQ-1 板。

(4) 合理选择加工方法。图 4-8 所示为各种导轨面加工方法对导轨耐磨性的影响。可见,运动件与固定件导轨均为刮研面配合,或刮研面和用砂轮端面磨削面配合的磨损情况要好一些。

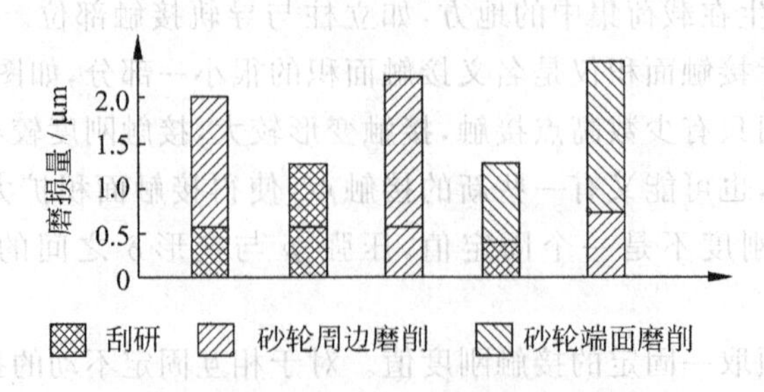


图 4-8 各种加工方法对磨损量的影响

(注:上为运动件,下为静止件,摩擦量以相对滑程为 2000 mm 以下进行测量)

当磨损达到一定程度后，磨损速度与加工方法无关。

**4. 运动平稳性**

导轨运动的不平稳性主要表现在低速运动时出现速度不均匀，即所谓爬行现象。通常是在电动机接受低速运转指令作匀速旋转时，带动丝杠也随着作等速转动，而此时工作台却出现一快一慢或一跳一停的爬行现象。

爬行现象不仅影响工作台稳定移动，同时也影响工作台的定位精度，因此必须采取措施予以消除。爬行是个比较复杂的现象。造成爬行的主要原因是导轨间静、动摩擦系数的差值较大，动摩擦系数随速度变化，系统刚度差。

### 4.2.3 导轨设计思路

**1. 确定设计要求和参数**

导轨的设计参数主要有承载能力、空间尺寸、精度、刚度、速度、耐磨性、平稳性等。

**2. 根据设计要求和参数选择合适的导轨副**

各种导轨的性能比较如表 4-4 所示。

**表 4-4 各种导轨性能比较**

| 项　目 | 优良标志 | 金属滑动导轨 | 高分子材料滑动导轨 | 滚动导轨 | 液体静压导轨 | 空气静压导轨 | 磁力导轨 |
|---|---|---|---|---|---|---|---|
| 摩擦系数 | 小 | 差 | 差 | 良 | 良 | 优 | 优 |
| 黏性系数 | 小 | 差 | 中 | 良 | 优 | 优 | 优 |
| 平行精度 | 高 | 差 | 中 | 良 | 优 | 优 | 良 |
| 转角精度 | 高 | 差 | 中 | 中 | 优 | 优 | 良 |
| 刚度 | 大 | 优 | 优 | 优 | 良 | 差 | 差 |
| 振动、衰减 | 大 | 差 | 良 | 差 | 良 | 良 | 优 |
| 最高速度 | 高 | 差 | 差 | 良 | 良 | 优 | 优 |
| 发热量 | 小 | 差 | 差 | 良 | 中 | 优 | 良 |
| 温度影响 | 小 | 差 | 差 | 优 | 良 | 中 | 良 |
| 寿命 | 长 | 中 | 良 | 良 | 优 | 优 | 优 |
| 成本 | 低 | 优 | 优 | 良 | 差 | 差 | 差 |

**3. 选择导轨副的结构形式**

1）按刚体运动学原理确定自由度

把工作台导轨视为在空间有 6 个自由度的刚体，这 6 个自由度是沿 $x,y,z$ 轴的移动和绕 $x,y,z$ 轴的转动。按刚体运动学原理设计就是既不允许有多余的自由度，也不允许有过定位。

直线运动的导轨必须限制 5 个自由度，只有 1 个自由度不受限制，以便使运动件能沿着一个方向运动。图 4-9(a)所示为只允许运动件沿 $y$ 方向运动，其他方向的移动和绕 $x,y,z$ 三轴线的转动都是不允许的。

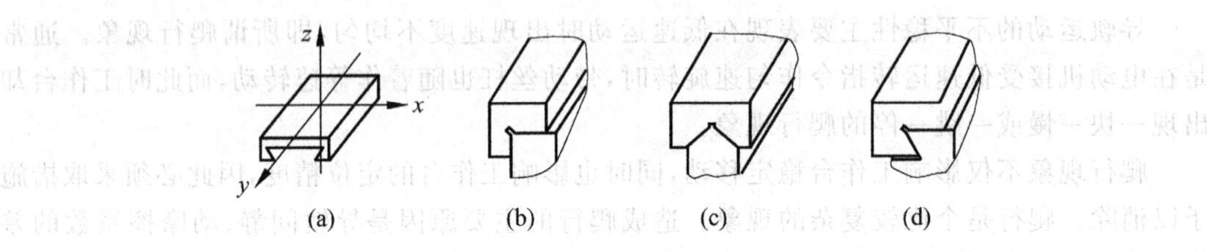


图 4-9　导轨的导向原理

图 4-9(b)～(d)所示的导轨由两个窄导轨平面组成。它限制了 $x,z$ 方向的移动及绕 $z$，$x$ 轴的转动。但由于导轨面很窄，所以不能限制绕 $y$ 轴的转动，因此在实际使用时，常要增加一条导轨以限制绕 $y$ 轴的转动。

图 4-10(a)的结构形式是 V-平导轨组合，图 4-10(b)是 V-V 导轨组合。这些组合形式造成的过定位是允许的，但配合精度必须很高。

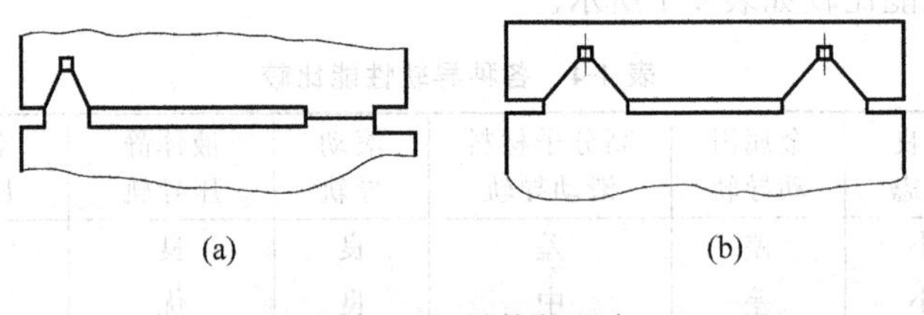


图 4-10　两导轨的组合

(a) V-平导轨组合；(b) V-V 导轨组合

单根圆柱导轨存在着 2 个自由度，即绕 $y$ 轴的转动和沿 $y$ 轴的移动(图 4-11)。为了满足单向移动的要求，在轴上增加了键，用以限制绕 $y$ 轴的转动(图 4-11(b))。在通常情况下，多数采用双圆柱形式(图 4-11(c))，它既能保证定位的要求，同时又能保证有较好的承载能力。

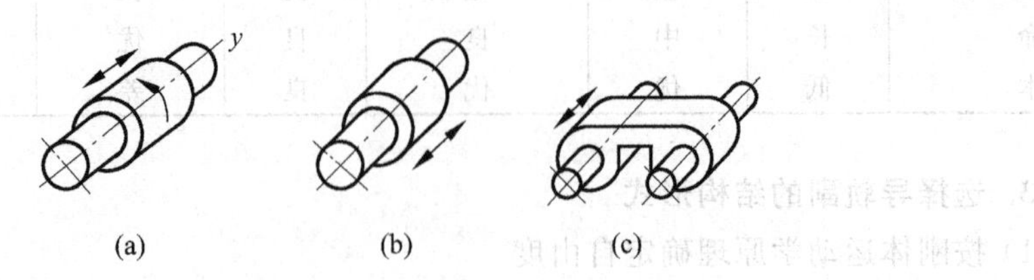


图 4-11　圆柱导轨

在大中型仪器中，工作台本身较重或承载较大时，如用 3 粒滚珠或滚动轴承来支承，虽然符合六点定位原理，但在工作台运动时很难保证重心一定落在支承平面内。如果重心落在支承面以外，工作台就会出现倾斜或倾倒。因此，有些仪器的工作台采用四点支承。但可以用提高导轨和轴承制造精度和装配精度的方法来减小工作台运动的直线度误差。

2）按弹性体的平均效应原理进行设计

大多数精密机械与仪器都是按平均效应原理进行设计的。例如，在导轨面间不是安放3粒而是许多粒滚珠或滚柱，因为这些滚珠是有一定弹性的，并非绝对刚体，当少数滚珠略微偏大时，会因受力而产生弹性变形，因而工作台的运动误差将由导轨副的弹性而得到平均。空气静压和液体静压导轨都有平均效应的作用。

3）导向与压紧导轨

在精密仪器中，为了保证导轨运动的直线性，常用导轨的一面作为导向面，另一面作为压紧面，通过压紧力保证导向面间可靠地接触。图4-12为万能工具显微镜的导向，图4-13为单条导轨的导向与压紧。

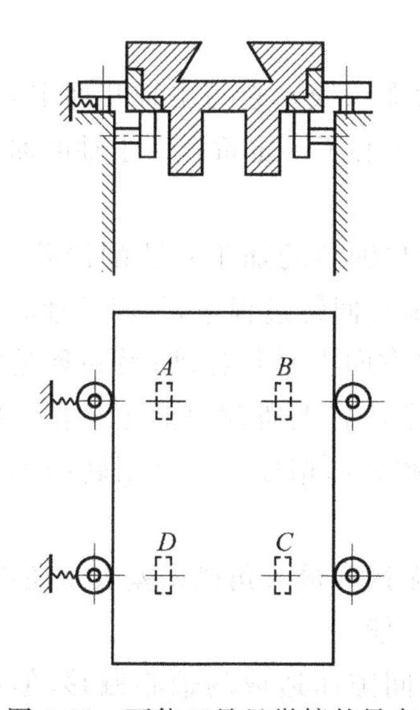


图4-12 万能工具显微镜的导向

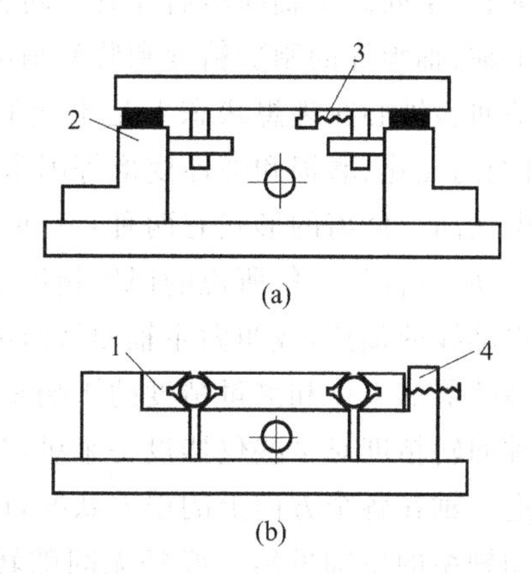


图4-13 单条导轨的导向与压紧

1,2—导向导轨；3—压紧弹簧；4—压紧导轨

要提高工作台的运动精度，一般是从提高导轨的制造精度着手。但导轨制造精度的提高是有限度的。因此要进一步提高工作台的运动精度，还必须采取导轨误差补偿与修正等措施。

**4. 其他相关计算**

有关导轨设计涉及的内容较多，主要有运动临界速度计算、几何尺寸计算、受力分析与计算、刚度计算和强度计算等。读者可参阅有关书籍。

## 4.3 主轴系统

主轴系统是有回转运动要求的精密仪器或精密机械的关键部件,由主轴、轴承和安装在主轴上的传动件等组成。主轴的作用有:①带动被测零件或仪器进行精密分度和作精确旋转运动或分度运动;②实现相关零件的轴向和径向精确定位;③对轴上零件进行支承。因此,主轴系统设计得是否合理,直接影响精密仪器或精密机械的工作质量和测量精度以及工作性能。

### 4.3.1 设计的基本要求

对主轴系统设计的主要要求是保证主轴在一定载荷和转速下具有一定的回转精度。

**1. 回转精度**

主轴回转轴心是垂直于主轴截面且回转速度为零的那条线。它与主轴几何中心(主轴截面的圆心)不同。主轴回转后才有回转轴心,它与几何中心不一定重合。主轴的回转精度决定于主轴、轴承等的制造精度和装配精度。

主轴回转轴心在理想状态下是不变的,但由于轴颈和轴承的加工和装配误差、温度变化、润滑剂的变化、磨损和弹性变形等因素的影响,使主轴在回转过程中,其回转轴心与理想轴线产生偏离。偏离的形式有两种:一种是主轴在径向方向上平行移动;另一种是偏一定角度的摆动。所以,一般所说的回转精度主要是指在一定位置上所测得的主轴在径向方向上对理想轴线的偏离,或叫做主轴回转时的定中心精度和方向精度。主轴回转的不准确对不同类型仪器的工作和测量精度的影响是不同的。

主轴回转精度对某些仪器设备来讲,只用最大径向振摆和最大角摆误差表示还不够,还必须知道主轴在各个方向上的误差状况,以便进行修正补偿。

滚动轴系的主轴虽然一般是无间隙转动,避免了因间隙而造成的轴心偏移,但由于轴套、主轴轴颈及滚动体有形状误差,特别是当滚动件有尺寸差时,主轴回转时将产生有规律的位移。在一定时间内,主轴轴心位移量和位移方向不断变化。习惯上将这种变化称为“漂移”。

**2. 系统刚度**

主轴系统的刚度是指主轴在某一测量处,外力 $P$(或转矩 $M$)与主轴在该处位移量 $y$(或转角 $\theta$)的比值,即刚度 $K=P/y$ 或 $K_\theta=\dfrac{M}{\theta}$,其倒数 $y/P$ 称为柔度。刚度大,柔度就小。主轴系统的刚度分为轴向刚度和径向刚度。

主轴系统的刚度不高,会产生较大的弹性变形而直接影响仪器的精度,而且还容易引起振动。因此,必须对影响刚度的因素进行分析研究,以便有针对性地采取措施,提高主轴系统的刚度。

提高主轴刚度的措施有以下几个方面：

(1) 加大主轴直径。加大主轴直径可以提高主轴刚度，但主轴上的零件也相应加大，会导致机构庞大。因此，增大直径是有限的。

(2) 合理选择支承跨距。缩短支承跨距可以提高主轴的刚度，但对轴承刚度会有影响，所以必须合理地进行选择。

(3) 缩短主轴悬伸长度。缩短主轴悬伸长度 $a$ 可以提高主轴系统的刚度和固有频率，而且也能减小顶尖处的振摆，一般取

$$\frac{a}{l_0}=\frac{1}{2}\sim\frac{1}{4}$$

(4) 提高轴承刚度。实验得出，由轴承本身变形引起的挠度占主轴前端总挠度的30%～50%。对于滑动轴承，选取黏度大的油液，减小轴承间隙；对于滚动轴承，采取预加载荷使它产生变形，都可提高轴承的刚度。

**3. 系统振动**

主轴系统的振动，会影响仪器的工作精度和主轴轴承的寿命，还会因为产生噪声而影响工作环境。

产生主轴系统振动的因素很多，如皮带传动时的单向受力、电机轴与主轴连接方式不好、主轴上零件存在不平衡质量等。

**4. 系统温升**

主轴系统温升的主要原因是传动件在运转中存在摩擦。一方面，主轴系统和主轴箱体会因热膨胀而变形，造成主轴的回转中心线与其他部件的相对位置发生变化，影响仪器的工作精度；另一方面，轴承等元件会因温度过高而改变已调整好的间隙和正常润滑条件，影响轴承正常工作，甚至会发生“抱轴”。因此温度必须控制在一定范围内。

减少热变形的措施有：

(1) 将热源与主轴系统分离。例如，将电动机或液压系统放在仪器外面；光源单独放在仪器主轴外的光源箱内；用光导纤维传光；等等。

(2) 减少轴承摩擦的热源的发热量。可以采用低黏度的润滑油、锂基油或油雾润滑；提高轴承及齿轮的制造和装配精度等。也可以采用冷却散热装置，例如在滚动轴承中，让冷却液从最不容易散热的滚子孔中流过。还可以用风机等将部分热量带走。

(3) 采用热补偿。如图4-14所示，在滚动轴承1与箱体3的孔间加一个过渡套筒2。如果过渡套筒的长度和材料选择合理，热变形对轴承间隙的影

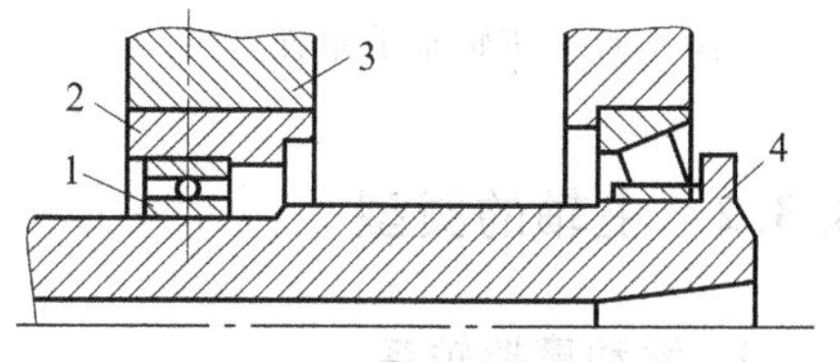


图4-14 热补偿

1—滚动轴承；2—套筒；3—箱体；4—主轴

响就可以得到自动补偿。

**5. 轴承的耐磨性**

为了长期保持主轴的回转精度,主轴系统需要具有足够的耐磨性。对于滑动轴系,要求轴颈与轴套工作表面耐磨;滚动轴系的耐磨性则取决于滚动轴承。

为了提高耐磨性,除了选取耐磨的材料外,还应在上述磨损部位进行热处理(如高频淬火、氮化处理等)。如果采取液体、气体静压轴承,运动工作面的磨损将大大减小,精度长期不受影响。

**6. 结构合理性**

主轴和轴承结构设计应合理,装配、调试及更换要方便。结构设计得好坏,对主轴回转精度也有一定的影响,主轴轴承布置如图4-15所示。其中,图4-15(a)中推力支承装在后径向支承的两侧,轴向载荷由后轴承承受,其特点是结构简单,装配方便,一般用于轴向精度要求不高的轴系;图4-15(b)中推力支承装在前、后径向支承外侧,滚动轴承的安装是大口朝外,其特点是装配方便,受热伸长会引起轴向间隙,一般用于短轴;图4-15(c)中推力支承装在前径向支承的两侧,其特点是可以避免主轴受热伸长的影响,且轴向刚度较高;图4-15(d)中推力支承装在前径向支承的内侧,其特点是装配比较复杂,精度较高,大多数精密机械与仪器设备均采用此布局。如果设计成无肩结构(图4-16(a)),装配时会由于螺钉的旋紧力而产生局部变形,影响球体的圆度,致使轴承间隙发生变化;若采用有肩结构(图4-16(b)),将螺钉旋紧力作用在肩胛上,则可避免上述缺点。

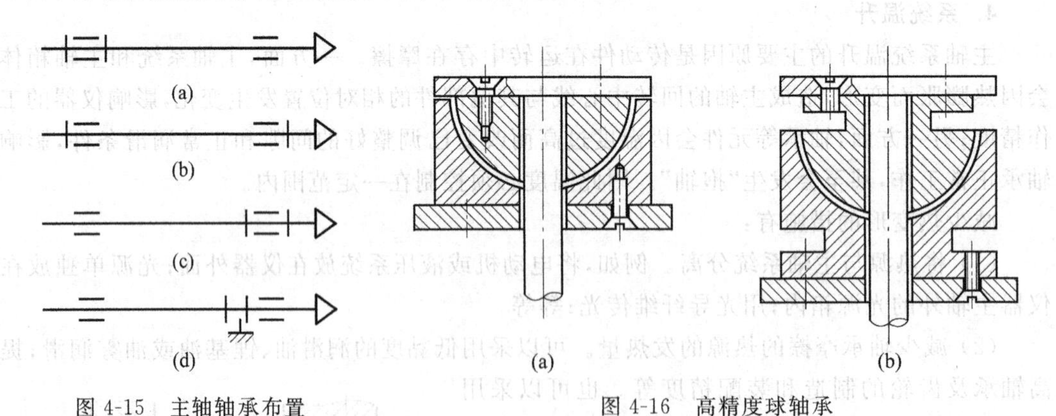


图4-15 主轴轴承布置

图4-16 高精度球轴承

## 4.3.2 主轴的类型

**1. 滚动摩擦轴系**

滚动摩擦轴系有两类:一类是标准滚动轴承的轴系,另一类是非标准滚动轴承的轴系。

标准的滚动轴承已经标准化、系列化，可以根据载荷、转速、旋转精度、刚度等要求选用，不用再设计。因为轴承的精度越高，价格就越贵，所以轴承精度应根据需要恰当地选择。

在精密仪器中，由于结构尺寸和主轴回转精度要求高，标准轴承有时不能满足要求，这时就要自行设计非标准滚动轴承。非标准滚动轴承的轴系分为单列和密集两种。这种轴系具有回转精度高(若滚珠尺寸相同及几何形状误差小于 0.07～0.08 μm，并进行预加负荷，则主轴回转精度可达 0.1 μm)、摩擦力矩小、对温度变化较不敏感、结构简单、制造安装方便、维修简易等优点，因而在一些小型仪器中特别是低速轻载的仪器中获得了广泛应用。

**例 4-2** 1″数字式光栅分度头结构

根据使用要求，这台仪器(图 4-17)的主轴径向跳动及轴向窜动规定在 1 μm 以内。为达到这样高的精度，采用了密珠径向轴承和密珠止推轴承的轴系。密珠径向轴承的外圈 3 和 7 与壳体内孔静配合并用同心轴研磨两孔，以提高其同心度；内圈 4 和 6 与主轴 5 过盈配合后再加工其外圆，以保证内圈外圆与主轴内锥孔的同心度要求；滚珠装配时有 50 μm 的预紧过盈。

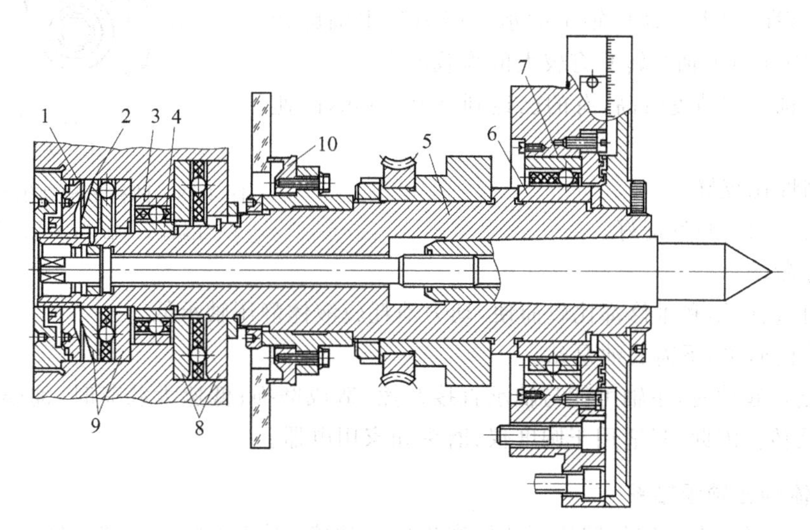


图 4-17 1″数字式光栅分度头轴系结构

1—端盖；2—调整垫片；3,7—轴承外圈；4,6—轴承内圈；
5—主轴；8,9—止推轴承；10—弹性座

由于主轴是作低速间断分度，且长度较短，因此热变形的影响很小。考虑到装配上的方便，将密珠止推轴承 8 和 9 装在后径向轴承两侧，用以限制主轴的轴向移动。光栅度盘用环氧树脂固定在弹性座 10 的弹性薄壁环上，这种固定方法不会因振动或温度变化而影响度盘的“走动”。

**2. 滑动摩擦轴系**

滑动轴承的轴系分为干摩擦滑动轴承轴系、半干摩擦滑动轴承轴系(简称普通滑动轴系)、液体摩擦动压轴承轴系(简称液体动压轴系)、液体摩擦静压轴承轴系(简称液体静压轴系)及空气摩擦静压轴承轴系(简称气体静压轴系)等。

**例 4-3** 圆柱形滑动轴承轴系

图 4-18 是 QGG405 型光电圆刻机的圆柱形滑动轴承轴系。主轴 1 的圆柱轴颈与轴套 2 内表面的 3 块局部圆柱面配合,使双周晃动的油团因为无法沿圆周移动而被破坏。这 3 块圆柱面,有两块夹角为 90°,另一块位于 90°的角平分线上。套筒 3 上的螺钉 4 用来调整主轴与轴套的间隙。这种轴系的精度可达 0.07 μm。

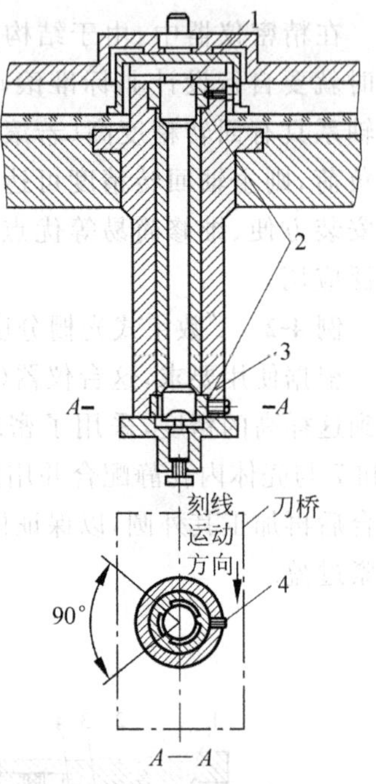


图 4-18 圆柱形滑动轴承轴系结构

1—主轴;2—轴套;3—套筒;4—螺钉

**3. 液体动压轴承轴系**

液体动压轴承轴系具有以下优点:

(1) 承载能力大。动压轴承的承载能力是主轴旋转后产生的,因此当主轴旋转时有较大的承载能力。

(2) 主轴回转精度较高,有的已达到 0.025 μm,高速性能好。

(3) 刚性比较好。

(4) 振动的衰减性能好。

(5) 寿命长。

(6) 制造、使用和维修都比较简便,动力消耗较液体静压轴承低。

(7) 结构简单,不需要油泵站。

其缺点是起动时,主轴可能与轴承直接摩擦,造成磨损;低速大载荷时,油膜难以建立;主轴不能反转。因此,只适用于圆度仪、磨头和家用电器。

**4. 液体静压轴承轴系**

动压轴承必须在一定的转速下才能产生压力油膜,不适于低速运转或转速变化较大的轴系。另外,轴系起动和停止时,由于速度很低不能形成足够的油膜压强,使金属直接接触,引起磨损,启动消耗功率也大。静压轴承可以解决这些问题。

液体静压轴承具有刚度大、精度高、抗振性好、摩擦阻力小等优点,广泛应用于速度变化大,经常开停的低、高速,轻、重载的高精度机械设备上,如主轴回转精度为 0.1 μm 以内的精密车床和 0.05 μm 的圆度仪等。

液体静压轴承具有如下特点:

(1) 摩擦阻力小,传动效率高;使用寿命长;抗振性能好,主轴运转平稳;主轴回转精度高；可适应各种工作情况。

(2) 需有一套可靠的供油装置，包括油箱、液压泵、滤油器、溢流阀、压力继电器、节流器、油管压力表等，增大了机械仪器设备的空间和重量，油液还可能污染环境等。

**5. 气体静压轴系**

气体静压轴承在高速运转时摩擦阻力小，发热温升小，所用的气体介质(空气)到处都有，在正常工作时无磨损，运转时振动小、噪声小，并且包围轴颈的压力气体有“平均效应”，因而使主轴回转精度较高，广泛应用于精密加工设备、精密仪器以及医疗器械和核工程等。但气体静压轴承有承载能力低、刚度低、压缩空气要进行过滤以及要防止主轴“漂移”需要严格控制压力稳定等缺点。

### 4.3.3 结构举例

**例 4-4** 空气静压球轴系

图 4-19 所示是用于镜面加工的球面空气静压主轴轴系。设计时需考虑几个问题：①回转精度高(主轴旋转时振动、摆动小)；②主轴连续转动发热少；③温度变化时轴向伸缩变形小。根据这些，主轴系统设计为在主轴的前端采用凸球，它可以承受径向载荷和轴向载荷，而在主轴的后端是径向轴承，这个轴承置于凹半球的球面座里，这样，当凹半球的气孔进气后可进行对中调正，对中后停止供气。在其后面弹簧的作用下，凹球的端面与支承板直接接触固定，这样可使主轴两端轴承对中调正。

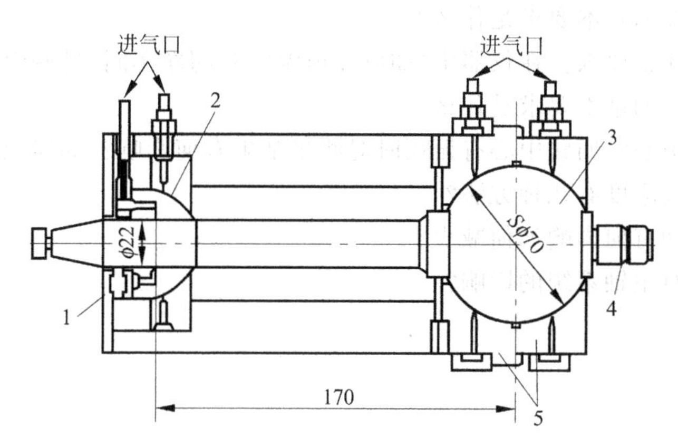


图 4-19 空气静压球轴系

1—端盖；2—凹半球面座；3—球；4—主轴；5—球轴承

该轴系的轴承，前端凸球直径为 70 mm，球面中起轴承作用长度为 60 mm；节流孔直径为 0.3 mm，在圆周上单列均布 12 个进气孔，气膜间隙为 12 μm；球面的圆度为 0.4 μm，表面粗糙度为 *Ra* 0.2 μm。后端轴颈直径为 22 mm，节流气孔也是单排均布 12 个，气膜间隙为 18 μm。该轴系供气压力 0.4～8 MPa。轴向可承载 980 N，径向可承载 245 N，最高转速为

5000 r/min。主轴径向回转精度为 0.03 μm,轴向回转精度为 0.01 μm;径向刚度为 25 N/μm,轴向刚度为 81.3 N/μm。

### 4.3.4 几种轴系的比较

综上所述,滑动轴系结构、形状简单,制造、装配方便,但抗振性、耐磨性及主轴回转精度都较差,仅适用于一般精度的轴系。

液体动压轴承与普通滑动轴承相比,主轴回转精度、耐磨性等都较好。但液体动压轴承轴系的主轴必须转动,否则油膜压力建立不起来,主轴不能反转,因此应用范围受到影响。但它结构简单,不需要复杂的供油系统,在某些家用电器上使用有优越性。

液体静压轴承和气体静压轴承的油液或气体压强是由外动力源供给的。供给压强大小与主轴工作状态无关(忽略旋转时的动压效应),且承载能力不随转速高低而变化,因此适用于调整范围较大的精密设备。另外,静压轴承是纯液体或气体摩擦,主轴回转轴线的偏移量要比轴颈和轴套孔的最后加工误差小得多,具有误差均化作用。主轴回转轴线的振摆量一般是轴颈圆度误差的 1/10~1/3,是轴套的 1/100。但液(气)体静压轴系都要一套供油(气)设备,比动压轴系复杂。

## 习　题

4-1　基座与支承件的基本要求是什么?

4-2　设计导轨有什么要求?在仪器中(如放在恒温室和超净车间)哪些因素是主要的?

4-3　主轴系统设计的基本要求是什么?

4-4　什么是回转中心?回转中心有振摆时对测量结果有何影响?如何减少这些影响?

4-5　提高主轴系统刚度有几种方法?

4-6　主轴系统振动有何影响如何减少?

4-7　如何减少热对主轴系统的影响?

# 传感检测技术

本章主要介绍测控仪器中常用的传感检测系统的检测方法、系统构成、传感器选择、常见抗干扰技术等内容。希望通过本章的学习，读者能对传感检测的相关技术有清晰的了解，并掌握检测方法、传感器的选择方法以及常用抗干扰技术。

## 5.1 检测系统

### 5.1.1 测量方法简介

测量方法是指构成检测系统的有效方法。通过设计先进、合理的检测结构，可以大大提升测量效果，如提高测量系统的准确度、提高系统抑制干扰的能力、变不可直接测量的量为间接可测量、弥补系统中器件的缺陷等。测量方法主要有以下几种。

**1. 直接测量与间接测量**

直接测量是指与同类基准进行比较直接得到被测量的方法，如用卡尺或千分尺测量物体的尺寸、利用电桥将电阻值与已知标准电阻相比较来测量电阻等。但在许多情况下，被测量无法直接测量或不易直接测量，这时可通过测量其他量，利用其他量与被测量的关系得到被测量，这种方法就是间接测量方式。例如，测量负载电阻消耗的瞬时功率时，可分别测量负载电阻两端的瞬时电压和流过的瞬时电流，将二者相乘即是瞬时功率。其中，瞬时功率称为目标变量，瞬时电流和电压称为自变量。间接测量时，要先明确目标变量与自变量的关系，并确保自变量可以直接测量。

**2. 偏移法测量与零位法测量**

偏移法测量与零位法测量的原理可用图 5-1 所示的电压测量说明。图 5-1(a)通过读取显示数值得知所测电压值，实际上读得的是 $U_{AB}$；图 5-1(b)通过滑动变阻器调整使得回路中电压为零，此时滑动变阻器的分压值为 $U_{AB}$，但此时回路中没有电流，所以 $U_{AB}=U_s$。可以看出零位法测量更为精确。

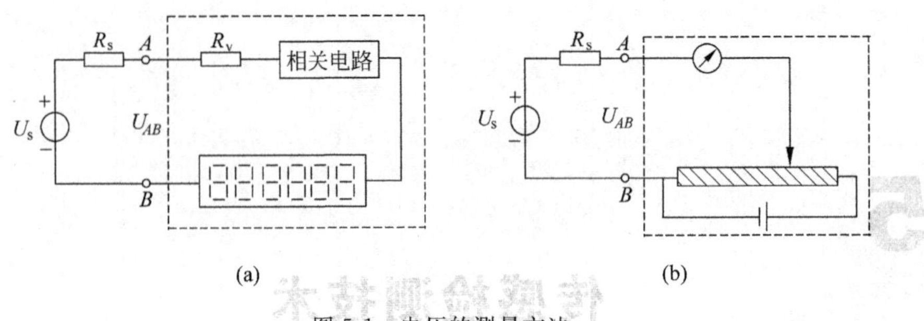


图 5-1 电压的测量方法

(a) 偏移法测量;(b) 零位法测量

**3. 差分法测量**

差分法测量检测系统一般要用到对称结构的两个传感器,且被测量反对称地作用在两个传感器上,干扰量以同样的强度作用在两个传感器上。

工程实践中,天平、电桥和差分变压器等都是对称结构差分检测的实例。差分原理充分利用对称与反对称的输入输出特性,在消除共模干扰、降低漂移、提高灵敏度和改善线性关系等方面有明显的效果,是常见的检测结构形式。

**4. 随动跟踪测量**

随动跟踪测量是基于系统负反馈的零位测量法,常用于高精度测量系统。图 5-2 所示的伺服加速度计就采用了这种测量方法。

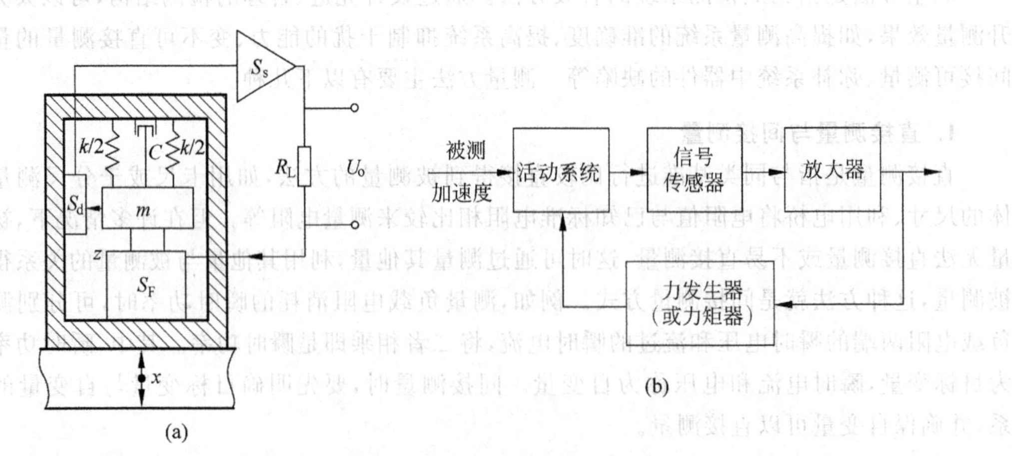


图 5-2 伺服加速度传感器

(a) 工作原理图;(b) 原理框图

图 5-3 所示的飞剪系统也属于随动跟踪测量系统。由旋转的刀刃对运动的进给材料按照设定的长度进行剪切,为了提高设备加工效率,要求被剪切材料保持连续进给,而不需在

剪切时停顿。在被剪切材料高速进给的过程中，剪切刀具能严格与其同步，保证剪切出的板材长度一致。为了高精度、高效率地以指定长度切断，除了要保证物料进给速度稳定外，还要实时控制刀辊的运行速度，当切断长度正好等于刀辊旋转一周的刀尖轨迹长时，控制刀尖的线速度与物料进给速度完全相同。在实施定长切断的过程中，通过系统控制刀尖与物料进给进行位置随动跟踪，使得伺服电机的编码器脉冲与速度/长度测量辊的编码器脉冲成固定的比例。

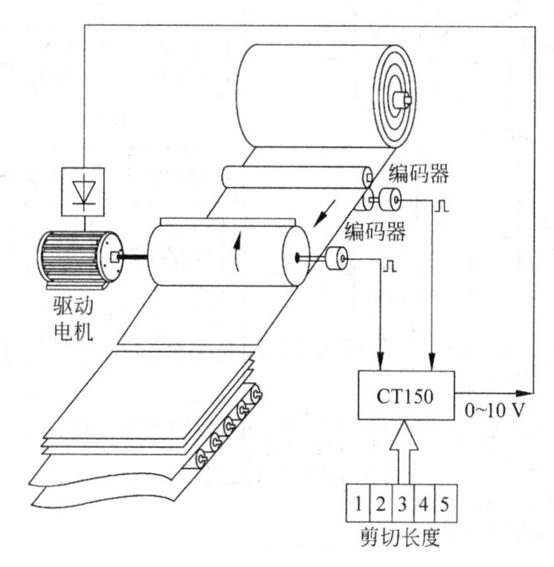


图 5-3 飞剪系统

**5. 主动探测与信息反馈检测——智能化检测的标志之一**

这类检测系统或是具有自适应能力，如将探索得到的信息反馈给传感器，通过改变传感器的工作温度来改变传感器的灵敏度；或是具有自学习能力，如用神经网络模拟某种非线性映射进行信号特征辨析时，将探索得到的信息反馈给信息处理部分，神经网络通过学习不断调整连接强度，最后得到问题的最优解；也可能是将探测得到的信息反馈给被测对象，调整对象的位置、姿态使检测结果具有确定性。主动探测与信息反馈型检测系统的一般结构组成如图 5-4 所示。

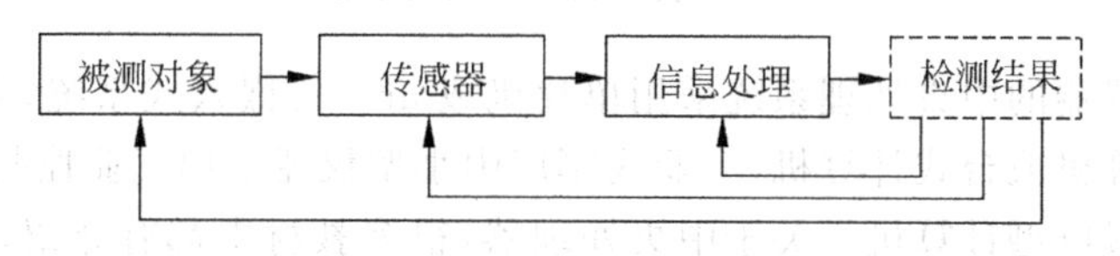


图 5-4 主动探测与信息反馈检测系统的框图

## 5.1.2 传感检测系统的构成

传感检测系统应用非常广泛。由图5-5所示的汽车倒车障碍检测系统可知,传感检测系统结构可以由图5-6所示的几部分构成。

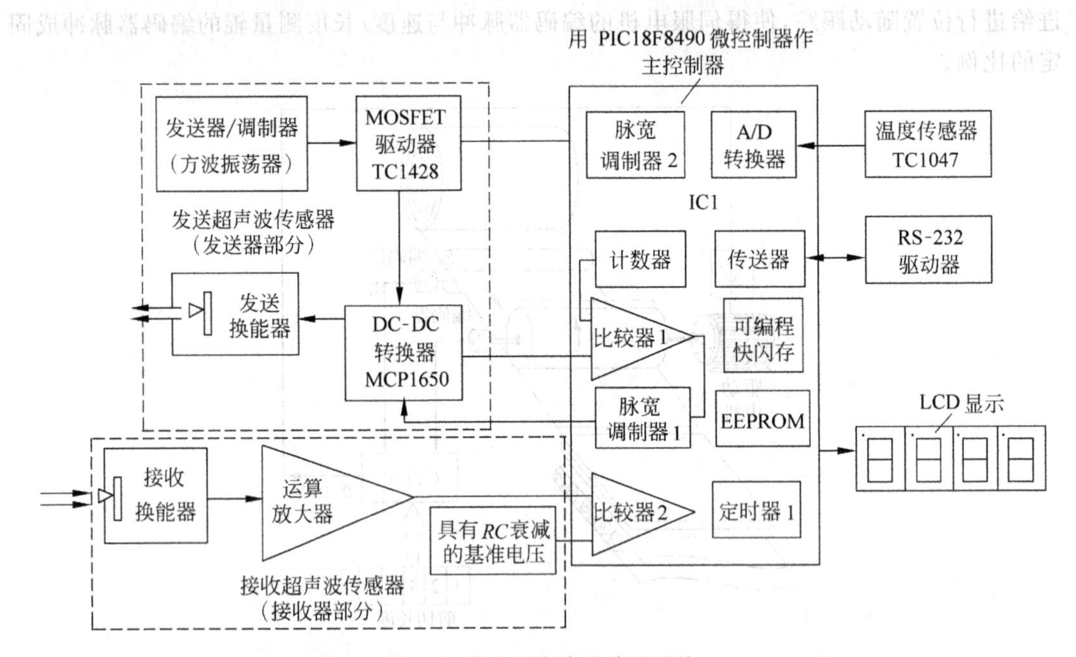


图5-5 汽车倒车障碍检测系统

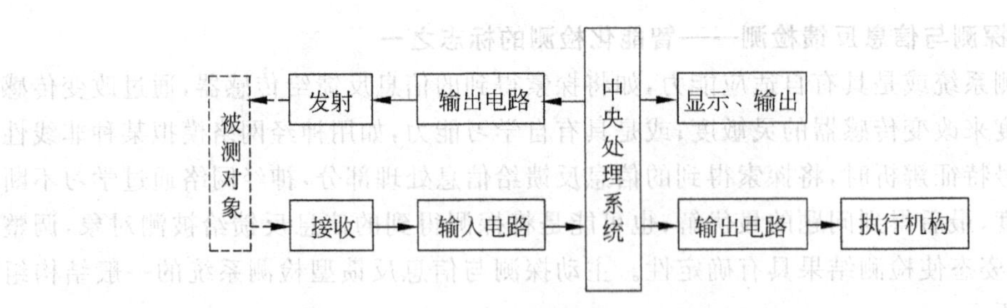


图5-6 传感检测系统构成框图

一般便携式仪器的中央处理系统采用单片机或arm等嵌入式系统,实验室用中小型仪器采用笔记本计算机或台式计算机,工业或军用中小型仪器采用工业控制计算机,大型仪器采用小型计算机或巨型计算机。关于中央处理器,很多教材中都有介绍,在此不再赘述;被测对象既可以是实体对象也可以是场对象(温度、声音等);发射部分及其电路根据被测对象特征需要而设置,可以没有;接收部分一般由传感器构成,传感器一般有模拟传感器、数字传感器、开关量传感器等形式;输入电路与输出电路的作用是使所连接两端的信号实现良好通信，一般应具有信号类型转换（模数、数模、调制解调、电压电流、电流电压、电压电压、电压频率、频率电压等）、放大（信号放大、功率放大）、抗干扰、线性化处理等作用。

### 5.1.3 检测系统设计要点

**1. 精度**

精度是仪器设计的关键指标，是构建检测系统的主要依据。但仪器的精度只有制造出来之后才能确定，设计中要保证制造后的仪器能达到所要求的精度，必须对影响精度的各种因素进行认真分析。

系统分辨率与精度有一定的统计关系，即仪器精度约为分辨率的1/10～1/5，所以在设计时首先要保证系统有足够高的分辨率。系统的分辨率一般取决于传感器和数字电路等环节。一般传感器的分辨率在厂家说明书上都有说明，而数字电路的分辨率主要是其量化误差。

影响精度的其他原因主要有信噪比、非线性误差、温度漂移等。在设计中应尽可能采取措施提高信噪比，譬如对环境进行控制或屏蔽、采用较大电压信号传输等。非线性误差的影响因素很复杂，主要改善措施有选择合适的静态工作点，让系统工作时远离饱和区和截止区；选择合适的传感器和测量电路；采用补偿和校正方式改善非线性。温度漂移对仪器精度有重要影响，经常采取的措施是采用低温漂的元器件；合理设计系统结构，热源外移或对热源采取隔热、散热措施；采取温度补偿措施；等热平衡后才允许仪器工作；等等。

**2. 响应速度和带宽**

检测的快速性是提高仪器使用效率的基本要求，尤其是现场检测，响应速度必须满足生产检查要求。带宽越大，响应速度越大，仪器能检测的信号动态范围越广，同时引入的干扰也越大。所以对响应速度和带宽应有合理的要求。一般可通过测量系统的动态特性（如频率特性）得到带宽的大小。

**3. 量程**

量程表明了仪器能测量的量值范围，一般要求量值大一些。但量程和分辨率是两个相互制约的参量，在系统动态范围相同情况下，量程越大分辨率越低。

**4. 稳定性**

通常稳定性是指随着时间的推移，系统性能保持不变的能力。稳定性可以用计量特性随时间的变化关系描述。通常有两种描述方式：用计量特性变化某个规定的量所需经过的时间来表示；或用计量特性经过规定的时间所发生的变化量来表示。例如，对于标准电池，对其长期稳定性（电动势的年变化幅度）和短期稳定性（3～5天内电动势的变化幅度）均有明确的要求；对量块尺寸的稳定性则以其规定的长度每年允许的最大变化量（$\mu$m/年）来进行考核。

对于测量仪器，尤其是基准、测量标准或某些实物量具，稳定性是重要的计量性能之一，示值的稳定是保证量值准确的基础。测量仪器产生不稳定的因素很多,主要原因是元器件的老化、零部件的磨损,以及使用、储存、维护工作不仔细等所致。测量仪器应根据稳定性要求进行周期检定或校准。

**5. 重复性**

重复性指的是在相同测量条件下,重复测量同一个被测量,其测量仪器示值的一致程度。相同的测量条件主要包括相同的被测对象和被测量、相同的测量程序、相同的操作者和观测者、相同的测量设备、相同的地点及其他环境,以及在短时间内重复。可见,重复性反映了测量仪器示值的随机误差分量,而且测量仪器的重复性和测量结果的重复性不同。

**6. 环境适应能力**

测量仪器应满足环境要求,如温度、湿度、含盐量、海拔、振动等。

**7. 输出要求**

测量仪器应满足输出要求,如LED、LCD、计算机屏幕、远程站点、网络等。

**8. 标准化和模块化**

测量检测系统的标准化和模块化主要是利用各类总线标准及其相关产品实现。典型的总线如表5-1所示。

表5-1 常用总线

<table>
<tr><th>名称</th><th colspan="2">特　点</th><th>典型用途</th></tr>
<tr><td rowspan="4">内部总线</td><td colspan="2">地址总线、数据总线、控制总线</td><td></td></tr>
<tr><td>$I^2C$</td><td>串行总线,由2根线构成</td><td>微控制器和各种传感器的通信</td></tr>
<tr><td>SPI</td><td>串行总线,4线高速的、全双工、同步</td><td>微控制器和无线收发器模块的通信</td></tr>
<tr><td>SCI</td><td>串行通信接口(serial communication interface,SCI)是由Motorola公司推出的。它是一种通用异步通信接口UART,与MCS-51的异步通信功能基本相同</td><td></td></tr>
<tr><td rowspan="3">系统总线</td><td>ISA</td><td>也叫AT总线,有98只引脚。广泛应用于80286至80486,奔腾机中保留有ISA总线插槽</td><td></td></tr>
<tr><td>PCI</td><td>基于奔腾等微处理器的总线。32位数据总线,可扩为64位。插槽比ISA小,功能比ISA有极大的改善,支持突发读写操作,最大传输速率达132 MB/s,同时支持多组外围设备,不能兼容ISA总线</td><td></td></tr>
<tr><td>Compact PCI</td><td>利用PCI的优点,提供满足工业环境应用的高性能的工业计算机标准总线,还利用传统的总线,如ISA、STD、VME或PC/104来扩充系统的I/O和其他功能</td><td>主要用于工控机</td></tr>
</table>

续表

| 名称 | | 特　　点 | 典 型 用 途 |
|---|---|---|---|
| 外部总线 | GPIB | 一根总线可连多达15台仪器，传输距离小于20 m，双向异步传输，最大传输速率1 Mb/s，采用反逻辑（高电平为“0”，低电平为“1”），电平与TTL兼容。 | 各类测控仪器 |
| | RS-232-C总线 | 有25条信号线，一个主通道和一个辅助通道，一般使用主通道；一般双工仅需一条发送线、一条接收线及一条地线。速率为每秒50，75，100，150，300，600，1200，2400，4800，9600，19 200位。通信距离受电容负载限制，如150 pF/m通信电缆的最大通信距离为15 m；若每米电缆的电容量减小，则通信距离增加。存在共地噪声，不能抑制共模干扰 | 一般用于20 m以内的通信 |
| | RS-485串行总线 | 是通信距离为几十米到上千米时广泛采用的总线。具有抑制共模干扰的能力。采用半双工工作方式，任何时候只能有一点处于发送状态。用于多点互连时非常方便，可以省掉许多信号线 | 可用来联网构成分布式系统，允许最多并联32台驱动器和32台接收器 |
| | IEEE-488并行总线 | 按位并行、字节串行双向异步传输信号，总线连接方式，仪器直接并联于总线上不需中介单元，最多可连接15台设备。最大传输距离为20 m，信号传输速度一般为500 KB/s，最大传输速度为1 MB/s | 用来连接系统，如微计算机、数字电压表、数码显示器等设备及其他仪器仪表 |
| | USB通用串行总线 | 基于通用连接技术，实现外设的简单快速连接。可为外设提供电源（普通的串、并口的设备需要单独的供电系统）。USB的最高传输率达12 MB/s，比串口快100倍，比并口快近10倍，还支持多媒体 | |
| | LXI | 基于工业标准以太网（Ethernet）技术，扩展了仪器需要的语言、命令、协议等内容；集台式仪器的内置测量科学及PC标准I/O连通能力和基于插卡框架系统的模块化和小尺寸于一身，构成了一种适用于自动测试系统的新一代模块化仪器平台标准 | |
| | CAN | 支持分布式控制或实时控制的串行现场总线，分布式控制系统工作于多主方式，实时性强，可靠性高，灵活，在错误严重的情况下自动关闭输出功能，总线不会出现“死锁”状态。开发难度低，开发周期短，通信速率高，容易实现，性价比高 | 奔驰、宝马、保时捷、劳斯莱斯、美洲豹等用来实现汽车内部控制与各检测和执行机构间的数据通信 |

## 5.2 传感器选择

如5.1节所述，传感器是检测系统的关键环节。只有选择合适的传感器，才有可能实现良好的检测性能。本节从应用的角度出发，主要讲述传感器的分类、数学模型、选择原则、常见测量传感器,最后对传感器的发展趋势和多传感器信息融合技术进行介绍。

### 5.2.1 模型与指标参数

传感器的数学模型是正确使用传感器的基础,指标参数是性能的“定量”度量。

**1. 传感器理想模型**

理想情况下,经常把传感器看成线性系统,其数学模型可用线性微分方程表示为

$$a_n\frac{d^n y}{dt^n}+a_{n-1}\frac{d^{n-1}y}{dt^{n-1}}+\cdots+a_1\frac{dy}{dt}+y=b_m\frac{d^m x}{dt^m}+b_{m-1}\frac{d^{m-1}x}{dt^{m-1}}+\cdots+b_1\frac{dx}{dt}+b_0 x \tag{5-1}$$

式中,$x$,$y$分别为输入和输出;$t$为时间;$a_i(i=1,2,\cdots,n)$为$n$个不同时等于零的常数;$b_j(j=0,1,2,\cdots,m)$为$m$个不同时等于零的常数,$m\leqslant n$(为了方便分析,已将等式左边$y$项前的系数归一)。

将式(5-1)做拉普拉斯变换和傅里叶变换,即可得到其传递函数模型和频率特性模型,即

$$\frac{Y(s)}{X(s)}=\frac{b_m s^m+b_{m-1}s^{m-1}+\cdots+b_1 s+b_0}{a_n s^n+a_{n-1}s^{n-1}+\cdots+a_1 s+1} \tag{5-2}$$

$$\frac{Y(j\omega)}{X(j\omega)}=\frac{b_m(j\omega)^m+b_{m-1}(j\omega)^{m-1}+\cdots+b_1(j\omega)+b_0}{a_n(j\omega)^n+a_{n-1}(j\omega)^{n-1}+\cdots+a_1(j\omega)+1}=A(\omega)e^{j\varphi(\omega)} \tag{5-3}$$

当输入输出均不随时间变化时,式(5-1)变为静态模型(又称零阶模型),即

$$y=b_0 x \tag{5-4}$$

就动态系统而言,一般认为大多数传感器属于一阶或二阶系统,即对式(5-1)最高取$y$的一次导数项或二次导数项,得到形式分别为

$$a_1\frac{dy}{dt}+y=b_0 x \tag{5-5}$$

$$a_2\frac{d^2 y}{dt^2}+a_1\frac{dy}{dt}+y=b_0 x \tag{5-6}$$

同样可以得到一阶与二阶系统的传递函数模型和频率特性模型。

所有输入输出关系和时间有关的模型,即式(5-1)、式(5-5)、式(5-6)及其传递函数和频率特性均称为动态模型,对应的系统称为动态系统;而式(5-4)称为静态模型,对应的系统称为静态系统。

动态系统和静态系统是可以相互转化的。在一定的频率范围内,如果系统的幅频特性变化可以忽略,而相频变化是频率的线性函数时,系统可以当成静态系统处理。

要分析实际系统的静、动态特性,必须求得式(5-1)、式(5-5)及式(5-6)的系数。求系数主要有3种方式:理论分析法、实验法、理论分析和实验相结合的方法。

由于实际的系统都是非线性系统,因此把实际系统当成线性系统处理必然带来误差,通

过合理的实验求解参数更能符合实际情况。

**2. 模型及参数分析**

利用实验方法分析静态模型是通过传感器的输入、输出散点数据，拟合输入输出的直线关系。常用的拟合方法有理论直线法、端点直线法、最佳直线法及最小二乘法等。

可以由散点特征、所拟合输入输出直线特征、散点与所拟合输出直线的相互关系得出线性度、线性范围、离散性、回程误差、灵敏度、测量范围等概念。

利用实验方法求动态数学模型的框图如图 5-7 所示。

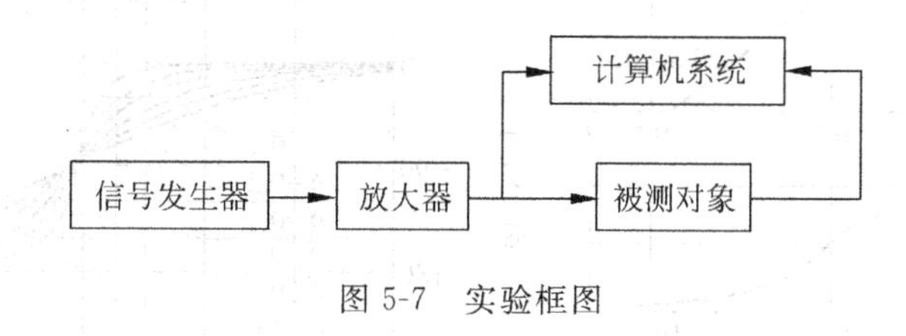


图 5-7 实验框图

图 5-7 是现在经常采用的方案，以前计算机不普及时主要用示波器或频率分析仪等仪器。利用图 5-7，根据系统特性曲线的制作方法很容易测得系统的特征曲线。在时间域，经常采用求阶跃输入响应的方法。如果系统响应曲线如图 5-8(a)所示，则系统为一阶；如果系统响应曲线如图 5-8(b)所示，则系统为二阶。在频率域可以采用脉冲、阶跃或稳态正弦输入，求频率特性曲线(伯德图)。实际系统的阶次可根据伯德图的斜率确定。如果曲线如图 5-9(a)所示，则为一阶系统；如果为图 5-9(b)所示，则为二阶系统。

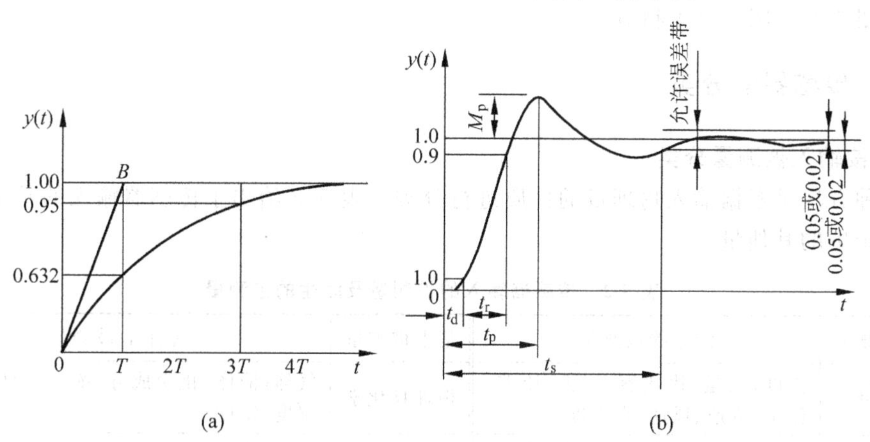


图 5-8 系统的单位阶跃响应

(a) 一级系统阶跃响应；(b) 二级系统阶跃响应

在图 5-8 和图 5-9 中，为了方便将常数做了归一化，归一化因子的倒数就是系统的实际直流增益。系统的其他参数，如一阶系统的时间常数，二阶系统的固定频率、阻尼比、超调

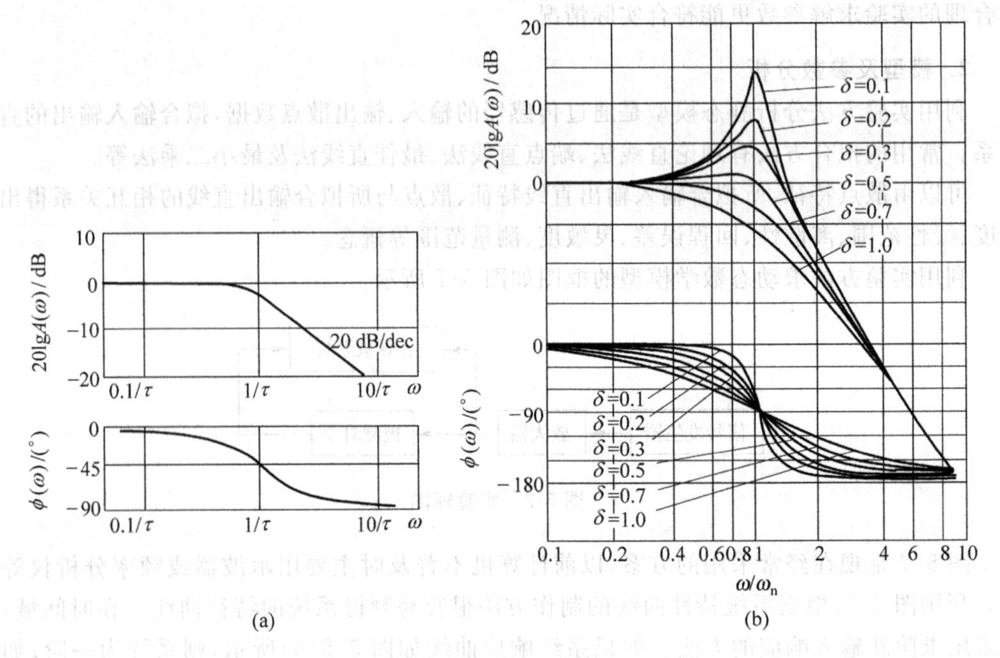


图 5-9 系统伯德图

(a) 一阶系统的伯德图;(b) 二阶系统的伯德图

量、超调时间、延迟时间、上升时间、过渡过程时间、稳态误差、瞬态误差等,都可以利用控制原理在图 5-8 和图 5-9 上得到。

### 5.2.2 传感器的分类

**1. 按输入被测量分类**

这种方法是根据输入物理量的性质进行分类。表 5-2 给出了传感器输入的基本被测量和由此派生的其他量。

**表 5-2 传感器输入的被测量及派生的被测量**

| 基本被测量 | 派生的被测量 | 基本被测量 | 派生的被测量 |
| --- | --- | --- | --- |
| 热工量 | 温度、热量、比热容、压力、压差、流量、流速、风速、真空度 | 物理且化学 | 气体(液体)化学成分、浓度、盐度、黏度、湿度、密度 |
| 机械量 | 位移、尺寸、形状、力、应力、力矩、振动、加速度、噪声 | 生物且医学 | 心音、血压、体温、气流量、心电流、眼压、脑电波 |

这种分类方法比较明确地表达了传感器的用途,便于使用者根据不同的用途加以选用。

**2. 按工作原理分类**

表 5-3 以传感器的工作原理作为分类依据,这种分类方法的优点是比较清楚地表达了

传感器的工作原理。

表 5-3 传感器按工作原理的分类

| 类型 | | 工作原理 | 典型应用 |
|---|---|---|---|
| 电阻式 | 电阻应变式 | 金属应变片的电阻应变效应 | 力、压力、力矩、应变、位移、加速度 |
| | 固态压阻式 | 固体材料压阻效应 | 压力、加速度、荷重 |
| | 电位器式 | 移动电位器触点改变电阻值 | 位移、力、压力 |
| 电感式 | 自感式 | 改变磁路磁阻使自感变化 | 位移、力、压力、振动、液位 |
| | 互感式(又叫变压器式) | 改变互感 | 位移、力、力矩 |
| | 电涡流式 | 利用电涡流现象改变线圈自感、阻抗 | 位移、厚度、无损探伤 |
| | 压磁式 | 利用导磁体的压磁效应 | 力、压力、荷重 |
| | 感应同步器 | 两个平面绕组互感随位置不同而变化 | 位移(线位移、角位移) |
| 电容式 | 电容式 | 改变电容量 | 力、压力、位移、加速度、液位、厚度 |
| | 容栅式 | 改变电容量或加激励电压产生感应电势 | 位移 |
| 磁电式 | 磁电感应式 | 利用导体相对磁场运动产生感应电动势 | 速度、转速、扭矩 |
| | 霍尔式 | 利用霍尔元件的霍尔效应 | 位移、力、压力、振动 |
| | 磁栅式 | 利用磁头相对磁栅位置或位移将磁栅上的磁信号读出 | 长度、线位移、角位移 |
| 压电式 | 正压电式 | 利用压电元件的压电效应 | 力、压力、加速度、粗糙度 |
| | 声表面波式 | 利用压电元件的正、逆压电效应 | 力、压力、角加速度、位移 |
| 热电式 | 热电偶 | 利用热电偶的热电效应 | 温度 |
| | 热电阻 | 利用金属导体的热电阻效应 | 温度 |
| | 热敏电阻 | 利用半导体的热电阻效应 | 温度、红外辐射 |
| 光电式 | 一般形式 | 改变光路的光通量 | 位移、转速、温度、浑浊度 |
| | 光栅式 | 利用光栅副的莫尔条纹和位移的关系 | 长度、位移(线位移、角位移) |
| | 光纤式 | 利用光导纤维的传输特性或材料的效应 | 位移、加速度、速度、压力、温度 |
| | 光学编码式 | 利用编码器转换成亮暗光信号 | 位移(线位移、角位移)、转速 |
| | 固体图像式 | 利用 CCD 进行光电转换、存储、扫描 | 图像、字符识别、尺寸检测 |
| | 激光式 | 利用激光干涉、多普勒效应、衍射及光电器件 | 长度、位移、速度、尺寸 |
| | 红外式 | 利用红外辐射的热效应或光电效应 | 温度、遥感、探伤、气体分析 |

续表

| 类型 | | 工作原理 | 典型应用 |
|---|---|---|---|
| 谐振式 | 振弦式 | 改变振弦、振筒、振膜、振梁、石英晶体的固有参数来改变谐振频率,输出频率电信号 | 大压力、扭矩、加速度、力 |
| | 振筒式 | | 气体压力、密度 |
| | 振膜式 | | 压力 |
| | 振梁式 | | 角位移、静态力和缓变力 |
| | 压电式 | | 压力、温度 |
| 超声波 | | 改变超声波声学参数,接收并转换成电信号 | 厚度、流速、无损探伤 |
| 微波 | | 利用微波在被测物的反射、吸收等特性,由接收天线接收并转换成电信号 | 物位、液位、厚度、距离 |
| 气电式 | | 利用气动测量原理,改变气室中压力或管路中流量,再由电感式、光电式等传感器转换成电信号 | 尺寸 |
| 陀螺式 | | 利用陀螺原理或相对原理 | 角速度、位移 |

**3. 按输出信号形式分类**

这种分类方法是根据传感器输出信号的不同进行分类,见图5-10。

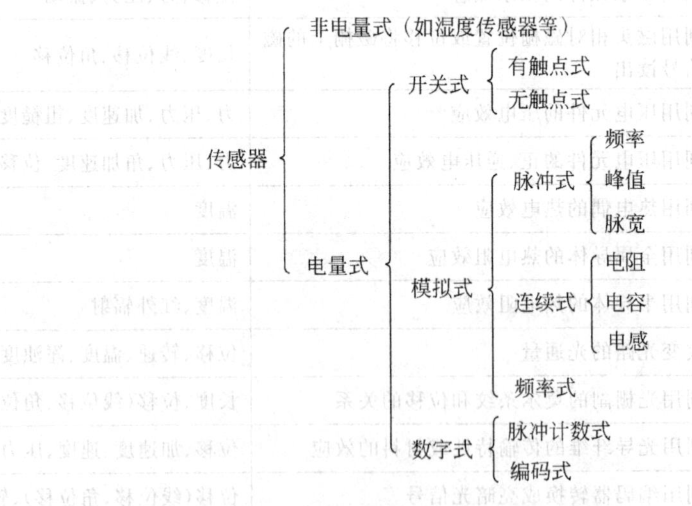


图5-10 传感器按输出信号形式的分类

**4. 按工作机理分类**

按照工作机理,可以将传感器分为结构型和物性型两大类。结构型传感器是通过传感器本身结构参数的变化来实现信号转换的,这种转换符合一定的物理学定律。例如,电容式传感器是通过极板间距离发生变化而引起电容量的变化;电感式传感器是通过活动衔铁的位移引起自感或互感的变化等。而电学量之间的关系就是物理学定律，也就是该传感器工作的数学模型。

物性型传感器利用敏感器件材料本身物理性质的变化实现检测，被测量与传感器输出之间的关系大多数以物质本身的常数形式给出。这些常数的大小，决定了传感器的主要性能。因此，物性型传感器的性能随材料的不同而异。例如，用水银温度计测温，是利用了水银的热胀冷缩现象；用光电传感器测速，是利用了光电器件本身的光电效应；用压电测力计测力，是利用了石英晶体的压电效应等。深入了解基本效应有利于对传感器原理的认识，也有利于传感器的创新研究和设计。常见的物理效应如表 5-4 所示。

**表 5-4　常见物性型传感器的基本效应**

| 条件＼结果 | 机 | 电 | 磁 | 热 | 声 | 光 |
|---|---|---|---|---|---|---|
| 机 | | 压电效应<br>压阻效应 | 压磁效应<br>逆威德曼效应 | 压热效应 | | 弹光效应<br>力致双折射现象 |
| 电 | 逆压电效应<br>电动效应<br>电致伸缩效应 | | 电磁效应<br>电磁感应效应 | 电热效应（逆热释电效应）<br>热电阻效应<br>电阻温度效应 | 电声效应（电动效应，电致伸缩效应） | 斯塔克效应<br>泡克尔斯效应<br>电光克尔效应<br>液晶电光效应<br>场致发光效应<br>弗朗兹凯尔迪什效应<br>电控双折射效应 |
| 磁 | 磁致伸缩效应<br>威德曼效应<br>核磁共振 | 磁阻效应<br>霍尔效应<br>磁敏电阻效应<br>苏里效应<br>磁感生电效应<br>集肤效应 | | 去磁致冷效应 | 爱廷豪森效应 | 塞曼效应（正常反常）<br>法拉第磁致旋光效应<br>磁光克尔效应<br>磁致双折射效应 |
| 热 | 热膨胀效应（逆压热效应） | 塞贝克效应<br>泊尔帖效应<br>汤姆逊效应<br>热释电效应<br>热电子效应<br>肖特基效应 | 爱廷豪森效应<br>能斯特效应<br>热声子曳引效应 | | 热噪声 | 热辐射效应 |
| 声 | 声多普勒效应 | 声电效应<br>声子曳引效应<br>超声致电效应 | | | | 声光效应 |
| 光 | 光弹效应 | 内外光电效应<br>光磁电效应<br>俄歇效应<br>光电流效应<br>康普顿效应与逆效应<br>光伏效应<br>光铁电效应 | 光磁效应 | 光热偏转效应<br>激光致冷和光镊效应<br>光热效应 | 光声效应 | |

另外,还有吸附效应、半导体表面场效应、中性盐效应、电泳效应等。

应该指出,习惯上常把工作原理和用途结合起来命名传感器,比如霍尔式压力传感器、电位计式位移传感器、红外式温度传感器等。

## 5.2.3 传感器选择原则

现代传感器在原理与结构上千差万别,根据测量目的、测量对象以及测量环境合理地选用传感器,是测量时首先要解决的问题。传感器确定之后,与之相配套的测量方法和测量设备也就可以确定了。测量结果在很大程度上取决于传感器的选用是否合理。

### 1. 确定传感器类型

测量同一物理量,往往有多种原理的传感器可供选用。选择时需要根据被测量的特点和传感器的使用条件考虑以下一些具体问题:量程的大小;被测位置对传感器体积的要求;测量方式为接触式还是非接触式;信号的引出方法(有线或是无线)、价格;等等。

### 2. 灵敏度选择

传感器的灵敏度越高越好。灵敏度高,输出信号的值大,有利于信号处理。但传感器的灵敏度高,外界噪声也容易混入,影响测量精度。因此,要求传感器应具有较高的信噪比。传感器的灵敏度是有方向性的。当测量方向性要求较高的单向被测量时,应选择其他方向灵敏度小的传感器;如果是多维向量传感器,则要求传感器的交叉灵敏度越小越好。

### 3. 频率响应特性

传感器的频率响应特性决定了被测量的频率范围,必须在允许频率范围内保持不失真的测量条件。传感器的频率响应高,可测的信号频率范围就宽;而机械系统由于惯性较大,因此固有频率低的传感器可测信号的频率较低。在动态测量中,应根据信号的特点(稳态、瞬态、随机等)选择响应特性,以免产生较大误差。

### 4. 线性范围

线性范围是指传感器输出与输入成正比的范围。但实际上,任何传感器都不能保证绝对的线性,其线性度也是相对的。当所要求测量精度比较低时,在一定的范围内,可将非线性误差较小的传感器近似看作线性的,这会给测量带来极大的方便。

### 5. 稳定性

稳定性是指传感器性能随时间保持不变的能力。影响传感器稳定性的因素除传感器本身的结构外,主要是使用环境。因此,要使传感器具有良好的稳定性,传感器必须要有较强的环境适应能力。在选择传感器之前,应对其使用环境进行调查,并根据具体的使用环境选择合适的传感器,或采取适当的措施,减小环境的影响。传感器的稳定性有定量指标,在超过使用期后,应重新进行标定。在要求传感器能长期使用而又不能轻易更换或标定的场合,所选用的传感器稳定性要求更严格。

### 6. 精度

所选择的传感器必须具有一定精度才能构成具有一定精度的检测系统。传感器的精度越高，其价格越昂贵，因此，传感器的精度只要满足整个测量系统的精度要求就可以，不必选得过高。如果测量目的是用于定性分析，则选用重复精度高的传感器即可，不宜选用绝对量值精度高的；如果是为了定量分析，必须获得精确的测量值，就需选用精度等级能满足要求的传感器。

### 5.2.4 典型仪器传感器

常见仪器传感器有位移传感器、速度与加速度传感器、力和压力传感器、温度传感器等。为方便比较和选择，表 5-5～表 5-8 列出各类常用传感器及其特点的主要参数。

**表 5-5 常用位移传感器及其特点**

| 类型 | | 测量范围 | 精度/% | 线性度/% | 工作特点 |
|---|---|---|---|---|---|
| 电阻式 | 滑线式、线位移 | 1～300 mm | ±0.1 | ±0.1 | 分辨率较高，可用于静态或动态测量；接触元件易磨损 |
| | (分压式)角位移 | 0°～360° | ±0.1 | ±0.1 | |
| | 变阻式、线位移 | 1～1000 mm | ±0.5 | ±0.5 | 结构牢固，寿命长；但分辨率较差，电噪声大 |
| | 角位移 | 0～60 r | ±0.5 | ±0.1 | |
| 应变式 | 非粘贴式 | ±0.15%应变值 | ±0.1 | ±1 | 不牢固 |
| | 粘贴式 | ±0.3%应变值 | ±2～±3 | | 牢固，使用方便；要作温度补偿，输出幅值大 |
| | 半导体式 | ±0.25%应变值 | ±2～±3 | | |
| 电感式 | 自感型变气隙式 | ±0.2 mm | ±1 | ±3 | 适用于微小位移测量，使用简便，动态性能较差分辨率好；需屏蔽 |
| | 螺管式 | ±1.5～±2 mm | ±0.5 | | |
| | 差动变压式 | ±0.08～±85 mm | | | |
| | 电涡流式 | ±2.5～±250 mm | ±1～±3 | <3 | 分辨率好；被测体须是导体 |
| | 同步机 | 0°～360° | ±0.1～±8 | ±0.5 | 在 1200 r/min 下工作，对温度和湿度不敏感，非线性误差与变压比和测量范围有关 |
| | 微动变压器 | ±10° | ±1 | ±0.05 | |
| | 旋转变压器 | ±60° | ±1 | ±0.1 | |
| 电容式 | 变面积型 | 0.001～100 mm | ±0.005 | ±1 | 介电常数受温度、湿度影响较大，分辨率高；测量范围很小 |
| | 变极距型 | 0.01～10 mm | ±0.1 | | |
| 霍尔元件式 | | ±1.5 mm | 0.5 | | 结构简单，动态特性好 |
| 感应同步器 | 直线式 | $10^{-3}$～$10^{4}$ mm | 2.5 μm/250 mm | | 模拟和数字混合测量系统，数字显示(直线式感应同步器的分辨率可达 1 μm) |
| | 旋转式 | 0°～360° | ±0.5″ | | |
| 计量光栅 | 长光栅 | $10^{-3}$～$10^{3}$ mm | 3 μm/1 m | | 模拟和数字混合测量系统，数字显示 |
| | 圆光栅 | 可按需要接长 | ±0.5″ | | |

续表

| 类型 | | 测量范围 | 精度/% | 线性度/% | 工作特点 |
|---|---|---|---|---|---|
| 激光干涉仪 | | 0～80 m | 0.01 μm | | 测量精度高,操作简单,能精确测得位移及方向 |
| 磁栅 | 长磁栅 | $10^{-3}$～$10^{4}$ mm | 5 μm/1 m | 0.01% | 测量时工作速度可达12 m/min |
| | 圆磁栅 | 0°～360° | ±1″ | | |
| 编码器 | 接触式 | 0°～360° | $10^{-6}$ r/min | | 分辨率好,可靠性高 |
| | 光电式 | 0°～360° | $10^{-8}$ r/min | | |
| 光纤式 | 光纤位移传感器 | 0.1～0.25 mm,探头直径2.8 mm | ±0.15 μm | ±1 | 分辨率高,约0.25 μm,抗环境干扰能力强 |

**表 5-6 典型速度传感器及其特点**

| 类型 | 原理 | | 测量范围 | 精度 | 特点 |
|---|---|---|---|---|---|
| 线速度测量 | 磁电式 | | 工作频率 10～500 Hz | ≤10% | 灵敏度高,性能稳定,移动范围±(1～15)mm;尺寸、重量较大 |
| | 空间滤波器 | | 1.5～200 km/h | ±0.2% | 无需两套特性完全相同的传感器 |
| 转速测量 | 交流测速发电机 | | 400～4000 r/min | <1%满量程 | 示值误差在小范围内可通过调整预扭弹簧转角来调节 |
| | 直流测速发电机 | | 1400 r/min | 1.5% | 有电刷压降形成死区,电刷及整流子磨损影响转速表精度 |
| | 离心式转速表 | | 30～2400 r/min | ±1% | 结构简单,价格便宜,不受电磁干扰;精度较低 |
| | 频闪式转速表 | | 0～1.5×$10^{5}$ r/min | 1% | 体积小,量程宽,使用简便,精度高,非接触测量 |
| | 光电式 | 反射式转速表 | 30～4800 r/min | ±1 脉冲 | 非接触测量,要求被测轴径大于3 mm |
| | | 直射式转速表 | 1000 r/min | | 在被测轴上装有测速圆盘 |
| | 激光式 | 测频法转速仪 | 几万～几十万 r/min | ±1 脉冲/s | 适合高转速测量;低转速测量误差大 |
| | | 测周法转速仪 | 1000 r/min | | 适合低转速测量 |
| | 汽车发动机转速表 | | 70～9999 r/min | 0.1%$n$±1 r/min ($n$≤4000 r/min) 0.2%$n$±1 r/min ($n$>4000 r/min) | 利用汽车发电机点火时,高压线圈放电,感应出脉冲信号,实现对发电机不剖体测量 |

表 5-7 常用力和压力传感器及其特点

| 类型 | 特点 | 应用 |
| --- | --- | --- |
| 电阻应变式 | 测量范围宽(测力为 $10^{-3}$～$10^{8}$ N,测压为几十 Pa 至 $10^{11}$ Pa),精度高(≤±0.1%,最高可达 $10^{-5}$～$10^{-6}$),动态性能好(可达几十 kHz 至几百 kHz),寿命长,体积小,质量轻,价格便宜,可在恶劣条件(高速、高压、振动、磁场、辐射、腐蚀)下工作;有一定非线性误差,抗干扰能力较差,需屏蔽 | 粘贴在不同形式的弹性元件表面,可测力、压力、扭矩、荷重等。应用最广,大部分场合均可应用 |
| 压阻式 | 灵敏度高,机械滞后小,分辨率高,测量范围大,频率响应范围宽,体积小,功耗小,易集成,使用方便;有较大的非线性误差和温度误差,需采取温度补偿措施 | 应用于各种场合,目前主要用来测量压力,是一种有发展前途的传感器 |
| 压电式 | 线性好,频响宽($10^{-6}$ Hz～20 kHz),灵敏度高,迟滞小,重复性好,结构简单,工作可靠,使用方便,抗声、磁干扰能力强,温度系数低(小于 0.02%),工作温度－196～200℃,特种材料可达 760℃,无需静态输出;要求后级具有高的输入阻抗,应采用低电源、低噪声、高绝缘电阻电缆 | 用来测量静态力到动态力,压力更适宜于动态和恶劣环境中力的测量,如测量机械设备和部件所受的冲击力、锻锤等机械设备中的冲击力、振动台的激振力等 |
| 声表面波(SAW) | 精度高,灵敏度高,输出频率信号,易集成,体积小,质量轻,功耗小,抗干扰能力强 | 测量压力,称重 |
| 压磁式 | 输出功率大,信号强,抗干扰能力和过载能力强,牢固可靠,寿命长,能在恶劣环境条件下工作;精度较低(约 1%),反应速度较低 | 常用于机械、冶金、矿山、运输等部门测力、测扭矩和称重,如测量轧制力、切削力、张力、重量,也可用作电梯安全保护 |
| 光纤式 | 质量轻,可制成任意形状,频响范围宽,灵敏度高,抗电磁干扰能力强,可在恶劣条件下工作 | 测量压力、水声,适宜于易燃易爆、强腐蚀、电磁干扰等工业环境中使用,尤其适用于遥测 |
| 气电式 | 易实现自动化,可在高温、磁场等环境中工作;响应时间较长(0.2～1 s),需净化压缩气源 | 测量压力、压差 |
| 振弦式 | 灵敏度高,结构简单,测量范围大,输出频率信号精度较低(约±1.5%满量程);要求振弦材料性能和加工工艺较高 | 测量大压力,可达几十 MPa,也可用于测量扭矩 |
| 振筒式 | 迟滞误差和漂移误差较小,稳定性和重复性好,分辨率高,轻便,成本低;输出频率信号有非线性误差,不能测大的气压 | 测量气体压力 |
| 振膜式 | 测量范围大,精度较高(如测量 10 MPa 精度可达 0.1%);输出频率信号有非线性误差 | 测量压力 |
| 振动式 | 稳定度高,尺寸小,质量轻,量程可达 $10^{7}$ N;输出频率信号有非线性,当频率变化 10%时有 3%～5%的非线性误差 | 测量静态力和缓变力(0～50 Hz) |
| 石英晶体谐振式 | 精度高,灵敏度高,线性好,测量范围宽,体积小,质量轻,动态响应好,功耗低,输出频率信号,抗干扰能力强;价格较昂贵 | 测量静压力和准静压力,也可测量动态压力 |

续表

| 类型 | 特　　点 | 应　　用 |
| --- | --- | --- |
| 核辐射式 | 不受温度等因素影响，精度一般为1%，装置复杂，需特殊防护 | 测量气体压力，称重 |
| 力平衡式 | 精度高，稳定性好，动特性好，灵敏度高，横向灵敏度低，调整方便、灵活；体积较大，结构较复杂，价格昂贵 | 可测力和压力，但目前主要用于超低频加速度测量 |
| 电容式 | 结构简单，灵敏度高，动态特性好，过载能力强，环境要求低；干扰大，寄生电容影响大，需屏蔽 | 测量压力 |
| 霍尔式 | 结构简单，体积小，频带宽(直流至微波)，动态范围大(输出电势变化1000∶1)，寿命长，可靠性高，易集成；转换效率低，温度影响大 | |

**表5-8　常用温度传感器及其特点**

<table>
<tr><th>测温方式</th><th colspan="3">温度计或传感器类型</th><th>测量范围/℃</th><th>精度/%</th><th>特　　点</th></tr>
<tr><td rowspan="10">接触式</td><td rowspan="4">热膨胀式</td><td colspan="2">水银</td><td>−50～650</td><td>0.1～1</td><td>简单方便；易损坏(水银污染)</td></tr>
<tr><td colspan="2">双金属</td><td>0～300</td><td>0.1～1</td><td>结构紧凑，牢固可靠</td></tr>
<tr><td rowspan="2">压力</td><td>液体</td><td>−30～600</td><td rowspan="2">1</td><td rowspan="2">耐振，坚固，价格低廉</td></tr>
<tr><td>气体</td><td>−20～350</td></tr>
<tr><td rowspan="2">热电偶</td><td colspan="2">铂铑-铂</td><td>0～1600</td><td>0.2～0.5</td><td rowspan="2">种类多，适应性强，结构简单，方便，应用广泛；寄生热电势及动圈式仪表电阻对测量结果有影响</td></tr>
<tr><td colspan="2">其他</td><td>−200～1200</td><td>0.4～1.0</td></tr>
<tr><td rowspan="4">热电阻</td><td colspan="2">铂</td><td>−200～850</td><td>0.1～0.3</td><td rowspan="3">精度及灵敏度均较好；需注意环境的影响</td></tr>
<tr><td colspan="2">镍</td><td>−500～300</td><td>0.2～0.5</td></tr>
<tr><td colspan="2">铜</td><td>−50～150</td><td>0.1～0.3</td></tr>
<tr><td colspan="2">热敏电阻</td><td>−50～350</td><td>0.3～0.5</td><td>体积小，响应快，灵敏度高；线性差，需注意环境温度影响</td></tr>
<tr><td rowspan="5">非接触式</td><td colspan="3">辐射温度计</td><td>800～3500</td><td>1</td><td rowspan="2">非接触测温，不干扰被测温度场，辐射率影响小，应用简便</td></tr>
<tr><td colspan="3">光高温计</td><td>700～3000</td><td>1</td></tr>
<tr><td colspan="3">热探测器</td><td>200～2000</td><td>1</td><td rowspan="3">非接触测温，不干扰被测温度场，响应快，测温范围大，适于测温度分布；易受外界干扰，标定困难</td></tr>
<tr><td colspan="3">热敏电阻探测器</td><td>−50～3200</td><td>1</td></tr>
<tr><td colspan="3">光子探测器</td><td>0～3500</td><td>1</td></tr>
<tr><td>其他</td><td>示温涂料</td><td colspan="2">碘化银，二碘化汞，氯化铁，液晶等</td><td>−35～2000</td><td><1</td><td>测温范围大，经济方便，特别适于大面积连续运转零件上的测温；精度低，人为误差大</td></tr>
</table>

### 5.2.5 多传感器信息融合技术

多传感器信息融合技术自20世纪70年代提出以来，尤其在近年，一直是十分热门的研究课题。它综合了控制理论、信号处理、人工智能、概率和统计等理论和技术，为复杂、动态、不确定或未知环境中的检测与控制提供了一种技术解决方案。

**1. 信息融合的概念**

多传感器数据融合技术的基本原理就像人脑综合处理信息一样，充分利用多个传感器资源，通过对多传感器及其观测信息的合理支配和使用，把多传感器在空间或时间上的冗余或互补信息依据某种准则进行组合，以获得被测对象的一致性解释或描述。具体地说，多传感器数据融合原理如下：

（1）$N$个传感器收集观测目标的数据；

（2）对传感器的输出数据进行特征提取的变换，提取代表观测数据的特征矢量$Y_i$；

（3）对特征矢量$Y_i$进行模式识别处理（如聚类算法、自适应神经网络或其他能将特征矢量$Y_i$变换成目标属性判决的统计模式识别法等），完成各传感器关于目标的说明；

（4）将各传感器关于目标的说明数据按同一目标进行分组，即关联；

（5）利用融合算法将每一目标各传感器数据进行合成，得到该目标的一致性解释与描述。

**2. 信息融合方式**

信息融合主要有数据级融合、特征级融合和决策级融合3种方式。

（1）数据级融合是在传感器的原始信息未经处理之前进行的信息综合分析，以达到尽量多地保持景物信息。这种融合方式的信息处理量大，处理时间长，实时性较差。

（2）特征级融合是在对信息预处理和提取特征后，对所获得的景物特征信息（如边沿、形状、轮廓、方向、区域和距离等）进行综合处理，以达到保留足够数量的重要信息和实现信息压缩，从而有利于实时处理。

（3）决策级融合是融合之前，每种传感器的信号处理装置已完成决策或分类任务，信息融合只是根据一定的准则和决策的可信度做最优决策，以便具有良好的实时性和容错性，使在一种或几种传感器失效时也能工作。

**3. 信息融合基本方法**

融合算法是多传感器系统的核心。一般具有容错性、自适应性、联想记忆和并行处理能力的非线性数学方法都可以用作融合方法，可概括为随机和人工智能两大类。

1）随机类方法

（1）加权平均法。该方法是最简单、最直观的信号级融合方法。它将一组传感器提供的冗余信息进行加权平均，结果作为融合值，是一种直接对数据源进行操作的方法。

（2）卡尔曼滤波法。卡尔曼滤波法主要用于融合低层次实时动态多传感器冗余数据。

该方法用测量模型的统计特性递推,决定统计意义下的最优融合和数据估计。如果系统具有线性动力学模型,且与传感器的误差符合高斯白噪声模型,则卡尔曼滤波将为融合数据提供唯一统计意义下的最优估计。卡尔曼滤波的递推特性使系统处理不需要大量的数据存储和计算。

(3) 贝叶斯估计法。贝叶斯估计为数据融合提供了一种手段,是融合静环境中多传感器高层信息的常用方法。它使传感器信息依据概率原则进行组合,测量不确定性以条件概率表示,当传感器组的观测坐标一致时,可以直接对传感器的数据进行融合,但大多数情况下,传感器测量数据要以间接方式采用贝叶斯估计进行数据融合。

(4) D-S证据推理方法。D-S方法是贝叶斯推理的扩充,基本要点是基本概率赋值函数、信任函数和似然函数。推理结构自上而下分3级:第1级为目标合成,把来自独立传感器的观测结果合成为一个总的输出结果(ID);第2级为推断,获得传感器的观测结果并进行推断,将传感器观测结果扩展成目标报告;第3级为更新,各种传感器一般都存在随机误差,所以在时间上充分独立地来自同一传感器的一组连续报告比任何单一报告可靠。因此,在推理和多传感器合成之前,要先组合(更新)传感器的观测数据。

(5) 产生式规则。产生式规则采用符号表示目标特征和相应传感器信息之间的联系,与每一个规则相联系的置信因子表示它的不确定性程度。在同一个逻辑推理过程中,2个或多个规则形成一个联合规则时,可以产生融合。融合的主要问题是每个规则的置信因子的定义与系统中其他规则的置信因子相关,如果系统中引入新的传感器,则需要加入相应的附加规则。

2) 人工智能类方法

(1) 模糊逻辑推理。模糊逻辑是多值逻辑,通过指定一个0～1之间的实数表示真实度,允许将多个传感器信息融合过程中的不确定性直接表示在推理过程中。如果采用某种系统化的方法对融合过程中的不确定性进行推理建模,则可以产生一致性模糊推理。逻辑推理在一定程度上克服了概率论所面临的问题,对信息的表示和处理更加接近人类的思维方式,比较适合于在高层次上应用(如决策)。但是逻辑推理本身还不够成熟和系统化,对信息的描述存在很大的主观因素。

(2) 人工神经网络法。神经网络根据当前系统所接受的样本相似性确定分类标准,并以权值分布形式表现在网络上,同时,可以采用经网络特定的学习算法来获取知识,得到不确定性推理机制。利用神经网络的信号处理能力和自动推理功能,实现多传感器数据融合。

通常使用的方法依具体的应用而定。由于各种方法之间的互补性,实际上常将2种或2种以上的方法组合进行多传感器数据融合。

**4. 典型应用**

多传感器数据融合可消除系统测量的不确定因素,提供准确的测量结果和综合信息的智能化数据处理技术,在许多方面得到广泛应用。在军事上,主要的应用是进行目标的探测、跟踪和识别,包括C3I系统、自动识别武器、自主式运载制导、遥感、战场监视和自动威胁识别系统等。西方国家已研制出TCAC(战术指挥控制)、BETA(战场利用和目标截获系统)、AIDD(炮兵情报数据融合)等上百种军事数据融合系统,并在海湾战争和科索沃战争中发挥了重要作用。工业过程控制是数据融合应用的一个重要领域,目前已在核反应堆和石油平台监视等系统中得到应用。机器人技术也是重要的应用领域,目前主要应用在移动机器人和遥控操作机器人上。在遥感领域中的应用,主要是通过高空间分辨力全色图像和低光谱分辨力图像的融合,得到高空间分辨力和高光谱分辨力的图像,融合多波段和多时段的遥感图像来提高分类的准确性。在交通控制中,主要用在地面车辆定位、车辆跟踪、车辆导航以及空中交通管制系统等方面。在全局监控中,可根据各种医疗传感器、病历、病史、气候、季节等观测信息,实现对病人的自动监护;从空中和地面传感器监视庄稼生长情况,进行产量预测;根据卫星云图、气流、温度、压力等观测信息,实现天气预报等。

**5. 存在的问题及发展趋势**

随着传感器技术、数据处理技术、计算机技术、网络通信技术、人工智能技术等的发展,多传感器数据融合的应用领域将不断扩大。

1) 数据融合存在的主要问题

(1) 还没有统一的融合理论体系和广泛有效的融合模型及算法;

(2) 数据的融合、容错与鲁棒问题有待进一步研究;

(3) 关联的二义性是数据融合中的主要障碍。

2) 数据融合的主要发展趋势

(1) 建立统一的融合理论、数据融合的体系结构和广义融合模型;

(2) 解决数据配准、数据预处理、数据库构建、数据库管理、人机接口、通用软件包开发问题,利用成熟的辅助技术,建立面向具体应用需求的数据融合系统;

(3) 将人工智能技术和计算技术引入到数据融合领域等。

## 5.3 传感检测抗干扰技术

### 5.3.1 噪声源及噪声耦合方式

在传输过程中,信号不可避免地要受到各种噪声的干扰而产生不同程度的畸变。噪声往往是提高检测系统性能的决定因素。表征系统干扰的主要指标是信噪比S/N:

$$\mathrm{S/N} = 10\lg\frac{P_\mathrm{S}}{P_\mathrm{N}} = 20\lg\frac{U_\mathrm{S}}{U_\mathrm{N}}(\mathrm{dB}) \tag{5-7}$$

式中,$P_\mathrm{S}$ 为有用信号功率;$U_\mathrm{S}$ 为有用信号电压,$P_\mathrm{N}$ 为噪声功率,$U_\mathrm{N}$ 为噪声电压。

由式(5-7)可知,信噪比越大,表示噪声对系统的影响越小。

#### 5.3.1.1 噪声源

**1. 放电噪声**

放电干扰电磁波几乎对各种电子设备都有影响。

(1) 电晕放电噪声。主要来源于高压输电线,产生脉冲电流,从而成为一种干扰噪声。伴随电晕放电过程产生的高频振荡也是一种干扰。这种噪声主要对电力线载波电话、低频航空无线电台及调幅广播等产生影响,对电视和调频广播影响不大。

(2) 火花放电噪声。主要来源于雷电、电气设备中电刷和整流子间的周期性放电、火花式高频焊机、继电器触点的通断(电流很大时则会产生弧光放电)、汽车发动机的点火装置等。所有断续电流情况均会在触点间引起火花放电,都将成为噪声源。

(3) 辉光放电和弧光放电。主要来源于放电管(如日光灯、霓虹灯)等,具有负阻抗特性,所以与外电路连接时容易引起高频振荡,有时可达很高的频段,对电视也有影响。

**2. 电气干扰源**

电气噪声干扰包括工频干扰、射频干扰和电子开关干扰等。

(1) 工频干扰。交流电源输电线是典型的工频(50 Hz)噪声源。低电平的信号线只要一段距离与输电线相平行,就会受到明显的干扰。对于输入阻抗和灵敏度很高的检测仪器,即使是一般室内的交流电源线,也是危害很大的干扰源。另外,在检测装置内部工频感应也会产生交流噪声。如果工频的波形失真较大(如供电系统接有大容量的晶闸管设备),由于含有较多的高次谐波分量,所以产生的干扰更大。

(2) 射频干扰。高频感应加热、高频焊接、广播机、雷达等会通过辐射或电源线对检测设备产生干扰。

(3) 电子开关干扰。由于电子开关通断的速度极快,使电路中的电压和电流发生急剧的变化,形成冲击脉冲,成为噪声干扰源。如果电路参数满足一定条件,电子开关的通断还会形成阻尼振荡,从而成为高频干扰源。例如,可控硅的调压整流电路在晶闸管的控制下,周期性地通断,形成前沿陡峭的电压和电流,并且使供电电源波形畸变,从而干扰由该电源系统供电的其他电子设备,对检测电路就是典型的电子开关干扰源。

**3. 固有噪声源**

固有噪声源有3种:热噪声、散粒噪声和接触噪声。

1) 热噪声

热噪声又称为电阻噪声,是电阻中电子的无规则热运动所形成的,因此电阻两端的噪声电压的频率成分十分复杂。电阻两端的热噪声电压有效值可表示为

$$U_t = \sqrt{4kTR\Delta f} \tag{5-8}$$

式中,$k$ 为玻耳兹曼常数,$k=1.38\times10^{-23}$;$T$ 为绝对温度,K;$R$ 为电阻,Ω;$\Delta f$ 为噪声带宽,Hz。

可见，减小电阻、带宽和降低温度有利于降低热噪声。如果某放大器输入电阻，带宽 $\Delta f=10^6$ Hz，环境温度 $t=30℃=303$ K，电阻值为 $5\times10^5$ Ω，则其热噪声电压为

$$U_t=\sqrt{4kTR\Delta f}=\sqrt{4\times1.38\times10^{-23}\times303\times5\times10^5\times10^6}=91(\mu V)$$

2）散粒噪声

散粒噪声是由于晶体管基区的载流子的无规则扩散以及电子-空穴对的无规则运动及其复合形成的。散粒效应的均方根噪声电流为

$$I_{sh}=\sqrt{2qI_{dc}\Delta f} \tag{5-9}$$

式中，$q$ 为电子电荷，$q=1.6\times10^{-19}$；$I_{dc}$为平均直流电流，A；$\Delta f$ 为噪声带宽，Hz。

所以，每平方根带宽的噪声电流为

$$\frac{I_N}{\sqrt{\Delta f}}=\sqrt{2qI_{dc}}=5.66\times10^{-10}\sqrt{I_{dc}} \tag{5-10}$$

3）接触噪声

接触噪声发生在继电器的接点、电位器的滑动接点等两个导体连接的地方，是由于两种材料之间不完全接触，从而形成电导率的起伏而造成的。每平方根带宽的噪声电流可近似地表示为

$$\frac{I_N}{\sqrt{B}}=\frac{KI_{dc}}{\sqrt{f}} \tag{5-11}$$

式中，$I_{dc}$为平均直流电流，A；$K$ 为由材料和几何形状确定的常数；$f$ 为频率，Hz；$B$ 为带宽，Hz。

由于接触噪声的功率密度正比于频率的倒数，所以接触噪声通常是低频电路中最重要的噪声源。

4）噪声电压的叠加

多个噪声电压(或噪声电流)的总噪声电压可表示为

$$U=\sqrt{\sum_{i=1}^{n}U_i^2+\sum_{i,j=1,i\neq j}^{n}\gamma_{ij}U_iU_j} \tag{5-12}$$

式中，$n$ 为噪声源数量，$\gamma_{ij}$ 为噪声源 $i$ 与噪声源 $j$ 的相关系数。

#### 5.3.1.2 噪声耦合方式

噪声的耦合方式可按耦合通道类型分为通过“路”耦合和通过“场”耦合。

**1. 通过“路”耦合**

1）经漏电阻耦合

一般称为漏电流耦合。例如，当元件支架、探头、接线柱、印刷电路以及电容器内部介质或外壳等绝缘不良时，外界电压经绝缘电阻 $R$ 产生的漏电流会对检测电路形成干扰。在

图5-11中,$E_n$表示噪声电动势;$R$表示漏电阻;$Z_i$表示被干扰电路的输入阻抗;$U_N$表示干扰电压,则漏电干扰为

$$U_N=\frac{Z_i}{R+Z_i}E_n \tag{5-13}$$

常见漏电流耦合发生于:①较高直流电压的仪表测量;②较高直流电压源的附近检测;③高输入阻抗的直流放大器等。

设直流放大器如图5-12所示。设输入阻抗$Z_i=10^8\ \Omega$,干扰源电动势$E_n=15\ \text{V}$,绝缘电阻$R=10^{10}\ \Omega$,则漏电流干扰为

$$U_N=\frac{Z_i}{R+Z_i}E_n=\frac{10^8}{10^{10}+10^8}\times 15=0.149(\text{V})$$

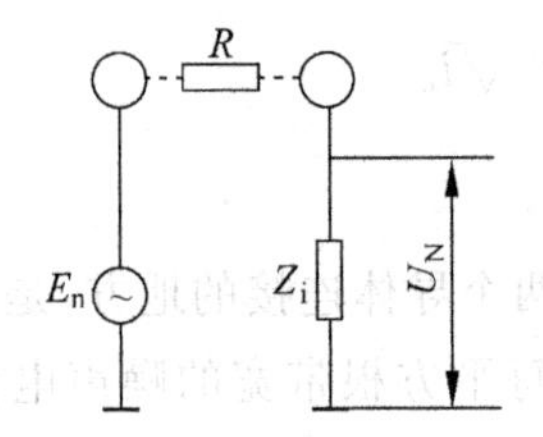


图5-11 漏电流耦合等效电路

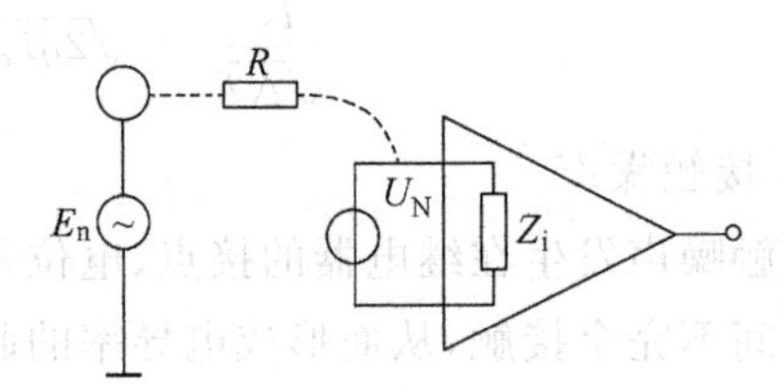


图5-12 高输入阻抗放大器漏电干扰

从上述估算可知,对于高输入阻抗放大器来说,即使是微弱的漏电流干扰,也将造成严重的后果。所以必须严密注意与输入端有关的绝缘水平以及它周围的电路安排。

2) 共阻抗耦合

共阻抗耦合是由于两个电路共有阻抗,使一个电路的电流在另一个电路上产生干扰电压。在图5-13中,$Z_c$表示两个电路之间的共有阻抗;$I_n$表示噪声源的噪声电流;$U_N$表示被干扰电路的干扰电压;$Z_i$表示输入阻抗。

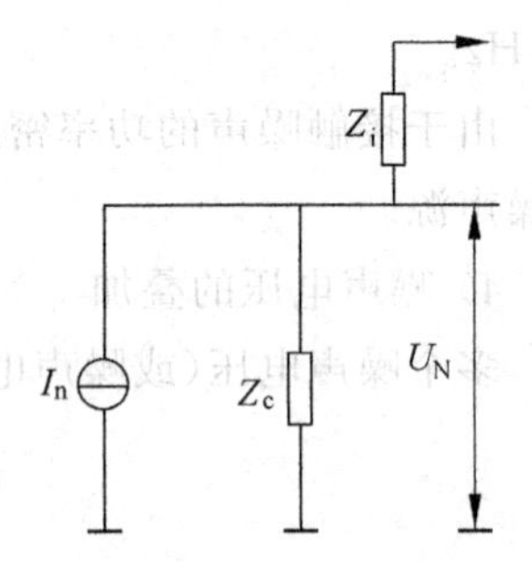


图5-13 共阻抗耦合等效电路

显然,若要消除共阻抗耦合干扰,首先要消除两个或几个电路之间的共阻抗。例如,有几个电路由同一个电源供电时,会通过电源内阻互相干扰,在放大器中各放大级通过接地线电阻互相干扰。

3) 经电源线引入干扰

交流供电线路在现场的分布很自然地构成了吸收各种干扰的网络,而且十分方便地以电路传导的形式传遍各处,通过电源线进入各种电子设备造成干扰。

**2. 通过"场"耦合**

1) 电场耦合

电场耦合又称为静电耦合,或电容性耦合,是相邻两个电路中一个电路通过它们之间的寄生电容对另一电路产生噪声的方式。在图5-14中,$U_n$是噪声源产生的电动势;$C_m$是寄

生电容；$Z_i$ 是被干扰电路的等效输入阻抗；$\omega$ 为噪声源 $U_n$ 的角频率；$u_s$ 和 $R_s$ 分别表示传感器(有源型)的等效电源电压和等效电阻；$C_m$ 为耦合电容。$Z_i$ 上的干扰电压为

$$U_N = \frac{j\omega C_m Z_i}{1 + j\omega C_m Z_i} U_n \tag{5-14}$$

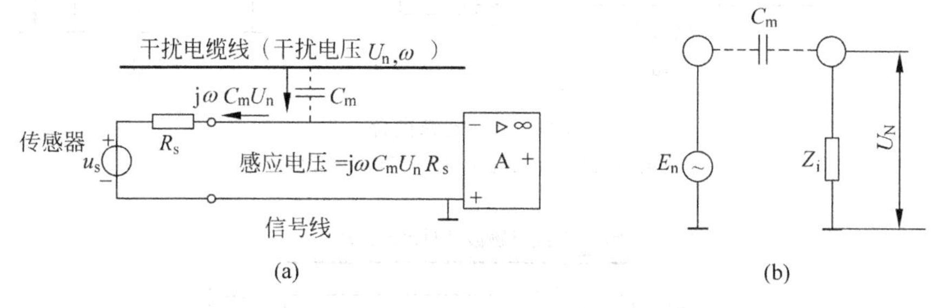


图 5-14　静电耦合

(a) 静电耦合线路示意；(b) 静电耦合等效电路

一般情况下 $|j\omega C_m Z_i| \leqslant 1$，故式(5-14)可简化为 $U_N = j\omega C_m Z_i U_n$。

对线性电路，当有几个噪声源同时经静电耦合干扰同一个接收电路时，可以用叠加原理计算干扰。

2）磁场耦合

磁场耦合又称为互感耦合。当两个电路之间有互感存在时，一个电路中的电流变化，就会通过磁场耦合到另一个电路中。例如，当变压器及线圈漏磁时，两根平行导线间的互感就会产生这样的干扰。因此这种干扰又称为互感性干扰。它是在两个相邻电路中，一个电路的电流变化，通过磁交链影响到另一个电路形成干扰的方式。在图 5-15 中，$I_n$ 表示噪声干扰的噪声电流源，$M$ 表示两个电路之间的互感系数；$U_N$ 表示通过电磁耦合在被干扰电路中感应出的噪声电压；$\omega$ 为噪声源 $U_n$ 的角频率。则噪声电压为

$$U_N = j\omega M I_n \tag{5-15}$$

两条平行导线之间的互感系数 $M$ 可由下式算出：

$$M = \frac{\mu_0 l}{2\pi}\left(\ln \frac{l + \sqrt{l^2 + D^2}}{D} - \frac{\sqrt{l^2 + D^2} - D}{l}\right) \tag{5-16}$$

式中，$l$ 为两平行导线段的长度，m；$D$ 为两平行导线的中心距，m；$\mu_0$ 为空气的磁导率，$\mu_0 = 4\pi \times 10^{-7}$ H/m。

3）辐射电磁场耦合

辐射电磁场通常来自大功率高频用电设备、广播发射台、电视发射台等。例如，当中波广播发射的垂直极化强度为 100 mV/m 时，长度为 10 cm 的垂直导体可以产生 5 mV 的感应电势，如图 5-16 所示。

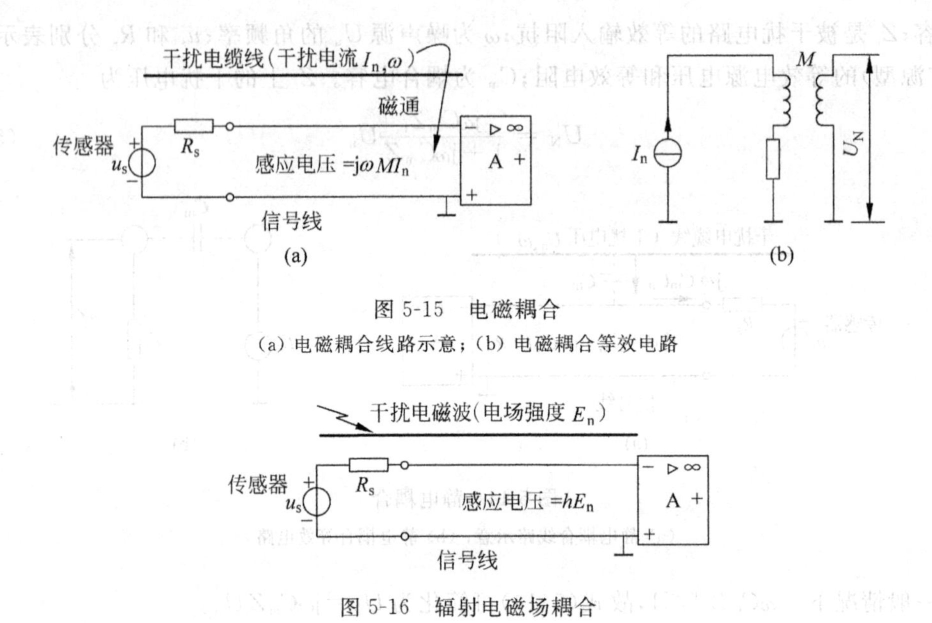


图 5-15　电磁耦合

(a) 电磁耦合线路示意；(b) 电磁耦合等效电路



图 5-16　辐射电磁场耦合

## 5.3.2　共模与差模干扰

各种噪声源通过各种耦合方式进入检测装置产生的干扰，根据噪声进入信号测量电路的方式以及与有用信号的关系，分为差模干扰与共模干扰。

### 1. 差模干扰

差模干扰又称为串模干扰、正态干扰、常态干扰、横向干扰等，可用图 5-17 所示两种方式表示。当干扰源的等效内阻较小时，宜用图 5-17(a)所示的串联电压源形式；当干扰源等效内阻较高时，宜用图 5-17(b)所示的并联电流源形式。图中，$e_s$ 及 $R_s$ 为有用信号源及内阻；$U_N$ 表示等效干扰电压；$I_N$ 表示等效干扰电流；$Z_N$ 为干扰源等效阻抗；$R_i$ 为接收器的输入电阻。可见，干扰和有用信号叠加作用于输入端直接影响测量结果。

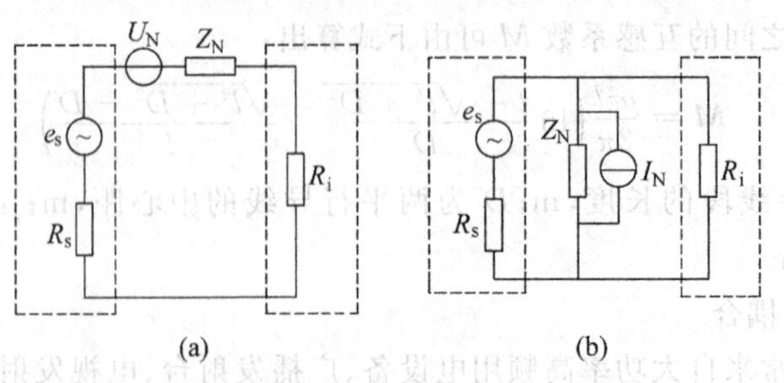


图 5-17　差模干扰等效电路

(a) 串联电压源；(b) 并联电流源

差模干扰的产生原因很多，例如，电磁场对传感器的输入进行电磁耦合，会造成差模干扰。图 5-18(a)所示为热电偶测温系统，当有交变磁通穿过信号传输回路产生干扰电动势时，即造成差模干扰。图 5-18(b)所示为高压直流电场通过漏电流对动圈式检流计造成差模干扰。针对具体情况，可以采用双绞信号传输线，传感器耦合端加滤波器、金属隔离线、屏蔽等措施来消除差模干扰。

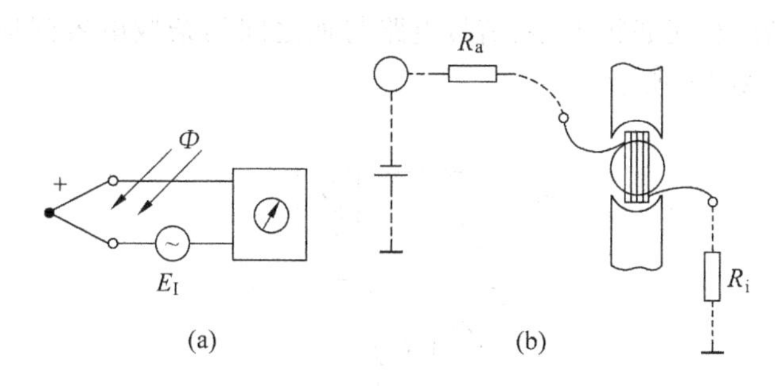


图 5-18 差模干扰示例

(a) 测温电路受交变磁场干扰；(b) 检流计受高压直流电场干扰

**2. 共模干扰**

共模干扰又称为纵向干扰、对地干扰、同相干扰、共态干扰等。共模干扰一般用如图 5-19 所示的共模干扰电压源的等效电路表示。图中，$U_N$ 表示干扰电压源；$Z_{cm1}$，$Z_{cm2}$ 表示干扰源阻抗；$Z_1$，$Z_2$ 表示信号传输线阻抗；$Z_{s1}$，$Z_{s2}$ 表示信号传输线对地漏阻抗；$R_i$ 表示仪器输入电阻；$R_s$ 为信号源内阻。

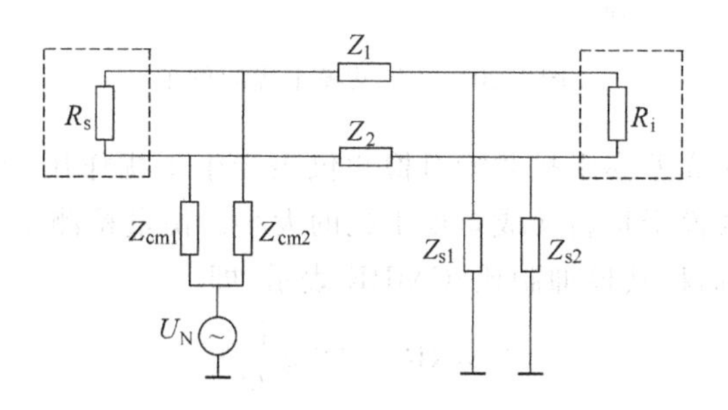


图 5-19 共模干扰等效电路

可见，外界干扰源通过部分地与信号共有电路形成共模干扰，共模信号对信号没有直接影响；共模干扰会通过干扰电流通路和信号电流通路的不对称性转化为差模干扰，从而影响测量结果。由于共模干扰的电压一般都比较大，耦合机理和耦合电路不易搞清楚，排除比较困难，所以共模干扰对测量的影响更为严重。

如果大功率的电气设备绝缘不良或三相动力电网负载不平衡，就会在零线产生较大电流，从而形成较大的地电流和地电位差。若检测系统有两个以上接地点，则地电位差就会造成共模干扰。对热电偶测温系统,当热电偶的金属保护套管通过炉体外壳与生产管路接地,仪表外壳接大地(热电偶的两条温度补偿导线不接指示仪表外壳)时,地电位差就会造成共模干扰,如图5-20(a)所示。当电气设备的绝缘性能不良时,动力电源会通过漏电阻耦合到检测系统的信号回路,形成干扰。图5-20(b)表示动力电源通过漏电阻$R$对热电偶测温系统形成共模干扰。在交流供电的电气测量装置中,动力电源会通过电源变压器的一次、二次侧绕组间的杂散电容、整流滤被电路、信号电路与地之间的杂散电容到地构成回路,形成工频共模干扰,如图5-20(c)所示。

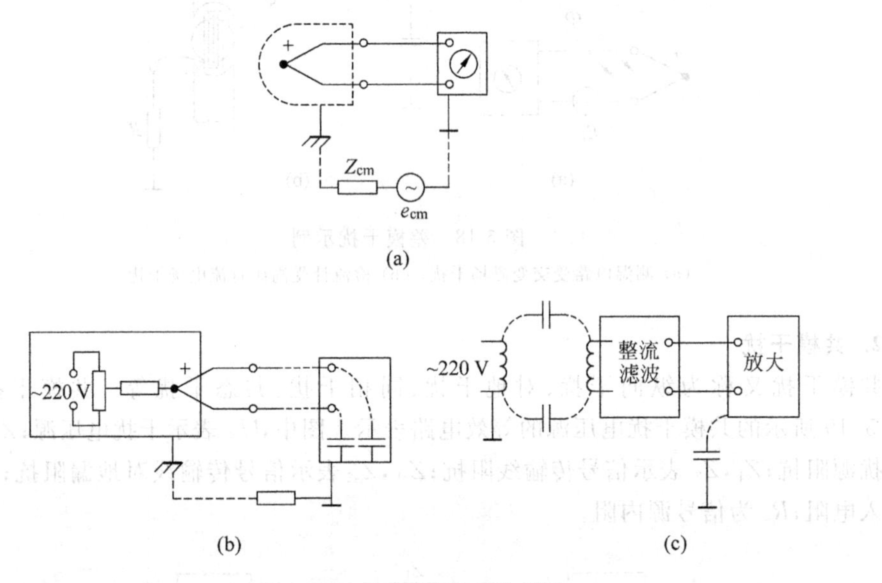


图5-20 产生共模干扰的例子

共模干扰只有转换成差模干扰才能对检测仪表产生干扰作用,所以共模干扰对检测仪表的影响大小取决于共模干扰转换成差模干扰的大小。衡量检测系统对共模干扰的抑制能力用共模干扰抑制比(简称共模抑制比)CMRR表示,即

$$\mathrm{CMRR} = 20\lg\frac{U_{\mathrm{cm}}}{U_{\mathrm{cd}}} \tag{5-17}$$

或

$$\mathrm{CMRR} = 20\lg\frac{K_{\mathrm{d}}}{K_{\mathrm{c}}} \tag{5-18}$$

式中,$U_{\mathrm{cm}}$为作用于检测电路的共模干扰信号电压;$U_{\mathrm{cd}}$是使检测电路产生同样输出所需的差模信号;$K_{\mathrm{d}}$是差模增益;$K_{\mathrm{c}}$是共模增益。

可见,CMRR值越高,检测电路对共模干扰的抑制能力越强。

图5-21所示是一个差动输入运算放大器受共模干扰的等效电路。$U_{\mathrm{n}}$为共模干扰电压,$Z_1$,$Z_2$为共模干扰源阻抗;$R_1$,$R_2$为信号传输线路电阻;$U_{\mathrm{s}}$为信号源电压;$U_{\mathrm{o}}$为输出电

压。在 $U_n$ 作用下出现在放大器两输入端之间的差模干扰电压及系统共模抑制比为

$$U_{cd}=U_n\frac{Z_1}{R+Z_1}\frac{Z_2}{R+Z_2} \tag{5-19}$$

$$\text{CMRR}=20\lg\frac{U_n}{U_{cd}}=20\lg\frac{(R_1+Z_1)(R_2+Z_2)}{Z_1R_2-Z_2R_1} \tag{5-20}$$

式中，当 $Z_1R_2=Z_2R_1$ 时，共模抑制比趋于无穷大，但实际上很难做到这一点。一般 $|Z_1|\gg R_1$，$|Z_2|\gg R_2$，并且 $Z_1\approx Z_2=Z$。

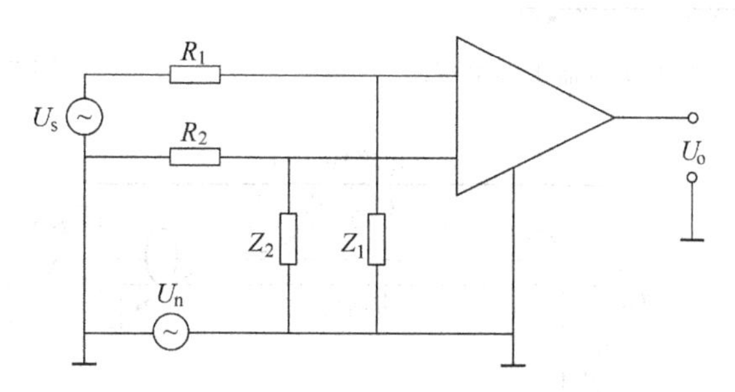


图 5-21 差动放大器受共模干扰等效电路

则式(5-20)可简化为

$$\text{CMRR}=20\lg\frac{Z}{R_2-R_1} \tag{5-21}$$

可见，$Z_1$，$Z_2$ 高可以提高差动放大器的抗共模干扰能力，共模干扰在一定条件下转换成差模干扰，而且电路的共模抑制比与电路对称性密切相关。

### 5.3.3 屏蔽技术

对于不同场源，其电场分量和磁场分量总是同时存在的，只是在较低的频率范围内，干扰一般发生在近场。高阻抗电场源的近场主要为电场分量，低阻抗磁场源的近场主要为磁场分量。当频率增高时，干扰趋于远场，此时其电场分量和磁场分量均不可忽略。对于上述3种情况的屏蔽分别称为电屏蔽、磁屏蔽和电磁屏蔽。静电屏蔽和恒定磁场的屏蔽是电屏蔽和磁屏蔽的特例。

屏蔽是用导电或导磁材料(铜或铝等)制成的壳、板、套、筒等各种形状的屏蔽体，将需要防护的部分包起来或隔离开，将电磁能限制在一定空间范围内的抑制辐射干扰的一种有效措施。

**1. 静电屏蔽**

静电屏蔽利用与大地相连接的导电性良好的金属容器，使其内部的电力线不外传，同时也不使外部的电力线影响其内部，从而防止静电场的影响，消除或削弱两电路之间由于寄生分布电容耦合而产生的干扰。

例如，在电源变压器的一次、二次侧绕组之间插入一个梳齿形薄铜皮并将它接地，以此来防止两绕组间的静电耦合(如图 5-22 所示)；静电屏蔽袋用于装放电路板，以防止静电对电路产生破坏(如图 5-23 所示)；利用单芯屏蔽电缆可以防止静电干扰(如图 5-24 所示)。

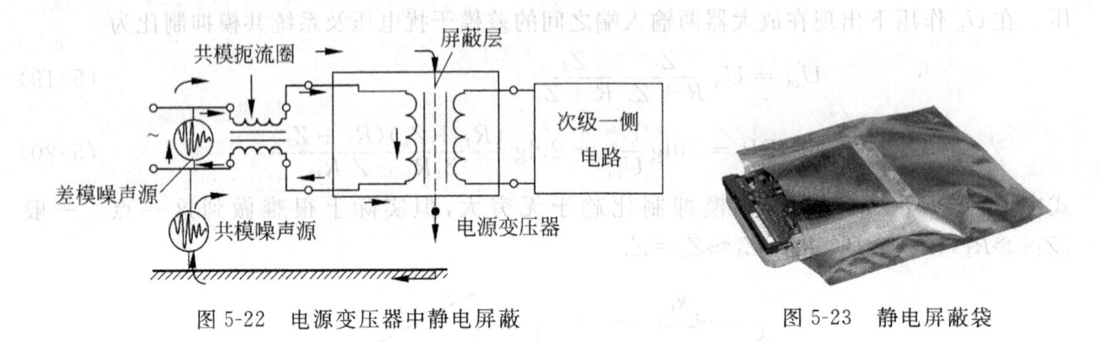


图 5-22 电源变压器中静电屏蔽

图 5-23 静电屏蔽袋

(a)

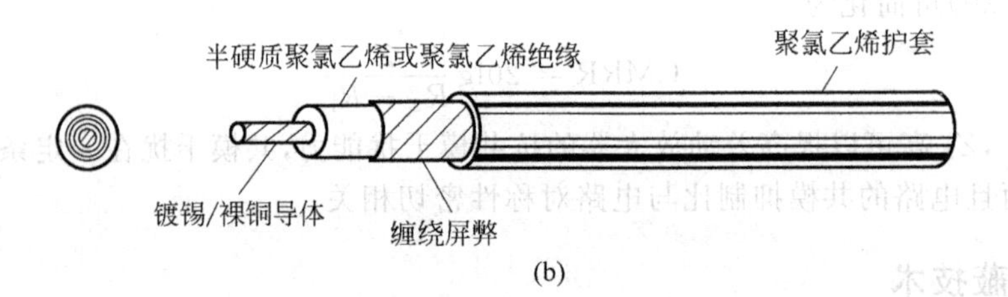


(b)

图 5-24 单芯屏蔽线

(a) 单芯电缆防静电干扰；(b) 单芯电缆结构

## 2. 电磁屏蔽

电磁屏蔽是采用导电良好的金属材料(铜、铝或镀银铜板)做成屏蔽层，利用高频干扰电磁场在屏蔽体内产生涡流，一方面消耗电磁场能量，另一方面涡电流产生反磁场抵消高频干扰磁场，从而达到磁屏蔽的效果。若将电磁屏蔽层接地，则同时兼有静电屏蔽的作用。也就是说，用导电良好的金属材料做成的接地电磁屏蔽层，可以同时起到电磁屏蔽和静电屏蔽两种作用。当屏蔽体上必须开孔或开槽时，应注意避免切断涡电流的流通途径。若要对电磁线圈进行屏蔽，屏蔽罩直径必须大于线圈直径1倍以上，否则将使线圈电感量减小，$Q$值[①]降低。

电磁屏蔽应用很广，如图 5-25～图 5-27 所示。

① $Q$值是衡量电感器件的主要参数，指电感器在某一频率的交流电压下工作时，所呈现的感抗与其等效损耗电阻之比。电感器的$Q$值越高，其损耗越小，效率越高。

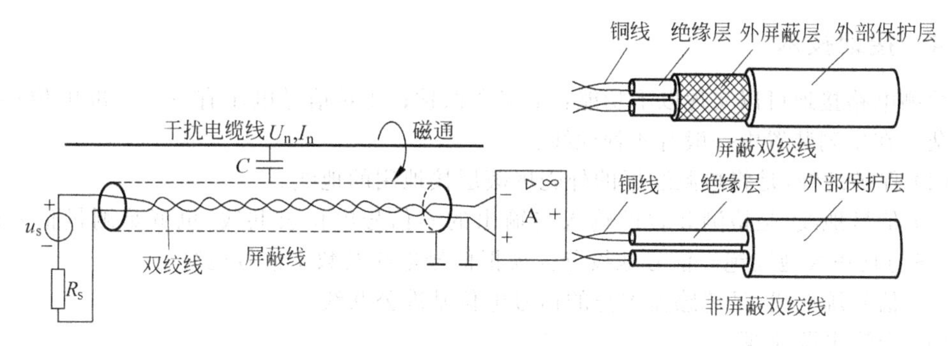


图 5-25 双芯屏蔽线结构防止电磁干扰

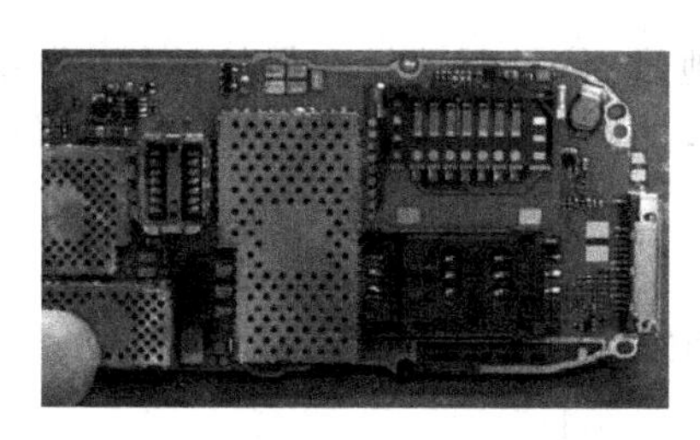

图 5-26 某手机中使用的电磁屏蔽罩

图 5-27 某显示器中使用的合金屏蔽罩

**3. 低频磁屏蔽**

在低频磁场干扰下，通常采用坡莫合金之类的对低频磁通有高导磁系数的材料，使干扰磁感线在屏蔽体内构成回路，屏蔽体以外的漏磁通很少，从而抑制低频磁场的干扰作用。同时要有一定的厚度，以免磁饱和或部分磁通穿过屏蔽层而形成漏磁干扰。

**4. 驱动屏蔽**

驱动屏蔽又称为电位跟踪屏蔽。它是基于驱动电缆原理，使被屏蔽导体的电位与屏蔽导体的电位相等，以提高静电屏蔽效果的技术，如图 5-28 所示。通过 1∶1 电压跟随器，被屏蔽导体 $B$（如电缆芯线）的电位严格地与屏蔽层导体 $D$（如电缆屏蔽层）的电位相等，即在导体 $B$ 与屏蔽层 $D$ 之间的空间无电力线，导体 $A$ 噪声源的电场 $E_n$ 影响不到导体 $B$。尽管导体 $B$ 与屏蔽层 $D$ 之间有寄生电容 $C_{s2}$ 存在，但是因为 $B$ 与 $D$ 是等电位，故此寄生电容不起作用。驱动屏蔽能有效地抑制通过寄生电容的耦合干扰。

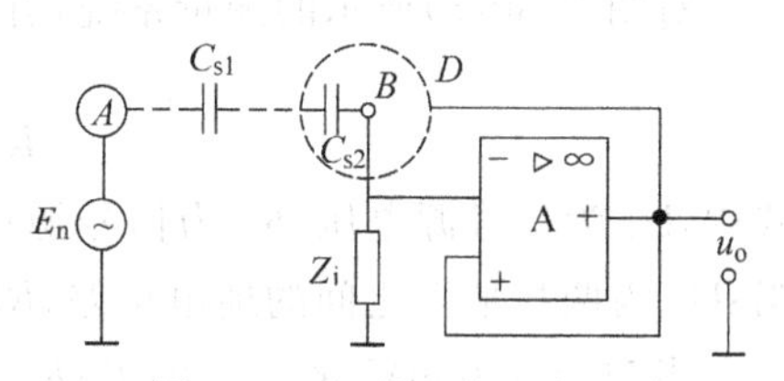


图 5-28 驱动屏蔽示意图

驱动屏蔽常用于减小传输电缆分布电容的影响及改善电路共模抑制比。

### 5.3.4 接地技术

检测电路接地可以实现以下功能：①安全保护；②对信号电压有一个基准电位；③静电屏蔽。在检测装置中一般有 4 种地线：

(1) 保护地线,是将检测装置的外壳屏蔽层接地用的地线。

(2) 信号地线,是检测装置的输入与输出的零信号电位公共线,也就是测量信号的基准,一般与真正大地隔绝。信号地线分为模拟信号地线及数字信号地线。

(3) 信号源地线,是传感器本身的信号电位基准公共线。

(4) 交流电源地线。

以上 4 种地线一般应分别设置,以消除各地线之间的相互干扰。

**1. 接地线系统**

一般在检测装置中至少要将 3 种地线(电源地线、信号源地线和保护地线)分开,如图 5-29 所示。3 条地线应连在一起并通过一点接地,这样可以避免公共地线各点电位不均匀所产生的干扰。

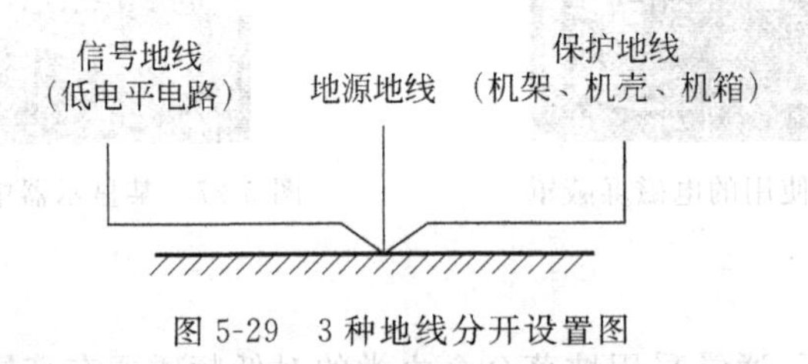


图 5-29　3 种地线分开设置图

对一个测量电路只能一点接地。为了使屏蔽在防护检测装置不受外界电场的电容性或电阻性漏电影响时充分发挥作用,应将屏蔽线接到大地上。但是大地各处电位很不一致,如果一个测量系统在两点接地,因两接地点不易获得同一电位,因此会对两点(多点)接地电路造成干扰。这时地电位是装置输入端共模干扰电压的主要来源。

对图 5-30(a)所示的测量系统,有

$$U_N = \frac{R_i}{R_i + R_{c1} + R_s} \frac{R_{c2}}{R_{c2} + R_n} U_n \tag{5-22}$$

式中,$U_s$ 为信号源电压;$R_s$ 为信号源内阻;$R_{c1}$,$R_{c2}$ 为传输线等效电阻;$R_i$ 为放大器输入电阻;$U_n$ 为两接地点之间的地电位差;$R_n$ 为地电阻。

当 $U_n=100\ \text{mV}$,$R_n=0.01\ \Omega$,$R_s=500\ \Omega$,$R_{c1}=R_{c2}=1\ \text{k}\Omega$,$R_i=10\ \text{k}\Omega$ 时,$U_N=95\ \text{mV}$。

若采用图 5-30(b)所示的一点接地,即保持信号源与地隔离(图 5-30(b)中,$Z_{Gn}=1\ \text{M}\Omega$,其他参数与图 5-30(a)所示相同),则 $U_N=0.095\ \mu\text{V}$。

可见,干扰情况有大幅度改善。信号电路一点接地是消除因公共阻抗耦合干扰的一种重要方法。在一点接地的情况下,虽然避免了干扰电流在信号电路中流动,但还存在着绝缘电阻、寄生电容等组成的漏电通路,所以干扰不可能全部被抑制掉。

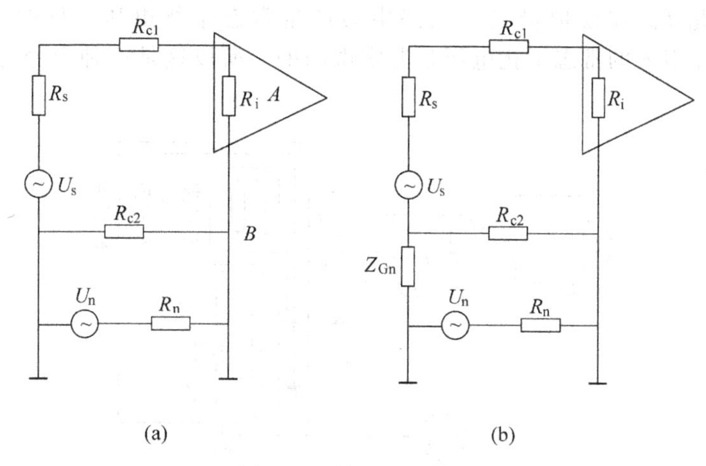


图 5-30 接地测量系统

图 5-31 为一实际检测仪器的接地系统。

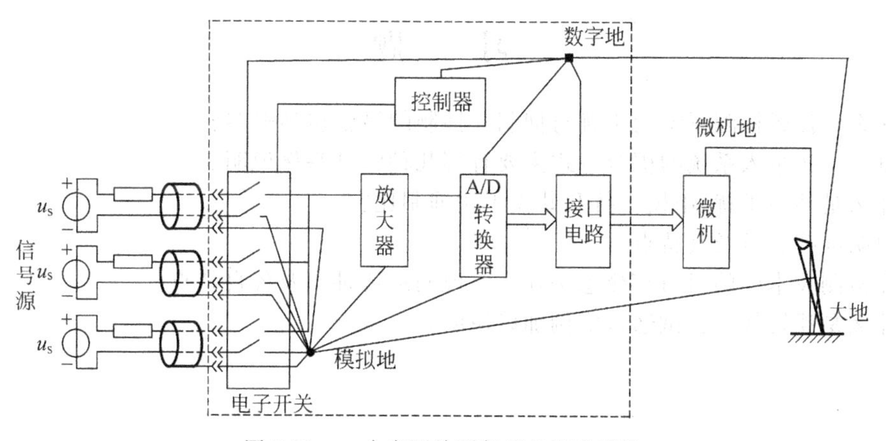


图 5-31 一个实际检测仪器的接地系统

**2. 浮置**

浮置又称为浮空、浮接、浮地，即检测装置的公共模拟信号地不接机壳或大地，测量电路与机壳或大地之间无直流联系，阻断了干扰电路的通路，明显地加大了测量电路放大器公共线与地(或机壳)之间的阻抗，因此浮置与接地相比能大大减小共模干扰电流。

图 5-32 所示为浮地输入双屏蔽放大器。它可以通过屏蔽使输入信号的“模拟地”浮空，从而抑制共模干扰。图中，$Z_1$ 和 $Z_2$ 分别为模拟地与内屏蔽盒之间及内屏蔽盒与外屏蔽层(机壳)之间的绝缘屏蔽线阻抗(由漏电阻和分布电容组成)，此阻抗值很大。用于传送信号的屏蔽层 $Z_2$ 为共模电压 $U_{cm}$ 提供了共模电流 $I_{cm1}$ 的通路。由于屏蔽线的屏蔽层存在电阻 $R_c$，因此共模电压 $U_{cm}$ 在 $R_c$ 电阻上会产生较小的共模信号，它将在模拟量输入回路中产生

共态电流 $I_{cm2}$，此 $I_{cm2}$ 在模拟量输入回路中会产生常态干扰电压。显然，由于 $R_c \leqslant Z_2$，$Z_s \leqslant Z_1$，故由 $U_{cm}$ 引入的常态干扰电压是非常微弱的。所以这是一种十分有效的共模抑制措施。

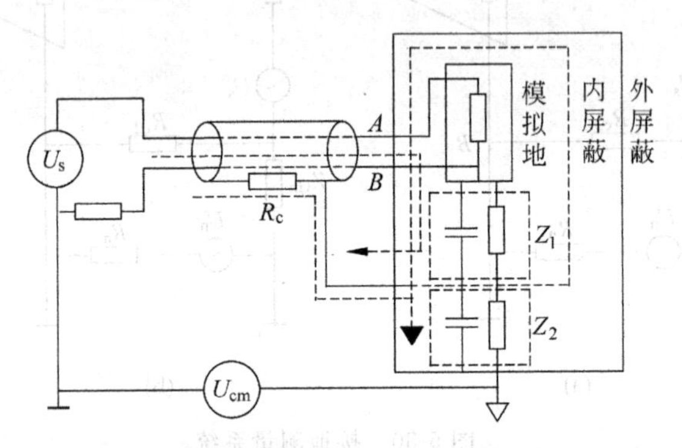


图 5-32　浮地输入双屏蔽放大器

# 习　　题

5-1　什么是传感检测系统的干扰与抑制？抑制的措施包括哪些？

5-2　电磁干扰窜入系统的耦合方式主要有哪几种？试举例说明。

5-3　什么是共模干扰、串模干扰和共模干扰抑制比？

5-4　说明屏蔽分类及其特点。

5-5　在检测技术中的“接地”概念是什么？说明地线种类及各自特点。

5-6　什么是浮置技术？试通过实例加以说明。

# 6 光学系统设计

光学系统在现代仪器尤其是光学仪器中起着越来越重要的作用，是使现代仪器走向高精度不可或缺的部分。随着视觉技术的发展，光学系统也必然成为很多常规仪器的核心内容。本章在光学系统构成的基础上，讲述光学系统各构成部分的设计思路，重点讲述光学照相、显微、望远及照明系统的设计方法。最后以傅里叶变换红外光谱仪为例说明了光学系统的总体设计方法。

## 6.1 光学系统的组成与特点

### 6.1.1 光学系统的组成

随着计算机在仪器及设备中的广泛应用，传统的仪器正在发生巨大的变化。如图 6-1 所示的数字式投影仪(可用透射和反射的方法，对零件的长度、角度，轮廓外形和表面形状等进行测量，特别适宜检测细小的或轮廓形状复杂的零件，如钟表、样板、模具、刀具、螺纹、齿轮、凸轮、量规及冲压零件等)，是在传统投影测量仪的基础上增加了以计算机为核心的视觉测量系统而构成的现代数字投影测量仪。其他光学仪器也都经历着类似的变化，而现代设计的仪器系统更是沿用了这样的思路。总之，现代光学仪器的构成方式和传统光学仪器有很大不同，一般可用图 6-2 所示框图表示。

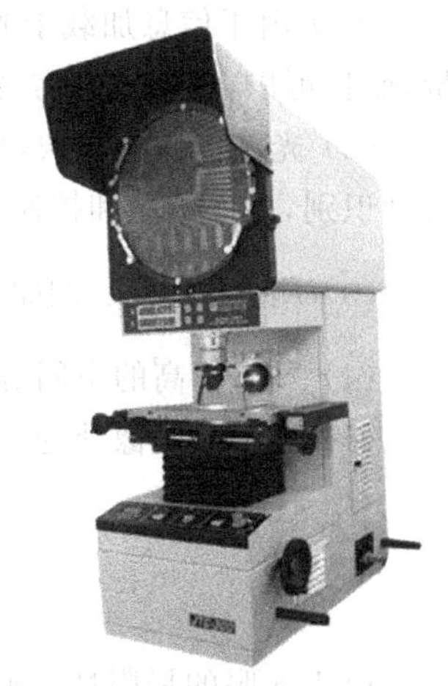

图 6-1 数字投影仪

光学系统从本质上讲是一种传递信息的工具，其目标就是观察的标本或欲测试的零件，此即信息源，给出的是物体空间位置的信息。如果目标不是自发光体，则必须进行人工照明。信息传播介质可以是气体或液体。

光信息的传统接收器是人眼。现代仪器则采用光探测器将

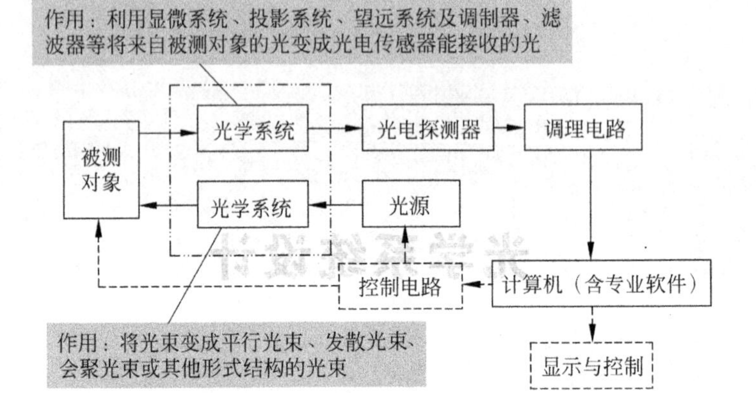


图 6-2　现代光学仪器构成框图

信息转换为电信号，以便后续处理。例如，夜视望远镜中对目标要用红外光照明，并由目标的距离、大气的情况、接收器的灵敏阈、目标的反射率等来决定光源的功率；对接收器也只不过从现有的品种中选用。光学系统与光源、接收器的性能密切相关，因此设计者实际上就是要根据信息源及接收器的特征，按规定的功能插入一个正确的匹配器——光学系统。

光学系统按功能主要分成3类：照相系统，显微系统和望远系统。大多数光学系统都是这些基本光学系统的组合和改进。

### 6.1.2　光学系统的特点

在人类改造自然的进程中，基于光学技术的方法和仪器占据重要地位，这是因为光学方法有许多独特的优点。

(1) 由于信息加载于光波，因此是一种非接触和非破坏测量，不但可以进行远距离测量，而且可以在危险、恶劣环境中进行测量。

(2) 光波传播速度快，可进行实时测量和控制。例如，可以在生产线上进行自动测量、自动识别，可以干预和控制生产。

(3) 测量精度高。例如，激光的稳频精度已达 $1\times10^{-7}$ 以上，干涉测量的精度可达 $\frac{1}{100}$波长。

(4) 具有很高的空间分辨率。

(5) 可进行图像处理。

## 6.2　人眼和光电探测器

由于人眼的局限性（例如频率高于24 Hz，波长在0.4～0.79 μm之外，有害的环境等均无法工作），发展了各种光电器件，大大地扩展了人眼的感受范围。这些光电探测器件再加上后续计算机可组成“机器视觉”。但是人的视觉中包含“理解”，所谓“理解”就是具有“先验性”与“关连性”。“先验性”是指能对当前观察到的物体提取特征，并与积累的经验相比较后作出判断。目前机器视觉还远远没有达到人眼视觉的程度，还不能代替人的视觉。因此，许多信息接收器虽然不是人眼，却仍要转换为可见光谱供人观测，或以人-机对话的形式参与机器视觉。就接收器来说，很多仪器采用了可以由人眼观察和光电探测器接收兼备的方式。

### 6.2.1 人眼的特征

#### 1. 瞄准精度

瞄准就是使标志物与被观测物(或其像)相重合，瞄准精度是指标志物与被观测物相互重合的程度。表 6-1 为几种仪器中常用的瞄准方式及瞄准精度，表中的数据是在照度适中、对比良好时得出的，若条件差，瞄准精度还要降低。

表 6-1 瞄准方式及瞄准精度

| 瞄准方式 | 单实线重合 | 单线线端对准 | 虚线对实线<br>(或工件轮廓) | 双线线端对准 | 双线对称跨单线 |
|---|---|---|---|---|---|
| 简图 | | | | | |
| 在明视距离下的瞄准精度 | ±60″ | ±10″～20″ | 约±20″ | ±5″～10″ | ±5″ |
| 说明 | | | 此数据取自上海光学仪器厂 | 对准时上、下线条同时等速相对移动，亦称为“符合对准”或“重合对准” | 刻线边缘应平整，且刻线与缝宽应严格平行，否则瞄准精度会大大降低 |

通过仪器进行瞄准时的瞄准精度为

$$仪器的瞄准精度=\frac{人眼的瞄准精度}{仪器的放大倍数}$$

#### 2. 眼睛估读数度

在仪器的读数装置中，相应被测量的指标线一般不在标准器的整数刻划线上，而介于其间，因而要对结果进行估读。估读误差与刻线间隔及刻线宽度有关，其关系如图 6-3 及图 6-4 所示。从图中可以看出，当刻线间隔小于 0.6 mm 时，误差增加很快。但间隔大，会使标尺结构尺寸过大。一般刻线间隔保持在 1～2.5 mm 之间，而刻线宽为间隔的 1/10 时，精度最高。

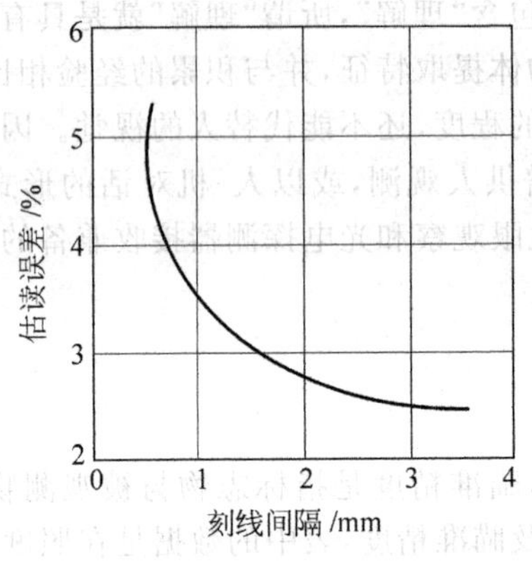


图 6-3 估读误差与刻线间隔的关系

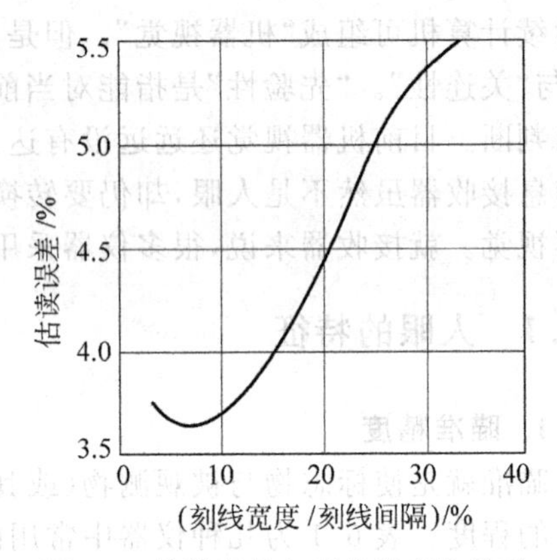


图 6-4 估读误差与刻线宽度的关系

### 6.2.2 光电探测器概述

#### 1. 光电探测器的分类

光电探测器是实现光电检测和各种光电技术的核心部件。通过探测器将带有待测物理量信息的光辐射转换为电信号,供电路和控制部分处理。光探测器的种类很多,按其工作原理可分为真空光电器件和固体光电器件两大类,如图 6-5 所示。

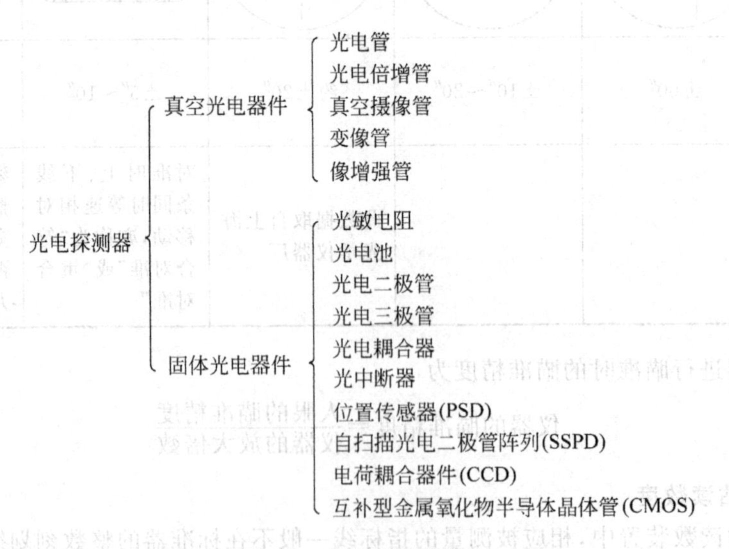


图 6-5 光电探测器分类

现代光学仪器应用较多的是图像类传感器,尤其是 CCD 和 CMOS(complementary metal-oxide semiconductor,互补型金属氧化物半导体晶体管)图像传感器。

和传统底片相比,CCD 更接近于人眼对视觉的工作方式。只不过,人眼的视网膜是由负责光强度感应的杆细胞和色彩感应的锥细胞，分工合作组成视觉感应。CCD 的组成主要由上层的聚光镜片、中层的一个类似马赛克的色块网格、下层的感应线路矩阵组成，如图 6-6 所示。

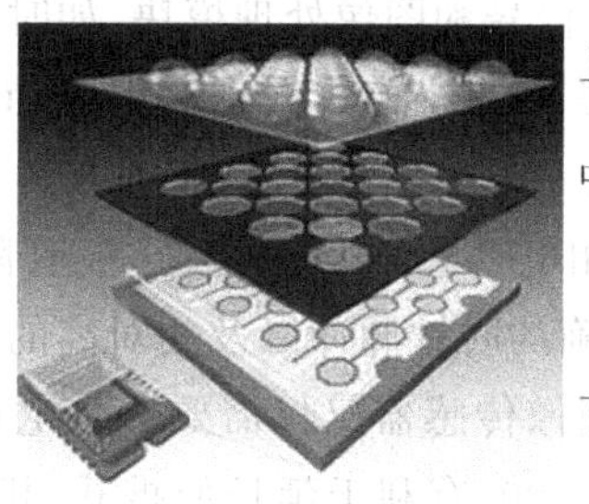


图 6-6 CCD 的层状结构示意图

为使 CCD 能够组合成彩色影像，网格层为具有规则排列的色彩矩阵，这些网格以红(R)、绿(G)和蓝(B)滤镜片所组成。每一个 CCD 元件由上百万个 MOS 电容所构成(光点的多少代表 CCD 像素数)。当相机的快门开启后，来自影像的光线穿过这些马赛克色块，会让感光点的二氧化矽材料释放出电子(负电)与电洞(正电)。经由外部加入电压，这些电子和电洞会被转移到不同极性的另一个矽层暂存起来。通过系统控制电路，电荷全部转移到输出端，由一个放大器进行电压转变，形成电子信号，然后被读取，如图 6-7 所示。

CMOS 图像传感器的结构和 CCD 图像传感器结构类似，也由 3 层构成，其最大不同在于放大器的位置和数量，如图 6-8 所示。CMOS 是每个像素点有一个放大器，而且信号是直接在最原始的时候转换，更方便进行读取。因为它传输的是经过转换的电压，所以会有更低的电压和更低的功耗。

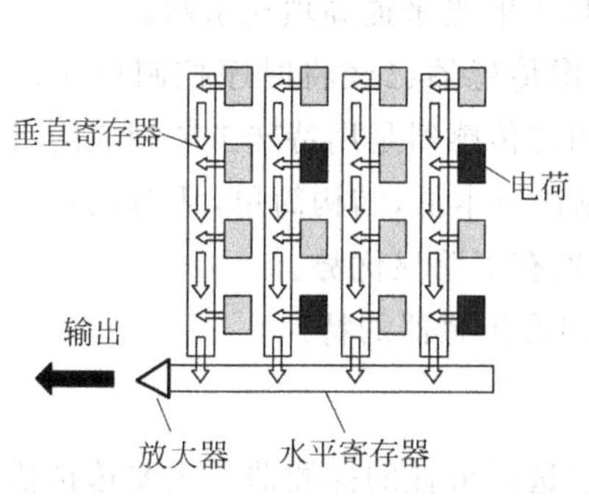


图 6-7 CCD 图像传感器原理

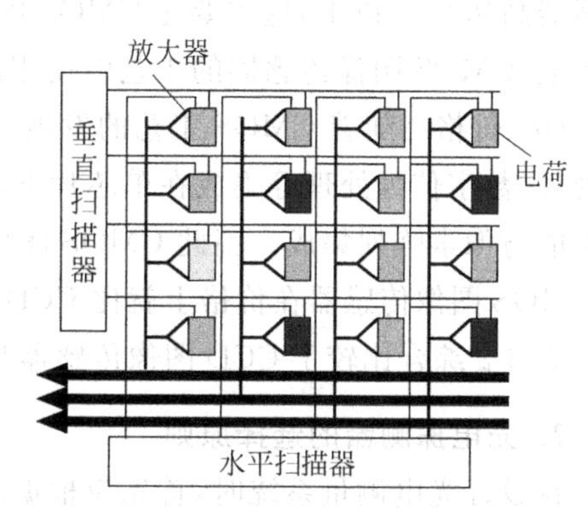


图 6-8 CMOS 图像传感器原理

CMOS 图像传感器和 CCD 图像传感器都基于硅半导体材料，但由于工作原理和设计结构不同，使得这两种传感器在性能上存在着很大的区别，主要体现在集成度、功耗、读出方式、灵敏度与动态范围、填充系数和价格上。

(1) 集成度。CCD图像传感器的时钟驱动、时序发生和模拟、数字信号处理等其他辅助功能电路难与CCD成像阵列单片集成,图像系统为多芯片系统;而CMOS图像传感器能在同一个芯片上集成除像素阵列之外各种信号和图像处理模块,如时钟信号产生电路、模拟信号处理电路、数字信号处理电路,甚至彩色处理和数据压缩电路、计算机I/O接口电路,形成单片高集成度数字成像系统。

(2) 功耗。CCD图像传感器要求多相电压传输信号电荷,随着阵列尺寸的增加,为了获得信号转移的完整性,需要更加严格准确的时钟脉冲以及相对高的工作电压,另外像素阵列之外的芯片消耗很大功耗;而CMOS图像传感器仅仅需要一个电源电压,一般情况下基于CMOS消耗的能量是CCD的1/10~1/100,有利于延长便携式、机载或星载电子设备的使用时间。

(3) 读出方式。CCD图像传感器是在同步信号和时钟信号的配合下以帧或行的方式转移的,整个电路非常复杂,其图像信息不能随机读取,而这种随机读取对很多应用是不可少的;而CMOS图像传感器则以类似DRAM存储器的方式读出信号,可以随机读取。

(4) 灵敏度与动态范围。CCD图像传感器有高的灵敏度,只要很少的积分时间就能读出信号电荷;而CMOS图像传感器因为是在像素内集成有源晶体管,所以降低了感光灵敏度,但对红外等非可见光波的灵敏度比CCD要高,并随波长增加而衰减的梯度也慢一些。由于CCD图像传感器具有较低的暗电流和成熟的读出噪声抑制技术,因此目前CCD图像传感器的动态范围比CMOS图像传感器的动态范围宽。

(5) 填充系数。CMOS图像传感器的填充系数一般在20%~30%之间,而CCD图像传感器高达80%以上,这主要是CMOS图像传感器的像素中集成了读出电路。为了改善填充系数,CMOS图像传感器的工艺中使用微透镜聚焦入射光来提高填充系数。

(6) 价格。随着CMOS工艺的发展,CMOS图像传感器已经将时序控制单元、模拟信号处理、数字信号处理等集成在单芯片下;而CCD图像传感器是用特殊工艺制成的,这些模块不能与像素阵列集成。因此CMOS图像传感器制造成本低,结构简单,从而成品率高,这样CMOS图像传感器在价格上就比CCD图像传感器有了明显优势。

表6-2综合比较了CCD图像传感器与CMOS图像传感器的特点。

**2. 光电探测器的选择原则**

在设计光电测量系统时,首先应根据测量的要求选择最佳的探测器。主要选择依据有:①探测器输出电信号大小与测量光信号大小的关系;②探测器的光谱响应范围与测量光信号的光谱范围是否一致;③探测器能探测的最小信号功率;④探测调制信号或脉冲光信号时,探测器的响应时间是否一致。

表 6-2 CCD 图像传感器与 CMOS 图像传感器优缺点比较

| 性能指标 | CCD 图像传感器 | CMOS 图像传感器 | 性能指标 | CCD 图像传感器 | CMOS 图像传感器 |
|---|---|---|---|---|---|
| 图像 | 顺次扫描 | 同时读取 | 反应速度 | 慢 | 快 |
| 灵敏度 | 较高 | 低 | 个别画素定址(individual pixel addressing,IPA) | 无 | 有 |
| 成本 | 高 | 低(约为 CCD 的 1/20) | 制造 | 专业生产线 | 通用生产线 |
| 集成度 | 小 | 高 | 电源 | 15 V,5 V,9 V | 3.3 V |
| 信噪比 | 优 | 良 | 填充系数 | 80%(好) | 20%～30%(差) |
| 功耗 | 高 | 低(约为 CCD 的 1/10) | 动态范围 | 大 | 小 |

## 6.3 光　　源

任何光电检测系统都离不开一定形式的光源。在系统设计和应用过程中,正确、合理地选择光源或辐射源,是检测成败的关键之一。光源种类很多,如图 6-9 所示。

在选择光源时一般应考虑以下几个方面的问题。

### 1. 光谱能量分布特性

光谱能量分布特性包括光谱范围(如紫外、可见、红外等)以及是连续光谱还是几个特定的光谱段。图 6-10 是几种典型的光源光谱特性。

光源的光谱能量分布首先应满足仪器使用上的要求。例如在干涉仪中,光源的波长是仪器的标准器,因此其单色性应能满足测量精度及测量范围的要求。在非相干照明中,光源的光谱分布应与接收器的光谱响应相匹配,这不仅是节省能量问题,还是提高检测信号信噪比的重要措施。因信号加载于光源的峰值波长上,若接收器的峰值灵敏波长与光源匹配得很好,则在其他波长上出现"噪声"后引起的响应是很小的。若仪器中有几个不同的接收器共用一个光源,则光源的光谱分布要能兼顾各接收器的响应。

热辐射光源辐射出连续光谱,其能量分布在较宽的波长范围内,由普朗克黑体辐射定律决定。图 6-11 为钨丝灯泡在 2856 K 时的光谱分布。某些气体放电光源,其辐射能量集中在几条狭窄的谱线上,如各种气体激光器常用作单色光源。图 6-12 为低压汞灯的线状光谱,也适于作单色光源。当气体压力增高后,其光谱分布就介于线状光谱与连续光谱之间,如图 6-13 所示。

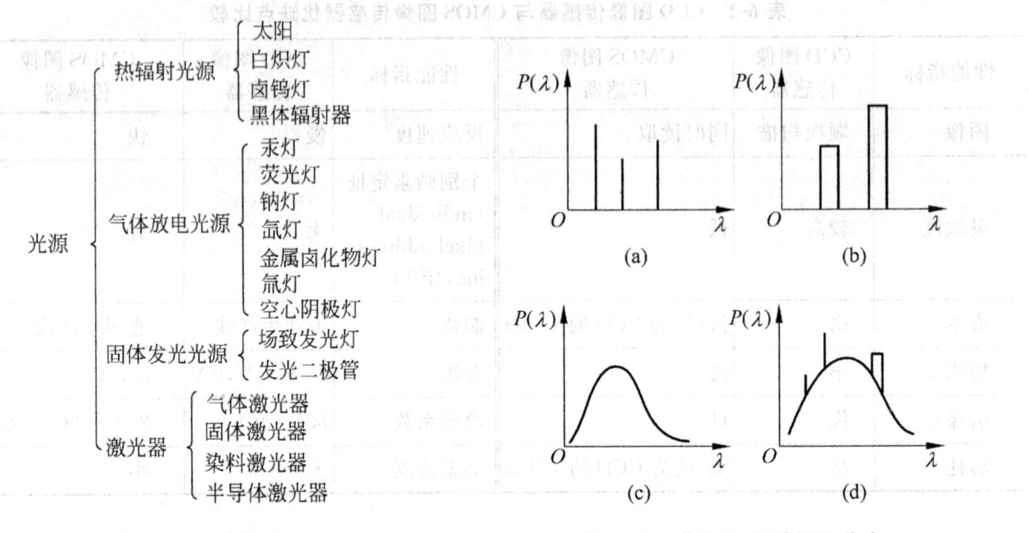


图 6-9　光源分类

图 6-10　典型的光谱能量分布

(a) 线状光谱；(b) 带状光谱；(c) 连续光谱；(d) 混合光谱

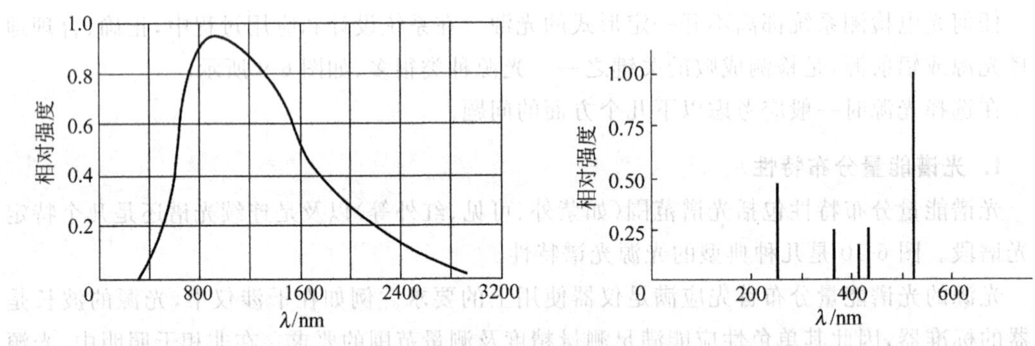


图 6-11　钨丝灯泡的光谱分布

图 6-12　低压汞灯的光谱分布

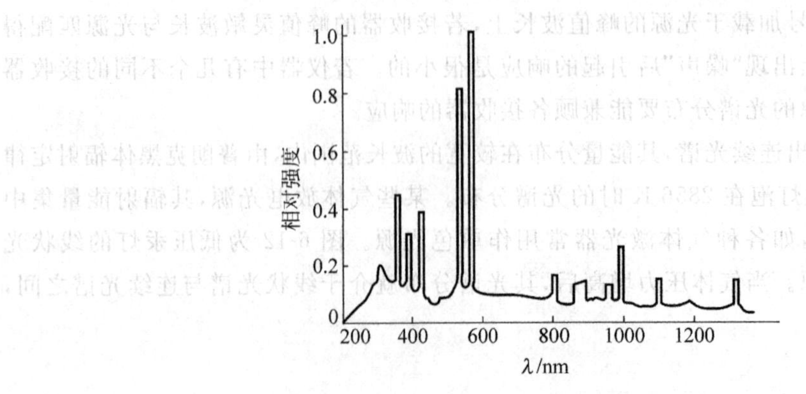


图 6-13　超高压汞氙灯的光谱分布

### 2. 光度特性

在精密测量中,被测对象一般都不是发光体,必须进行人工照明,使被测物体达到一定的照度。在以光电元件为接收器的仪器中,被测体光照强有利于提高信噪比及后继电路的处理;而在目视仪器中,视场应有足够的照度,这在大屏幕投影测量系统中问题较为突出。例如,按规定投影屏上的照度应达到 10～30 lx,为此要采用高亮度的光源。当投影屏很大时,甚至要采用 1000 W 的灯泡。此时光源光强的极坐标分布也是一个重要的参数,它决定了灯泡使用的方向及聚光系统的孔径角。总之,应根据使用要求及接收器的性能来考虑对光源的光强要求。

对光源发光强度也有要求。要对探测器所需的最大、最小光通量进行正确的估计。若强度过低,则信号过小,无法正常检测;若强度过高,则会引入非线性,易损坏系统、待测物或光电探测器,并造成能源浪费。

### 3. 光面形状与尺寸

在临界照明系统中,将灯丝(发光体)成像在被测物面上,因此灯丝发光面的形状应与被测物相似才能获得均匀而又有效的照明。在柯勒照明中,灯丝的像呈在系统的入瞳上,若使灯丝(发光面)的形状与入瞳相似,就能充分利用入瞳的孔径而传递更多的光能。因此设计时应根据被测物面的形状和入瞳形状来选择光源的发光面形状。至于发光面的尺寸及光源的结构尺寸,还与仪器的结构尺寸有关,应按仪器总体要求的尺寸来选用合适的光源结构尺寸。

## 6.4 光学系统设计原则及典型光学系统的基本参数

光学系统往往是仪器的主要环节之一,其参数决定于使用要求,此处亦从设计的角度对光学计量仪器中常用的光学系统加以讨论。在确定仪器各部分的参数时,要以各部分现存的技术状态为基础来确定设计的起始数据。

### 6.4.1 光学系统总体设计原则

任何复杂光学系统都是由基本光学系统组成的,设计复杂光学系统时应遵循以下原则。

#### 1. 光孔转接原则

每个基本光学系统都有自己的光瞳——孔径光阑、入瞳、出瞳,视场光阑、入窗、出窗。对于由两个以上基本光学系统组成的复杂光学系统,前组基本光学系统的光瞳应与后组基本光学系统的光瞳统一。在图 6-14 中,AP 表示入瞳,EP 表示出瞳。在图 6-14(a)中,前、后系统的光瞳重合,前一系统出射的光流全部进入后一系统;

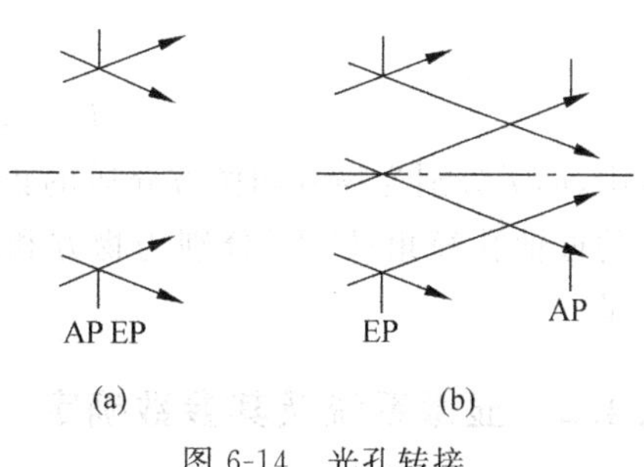

图 6-14 光孔转接

而图6-14(b)为前、后系统光瞳不重合的情形,这时前一系统出射的光通量只有部分进入后一系统,不仅损失了光能,还会造成杂光。

例如,对于高倍投影系统,用反远距型物镜仍达不到工作距的要求时,采用图6-15所示的结构能很好地解决这一问题。图中的2为前置镜,往往设计成$-1^{\times}$,它将物体1呈一中间像3,然后再经投影物镜4将3投射于屏5上。这时实际的工作距离为$l$,投影物镜4的工作距离虽小,但并不妨碍工作,且对高倍物镜来说,共轭距也不至过长。前置镜2的孔径光阑位于其后焦平面$A$处,此为前置镜2的出瞳。投影物镜4的孔径光阑位于其后焦平面$B$处。出瞳位于物镜4的左方无穷远处。显然,两组基本光学系统的光瞳不统一,不仅损失了光能,还会造成杂光,更为严重的是会产生较大的测量误差。如何解决光瞳不统一的问题?可在3处放一场镜,使场镜3的焦距等于3到$A$的距离。这样,物镜4的入瞳经过场镜后成像在$A$处,与前置镜2的出瞳重合,满足了光孔转接原则。此外,场镜3还减小了物镜4的口径,在3处还可以放分划板,4将分划板及中间像同时投影于屏5上。

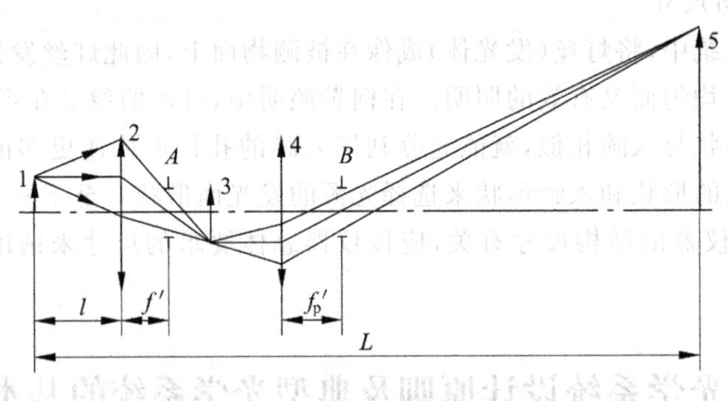


图6-15　具有前置镜的投影系统

**2. 物像空间不变式原则**

对于由多个基本光学系统组成的共轴系统,乘积$nyu$总是一个常数,用$J$表示:

$$J = nyu = n'y'u' \tag{6-1}$$

或

$$J = ny\tan U = n'y'\tan U'$$

式中,$n,n'$分别为物方和像方介质的折射率;$y,y'$分别为物高和像高;$u,u'$分别为物方和像方的近轴孔径角;$U,U'$分别为物方和像方孔径角;$J$称为物像空间不变量,或拉格朗日不变量。

## 6.4.2 显微系统及其参数确定

**1. 显微系统的特点及参数**

光学计量仪器中的显微系统可以分为两类:一类用来观察物体表面的微观轮廓(如表

面粗糙度)，另一类用来瞄准或读数。对其前一类，关键是其分辨率，并由此来决定系统的数值孔径、放大率等一系列参数；后一类则应从瞄准、读数精度出发来决定其参数。下面分别讨论其参数。

1）放大率

用于瞄准/读数的显微系统，其放大率应保证瞄准精度的要求，一般其放大率不高，但物镜的放大率应准确，允许误差为0.1%～0.05%。在设计时还应考虑其结构形式，以便于在装配时能调整其放大率到准确的数值。而用于观察物体细节的显微系统，要求有较大的放大率，但对其数值并不要求准确，仪器中标出的放大率只是其名义值，可允许误差为8%。

2）数值孔径

系统的数值孔径应满足仪器的使用要求，因此作微细观察的显微系统有较大的数值孔径；而瞄准/读数用的系统的数值孔径较小，其景深相应较大，因此这类系统不能用作光轴方向的精密定位。

3）视场

视场的大小也应满足仪器的使用要求——需要观测的范围。视场及数值孔径都极大时，镜头设计的难度大大增加。

4）工作距离

用于微细观察的显微系统，由于其放大率及数值孔径都较大，因而物镜焦距短，其工作距离相应也很短，若在使用上对工作距离有特别的要求，则物镜设计时应采用特殊结构形式；而瞄准/定位用的显微系统，往往有较长的工作距离，由于其数值孔径较小，一般是易于满足的。

5）光阑位置

在一般显微系统中，对光阑的位置没有什么特殊要求，设计者可根据校正像差的需要或结构尺寸的要求自行安排，一般将光阑选取在物镜框处，如图6-16所示。若此系统用于瞄准/读数，则从图中可以看出，物体$A_1B_1$经光学系统1后成像($A_1'B_1'$)于分划板3上。由于存在调焦误差，只要物体的移动量$\Delta$不大于物镜的景深，物体移至$A_2B_2$后人眼是察觉不出的，这时实际像面移至$A_2'B_2'$，用分划板3进行测量就产生了$2\Delta d$的误差。

物镜景深$\Delta l$可用下式估算：

$$\Delta l=\frac{\lambda n}{2(\mathrm{NA})^2}+\frac{n}{7\Gamma\cdot\mathrm{NA}}+\frac{62.5p}{\Gamma^2}\ \mathrm{mm} \tag{6-2}$$

式中，NA为物镜的数值孔径；$\Gamma$为显微镜的视放大率；$\lambda$为光波波长，mm；$n$为物方介质折射率；$p$为相应于人眼近点距的视度，$\mathrm{m}^{-1}$。

式(6-2)中的第一项是由光的衍射决定的，第二项与人眼的分辨率有关；而第三项是由人眼的调节所引起的。若系统中有分划板，则第三项的作用就不存在。故光学系统的景深受仪器及人眼的约束。人眼的焦深不仅与眼睛光学系统有关，还受从视网膜到大脑的神经系统的影响(例如当物的亮度较低时，人眼仅能感受物的低频信息，其焦深也随之增加)，因

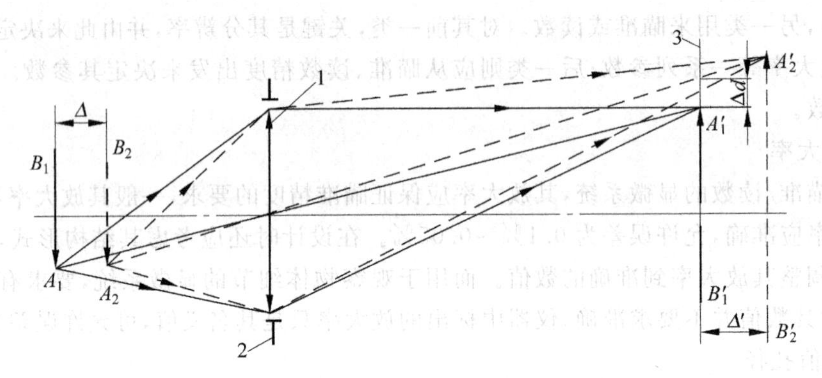


图 6-16 光阑在物镜镜框上的显微系统

此,式(6-2)的计算结果只是近似的,实际的景深值要稍大一些。

景深是客观存在的,无法直接消除其影响,但如图 6-17 那样将光阑 2 移至物镜 1 的后焦面 $F'$ 处,这时所有的主光线在物方均平行于光轴,在像方均通过后焦点 $F'$,并且不论物体 $A_1B_1$ 移至何处,主光线的方向均不变化,亦即分划板 3 上像光斑的中心位置始终不动,故不产生测量误差。

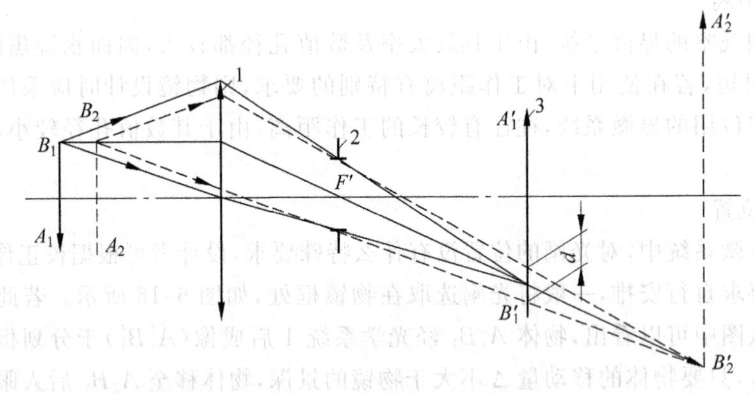


图 6-17 物方远心光路

将孔径光阑放在物镜的后焦面上,其入瞳在物方无穷远处,故称为物方远心光路或焦阑光路。但并不是在任意物镜的后焦面上放一光阑就构成远心光路系统,而是需要专门的设计。测量系统中瞄准/读数用的显微系统,都应采用远心光路。

**2. 显微系统基本参数的确定**

1) 总放大率的确定及倍率分配

人眼的瞄准精度随瞄准方式、照度、对比以及不同的观测者而异,其最佳值也不过 5″,这相当于明视距离 250 mm 处的线量为 $\frac{5'' \times 250\ \text{mm}}{(2\times 10^5)''}=0.0063\ \text{mm}$。也就是说,在最好的条件下人眼对明视距离处物体的定位精度不大于 6 μm。若在物体与眼睛间加入光学系统，虽然眼的瞄准精度仍如表 6-1 所示，但由于光学系统的放大作用而使系统的瞄准精度提高了。设仪器要求的测量精度为 $\varepsilon$，而从总体考虑要求仪器的瞄准精度为 $\delta_M$（一般 $\delta_M < \varepsilon$），采用某种瞄准方式后眼睛的瞄准精度为 $\theta_E$，则系统的总放大率 $\Gamma$ 应满足

$$\delta_M \Gamma = \frac{\theta_E \times 250\ \text{mm}}{(2 \times 10^5)''} \tag{6-3}$$

即

$$\Gamma = \frac{250\ \text{mm} \times \theta_E}{\delta_M \times (2 \times 10^5)''} \tag{6-4}$$

例如，要求仪器具有 0.2 μm 的瞄准精度，采用表 6-1 中第三种瞄准方式（$\theta_E = 20''$），则光学系统的放大率为

$$\Gamma = \frac{250\ \text{mm} \times 20''}{0.0002\ \text{mm} \times (2 \times 10^5)''} = 125^{\times}$$

放大率由仪器的瞄准精度决定，但瞄准精度应与仪器的测量精度相适应。瞄准精度低，满足不了使用要求；瞄准精度过高也不合理，且会导致仪器结构过于庞大。仪器的总放大率确定后，应进一步确定物镜和目镜的放大率。一般应考虑以下因素：

若物镜倍数高，则分划板的尺寸大，应根据仪器总体允许的结构尺寸及刻划工艺来合理地选取物镜的倍数；低倍物镜在结构不太复杂时即可得到较好的像质，而目镜的像质一般并不直接影响测量精度。系统总长 $L = (\beta - 1)l$，式中 $l$ 为工作距离，$\beta$ 为物镜的横向（垂轴）放大率。从式中可以看出，当仪器的工作距离较长时，$\beta$ 过大会使仪器的结构庞大；目镜的倍数高意味着目镜的板镜距和出瞳距小，同时对分划板的粗糙度和清洁度的要求也提高。因此在测量用的显微镜中，物镜的倍数一般都较低，很少大于 10 倍，而目镜的倍数一般小于 15 倍。

2）数值孔径的确定

作微细观察用的物镜，其数值孔径 NA 决定于使用要求，即欲分辨细节的量，故数值孔径为

$$\text{NA} = \frac{0.61\lambda}{\sigma'} \tag{6-5}$$

式中，$\sigma'$ 为欲分辨的线量；$\lambda$ 为观察用光波的波长。

至于作瞄准/读数的显微镜，应按其精度要求来决定数值孔径。若以人眼为接收器，因为瞄准精度（以角度量 $\theta_E$ 表示）与人眼分辨率（以 $\alpha_E$ 表示）有关，且高于人眼的分辨率，可用以下关系式表示：

$$\theta_E = \frac{1}{K}\alpha_E \tag{6-6}$$

式中，$K$ 为大于 1 的常数。而物镜的分辨率 $\sigma$ 为

$$\sigma = \frac{0.61\lambda}{\text{NA}} \tag{6-7}$$

则物镜的物方瞄准精度为(用肉眼瞄准)

$$\sigma_M = \frac{1}{K}\sigma = \frac{0.61\lambda}{K \cdot NA} \tag{6-8}$$

将式(6-6)代入式(6-4)得

$$\sigma_M = \frac{\theta_E \times 250\ mm}{\Gamma(2\times10^5)''} = \frac{1}{K}\alpha_E \frac{250\ mm}{\Gamma(2\times10^5)''} \tag{6-9}$$

将式(6-9)与式(6-8)比较得

$$NA = n\sin U = \frac{0.61\lambda\Gamma}{250\ mm\alpha_E} \times (2\times10^5)''$$

在注意力集中时,$\alpha_E = 60''$,较放松时 $\alpha_E = 240''$,取 $\lambda = 0.000\ 55$ mm 代入上式可得

$$NA = \left(\frac{1}{220} \sim \frac{1}{900}\right)\Gamma \tag{6-10}$$

为了不增加设计及加工中的困难,通常将数值孔径取得稍大一些,以确保瞄准精度能达到。例如,在工具显微镜中常取

$$NA = \frac{1}{300}\Gamma$$

对于观察微细结构用的显微镜,其物镜的数值孔径与放大率的关系一般取

$$500\ NA < \Gamma < 1000\ NA$$

取较大的值可以使观察时不致肌肉太紧张而导致很快疲劳,$\Gamma = 1000$ NA 相当于 $\alpha_E = 240''$。取更大的放大率并不能增加分辨细节,称为无效放大。

根据需要进入系统光能的多少来决定物镜的数值孔径,这决定于仪器的用途,在显微系统中往往不是主要问题。当显微物镜要兼作投影用时,则应进行光能的核算,若不符合要求,可适当地调整数值孔径或光源。

3) 工作距离及焦距的确定

对观察微细结构的物镜,对其工作距离一般没有什么特殊要求,物体往往就放在其前焦点附近。若对工作距离有特殊要求,有时采用反射式或折-反式物镜。作瞄准用的显微镜,其工作距离应能安全、可靠地满足测量要求(如不碰坏工件或镜头),且操作舒适,因而工作距离较长。若将物镜看成薄透镜,如图 6-18 所示,其中 $l$ 为物距(此处即为工作距离),$l'$ 为像距,$L$ 为共轭距,由使用要求及结构尺寸决定。它们应满足以下关系:

$$\beta_{ob} = \frac{l'}{l}, \quad L = l' - l$$

故有

$$l = \frac{L}{\beta_{ob} - 1}$$

式中,$\beta_{ob}$ 为物镜的横向(垂轴)放大率。

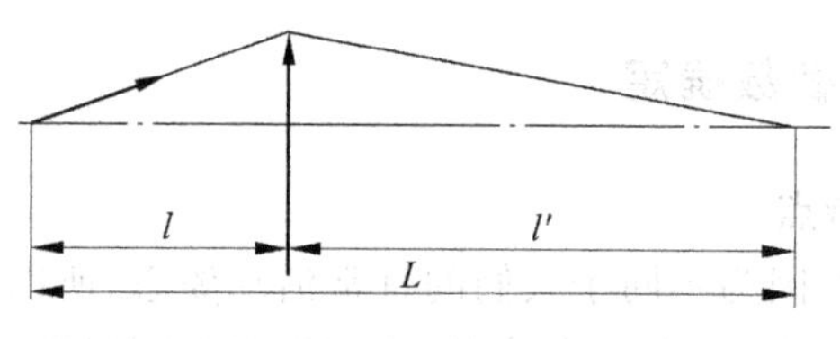

图 6-18 物镜作为薄透镜成像

再从薄透镜的成像公式可得

$$f'_{\mathrm{ob}}=\frac{-L\beta_{\mathrm{ob}}}{(\beta_{\mathrm{ob}}-1)^2}$$

若按 $l=\dfrac{L}{\beta_{\mathrm{ob}}-1}$计算，所得的工作距离不能满足使用要求，则可采用图 6-19 所示的反远距型物镜结构，即在系统正组 1 的像方焦点 $F'_1$处放一负透镜 3，且光阑 2 亦置此处，使系统的物方主面前移至 $H$，从而增大工作距离。

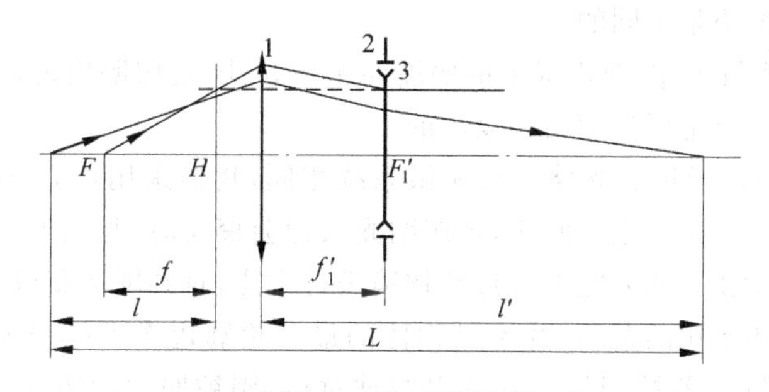

图 6-19 反远距型物镜

至于目镜，可将它看成放大镜，则其焦距为

$$f'_{\mathrm{oc}}=\frac{250\ \mathrm{mm}}{\Gamma_{\mathrm{oc}}},\quad \Gamma_{\mathrm{oc}}=\frac{\Gamma}{\beta_{\mathrm{ob}}}$$

式中，$\Gamma$ 为系统的总放大率；$\Gamma_{\mathrm{oc}}$为目镜的放大率。

4）视场的确定

在带有分划板的显微系统中，分划板就是视场光阑，其直径就是像方线视场 $y'$，因此物方线视场 $y$ 为

$$y=\frac{y'}{\beta}$$

视场 $y$ 的大小首先应满足仪器的使用要求——欲观察的范围。$y$ 与数值孔径的乘积就是系统的拉格朗日不变量，其大小表示了系统的能力，也反映了系统设计的困难程度。大视场、大数值孔径的镜头是很难设计的。往往为限制物镜的视场而采用移动被观测物（或移动镜组）的方法来扩大视场，以满足观测范围的要求。在同一系统中各镜组有相同的拉格朗日不变量，目镜的相对孔径较小，因而其视场较大。

### 6.4.3 投影系统及其参数确定

**1. 投影光学系统的特点**

用显微镜进行观测时,因为不同于人们的日常活动姿态,所以易引起疲劳。若将其改成投影方式,则可大大减轻疲劳,提高工作效率,还可供多人同时观察,因而投影仪器得到了广泛应用。投影测量就是将照明后的被测对象(或其中间像)经投影物镜放大后成像于屏上进行测量。可通过两种方式进行测量:第一种是比较测量,即将标准的物体形状或尺寸(还可包括其公差带)按投影物镜的放大倍数绘制出放在投影屏上,然后与实际的物体轮廓投影像进行比较,观察其是否在公差带内;第二种是以屏上刻制的标志来对准被测件上的某一标志,然后通过移动工作台使工件移至屏上的标志对准工件的另一标志,从工作台上的精密标尺即可读出工件上这两个标志间的尺寸。投影系统具有以下特点:

(1) 由于要对屏幕的像进行精密测量,因而要求像质清晰,畸变小,放大率严格准确,这与一般的幻灯投影系统是不同的。

(2) 对于精密测量工作,要求屏上的照度在10~30 lx且照明均匀,当投影屏较大时,满足这一条件的照明系统是要特别精心设计的。

(3) 采用远心照明及远心光路。与显微系统相同,物镜采用物方远心光路可避免由于调焦不准造成的测量误差。至于照明,当照明光束为会聚光时(见图6-20(a)),聚光镜1将光源$S$成像于投影物镜2的入瞳上。移动物镜进行调焦,直到屏上获得清晰的物像,这个像是与照明光束和物体相切的截面,并不是物体的最大轮廓边缘$DD$,并且工件直径不同,被切的截面位置也不同。若被测物体安置得非轴对称,则被照明的边缘不在同一截面上,如

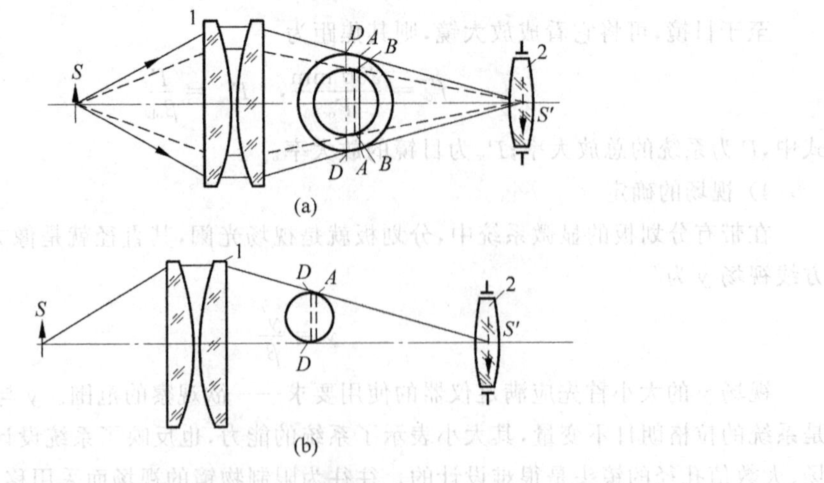


图6-20 会聚光照明

1—聚光镜;2—投影物镜

图 6-20(b)所示。测非轴对称零件时情况与此类同。若这两个截面间的距离超过物镜的景深，则无法获得一个边缘全部清晰的像，更谈不上精确的对准或测量了。只有将灯丝放在聚光镜的焦面上使照明光束平行于光轴时，才能避免上述缺陷，如图 6-21 所示。从图中可以看出，不论工件对称或不对称于光轴放置，照明光束总是与最大轮廓相切，屏上的像反映的是物体最大截面的尺寸。实际光路中，聚光镜的焦面上可以放灯丝，也可以放被照明的滤色片或毛玻璃。

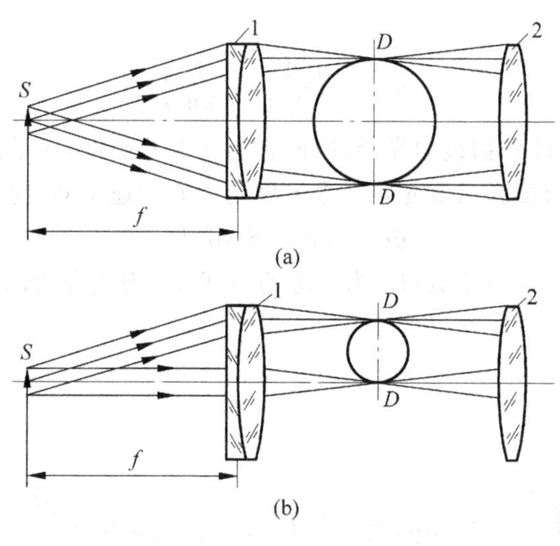


图 6-21 平行光照明

1—聚光镜；2—投影物镜

(4) 工作距离长。为操作方便，投影系统中的工作距离都较长。若要在投影仪上修锉工件，则工作距离还要长。

**2. 光学参数的确定**

1) 放大率

若该投影系统是用作比较测量的，即将屏上的放大像与绘制的标准图像进行比较，则投影系统的放大率决定于标准图像的绘制精度 $\Delta$ 及零件的允许测量误差 $\delta$，即系统的放大率 $\beta$ 应为

$$\beta = \frac{\Delta}{\delta} \tag{6-11}$$

若投影系统是用屏上的标志线来瞄准工件后由移动工作台来进行测量的，设人眼在屏上的瞄准精度为 $\theta_E$(以″为单位)，这相当于物方的瞄准误差为 $\frac{\theta_E}{\beta}$，此值应小于或等于允许的仪器瞄准误差 $\delta_M$，即

$$\delta_M \geqslant \frac{\theta_E \times 250\ \text{mm}}{\beta \times (2 \times 10^5)''}$$

或

$$\beta \geqslant \frac{\theta_{\mathrm{E}} \times 250\ \mathrm{mm}}{\delta_{\mathrm{M}} \times (2 \times 10^5)''} \tag{6-12}$$

为了扩大仪器的使用范围，投影仪中常备有几种不同倍率的物镜，如$10^{\times}$，$20^{\times}$，$50^{\times}$及$100^{\times}$。高倍率用于测小工件，其精度较高；低倍率用于测大工件，精度较低。

2) 数值孔径

通常投影物镜不用于分辨物体的细节，只用于瞄准，因此不需要很大的数值孔径。按式(6-10)的关系为

$$\mathrm{NA} = \left(\frac{1}{220} \sim \frac{1}{900}\right)\beta \tag{6-13}$$

但数值孔径还决定进入物镜的光能，因而影响屏上的照度，这是投影系统中的一项重要指标。图6-22为简化的投影系统光路。进入聚光镜的光通量$\Phi_{\mathrm{c}}$为

$$\Phi_{\mathrm{c}} = \pi\tau_1 L_1 S_1 \sin^2 U_{\mathrm{c}} \tag{6-14}$$

式中，$\tau_1$为聚光镜系统的透过系数；$L_1$为光源的亮度；$S_1$为光源的面积；$U_{\mathrm{c}}$为聚光系统的物方孔径角。

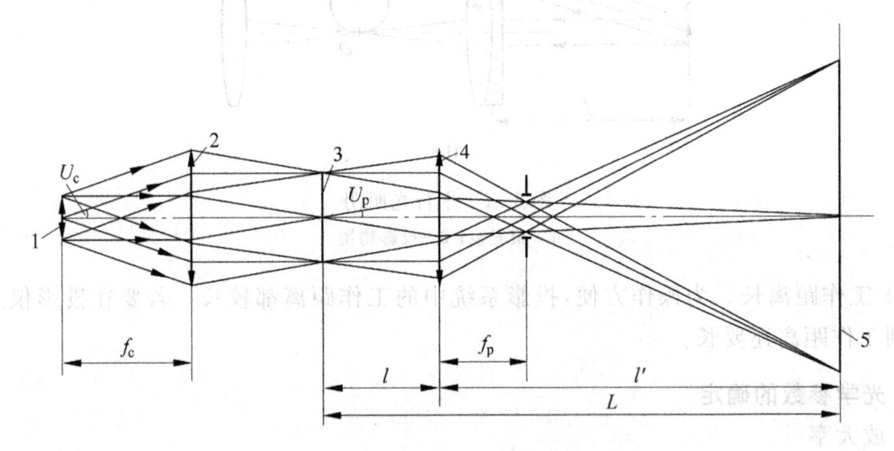


图6-22 投影系统光路

1—光源；2—聚光镜；3—工件；4—投影物镜；5—屏

被照明视场的照度$E_{\mathrm{W}}$为

$$E_{\mathrm{W}} = \frac{\Phi_{\mathrm{c}}}{S_2} = \pi\tau_1 L_1 \frac{S_1}{S_2} \sin^2 U_{\mathrm{c}} \tag{6-15}$$

式中，$S_2$为被照明视场的面积。

同理可得屏上照度为

$$E_{\mathrm{s}} = \pi\tau_2 L_2 \frac{S_2}{S_3} \sin^2 U_{\mathrm{p}} \tag{6-16}$$

式中，$\tau_2$为投影物镜的透过系数；$L_2$为被照明视场的亮度；$U_{\mathrm{p}}$为投影物镜的物方孔径角；$S_3$为被照明视场在屏上的面积。而

$$L_2 = \frac{E_W}{d\omega} \approx \frac{E_W}{\pi \sin^2 U'_p}$$

故得

$$E_s = \pi \tau_1 \tau_2 L_1 \frac{S_1}{S_3} \sin^2 U_p = \pi \tau_1 \tau_2 L_1 \sin^2 U'_p \tag{6-17}$$

式中，$U'_p$为像方孔径角。

式(6-17)计算的结果是指对视场中心部分直视的情况。对视场边缘部分以及斜视时，屏上照度与视场角余弦的四次方成比例。反射照明时，光能损失更大。

利用拉格朗日不变量，式(6-17)可转换成

$$E_s = \frac{\pi \tau_1 \tau_2 L_1 U_p^2}{\beta^2} = \frac{\pi \tau_1 \tau_2 L_1 d^2}{4\beta^2 f_p^2}$$

式中，$d$，$\beta$，$f_p$ 分别为物镜的出瞳直径、放大率及焦距。

从上式可以看出，像面照度与投影物镜的数值孔径(或相对孔径)平方成比例。在投影系统中满足影屏照度的数值孔径取值要比按分辨本领要求的值大得多。数值孔径增大后要提高像质是很困难的，而像质也是一个很重要的指标。根据式(6-13)，往往选取

$$\mathrm{NA} = \frac{1}{500}\beta$$

在可变换倍率的投影系统中，为避免视场亮度随倍率变化引起观察不舒适，应使各物镜的数值孔径与其倍率相适应。例如对一组 $10^\times$，$20^\times$，$50^\times$，$100^\times$ 的投影物镜，其数值孔径依次为 0.02，0.04，0.10，0.20，则变换倍率后，视场亮度不变。

3) 工作距离

为便于工作，物镜应有一定的工作距离，并且工作距离长可扩大仪器的使用范围。但工作距离加长的同时，共轭距离 $L$ 亦随之增长，其关系为

$$L = (\beta - 1)l$$

式中，$l$ 为工作距离；$\beta$ 为投影物镜的放大率。

对低倍物镜，工作距离一般不成问题；倍数稍高时，采用反远距型物镜可满足工作距离的要求；但对高倍物镜，用反远距型物镜仍达不到要求，且这时共轭距离由于工作距离变长而大得无法实现。采用图 6-15 所示的结构能很好地解决这一问题。

### 3. 系统结构与像质

投影物镜与照相物镜很类似，只是以投影屏代替底片，但因使用要求不同，其放大率、视场、鉴别率、孔径及工作距离可能有较大的差别。用作测量的投影物镜最主要的特点就是采用物方远心光路，工作距离长及高像质(在投影式读数系统中是对分划板进行投影，工作距离可不必很长)，这样就决定了投影物镜的结构不能像照相镜头那样采用对称式。一般对工作距离无特殊要求，低倍的投影物镜为一正组，当工作距离要求较长时采用正、负组结合的反远距型，当倍数较高又要求较长的工作距离时，可在反远距型的基础上加前置镜来解决。至于每个镜组的片数，则由孔径、视场及像质要求来决定，通常透镜片数较多。

一般投影镜头属于中等视场、中等孔径的成像系统，但由于对像质要求高，除了对轴上点及轴外点像差(球差、彗差、色散、像散及场曲)都要校正外，还要特别校正畸变及保证准确的放大率。对于球差、像散等的存在只是使像模糊而与测量误差无直接的关系，在机械工业部的标准中只规定了综合性的指标——物镜的分辨率。例如，对$100^{\times}$物镜，标准中规定视场中心区的分辨率不应小于270线对/mm。设计者可参考类似镜头的单项像差来进行控制，或控制镜头的光学传递函数。对于畸变，一般小于0.05%，这对$\phi$50 mm的零件就可造成50 mm×0.05%=0.025 mm的误差。故允许的残留畸变应根据测量精度来决定。

放大率误差与畸变一样会直接影响测量结果。当投影屏安装位置不正确时，就会引起放大率误差。设其偏离正确位置$\Delta x'$，放大率误差$\delta\beta$为

$$\delta\beta = \frac{\Delta x'}{f'}$$

式中，$f'$为投影物镜焦距。

相对误差为

$$\frac{\delta\beta}{\beta} = \frac{\dfrac{\Delta x'}{f'}}{\dfrac{x'}{f'}} = \frac{\Delta x'}{x'} = \frac{\Delta x}{l' - f'}$$

式中，$f'$为投影物镜的像距。

可按仪器的精度要求，确定允许的放大率误差$\delta\beta$，再由放大率误差从上式计算出屏的调整精度。

在装调中若投影屏不垂直于光轴，则会造成屏的两端放大率不同，因此还应按允许放大率误差来计算屏的不垂直度允差。当投影物镜的共轭距离较长时，为使仪器结构紧凑，往往用反射镜将光路转折。由于反射面的不平面度将加倍地影响成像波面，使像质变坏，因此离开屏幕愈远的反射镜，其平面度要求愈高。作为投影系统接收器的影屏，其质量对影像的观察也有一定的影响，腊质屏的观察效果较毛玻璃为佳。与投影物镜配合使用的照明聚光镜，其孔径角不得小于物镜的孔径角，因此当物镜变倍时，聚光镜应随之更换。

摄影系统只是将物体的像投射于感光底片上，这时应按摄影的要求及底片的性质来决定系统的参数及像质。若将物体的信息投射于光电器件上，则成为光电接收系统，应按测量精度及光电器件的性质来考虑系统的参数。由于这种光学系统传递的是光能，因此对其像质的要求可降低。

### 6.4.4 望远系统及其参数确定

#### 1. 望远系统的特点与用途

望远系统物镜的像方焦面与目镜的物方焦面重合，光学间隔为零，因此平行入射的光束经系统后仍平行地出射。一般系统的入瞳就是物镜的镜框，亦即孔径光阑，出射光瞳就在目镜的像方焦点附近。系统的视场光阑在物镜的像方焦面上(即分划板)，因此入射窗和出射窗分别位于物方和像方无穷远处。对带负目镜的伽利略型望远镜，则以观察者的眼瞳为系

统的出瞳和孔阑，系统的入瞳位于眼瞳之后为虚像，这时系统的视场光阑为物镜的镜框，它同时也是入射窗，而出射窗为一位于物镜和目镜间的虚像。

系统的各种放大率分别为

横向放大率

$$\beta=-\frac{f'_{oc}}{f'_{ob}}$$

角放大率

$$\gamma=\frac{1}{\beta}=-\frac{f'_{ob}}{f'_{oc}}=-\frac{\tan\omega'}{\tan\omega}=-\frac{D}{d}$$

轴向放大率

$$\alpha=\beta^2=\left(\frac{f'_{oc}}{f'_{ob}}\right)^2$$

式中，$f'_{ob}$为物镜的像方焦距；$f'_{oc}$为目镜的像方焦距；$\omega'$为物体的像对眼的视角；$\omega$为物体对眼的视角；$D$为入瞳直径；$d$为出瞳直径。

不论物体位于何处，望远系统的各种放大率都是常数。对目视系统来讲，有意义的是角放大率$\gamma$，或称可见放大率。

望远系统的理论角分辨率为

$$\varphi=\frac{140''}{D}=\frac{140''}{\gamma d} \tag{6-18}$$

式中，$D$与$d$的意义同上，mm。

由于材料、加工及装配不完善，实际的角分辨率应为

$$\varphi=k\,\frac{140''}{D}$$

式中，$k$为修正系数，$k=1.05\sim2.2$，对于要求高的系统，$k$值应取得小些。

在光学量测仪器中，望远系统的主要用途如下：

(1) 观察远处的目标。一般在300 m以外的物体就要用望远系统来观察，至于是什么样的目标，目标的特征及亮度(或照度)、环境条件等，则由仪器的使用条件决定。

(2) 瞄准远处的目标。一般以望远系统中分划板上的标准为基准去“套准”目标来将目标定位，由先后两次定位间的读数就可测得目标的夹角或距离。

(3) 作为仪器的发射系统或扩束系统。这时是将望远系统倒过来使用，即光束由目镜一端入射，然后从物镜一端出射，主要用来减小光束的发散角，使之能投射于远处目标靶上，或将光束截面扩大到能照明目标的程度。

(4) 加上反射镜组成自准直系统用于精密测量。

(5) 用作光学系统中的变倍系统。

**2. 望远系统主要参数的确定**

1) 放大率

放大率是望远系统的一项重要指标，其大小首先应满足仪器的主要使用要求，在观察及

瞄准用的望远镜中,分辨率是其主要问题。仪器的分辨率($\varphi'$)应与其接收器——人眼的分辨率(60″)相适应,即

$$\varphi' = \gamma\varphi \geqslant 60''$$

故

$$\gamma \geqslant \frac{60''}{\varphi} = \frac{60''}{\frac{140''}{D}} \approx \frac{D}{2.3}$$

式中,$D$ 是物镜的口径。因 $\varphi=\frac{140''}{D}$ 是理想情况下的分辨率,此时得到的放大率 $\gamma$ 称为标准放大率。在实际工作中为使观察不太费力,故将标准放大率提高 2～3 倍,使人眼的分辨角为 2′～3′,这样的放大率称为工作放大率。在用作测量的望远系统(如经纬仪、测距仪及读数系统)中,放大率均应达到工作放大率。

但放大率 $\gamma=\frac{D}{d}$,$\gamma$ 大,意味着出瞳 $d$ 小,而视网膜上的照度为

$$E'_{\circ} = \tau_e \pi L\left(\frac{d}{2f'}\right)^2 \tag{6-19}$$

式中,$\tau_e$ 为眼的透过系数;$L$ 为被观察物的亮度;$f'$ 为眼的物方焦距。

可见,出瞳小时人眼将感到视场很暗。因此在照明条件不好时,如在黄昏中观察时,首先应能分清物体的轮廓,并不要求分辨细节,这时放大率可低于标准放大率,以增大出瞳。

放大率还应与仪器的使用方式相适应。对手持仪器,为了不使手的抖动引起像模糊,放大率一般小于 $8^{\times}$。高于 $8^{\times}$ 的望远系统必须装在支架上使用,倍数愈高,支架应愈稳。

放大率与仪器的视场相矛盾,放大率高,则视场小,工作时不易搜索和捕捉目标。往往在同一仪器中配备高、低倍两只望远镜,低倍用于寻找目标,高倍用于观察、瞄准和定位。

放大率高会使仪器很长,也必然很重。为解决这一矛盾,往往在结构上采取措施,如用棱镜将光路转折,或用折-反式物镜。

对发射系统中用的望远镜,其放大率决定于使用要求及光源的发散角。例如,要求照射于 $l$ 处靶上的光斑尺寸小于 $\alpha$,即要求光束的发散角小于 $\theta=\frac{\alpha}{l}$,而光源的发散角为 $\theta'$,则放大率为

$$\gamma = \frac{\theta'}{\theta}$$

这时系统是按常规望远镜倒过来使用的。

同样,对于用于扩束的望远系统,其放大率决定于光源发射出光束截面的直径 $d$ 及要求扩束后的直径 $D$,即

$$\gamma = \frac{D}{d}$$

这时系统也是按常规望远镜倒过来使用。

2) 视场

望远系统的视场应能看到欲观测的范围,在精密测量系统中主要在视场中心进行瞄准,

因而视场不大，一般只 1°～3°。在自准直仪中，视场决定于仪器的测角范围。系统的放大率与物方视场 $\omega$ 及目镜视场的关系为 $\tan\omega'=\gamma\tan\omega$，因此放大率与物方视场受目镜视场的约束，当两者都很大时，要求有大视场的目镜与之匹配。当不能满足时，可在结构上使望远镜筒摆动来扩大仪器的观察范围。

3）焦距

焦距与放大率的关系为

$$\gamma=\frac{f'_{ob}}{f'_{oc}}$$

当放大率 $\gamma$ 确定后，由于目镜的焦距 $f'_{oc}$ 应满足对分划板观察的要求，如使分划板上刻线间隔的视见宽度达到 1～2.5 mm 等，因而物镜的焦距 $f'_{ob}$ 就定下来了。

图 6-23 所示为自准直仪原理。光源通过颜色滤光片照明指示分划板，指示分划板与测量分划板对称于半透半反棱镜的析光面，二者都处于准直物镜的焦面上，因此指示分划板上的十字标志经准直物镜成像于无穷远处。当平面反射镜与准直物镜的光轴垂直时，光线从原路反射回来，并将十字标志成像于测量分划板的中心。

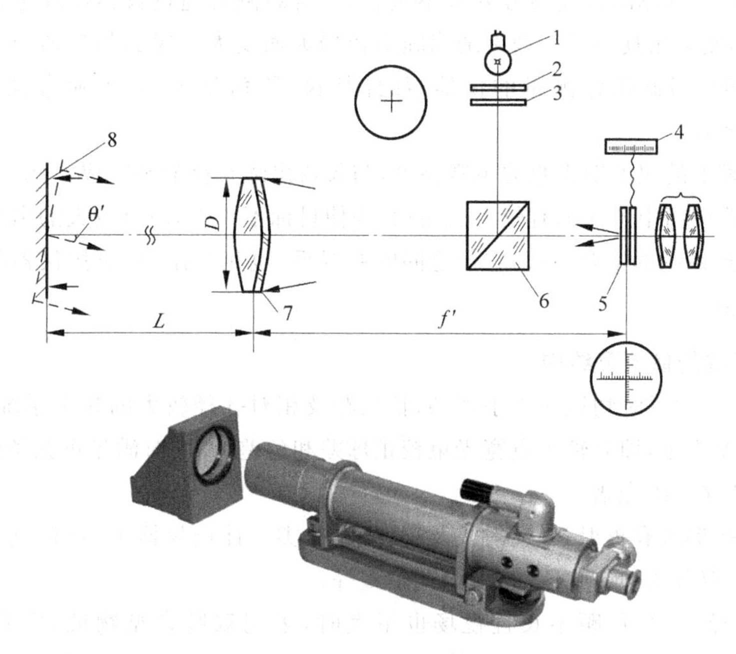


图 6-23 自准直仪原理及外观

1—光源；2—滤光片；3，5—分划板；4—指示尺；6—棱镜；7—物镜；8—反射镜

若反射镜与光轴不垂直，则十字标志的像偏离测量分划板的中心，其偏离量反映了反射镜与光轴的不垂直度。自准直仪物镜的焦距决定于仪器的测量精度及结构。当测量精度不高时（小于 1′），往往通过目镜直接在测量分划板上读数及估数。为了提高估读精度，分划

板上的分划值 $\varphi$(设 $\varphi=60''$)的刻线间隔经目镜后的视见宽度应达到 1～2.5 mm，即

$$\frac{f'_{\mathrm{ob}}\varphi\Gamma_{\mathrm{oc}}}{(2\times 10^5)''}=1\sim 2.5\ \mathrm{mm}$$

式中，$\Gamma_{\mathrm{oc}}$ 是目镜的放大率。故物镜焦距为

$$f'_{\mathrm{ob}}=\frac{(1\sim 2.5)\mathrm{mm}\times 2''\times 10^5}{\varphi\Gamma_{\mathrm{oc}}} \tag{6-20}$$

但当仪器精度高，例如 $\varphi=1''$ 或 $0.1''$ 时，用式(6-20)计算出的焦距可长达数十米，显然是不可能的。这时只能将分划板上的格值加大，然后用机械或光学方法加以细分，以保持焦距在合理的范围内。

4) 出瞳直径

出瞳直径与以下因素有关：

(1) 出瞳直径应与人眼瞳孔尺寸相适应。眼瞳的直径与望远镜使用环境有关。出瞳直径与眼瞳一致可充分利用物体的鉴别率。

(2) 当被观察物体的像面与分划板不重合时，若观测者通过仪器出瞳进行观察的方向与光轴不平行，则会出现视差。视差随出瞳直径增大而变大。像面与分划板的不重合或多或少总是存在的，因此用作测量的仪器，如经纬仪、测角仪等，其出瞳直径都应较小，约 1 mm，以限制视差。

(3) 视网膜上的照度即人眼的主观亮度，与仪器出瞳直径的平方成比例。

(4) 在仪器使用中若伴随有较大的振动，为使目标不丢失，应有较大的出瞳。

以上为望远系统的主要参数，它们之间既有联系，也相互制约，应按仪器的主要用途来确定这些参数值。

### 3. 望远系统的像差及结构

综上所述，望远系统物镜属于小视场、长焦距及相对孔径较大的光学系统，因此应以校正其轴上点像差为主，即对轴上点宽光束校正球差和色差，并同时满足正弦条件。当焦距长时，还要考虑消除二级光谱。

物镜的结构形式有折射式、反射式及折-反式 3 类。计量仪器中多用折射式物镜，它又分为双胶合型、双分离型、三分离型及内调焦型等。

当相对孔径不大、焦距不长且视场也不大时，采用双胶合型物镜，它只能消除轴上点像差。因其结构简单，故应用很广。在不同焦距时能获得较好像质的相对孔径如表 6-3 所示。

**表 6-3 双胶合型物镜的相对孔径与焦距的关系**

| 焦距/mm | 50 | 100 | 150 | 200 | 300 | 500 | 1000 | 1500 | 2000 |
|---|---|---|---|---|---|---|---|---|---|
| 相对孔径 | 1∶3 | 1∶3.5 | 1∶4 | 1∶5 | 1∶5.6 | 1∶8 | 1∶10 | 1∶14 | 1∶16 |

内调焦型物镜是由正、负两组镜片组合而成的，正组固定不动，移动负组可连续改变焦距并保持像质。这种形式在使用中视轴变化小，机构密封性好且筒长较短，逐渐得到广泛应用。

反射式物镜没有色差，且光路转折而使筒长缩短，用于大孔径、长焦距的系统中。双反射系统的主要形式有卡塞格林系统和格列果里系统，两者的主镜都是抛物面，但前者的副镜为双曲面形凸镜，成倒像，而后者为椭球形凹镜，成正像。

折-反式物镜也能很好地校正色差和球差，且镜筒可以做得很短，虽然工艺复杂，但在性能要求较高的仪器中也得到应用。图 6-24 为经纬仪中的折-反式物镜。

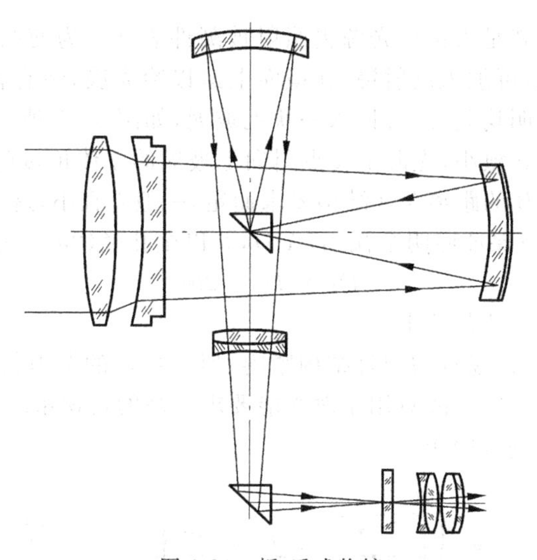

图 6-24 折-反式物镜

## 6.4.5 照明系统及其参数确定

### 1. 对照明系统的要求

对非自发光物体进行观测，应进行人工照明。不同的使用目的有不同的照明要求，一般照明系统应满足：

(1) 被照明物面有足够照度，当影像要投影到较大屏幕上观测时，照明问题更显重要。

(2) 照明视场应足够大且均匀。

(3) 被测零件上被照明各点发出的光束应能充满成像光学系统的全部孔径，即照明系统的孔径角应大于或等于成像系统的物方孔径角。

(4) 应尽可能减少杂光。因为在光电接收系统中，杂光会造成背景噪声，在目视系统中降低像的对比。

(5) 满足结构布局及尺寸的要求。例如，使光源远离仪器主体，以减少光源温度对仪器的影响。

**2. 照明系统的设计原则**

(1) 光孔转接原则。照明系统的光瞳应与接收系统的光瞳统一。若照明系统的入瞳定在光源上,则其出瞳(即光源的像)应与后部接收系统的入瞳重合。

(2) 光源和照明系统所组成光管的拉格朗日不变量 $J$ 应等于或稍大于接收系统的拉格朗日不变量。这样,即使照明系统的像差较大,也能保证被测件得到充分的照明。

**3. 常用的照明方式及其结构尺寸**

1) 直接照明

最简单的照明方式就是直接用光源去照射被测件表面。为使照明均匀,光源面积应大一些。为充分利用光能,可加入反射镜,在镜面上涂以冷光膜,使有害的红外光透过而反射出要求的波段。为使照明均匀,还可插入一块毛玻璃,如图 6-25 所示。从图中可以看出,毛玻璃 2 至光源 1 的距离 $a$ 愈小,光源上每点射向毛玻璃的立体角 $\omega$ 就愈大,光能利用率也愈高。毛玻璃至被测件 $AB$ 的距离 $b$ 视结构要求而定,一般 $b$ 宜小,这样被照明的面积可大一些。毛玻璃的口径 $D_2$ 应保证照明全视场($AB$),并以全孔径($2u$)工作,即

$$D_2 = D_1 + 2bu$$

式中,$D_1$ 为被测件 $AB$ 的最大尺寸。

这种照明方式简单,视场较均匀且结构紧凑;但毛玻璃的散射使光能利用率不高,还伴有杂光(见图 6-25 中的虚线),故只用于对光能要求不高的目视系统。有时甚至省去光源而用反射镜反射自然光来进行照明。

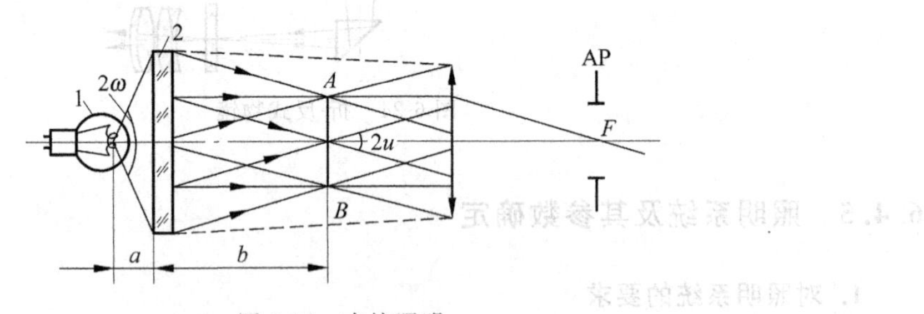


图 6-25 直接照明

1—光源;2—毛玻璃

2) 临界照明

利用聚光镜将光源成像于被照明物平面或其附近的照明方式称为临界照明。这种照明方式比直接照明能充分利用光源。图 6-26(a)是最原始的临界照明;聚光镜 $L$ 将灯丝 $S$ 的像 $S'$ 成于物面 $AB$ 上,在 $L$ 的前焦面 $F$ 处放置孔径光阑 AP,以形成远心照明。

若仪器结构上要求光源与物面有较长的距离,则可将聚光镜一分为二,如图 6-26(b)所示。通常将近光源的一只称为集光镜($L_1$),近物面的一只称为聚光镜($L_2$),孔径光阑 AP 放在 $L_2$ 的前焦面上,以形成远心照明。

当要求照明视场的大小能够调节以适应成像物镜 $L_0$ 变换后的视场时,应采用可变视场

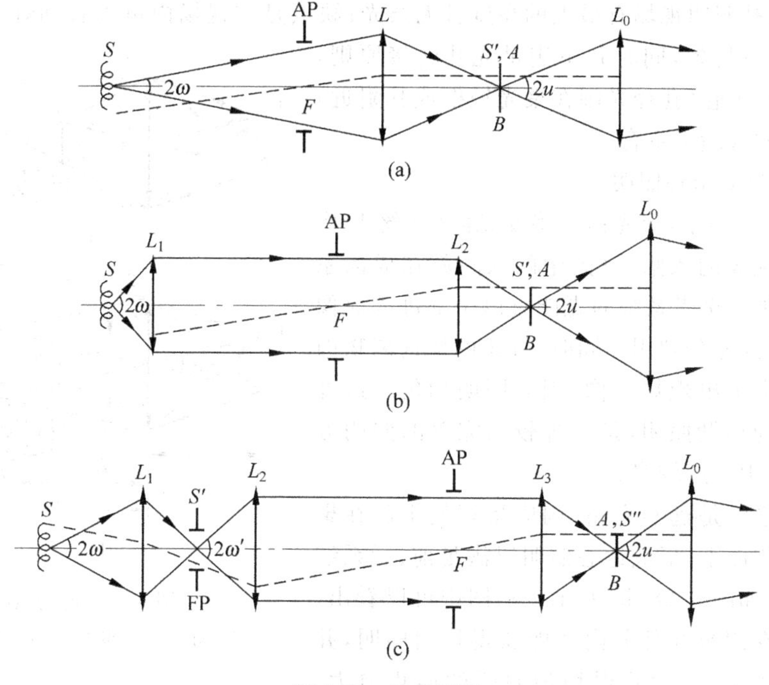


图 6-26 临界照明

光阑。但在灯丝处由于受玻璃外壳的限制不能安置光阑，可再加一集光镜 $L_1$（见图 6-26(c)）。$L_1$ 将 $S$ 成像于 $S'$，在 $S'$ 处就可放置可变视场光阑 FP，后面部分则与图 6-26(b)类同。在 $S'$ 处不受玻璃壳的限制，孔径角 $2\omega'$ 可以比 $2\omega$ 大。

确定这类聚光镜系统参数的原则是：集光镜的口径和焦距应保证照明系统的数值孔径，聚光镜的像方孔径角应满足成像物镜孔径的需要，再加上使用上的要求和结构布局上的考虑，按图 6-26 就不难计算出其具体尺寸。

图 6-27 是投影仪中采用的临界照明方式。临界照明的优点是比较简单，且可以具有较

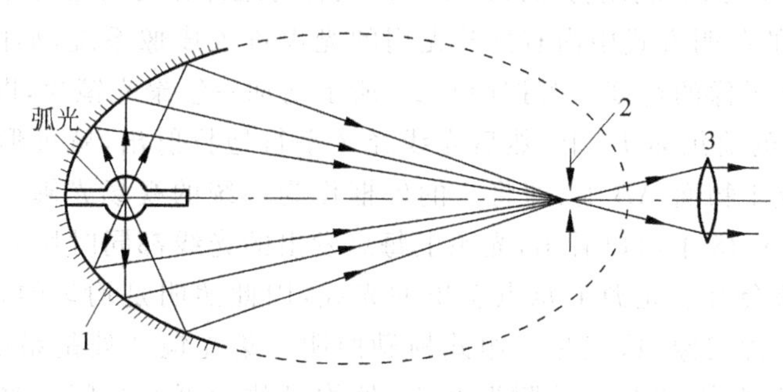


图 6-27 投影仪中采用的临界照明

1—椭球反射镜；2—胶片；3—物镜

大的孔径角,被照明视场有最大的亮度且无杂光;缺点是在视场内可以看到灯丝的像,使像面杂乱,照明不均匀,同时并不满足光孔转接原则,即聚光系统的出瞳(孔径光阑在聚光镜框或其附近)与观察物镜的入瞳不重合。

3) 柯勒(Köhler)照明

在图6-28(a)中,聚光镜2将发光面(灯丝1)成像于成像系统3的入瞳上(图中的入瞳就在成像系统3上),使进入聚光系统的光能可以全部进入成像系统,从而得到充分利用。同时,灯丝的像远离物面$AB$,在视场中不出现灯丝像,因而照明均匀。这种照明方式称为柯勒照明,是一种较为完善的照明方式,计量仪器中应用较多。

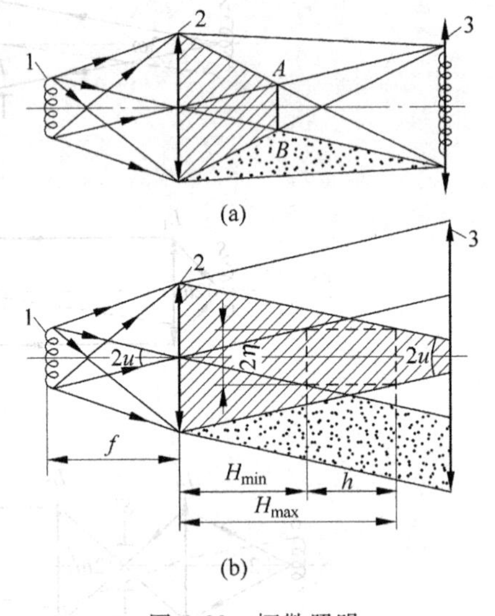


图6-28 柯勒照明

1—灯丝;2—聚光镜;3—成像系统

若成像系统是远心光路,则应将灯丝1放在聚光镜2的前焦面上,形成远心照明以满足前、后系统光瞳的转接,如图6-28(b)所示。从图中可以看出,物体只有放在阴影线部分内才能获得均匀照明,并且愈靠近聚光镜2,能获得均匀照明的面积愈大。聚光镜的横向尺寸$D_2$决定于被测物体的尺寸($2\eta$)、物体的位置($H_{max}$)以及成像系统的孔径角($2u$),其关系为:

$$D_2 = 2\eta + 2H_{max}u$$

至于聚光镜的焦距($f'$)应这样考虑:

(1) 能满足结构尺寸的要求,并将灯丝成像于成像系统的入瞳上;

(2) 焦距短则聚光镜的孔径角大,光源的光能利用率高;

(3) 相对孔径$D_2/f'$大,像差亦增大,将使光组变得复杂。

权衡这几方面的考虑,利用物像公式就可以很容易地计算出聚光镜的焦距。

图6-28所示的照明方式中尚有部分无用的光束进入成像系统,如图中麻点部分,既损失了光能又降低了像的衬度。若按图6-29所示增加一组聚光镜片,即光源1经集光镜2成像于聚光镜3的前焦面$F_3$上,然后光线经3平行地投射出,就可形成远心照明。同时3又将2的像成于物面$AB$上,即将2的外框作为系统的视场光阑。系统的孔径光阑放在$F_3$处。从图6-28中可以看出,光源上每点发出的光线都同时均匀地照明物面$AB$,而物面上每一点都会聚了光源上每点发出的光线,因此照明是均匀的,也没有多余的光束进入成像系统干扰成像,这就是二组式柯勒照明。集光镜2处是系统的视场光阑,$F_3$处是系统的孔径光阑,因此在2的附近及$F_3$处均可放置可变光阑。改变2处视场光阑FP的大小,照明视场即随之变化,调节$F_3$处的孔径光阑AP,就改变进入系统的光能,视场随之变亮或变暗。

为减小聚光镜 3 的横向尺寸，可以在 $F_3$ 处放一物镜 5，这就变成三组式柯勒照明。根据成像光组 4 的孔径角($2u$)、视场大小、光源尺寸以及总体布局时结构尺寸的要求，按图 6-29 即可算出聚光系统各光组的焦距及口径。

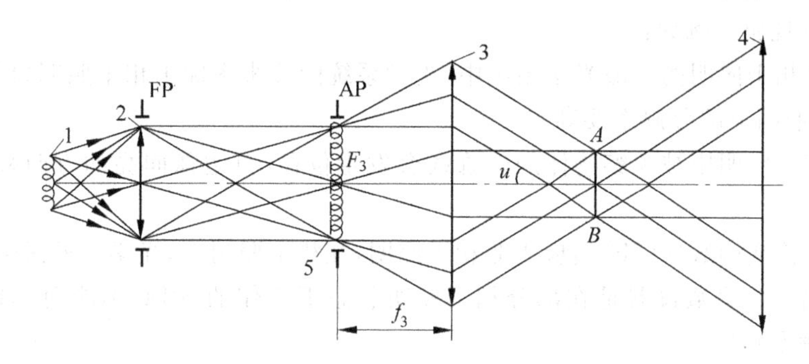


图 6-29 二组式柯勒照明

1—光源；2—集光镜；3—聚光镜；4—成像光组；5—物镜

图 6-30 是采用柯勒照明的投影仪系统。

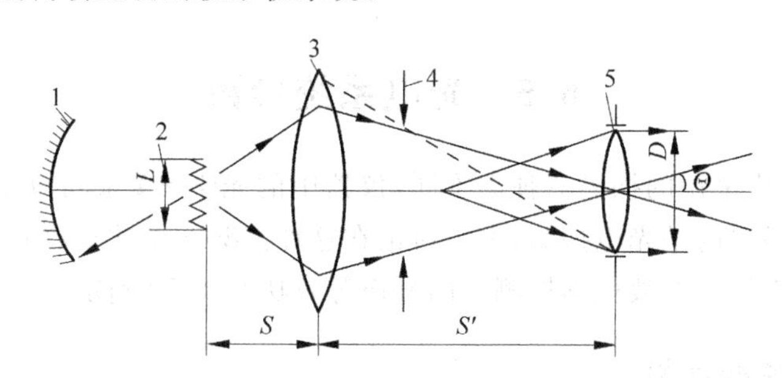


图 6-30 采用柯勒照明的投影仪

1—反射镜；2—光源；3—聚光镜；4—投影片；5—物镜

当成像物镜变换倍率时，其孔径和视场亦随之变化。倍数高时，孔径大、视场小；倍数低时，孔径小、视场大。若要用一组聚光系统同时满足各种倍率的成像物镜，则聚光系统势必要求为大孔径和大视场，将给光组设计带来困难。通常采用多组聚光镜与相应倍率的成像物镜配对使用，或用变焦距的照明系统。

**4. 对照明系统像差的考虑**

一般照明系统只要求物面和光瞳获得均匀照明，因此对像质要求不高，只需粗略地校正球差和色差，使孔径光阑和视场光阑能成清晰的光孔边界像即可。若球差太大，致使灯丝成像到物面附近，则可能在视场中看出灯丝像而造成照明不均匀。在成像系统是远心光路的柯勒照明中，由于要求出射光线严格平行，对像质的要求也很严格。一般每单片薄透镜可负担 0.2°左右的偏角，可根据总偏角来选取必要的片数，然后对各片进行弯曲，使其处于最小球差状态。为简化结构，可以使用非球面。对于色差，一般选用低色散玻璃即可。另外，对接近大功率光源的镜片,选料时还应注意其物理、机械性能。照明系统中有时应加隔热玻璃,以减小光源的高温对仪器的影响。

上述结论仅适用于非相干照明。在相干照明或介于两者之间的部分相干照明时,会出现一些非线性现象。例如:

(1) 在非相干照明的一般光学系统中,光学系统的分辨率优于相干照明(但光谱仪器中则相反,相干照明下的分辨率要高)。

(2) 在相干照明中被观察物体的轮廓线会发生位移(直边像向亮的方向移动),造成瞄准误差。

(3) 光学传递函数(OTF)适应于非相干照明,在相干照明下,光学传递函数不能再代表系统的成像特性。多数仪器是在部分相干照明状态下工作的,因此不能简单地用OTF来预言成像的频率响应。

(4) 部分相干照明可用来提高低频区的成像调制度。

因此在设计照明系统时,不能单纯地从几何及能量角度来考虑,还应顾及照明光的波动性。

## 6.5 光电系统参数

由于光电仪器中采用的探测器种类不同,仪器中的光学参数确定方法亦不同。除目视观测外,目前应用最多的是光电探测,本节讨论在这种情况下光学参数的确定。用光探测器接收光能时,光学系统的参数根据探测器的噪声等效功率NEP确定。

### 6.5.1 入瞳直径的计算

考虑图6-31所示的光电系统。光源1的辐射能通过介质和光学系统射到探测器2上。某些光学系统中设置滤光片3,用以改变射到探测器上的光谱成分。在光电系统中,要使系统能正常工作,光学系统的作用应使探测器对特定光源的辐射通量的响应至少等于$\Phi_{\min}$。$\Phi_{\min}$与所用探测器的噪声等效功能有关,即

$$\Phi_{\min} \geqslant k \cdot \text{NEP} \tag{6-21}$$

式中,$k\geqslant 1$。

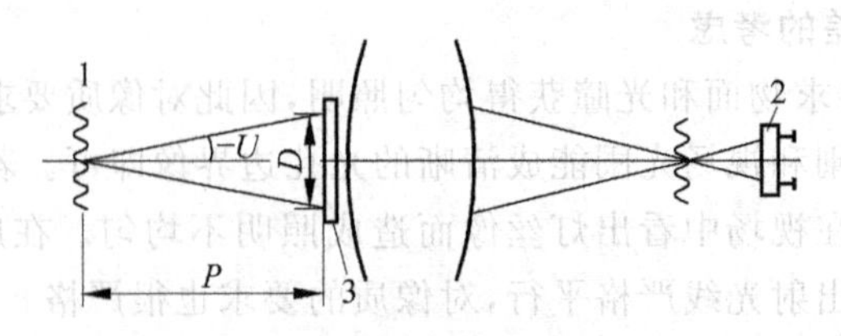


图6-31 光电系统

1—光源;2—探测器;3—滤光片

如果光源位于光轴上且向各个方向的辐射亮度 $L_e$ 相同，那么通过光学系统入瞳进入系统的辐射通量在不存在渐晕的情况下为

$$\Phi_e = \tau_a \pi L_e A_e \sin^2 U \tag{6-22}$$

式中，$\tau_a$ 为光源入瞳间的透过率；$U$ 为在物空间的数值孔径角；$A_e$ 为光源的面积。

如果滤光片的透过率为 $\tau_f$，光学系统的透过率为 $\tau_s$，则进入系统后的辐射通量在不存在渐晕情况下为

$$\Phi_e' = \tau_f \tau_s \Phi_e = \tau_f \tau_s \pi L_e A_e R \sin^2 U$$

假设所有通量 $\Phi_e'$ 到达具有响应度 $R$ 的探测器的光敏面上，则探测器的阈值响应度为

$$\Phi_{\min} = R\Phi_e' = \tau_f \tau_s \pi L_e A_e R \sin^2 U$$

则物方孔径角 $U$ 按下式计算：

$$U = \arcsin\left(\frac{\Phi_{\min}}{\tau_a \tau_f \tau_s \pi L_e A_e R}\right)^{1/2} \tag{6-23}$$

系统的入瞳直径为

$$D = 2P\tan U \tag{6-24}$$

式中，$P$ 为光源到滤光片的距离。

## 6.5.2 探测器位于像面上的结构

光电探测器的灵敏面位于像平面上或其附近的结构是最常见的一种光电系统。由于技术缺陷的原因，光电探测器的灵敏面的响应度并不是处处相同，因此要使整个系统性能稳定，要求光源的像尽可能和灵敏面大小相同，位置一致；另一方面，为有效地利用光能，应使光学系统中的入瞳不产生渐晕。

### 1. 光源位于有限距离的单组透镜系统

如图 6-32(a)所示，光源 1 的面积 $A_e$ 和辐亮度 $L_e$，探测器 2 的响应度 $R$，灵敏面的面积 $A_d$ 和最小响应 $\Phi_{\min}$，光学系统的透过率 $\tau_s$，物方空间的孔径角 $U$ 的关系为

$$\sin U = \left(\frac{\Phi_{\min}}{\tau_s \pi L_e A_e R}\right)^{1/2} \tag{6-25}$$

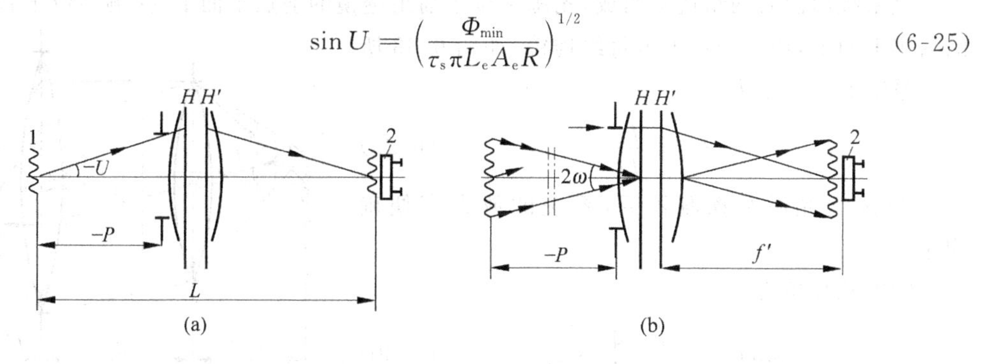


图 6-32 光源位于不同位置的光电系统

(a) 光源位于有限距离；(b) 光源位于无限远

1—光源；2—探测器

式(6-25)成立的条件是光学系统没有渐晕,没有使用滤光片,光源距物镜较近,即 $\tau_a=1$。

适当选择系统的放大率以使像和探测器的尺寸匹配。如果光源是 $b\times c$ 的矩形,探测器光敏是直径为 $d_d$ 的圆,则光学系统的放大率应是

$$\beta=-\frac{d_d}{(b+c^2)^{1/2}} \tag{6-26}$$

光学系统的结构形式取决于数值孔径角 $U$。如果 $2U\leqslant 30°$,则可用单透镜;如果 $2U\leqslant 60°$,则选用双透镜;如果 $2U\leqslant 90°$,则应采用三透镜。

**2. 光源位于无限远处的单组透镜系统**

在图6-32(b)的结构中,探测器位于系统后焦平面上。如果光源1对前主点的最大张角是 $2\omega$,那么它在后焦平面上像的尺寸是 $d'_e=2f'\tan\omega$,像的大小与探测器的灵敏面相符,即 $d'_e\leqslant d_d$,因此系统的焦距应是

$$f'=\frac{d_d}{2\tan\omega}$$

如果光源的像比探测器的灵敏面小得多,那么探测器应远离焦平面。当光源和探测器确定后,物方孔径角和入瞳直径 $D$ 可由式(6-23)和式(6-24)确定。对于光源位于无限远的情形,$|P|\gg D$,则 $\sin U=\tan U$,因此

$$D=2P\sin U=2P\sqrt{\frac{\Phi_{\min}}{\tau_a\tau_f\tau_s\pi L_e R}} \tag{6-27}$$

无限远物体的尺寸用它的张角 $2\omega$ 表征。如果光源是圆形的,它所对应的张角是 $2\omega$ 弧度,光源面积是 $A_e=\pi P^2\omega^2$,则由式(6-27)得入瞳直径为

$$D=\frac{2}{\pi\omega}\sqrt{\frac{\Phi_{\min}}{\tau_a\tau_f\tau_s L_e R}} \tag{6-28}$$

**3. 筒长无穷远的光学系统**

该系统由前后两组透镜组成,光源1位于前组透镜的前焦平面上,探测器位于后组透镜的后焦平面上,用薄透镜表示每组透镜,如图6-33所示。系统的放大率为

$$\beta=-\frac{f'_2}{f'_1} \tag{6-29}$$

当选定光源和探测器后,系统的放大率便确定了。

物方孔径角为

$$\sin U=\sqrt{\frac{\Phi_{\min}}{\tau_s\pi L_e A_e R}} \tag{6-30}$$

式中,$\tau_s$ 是两透镜组的透过率。前组透镜的口径为

$$D_1=2f'\sin U \tag{6-31}$$

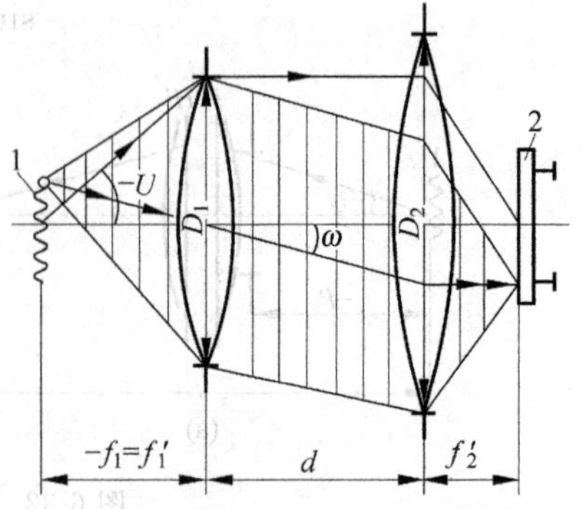


图6-33 筒长无穷远的光学系统

1—光源;2—探测器

如果光源是 $b\times c$ 的矩形，则

$$\tan\omega=\frac{\sqrt{b^2+c^2}}{2f'}$$

两透镜组的间距为 $d$，在不发生渐晕情况下，后组透镜的口径为

$$D_2=D_1+2d\tan\omega$$

如果 $d$ 较大，$D_2$ 是相当大的，一定的渐晕是不可避免的。在存在渐晕的情况下，分离较远的透镜系统的设计方法如下。

将光源 1 和前组透镜视为探照灯，其辐射强度为

$$I_{es}=\tau_{s1}I_e\left(\frac{D_1}{d_s}\right)^2$$

式中，$\tau_{s1}$ 是前组透镜的透过率；$I_e$ 是光源的辐射强度；$d_s$ 是光源的直径；$D_1$ 是前组透镜的口径。

如果两组透镜的间距 $P$ 大于光束形成的临界距离，则在后组透镜入瞳处的辐射能为

$$E_e=\frac{\tau_a I_{es}}{P^2}$$

式中，$\tau_a$ 是距离 $P$ 介质的透过率。

若后组透镜的口径为 $D_2$，则进入后组透镜的辐通量为

$$\Phi_e=E_s\frac{\pi D_2^2}{4}$$

到达探测器 2 的辐通量为

$$\Phi'_e=\tau_{s2}\Phi_e$$

式中，$\tau_{s2}$ 是后组透镜的透过率。在后组透镜后焦平面上的探测器的信号(响应)为

$$\Phi=R\Phi'_e$$

### 6.5.3 光源像大于探测器的结构

光电仪器中的光学系统不存在渐晕，以及像的大小和探测器灵敏面面积相同时，通过系统入瞳进入的光通量全部射到探测器的灵敏面上，适当选择光学系统的放大率和焦距便可实现这个条件。然而在实际设计时光学系统的放大率及焦距不能满足设计的要求，在这种情况下，通过入瞳进入的光通量不能全部由探测器接收，因而上述导出的入瞳表达式无效。

当光源像大于探测器灵敏面的尺寸时，从像空间开始设计光学系统是合理的。

光源在探测器灵敏面上的光照度为

$$E'_e=\tau_a\tau_f\tau_s\pi L_e\sin^2U'$$

式中，$L_e$ 为物方辐亮度。因为光源像大于探测器，则射到探测器上的辐通量为

$$\Phi'_e=E'_eA_d=\tau_a\tau_f\tau_s\pi L_e\sin^2U'A_d$$

式中，$A_d$ 是探测器的灵敏面面积。探测器的输出信号为

$$\Phi_{min}=R\Phi'_e$$

根据上述二式,像方孔径角可按下式计算:

$$\sin U' = \sqrt{\frac{\Phi_{\min}}{\tau_a \tau_f \tau_s \pi L_e A_d R}} \tag{6-32}$$

如果光源位于无限远,则 $\sin U' = \dfrac{D}{2f'}$,得到

$$\frac{D}{f'} = 2\sqrt{\frac{\Phi_{\min}}{\tau_a \tau_f \tau_s \pi L_e A_d R}} \tag{6-33}$$

式(6-32)和式(6-33)也可应用于光源像恰好和探测器灵敏面尺寸匹配的情况。显然,此种情况下,探测器的面积由辐射源的像面积 $A'_e$ 代替,记为

$$\sin U' = \sqrt{\frac{\Phi_{\min}}{\tau_a \tau_f \tau_s \pi L_e A'_e R}} \tag{6-34}$$

式(6-34)即为光源位于有限距离时数值孔径公式(6-25)的右边部分。当光源位于无限远时,则

$$\frac{D}{f'} = 2\sqrt{\frac{\Phi_{\min}}{\tau_a \tau_f \tau_s \pi L_e A'_e R}}$$

### 6.5.4 探测器位于出瞳上的结构

在某些应用中发现,即使对均匀的探测器表面,其上的响应并不均匀。在这种情况下,不能采用探测器在像平面附近的移动来解决,因为在探测器上像的微小移动便产生不稳定的响应。这种缺陷可以将探测器安放在光学系统的出瞳上来改善。在无渐晕情况下,出瞳平面上存在均匀的辐射照度,因此无论光源位于何处,均可使探测器接收到均匀的辐照。把探测器安置在出瞳面上的最简单的光学系统必须有两组透镜,由单透镜构成的该种系统示于图6-34。前组透镜将光源成像于视场光阑上,在物方空间,光源的视场角为 $2\omega$。后组透镜将前组透镜成像于系统的出瞳面上,即探测器的灵敏面上。同其他结构一样,该系统设计时,应首先选定所使用的光源和探测器。如果光源位于有限距离上,则物方孔径角由式(6-23)确定,即

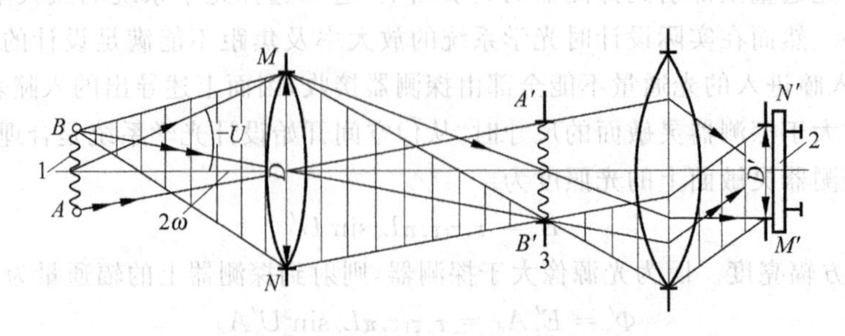


图 6-34 探测器位于出瞳面的结构

1—光源;2—探测器;3—视场光阑

$$\sin U'=\sqrt{\frac{\Phi_{\min}}{\tau_a\tau_f\tau_s\pi L_e A_e' R}}$$

式中，$\tau_s$ 是透镜组的透过率。

## 6.6 总体设计举例

傅里叶变换红外光谱仪(以下称 FTIR)的设计。

### 6.6.1 FTIR 光谱仪器的原理、特点及用途

在现代科学研究中，光谱仪器广泛用于生物、医学、物理、化学、天文、地质、冶金、考古、法学、宇宙开发和环境保护等部门，进行物质成分及结构探测等研究。

光谱仪器利用物质对光的吸收作用体现的反射、散射或荧光特征进行光谱学研究和物质的光谱分析。图 6-35 为傅里叶变换红外光谱仪的工作原理示意图。

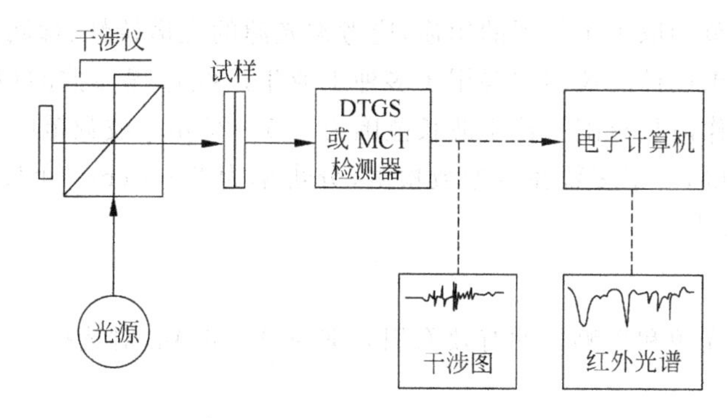


图 6-35 傅里叶变换红外光谱仪工作原理示意图

利用光谱仪得到的干涉图谱可用于定性分析及定量分析。定性分析是根据物质光谱的宏观或微观特性，直接或间接获悉有关该物质本身的组成、成分、内部结构、表面状态或该物质与其他物质相互作用的信息，从而直接或间接地对物质进行鉴别、判断、检索，给出存在或不存在该元素或该物质的结论。光谱定量分析则要解决该元素或该物质有多少问题，可以可靠地推断分子结构，测定化学或生化反应速度，研究反应机理，了解物质表面微观变化等。

FTIR 有许多优点。其中一个主要优点是多路接收。它能同时接收工作波段范围内的所有光谱，记录全部光谱的时间与一般色散型仪器记录一个光谱分辨单元的时间相同，在不到 1 s 的时间内可以完成全部光谱扫描。在相同的光源和探测器条件下，如果记录一个光谱分辨单元的信噪比为 1，则同时记录 $M$ 个光谱分辨单元的信号将增加 $M$ 倍。由于噪声的随机性质，实际噪声只能增加$\sqrt{M}$倍，总的信噪比可以提高$\sqrt{M}$，因此大大提高了仪器测量的信噪比。另一主要优点称为高通量优点。通常的色散型仪器都必须使用狭缝，而要提高分辨率必须使

狭缝的宽度变窄,这使入射辐射通量受到很大的限制。FTIR 则有比狭缝大得多的入射和出射光孔,因而有更大的辐射通量和更高的测量灵敏度。除上述两大主要优点外,还具有波长(或波数)准确度高(可达 0.01 $cm^{-1}$以下)、分辨率高(可达 0.005 $cm^{-1}$)、杂散辐射低(通常低于0.1%)以及光谱范围较宽(紫外区到可见区,近红外区直到远红外区)的优点。

FTIR 首先在中红外光谱区取得成功,得到十分广泛的应用。随着 A/D 转换器位数的提高、动态准直技术的发展、光纤技术的应用等,FTIR 正在向近红外、可见光和紫外区域扩展并逐步商品化。采用动态准直的步进扫描干涉仪,发展时间分辨光谱,可以大大缩短 FTIR 的时间分辨率。随着快速扫描 FTIR 的进步和动态傅里叶变换光谱技术的发展,FTIR 已进入到动态物理和化学变化过程中物质的结构和性能的研究领域。

## 6.6.2 技术指标

光谱仪的性能可以用两个最基本的量表征——分辨率和集光本领。

**1. 仪器工作波长范围和分辨率**

仪器工作波长范围取决于仪器的用途,应考虑光源的光谱特性、探测器和光学元件等器件的性能。由于要求设计的仪器主要用于多种工业生产线过程参数的检测和质量控制,因此应具有较宽的工作波长范围。选定波长范围为 2.5~25 μm(波数范围 4000~400 $cm^{-1}$)。根据仪器的使用范围,对于多数在线参数检测,分辨率为 2~4 $cm^{-1}$可以满足使用要求,因此分辨率选为 2 $cm^{-1}$。

**2. 集光本领**

在图 6-36 中,光源和探测器的有效面积分别为 $A_S$ 和 $A_D$,对透镜 $L_S$ 和 $L_D$ 形成的立体角相同,为

$$\omega = \frac{A_S}{f_S^2} = \frac{A_D}{f_D^2}$$

式中,$f_S$ 和 $f_D$ 分别为透镜 $L_S$ 和 $L_D$ 的焦距。透镜 $L_S$ 接收的辐射能正比于光源面积和光源上一点对透镜 $L_S$ 形成的立体角 $\omega_S$。同理,到达探测器上的辐射能正比于探测器面积和探测器上一点对透镜 $L_D$ 形成的立体角 $\omega_D$。因为两个透镜具有相同的面积 $A$,由

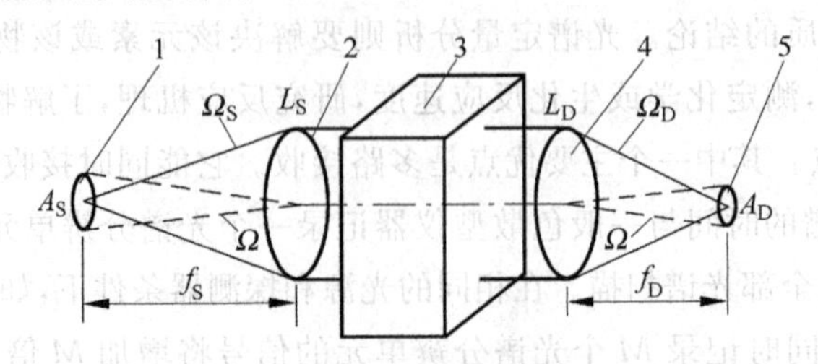


图 6-36 干涉光谱仪的集光本领

1—光源;2,4—准直镜;3—干涉体系;5—探测器

$$\omega_S = \frac{A}{f_S^2}, \quad \omega_D = \frac{A}{f_D^2}$$

得到

$$A_S\omega_S = A_D\omega_D = E$$

式中，$E$ 为光谱仪的集光本领。

### 6.6.3 设计方案

**1. 主干涉仪结构**

干涉仪是仪器的核心部分，大多数 FTIR 的干涉仪（称为主干涉仪或扫描干涉仪）都使用经典的迈克尔逊干涉仪，它由固定反射镜、分束器和在空气轴承上平稳移动的动镜组成。仪器能否达到设计要求的技术指标，关键问题是主干涉仪的质量。光谱的分辨率及波数越高，主干涉仪驱动装置的质量要求越高。根据动镜扫描速度的不同，它可分为慢速扫描和快速扫描两种。前者用于远红外光谱仪，其动镜的典型速度为 $v=4\ \mu m/s$，光谱的最高波数 $\nu$ 为 600 $cm^{-1}$，干涉图的调制频率为

$$f_\nu = 2v\nu = 2\times 4\times 10^{-4}\times 600 = 0.5(Hz)$$

由于其频率小于 1 Hz，频率太低不便于信号的放大及处理，因此必须在光源前加机械调制器，其调制频率一般为 10～20 Hz。对于中红外的光谱仪，由于中红外光源能量大，容易使信号超出模数变换（A/D）的动态范围，因而采用快速扫描方式，使调制频率在声频范围，以便于信号的放大处理。快速扫描干涉仪动镜移动的典型速度是 0.158 cm/s，对于 400～4000 $cm^{-1}$ 的光谱，干涉图的调制频率为

$$f_{4000} = 2\times 0.158\times 4000 = 1264(Hz)$$

$$f_{400} = 2\times 0.158\times 400 = 126.4(Hz)$$

为了实现对干涉图进行傅里叶变换，实测的干涉图需要用等间隔取点采样的办法，先进行数字化。为了增大信噪比，快速扫描干涉仪中必须采用信号平均技术，即对多次采样的干涉图信号进行平均，这就要求每次采样的初始点位置准确，以及每个采样点的程差间隔相等。等程差间隔采样可依靠光栅测长系统或激光干涉仪来完成。为简化仪器结构，采用 He-Ne 激光器的激光干涉仪和主干涉仪共用一套干涉体系，如图 6-37 所示。当动镜移动时，激光通过干涉仪被调制成余弦信号后用于等程差间隔采样，获得实用的数字化样品干涉图。除此之外激光干涉仪还有两个功能：一是监控动镜移动状况，使动镜移动平稳且速度均匀，否则会使光谱噪声增加，谱图发生畸变；二是用来决定动镜移动距离，以满足分辨率的要求。

为了获得不失真的光谱图，需要对干涉图重复采样并需要确定每次扫描的起始位置，用一套白光干涉仪来决定主干涉仪零程差的位置虽然是一种可行的方案，但白光干涉图灵敏度太高，易出故障，仪器调整困难。因此近年来 FTIR 已取消白光干涉仪，采用能可逆计数的激光干涉仪来确定采样初始位置。几种仪器的区别主要在于所用主干涉仪的种类不同，

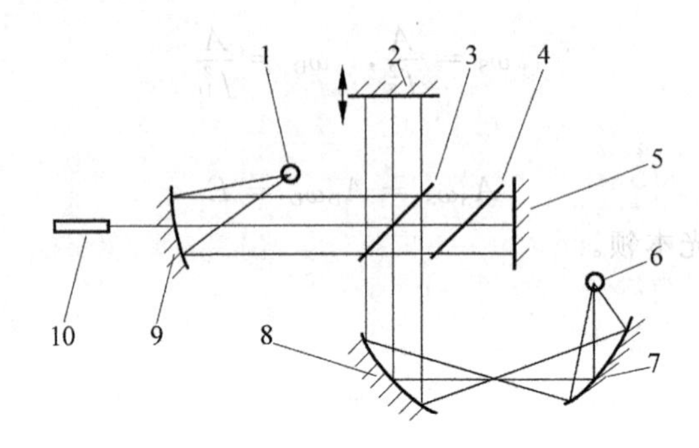


图 6-37 FTIR 的光学系统

1—红外光源；2—动镜；3—分束器；4—补偿板；5—固定镜；
6—红外探测器；7—椭球镜；8,9—准直抛物镜；10—激光探测器

其目的在于提高相干光的利用率,改善抗振性和稳定性,增加光程差和提高分辨率等。为便于说明设计过程,选用经典迈克尔逊干涉仪。

**2. FTIR 的辅助光路系统**

多数 FTIR 采用单光束。用单光束仪器实测一个样品,需要先测量一次背景,再测量一次样品,两次测量结果求比例后才能获得透射光谱。两次测量不仅所需时间增加 1 倍，而且由于取样放样,使背景变动较大,会造成较大的测量误差。为了解决单光束存在的问题,高分辨率的光谱仪采用双光束系统。设计要求分辨率为 2 $cm^{-1}$,因此采用单光束光路。图 6-37 是 FTIR 的光学系统。

**3. FTIR 的分束器**

分束器必须满足在工作波段反射比和透射比近似 50%的要求，但至今还未找到满足这一要求的材料。适用于 400～4000 $cm^{-1}$ 波数范围的材料是 KBr,采用多层镀膜技术可使在 400～7800 $cm^{-1}$ 的范围内达到技术要求。由于被镀的分光板会使光路不平衡,因此需要在光路中再加一同样的补偿板 4(见图 6-37)。

**4. FTIR 的光源和探测器**

由于 FTIR 工作波数范围宽,而每种光源的辐射光谱范围有限,因此在不同的光谱区域应选用不同的光源。在 400～7800 $cm^{-1}$ 的范围采用镍铬丝灯、金属陶瓷灯、硅碳棒。

对于每一个应用的光谱段,需要选择合适的探测器以及与之相匹配的电路,以使整台仪器能够得到最高的灵敏度和最大的信噪比。FTIR 的探测器应具有响应速度快、灵敏度高、测量波段宽的特性。热电型氘化硫酸三甘肽探测器(DTGS)是目前使用最广的探测器,可在室温下使用。

## 6.6.4 FTIR 主要结构参数的确定

FTIR 的主要结构方案确定之后,应进一步选择合适的结构参数来满足仪器的技术指

标。在保证仪器要求的工作波数范围条件下，以仪器要求的分辨率为设计计算的依据，是光谱仪器设计应遵循的原则。

**1. 迈克尔逊干涉仪动镜移动距离**

干涉仪的最大光程差 $\Delta$ 取决于仪器要求的分辨率 $\Delta\nu$，其关系为

$$\Delta = \frac{1}{\Delta\nu}$$

因此干涉仪动镜相对于零光程差位置的移动距离 $L$ 为

$$L = \frac{\Delta}{2} = \frac{1}{2\Delta\nu} = 2.5\ \text{mm}$$

**2. 确定干涉图采样参数**

1）采样方式

对干涉图双边采样可以获得以零光程差位置为对称的干涉图，便于校正相位误差；但双边采样使干涉仪动镜移动范围加倍，对机械结构不利，同时增长采样时间。对干涉图单边采样可缩短采样时间，动镜移动范围较小，对机械结构有利；但零光程差位置很难确定，不便于校正相位误差。兼顾两种方案的优点，决定采用以单边采样的数据进行傅里叶变换，以在较小的程差范围对双边采样数据进行相位误差校正。这样既可缩短采样时间，减小动镜移动距离，又能较好地校正相位误差。

2）采样频率

根据采样定理，要使信号无损失地记录下来，干涉图的采样频率 $f_s$ 必须大于干涉图的频率 $f_\nu$ 的 2 倍，即

$$f_s \geqslant 2f_\nu = 4\nu v_{\max}$$

或以 $(4\nu v_{\max})^{-1}$(s)的时间以

$$\Delta_s \leqslant \frac{1}{2\nu_{\max}} = 1.25\ \mu\text{m}$$

的程差间隔对干涉图采样。通常以相等的程差间隔而不以相等的时间间隔采样，这样对动镜扫描速度的均匀性要求可适当降低。

3）采样点数

对 $\nu_{\min} \sim \nu_{\max}$ 范围的光谱，要求 $\Delta\nu$ 的分辨率，采样点数为

$$N_s = \frac{2(\nu_{\max} - \nu_{\min})}{\Delta\nu}$$

**3. 干涉仪光源和探测器的有效面积**

如果 FTIR 使用扩展光源，若光源面积较大，则轴外光线和轴上光线经两反射镜后产生的光程差会导致干涉条纹消失，因此必须限制光源和探测器的有效面积。光源和探测器对准直镜所形成的最大立体角为

$$\Omega_m = \frac{2\pi}{\frac{\nu}{\Delta\nu}} = \frac{2\pi}{\frac{4000}{2}} = 0.00314\ (\mathrm{Sr})$$

准直镜的焦距确定之后,光源和探测器的有效面积便可确定。

**4. 干涉仪动镜的扫描速度**

为了便于干涉图信号的放大处理,应使干涉图的调制频率在声波范围内。因此取扫描速度 $v=0.15$ cm/s,则对应干涉图的调制频率为

$$f_{4000} = 2 \times 0.15 \times 4000 = 1200\ (\mathrm{Hz})$$

$$f_{400} = 2 \times 0.15 \times 400 = 120\ (\mathrm{Hz})$$

**5. A/D 转换器的选用**

在干涉图的采样频率确定之后,下面的问题是信号幅值采样的准确度是多大。当测量一个炽热的宽谱带光源时,零程差处干涉图的强度是干涉图中所有波振幅的和,在这点信噪比相当高,而在离开零程差点,干涉图的信噪比相当低。零程差处的信号强度与噪声电平平方根的比叫做动态范围。对干涉图采样时,A/D 转换器至少要有一位或两位用来采样探测器的噪声,现代的 A/D 器件具有 22 位的分辨率,意味着信号最大可被分为 $2^{22}$,用 A/D 的最后两位数字化噪声,可对一个动态范围是 $2^{20}$ ∶1 的干涉图数字化处理。如果动态范围再高一量级,噪声电平则变成低于 A/D 的最后一位,因此,真实信号将从干涉图中丢失。

以 $\Delta\nu$ 的分辨率测量 $\nu_{\min}\sim\nu_{\max}$ 的光谱时有 $M$ 个分辨元素,则

$$M = \frac{\nu_{\max} - \nu_{\min}}{\Delta\nu}$$

对于宽谱光源,干涉图的动态范围可以用光谱的动态范围乘以 $\sqrt{M}$ 的积来相当好地近似表示。例如,对于带宽为 4000 $\mathrm{cm}^{-1}$、分辨率为 2 $\mathrm{cm}^{-1}$、平均光谱动态范围为 300∶1 的干涉图,干涉图的动态范围是 $\sqrt{M}\times 300$,即 13 500∶1。因此,至少要用 14 位的 A/D 采样信号。

上述基本参数确定之后,就可以进行 FTIR 的设计工作了。

**6. 光谱的计算**

由采样得到的数学化的干涉图,只有通过傅里叶变换才能得到光源光谱。现代的 FTIR 都采用快速傅里叶算法(FFT),使运算速度大大提高。在计算过程中选用不同的变迹函数,对干涉图的相位进行校正等措施,最终得到光源的光谱分布。

**7. FTIR 的电路**

图 6-38 给出了 FTIR 的一种电路框图。各部分的作用容易理解,不再做解释。

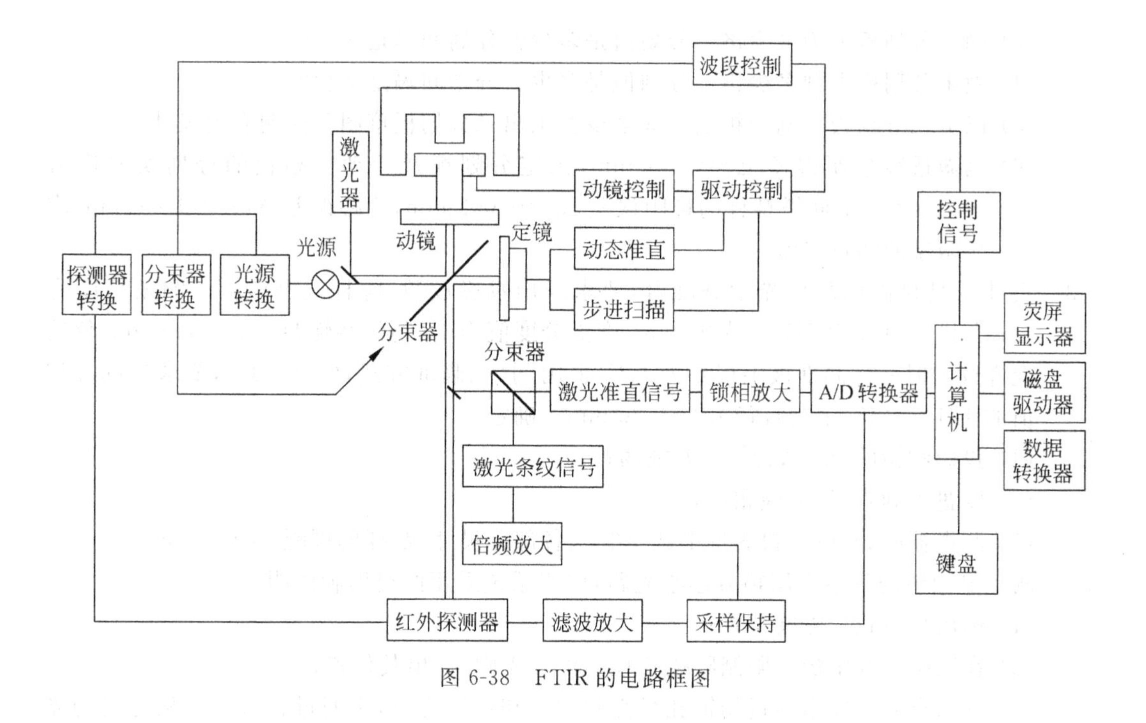


图 6-38 FTIR 的电路框图

# 习 题

6-1 要求显微镜的瞄准精度 $\delta_M=\pm0.5\ \mu m$，工作距离 $l=-50$ mm，物镜的物像共轭距离为 300 mm，目镜视场角为 40°。用虚线瞄准轮廓，人眼瞄准精度 $\theta_E=\pm20''$，求：

(1) 显微镜的总放大率 $\Gamma$；

(2) 物镜放大率 $\beta$，目镜放大率 $\Gamma_{ob}$；

(3) 物方视场 $2y$；

(4) 该系统采用物方远心光路，求出瞳位置 $L_p$；

(5) 物镜数值孔径 NA；

(6) 孔径光阑的实际尺寸 $D$；

(7) 目镜出瞳直径 $d$。

6-2 设计一台读数显微镜，仪器测量标尺时的测量精度为 $\pm2\ \mu m$，要求用透镜测微器测微，物像共轭距离为 170 mm，可选用双线夹单线瞄准方式($\theta_E=\pm8''$)或二实线重合瞄准方式($\theta_E=\pm60''$)，允许一次瞄准极限误差 $\pm0.2\ \mu m$，估读分划板分划值的 1/5～1/3，物方标尺分划值为 1 mm。$s=8$～10 mm，视见间隔 0.8 mm 左右。

(1) 确定显微镜的总放大倍数，物镜、目镜的放大倍数；

(2) 确定测微透镜及物镜焦距；

(3) 固定分划板上刻多少格？分划值是多少？分划间隔是多少？

(4) 微米分划板上刻多少格？分划值是多少？分划间隔是多少？

(5) 以上二分划板上刻线粗细应取多少？画出二分划板草图并注明有关尺寸；

(6) 测微透镜焦距误差 $\Delta f=\pm 1$ mm，固定分划板及活动分划板的分划误差均为 $\pm 0.002$ mm，测微螺杆的螺距误差 $\Delta t=0.002$ mm，位移误差 $\Delta s=\pm 0.01$ mm，求显微镜的测量误差。

6-3 设计工具显微的附件光学分度台，要求采用投影读数，螺杆式测微器。测角精度为 $\pm 15''$，度盘直径为 $\phi 175\sim\phi 195$ mm，度盘分度值为 $1^\circ$，物像共轭距离 $L=330$ mm，仪器允许读数时一次瞄准极限误差为 $\pm 3''$，采用□|□瞄准方式，$\theta_E=\pm 15''$，要求估读分划值的 1/10～1/5，手轮直径为 20～30 mm。确定：

(1) 投影物镜的 $\beta$、NA、$f'$、物方视场；

(2) 度盘刻划直径，刻线粗细；

(3) 测微器的分划值、投影屏形式、图案、各部分尺寸、螺杆的螺距、手轮直径。

6-4 测量显微镜的物镜采用物方远心光路，照明系统采用两组柯勒照明。

(1) 标出物镜孔径光阑位置；

(2) 在照明系统中加一限制物镜孔径的可变光阑，标出其位置；

(3) 画出自光源发出通过物镜孔径光阑中心和边缘之后，再通过目镜的两根光线的光路，并在图上注明物面及系统的出瞳。

6-5 设计一个探测器，探测来自太阳的辐射。该探测器工作在可见波段(0.4～0.7 μm)。要求信噪比为 10。设太阳的像小于探测器的探测面积，透镜的口径为 2 cm，在地球上观察太阳的立体角为 $7\times 10^{-5}$ Sr。

(1) 选择探测器的噪声等效功率 NEP；

(2) 在传感器上的照度为多少时才能使信噪比为 1？

# 7 微位移技术

作为精密机械与仪器的关键技术之一——微位移技术，近年来随着微电子技术、宇航、生物工程等学科的发展而迅速地发展起来。例如，用金刚石车刀直接车削大型天文望远镜的抛物面反射镜时，要求加工出几何精度高于1/10光波波长的表面，即几何形状误差小于0.05 μm。计算机外围设备中大容量磁鼓和磁盘的制造，为保证磁头与磁盘在工作过程中维持1 μm内的浮动气隙，就必须严格控制磁盘或磁鼓在高速回转下的跳动。特别是到20世纪70年代后期，微电子技术向大规模集成电路(LSI)和超大规模集成电路(VLSI)方向发展，随着集成度的提高，线条越来越微细化。256 KB动态RAM线宽已缩小到1.25 μm左右，目前已达到不超过0.1 μm，对与之相应的工艺设备(如图形发生器、分步重复照相机、光刻机、电子束和X射线曝光机及其检测设备等)提出了更高的要求，要求这些设备的定位精度为线宽的1/5～1/3，即亚微米甚至纳米级的精度。

由于定位技术的水平几乎左右着整个设备的性能，因此直接影响到微电子技术等高精度工业的发展。例如精密仪器，无论是大行程的精密定位，还是小范围内的光学对准，都离不开微位移技术。因此，微位移技术是现代精密仪器的共同基础，见表7-1。

**表7-1　亚微米级微位移技术**

| 国别 | 研制单位 | 导轨形式 | 驱动方式 | 行程 | 分辨率/μm | 精度/μm | 自由度 | 应用设备 |
|---|---|---|---|---|---|---|---|---|
| 美国 | HP公司 | 滚珠 | | | 0.008 | 0.016 | $x,y$ | |
| | NBS | 柔性支承 | 压电 | 50 μm | 0.001 | | 1 | 电子束曝光机 |
| | Micronix | 柔性支承 | 压电 | | 0.02 | | 6 | |
| | GCA | 弹性导轨 | 直线电机 | | 0.03 | | $x,y$ | X射线曝光机 |
| | BTL | 气浮导轨 | 静摩擦力 | | | 0.1 | $x,y$ | 图形发生器 |
| | Yosemite | 滚动导轨 | 伺服马达 | 100 mm | 0.01 | ±0.01 | $x,y$ | 分步重复照相机 |
| | Burleigh | 滚动导轨 | 压电尺蠖 | 25 mm | 0.01 | | 1,2,3,4 | 电子束曝光机 |

续表

| 国别 | 研制单位 | 导轨形式 | 驱动方式 | 行程 | 分辨率/μm | 精度/μm | 自由度 | 应用设备 |
|---|---|---|---|---|---|---|---|---|
| 日本 | 日立制作所 | 柔性支承 | 压电 | ±8 μm | | | $x,y$ | 电子束曝光机 |
| | 东北大学 | 弹性导轨 | 电磁 | | | ±0.05 | $x,y$ | 图形发生器 |
| | 武藏野 | 弹性导轨 | 电磁 | ±20 μm | 0.01 | 0.1 | 4 | X射线曝光机 |
| | | 弹性导轨 | 电磁、压电 | ±20 μm | 0.03 | | 6 | X射线曝光机 |
| | 富士通 | 气浮导轨 | 楔块、丝杠 | 2 mm | 0.03 | 0.1 | $x,y$ | 掩膜对准台 |
| 中国 | 上海电气科学研究所 | 滚珠导轨 | 压电 | ±6.4 μm | 0.08 | | $y$ | 图形发生器 |
| | 电子工业部45所 | 弹性导轨 | 电致伸缩 | 20 μm | 0.08 | | $x,y$ | 分步重复照相机 |
| | 国防科技大学 | 柔性支承 | 电致伸缩 | 20 μm | 0.1 | | 1 | 车床微进给 |
| | 哈尔滨工业大学 | 柔性支承 | 步进电机 | 20 μm | 0.01 | | 1 | 车床微进给 |
| | 清华大学 | 滚珠导轨 | 楔块、丝杠 | 300 μm | 0.05 | | $x,y$ | |
| | | 弹性导轨 | 弹性缩小 | 10 μm | 0.01 | | $x,y$ | 投影光刻机<br>自动分步相机 |
| | | 滚珠导轨 | 压电 | 2 μm | 0.16 | | $y$ | |

## 7.1 概　　述

如图7-1所示，微位移系统，主要包括微位移机构、检测装置和控制系统3部分。微位移机构是指行程小(一般小于毫米级)、灵敏度和精度高(亚微米、纳微米级)的机构。

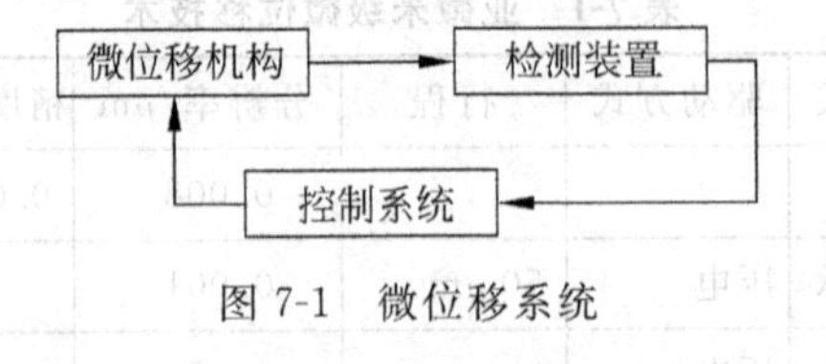


图7-1　微位移系统

微位移机构(或称微动工作台)由微位器和导轨两部分组成，根据导轨形式和驱动方式可分成5类：

(1) 柔性支承，压电或电致伸缩微位器驱动；

(2) 滚动导轨，压电陶瓷或电致伸缩微位移器驱动；

(3) 滑动导轨，机械式驱动；

(4) 平行弹性导轨，机械式或电磁、压电、电致伸缩微位移器驱动；

(5) 气浮导轨,伺服电机或直线电机驱动。

微位移器根据形成微位移的机理可分成两大类：机械式和机电式,如图 7-2 所示。其结构简图如图 7-3 所示。

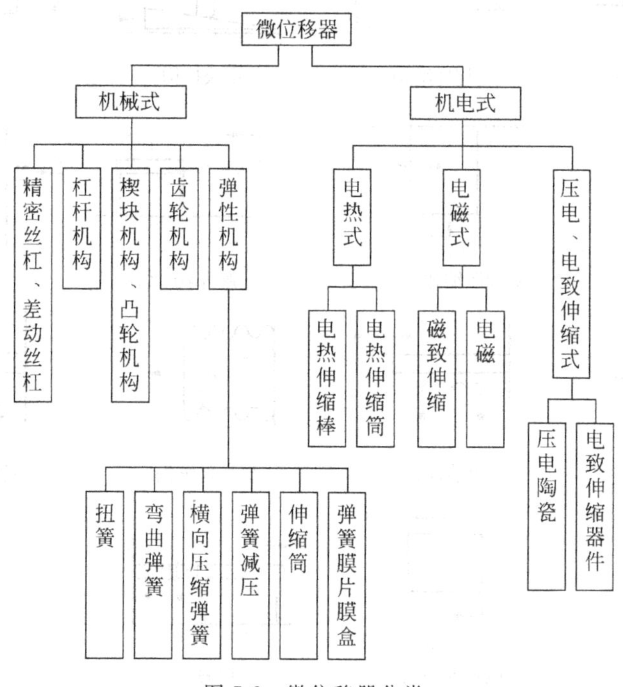


图 7-2 微位移器分类

微位移系统在精密仪器中主要用于提高整机的精度,因此随着科学技术的发展,精密仪器的精度越来越高,微位移技术的应用也越来越广泛。根据目前的应用范围,大致可分为以下 4 个方面：

(1) 精度补偿。精密工作台是高精度精密仪器的核心,它的精度优劣直接影响整机的精度。当今精密仪器中的精密工作台正向高速度、高精度的方向发展。目前,精密工作台的运动速度一般在 20～50 mm/s,最高的可达 100 mm/s 以上,而精度则要求达到 0.1 μm 以下。由于高速度带来的惯性很大,因此一般运动精度比较低。为了解决高速度和高精度的矛盾,通常采用粗、精相结合的两个工作台来实现,如图 7-4(a)所示。粗工作台完成高速度、大行程;而高精度由微动工作台来实现,通过微动工作台对粗动工作台运动中带来的误差进行精度补偿,以达到预定的精度。

(2) 微进给。主要用于精密机械加工中的微进给机构以及精密仪器中的对准微动机构。图 7-4(b)所示为金刚石车刀车削镜面磁盘,其车刀的进给量为 5 μm,就是利用微位移机构实现的。

(3) 微调。精密仪器中的微调是经常遇到的问题。如图 7-4(c)所示,左图表示磁头与磁盘之间浮动间隙的调整,右图为照相物镜与被照乾版之间焦距的调整。

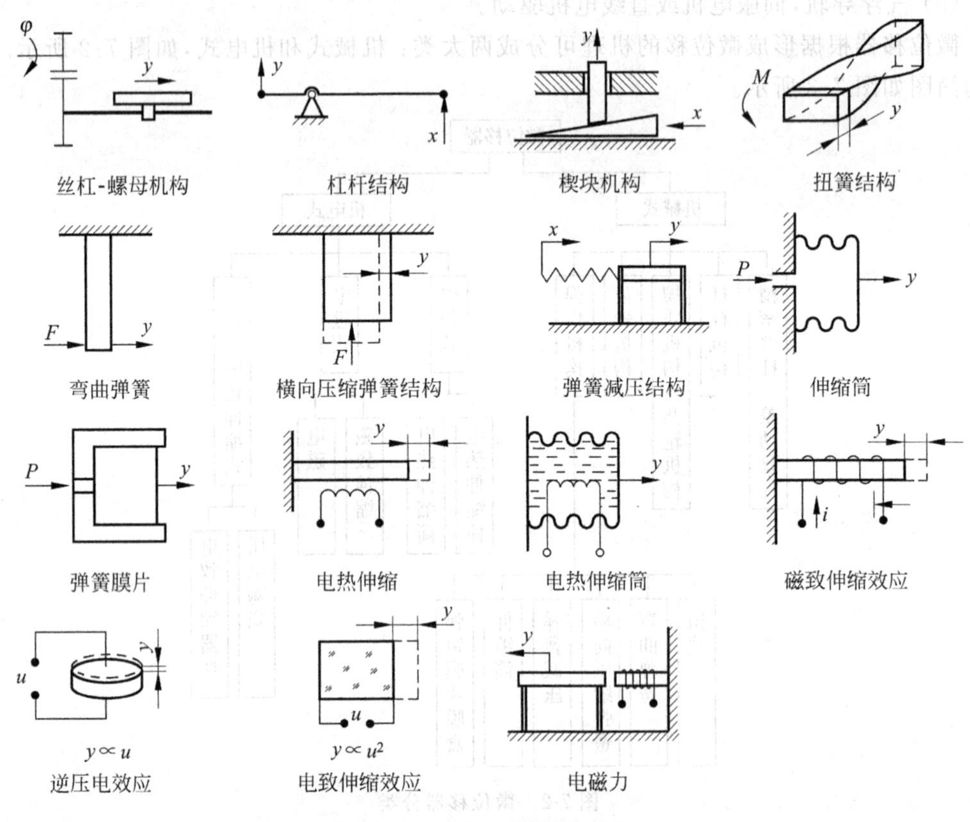


图 7-3 微位移器结构简图

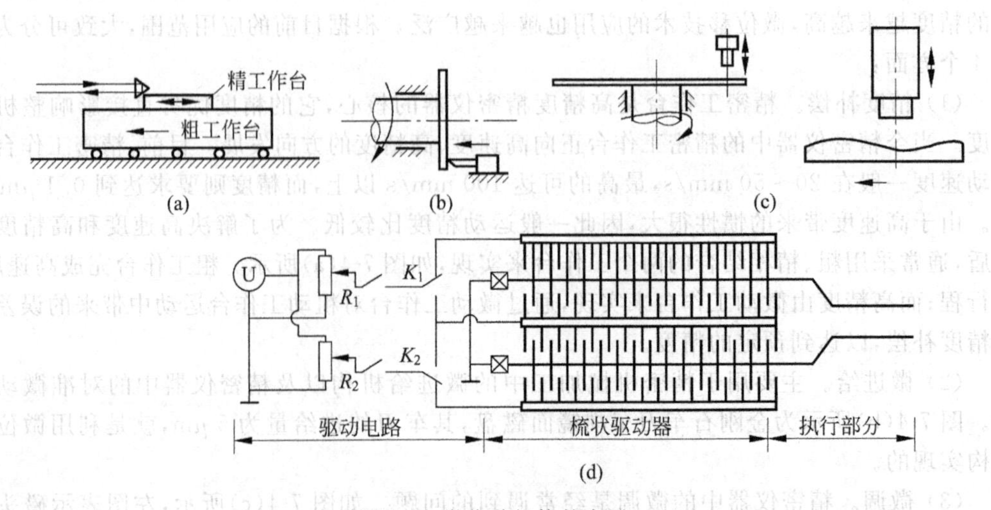


图 7-4 微位移机构的应用

(4) 微执行机构。主要用于生物工程、医疗、微型机电系统、微型机器人等,用于夹持微小物体。图 7-4(d)所示为微型器件装配系统的微夹持器电路图。

## 7.2 柔性铰链

20 世纪 60 年代前后,由于宇航和航空等技术发展的需要,对实现小范围内偏转的支承,不仅提出了高分辨率的要求,而且对其尺寸和体积提出了微型化的要求。人们在经过对各类型弹性支承的实验探索后,才逐步开发出体积小、无机械摩擦、无间隙、运动灵敏度高的柔性铰链。随后,柔性铰链立即被广泛用于陀螺仪、加速度计、精密天平、导弹控制喷嘴形波导管天线等仪器仪表中,并获得了前所未有的高精度和稳定性。例如,日本工业技术院计量研究所利用柔性铰链原理研制的角度微调装置,在 3′的角度范围内,达到了(1/1000 万)°的稳定分辨率。近年来,柔性铰链又在精密微位移工作台中得到了实用,开创了工作台进入毫微米级的新时代。

柔性铰链用于绕轴作复杂运动的有限角位移,它有很多种结构,最普通的形式是绕一个轴弹性弯曲,这种弹性变形是可逆的。

### 7.2.1 柔性铰链的类型

#### 1. 单轴柔性铰链

单轴柔性铰链的截面形状有圆形和矩形两种,如图 7-5 所示。

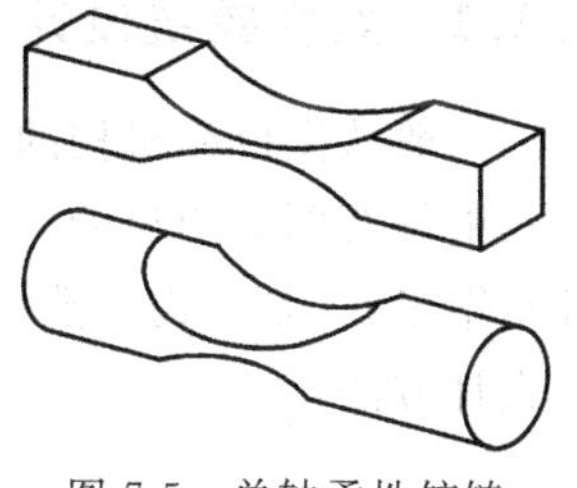

图 7-5 单轴柔性铰链

#### 2. 双轴柔性铰链

双轴柔性铰链是由两个互成 90°的单轴柔性铰链组成的,如图 7-6(a)所示。对于大部分应用,这种设计的缺点是两个轴没有交叉。具有交叉轴的最简单的双轴柔性铰链是把颈部做成圆杆状,如图 7-6(b)所示,这种设计简单且加工容易,但它的截面面积比较小,因此纵向强度比图 7-6(a)弱得多。需要垂直交叉和沿纵向轴高强度的双轴柔

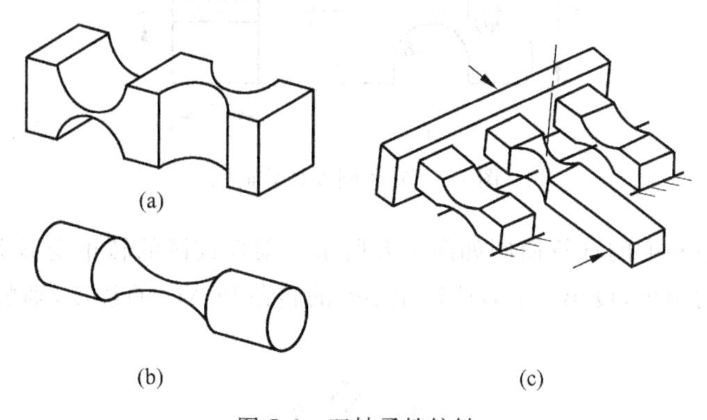


图 7-6 双轴柔性铰链

性铰链,可采用如图 7-6(c)所示的结构。

**3. 新型柔性铰链**

新型柔性铰链的结构如图 7-7 所示。

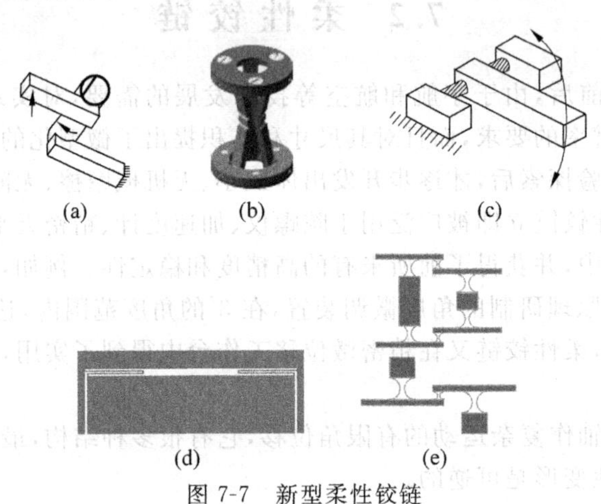


图 7-7 新型柔性铰链

(a) 裂筒式;(b) 并联式;(c) 扭梁式;(d) 片式;(e) 复合式

### 7.2.2 柔性铰链设计

一般从微位移机构的实际情况出发,对柔性铰链进行简化设计。用于微位移机构的柔性铰链具有两个明显的特点:一是位移量(即柔性铰链的变形)比较小,一般是几十微米到几百微米;二是结构参数在一般情况下取 $t \geqslant R$($t,R$ 见图 7-8)。根据这两个特点可推导出简化设计方法。

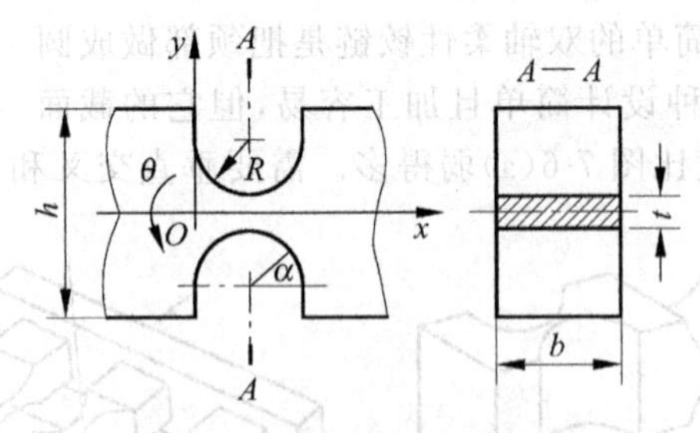


图 7-8 转角刚度计算简图

柔性铰链转角刚度的计算简图如图 7-8 所示。柔性铰链的转角变形实际上是由许多微段弯曲变形累积的结果,设第 $i$ 个微段产生 $\Delta\theta_i$ 的转角和 $\Delta y_i$ 的挠度,则整个柔性铰链的转角 $\theta$ 和挠度 $y$ 为

$$\theta = \sum_{i=1}^{n} \Delta\theta_i \tag{7-1}$$

$$y = \sum_{i=1}^{n} \Delta y_i \tag{7-2}$$

在研究微段变形时，可以认为微段是长度为 $\mathrm{d}x$ 的等截面矩形梁，而且作用于微段两侧面的弯矩也是相同的。根据材料力学的知识可以得到柔性铰链中性面的曲率半径 $\rho$ 按下式计算：

$$\frac{1}{\rho} = \frac{M(x)}{EJ(x)} \tag{7-3}$$

式中，$E$ 为材料的弹性模量；$J(x)$ 为截面对中心轴的惯性矩；$M(x)$ 为作用于微段 $\mathrm{d}x$ 上的弯矩。

因为 $t \geqslant R$，柔性铰链的全长 $2R$ 较结构中其他尺寸小得多，所以可认为柔性铰链上的弯矩变化不大，可把 $M(x)$ 看作常数。

曲率半径与坐标 $x,y$ 的关系为

$$\frac{1}{\rho} = \frac{\dfrac{\mathrm{d}^2 y}{\mathrm{d}x^2}}{\left[1 + \left(\dfrac{\mathrm{d}y}{\mathrm{d}x}\right)^2\right]^{3/2}} \tag{7-4}$$

弹性微动机构的行程很小，所以柔性铰链弯曲变形时，挠度大大小于柔性铰链的全长，所以 $\dfrac{\mathrm{d}y}{\mathrm{d}x} \ll 1$，因此式(7-4)可以简化为

$$\frac{1}{\rho} = \frac{\mathrm{d}^2 y}{\mathrm{d}x^2} \tag{7-5}$$

当转角很小时，利用近似公式 $\theta \approx \tan\theta = \dfrac{\mathrm{d}y}{\mathrm{d}x}$，将式(7-5)代入式(7-3)，并把直角坐标系转换为极坐标系，可得出柔性铰链的转角为

$$\alpha_z = \int_0^{\pi} \frac{12MR\sin\alpha}{Eb(2R + t - 2R\sin\alpha)^3} \mathrm{d}\alpha \tag{7-6}$$

用 Romberg 数值积分的方法对式(7-6)进行积分，可求得不同 $R,t$ 值时柔性铰链的转角刚度 $M/\theta$。常用 $R,t$ 值的柔性铰链转角刚度系数 $C$ 如表 7-2 所示，则柔性铰链转角刚度(单位为 mm · kg/rad)为 $k = CEb$。其中，$E$ 为材料的弹性模量，$\mathrm{kg/mm^2}$；$b$ 为厚度，mm。实验证明，当 $t \leqslant 0.1$ h 时，表 7-2 所列的理论计算结果与实测结果的误差小于 1%。

### 7.2.3 典型柔性铰链及应用

柔性铰链的典型结构如图 7-9 所示。其中 1 表示单位长度，$n$ 表示单位长度的 $n$ 倍，$\Delta x$ 表示输入位移，$a,b$ 表示杠杆结构尺寸。典型的柔性铰链如图 7-10 所示。

表 7-2 柔性铰链

| R \ t | 0.1 | 0.2 | 0.3 | 0.4 | 0.5 | 0.6 | 0.7 | 0.8 | 0.9 | 1.0 | 1.1 | 1.2 | 1.3 | 1.4 | 1.5 |
|---|---|---|---|---|---|---|---|---|---|---|---|---|---|---|---|
| 0.1 | 0.0008 | 0.0051 | 0.0155 | 0.0344 | 0.0644 | 0.1079 | 0.1675 | 0.2457 | 0.3450 | 0.4679 | 0.6168 | 0.7943 | 1.0028 | 1.2450 | 1.5232 |
| 0.2 | 0.0005 | 0.0032 | 0.0094 | 0.0204 | 0.0375 | 0.0618 | 0.0947 | 0.1375 | 0.1913 | 0.2574 | 0.3371 | 0.4317 | 0.5423 | 0.6702 | 0.8167 |
| 0.3 | 0.0004 | 0.0025 | 0.0072 | 0.0155 | 0.0281 | 0.0459 | 0.0698 | 0.1006 | 0.1391 | 0.1862 | 0.2427 | 0.3094 | 0.3871 | 0.4768 | 0.5792 |
| 0.4 | 0.0004 | 0.0021 | 0.0061 | 0.0129 | 0.0232 | 0.0377 | 0.0570 | 0.0817 | 0.1124 | 0.1499 | 0.1946 | 0.2473 | 0.3086 | 0.3790 | 0.4593 |
| 0.5 | 0.0003 | 0.0019 | 0.0053 | 0.0112 | 0.0201 | 0.0326 | 0.0490 | 0.0700 | 0.0960 | 0.1276 | 0.1652 | 0.2094 | 0.2607 | 0.3195 | 0.3864 |
| 0.6 | 0.0003 | 0.0017 | 0.0048 | 0.0101 | 0.0180 | 0.0290 | 0.0435 | 0.0620 | 0.0848 | 0.1124 | 0.1453 | 0.1837 | 0.2283 | 0.2793 | 0.3372 |
| 0.7 | 0.003 | 0.0016 | 0.0044 | 0.0092 | 0.0164 | 0.0264 | 0.0395 | 0.0561 | 0.0766 | 0.1014 | 0.1307 | 0.1651 | 0.2047 | 0.2501 | 0.3015 |
| 0.8 | 0.0003 | 0.0015 | 0.0041 | 0.0085 | 0.0152 | 0.0243 | 0.0364 | 0.0515 | 0.0703 | 0.0929 | 0.1196 | 0.1508 | 0.1868 | 0.2279 | 0.2744 |
| 0.9 | 0.0002 | 0.0014 | 0.0038 | 0.0080 | 0.0142 | 0.0227 | 0.0339 | 0.0480 | 0.0652 | 0.0861 | 0.1107 | 0.1395 | 0.1726 | 0.2103 | 0.2530 |
| 1.0 | 0.0002 | 0.0013 | 0.0036 | 0.0075 | 0.0134 | 0.0214 | 0.0318 | 0.0450 | 0.0612 | 0.0805 | 0.1035 | 0.1302 | 0.1610 | 0.1960 | 0.2356 |
| 1.1 | 0.0002 | 0.0012 | 0.0034 | 0.0072 | 0.0127 | 0.0202 | 0.0301 | 0.0425 | 0.0577 | 0.0760 | 0.0974 | 0.1225 | 0.1513 | 0.1841 | 0.2211 |
| 1.2 | 0.0002 | 0.0012 | 0.0033 | 0.0068 | 0.0121 | 0.0192 | 0.0286 | 0.0404 | 0.0548 | 0.0720 | 0.0923 | 0.1160 | 0.1431 | 0.1740 | 0.2089 |
| 1.3 | 0.0002 | 0.0011 | 0.0032 | 0.0065 | 0.0115 | 0.0184 | 0.0273 | 0.0385 | 0.0522 | 0.0687 | 0.0880 | 0.1103 | 0.1361 | 0.1654 | 0.1984 |
| 1.4 | 0.0002 | 0.0011 | 0.0030 | 0.0063 | 0.0111 | 0.0176 | 0.0262 | 0.0369 | 0.0500 | 0.0657 | 0.0841 | 0.1055 | 0.1300 | 0.1578 | 0.1892 |
| 1.5 | 0.0002 | 0.0011 | 0.0029 | 0.0061 | 0.0107 | 0.0170 | 0.0252 | 0.0355 | 0.0480 | 0.0631 | 0.0807 | 0.1012 | 0.1247 | 0.1512 | 0.1812 |
| 1.6 | 0.0002 | 0.0010 | 0.0028 | 0.0058 | 0.0103 | 0.0164 | 0.0243 | 0.0342 | 0.0463 | 0.0607 | 0.0777 | 0.0974 | 0.1199 | 0.1455 | 0.1740 |
| 1.7 | 0.0002 | 0.0010 | 0.0027 | 0.0057 | 0.0100 | 0.0158 | 0.0235 | 0.0330 | 0.0447 | 0.0586 | 0.0750 | 0.0939 | 0.1156 | 0.1402 | 0.1677 |
| 1.8 | 0.0002 | 0.0010 | 0.0027 | 0.0055 | 0.0097 | 0.0154 | 0.0228 | 0.0320 | 0.0433 | 0.0567 | 0.0725 | 0.0908 | 0.1117 | 0.1355 | 0.1621 |
| 1.9 | 0.0002 | 0.0009 | 0.0026 | 0.0053 | 0.0094 | 0.0149 | 0.0221 | 0.0311 | 0.0420 | 0.0550 | 0.0703 | 0.0880 | 0.1082 | 0.1311 | 0.1569 |
| 2.0 | 0.0005 | 0.0009 | 0.0025 | 0.0052 | 0.0091 | 0.0145 | 0.0215 | 0.0302 | 0.0408 | 0.0534 | 0.0683 | 0.0854 | 0.1050 | 0.1272 | 0.1522 |
| 2.1 | 0.0002 | 0.0009 | 0.0025 | 0.0051 | 0.0089 | 0.0141 | 0.0209 | 0.0294 | 0.0397 | 0.0520 | 0.0664 | 0.0830 | 0.1021 | 0.1236 | 0.1478 |
| 2.2 | 0.0002 | 0.0009 | 0.0024 | 0.0049 | 0.0087 | 0.0138 | 0.0204 | 0.0286 | 0.0387 | 0.0506 | 0.0647 | 0.0809 | 0.0994 | 0.1203 | 0.1438 |
| 2.3 | 0.0001 | 0.0008 | 0.0023 | 0.0048 | 0.0085 | 0.0135 | 0.0199 | 0.0279 | 0.0377 | 0.0494 | 0.0631 | 0.0788 | 0.0968 | 0.1172 | 0.1401 |
| 2.4 | 0.0001 | 0.0008 | 0.0023 | 0.0047 | 0.0083 | 0.0131 | 0.0194 | 0.0273 | 0.0369 | 0.0482 | 0.0616 | 0.0769 | 0.0945 | 0.1144 | 0.1367 |
| 2.5 | 0.0001 | 0.0008 | 0.0022 | 0.0046 | 0.0081 | 0.0129 | 0.0190 | 0.0267 | 0.0360 | 0.0472 | 0.0602 | 0.0752 | 0.0923 | 0.1117 | 0.1335 |
| 2.6 | 0.0001 | 0.0008 | 0.0022 | 0.0045 | 0.0080 | 0.0126 | 0.0186 | 0.0261 | 0.0353 | 0.0461 | 0.0589 | 0.0735 | 0.0903 | 0.1092 | 0.1305 |
| 2.7 | 0.0001 | 0.0008 | 0.0022 | 0.0044 | 0.0078 | 0.0124 | 0.0182 | 0.0256 | 0.0346 | 0.0452 | 0.0576 | 0.0720 | 0.0884 | 0.1069 | 0.1277 |
| 2.8 | 0.0001 | 0.0008 | 0.0021 | 0.0044 | 0.0076 | 0.0121 | 0.0179 | 0.0251 | 0.0339 | 0.0448 | 0.0565 | 0.0706 | 0.0866 | 0.1047 | 0.1250 |
| 2.9 | 0.0001 | 0.0007 | 0.0021 | 0.0043 | 0.0075 | 0.0119 | 0.0176 | 0.0247 | 0.0332 | 0.0435 | 0.0554 | 0.0692 | 0.0849 | 0.1027 | 0.1226 |
| 3.0 | 0.0001 | 0.0007 | 0.0020 | 0.0042 | 0.0074 | 0.0117 | 0.0172 | 0.0242 | 0.0326 | 0.0427 | 0.0544 | 0.0679 | 0.0833 | 0.1007 | 0.1202 |

**转角刚度系数**

mm·kg/rad

| 1.6 | 1.7 | 1.8 | 1.9 | 2.0 | 2.1 | 2.2 | 2.3 | 2.4 | 2.5 | 2.6 | 2.7 | 2.8 | 2.9 | 3.0 |
|---|---|---|---|---|---|---|---|---|---|---|---|---|---|---|
| 1.8394 | 2.1973 | 2.5986 | 3.0461 | 3.5421 | 4.0892 | 4.6899 | 5.3466 | 6.0619 | 6.8383 | 7.6783 | 8.5843 | 9.5589 | 10.6046 | 11.7238 |
| 0.9830 | 1.1704 | 1.3801 | 1.6134 | 1.8715 | 2.1556 | 2.4658 | 2.8058 | 3.1756 | 3.5765 | 4.0097 | 4.4765 | 4.9781 | 5.5158 | 6.0908 |
| 0.6952 | 0.8256 | 0.9713 | 1.1330 | 1.3116 | 1.5079 | 1.7228 | 1.9571 | 2.2117 | 2.4873 | 2.7849 | 3.1052 | 3.4467 | 3.8148 | 4.2082 |
| 0.5500 | 0.6518 | 0.7652 | 0.8910 | 1.0298 | 1.1821 | 1.3486 | 1.5299 | 1.7267 | 1.9395 | 2.1691 | 2.4159 | 2.6807 | 2.9641 | 3.2667 |
| 0.4619 | 0.5464 | 0.6405 | 0.7446 | 0.8593 | 0.9851 | 1.1225 | 1.2719 | 1.4339 | 1.6090 | 1.7976 | 2.0004 | 2.2176 | 2.4500 | 2.6979 |
| 0.4024 | 0.4753 | 0.5564 | 0.6461 | 0.7447 | 0.8528 | 0.9706 | 1.0987 | 1.2375 | 1.3873 | 1.5486 | 1.7218 | 1.9073 | 2.1055 | 2.3170 |
| 0.3594 | 0.4240 | 0.4957 | 0.5750 | 0.6621 | 0.7574 | 0.8612 | 0.9740 | 1.0961 | 1.2278 | 1.3695 | 1.5215 | 1.6843 | 1.8582 | 2.0434 |
| 0.3267 | 0.3850 | 0.4497 | 0.5211 | 0.5994 | 0.6851 | 0.7785 | 0.8797 | 0.9892 | 1.1075 | 1.2342 | 1.3704 | 1.5160 | 1.6715 | 1.8371 |
| 0.3009 | 0.3543 | 0.4134 | 0.4787 | 0.5502 | 0.6284 | 0.7135 | 0.8057 | 0.9054 | 1.0128 | 1.1283 | 1.2520 | 1.3843 | 1.5254 | 1.6756 |
| 0.2799 | 0.3293 | 0.3841 | 0.4443 | 0.5104 | 0.5825 | 0.6610 | 0.7460 | 0.8378 | 0.9366 | 1.0428 | 1.1565 | 1.2781 | 1.4077 | 1.5456 |
| 0.2626 | 0.3087 | 0.3597 | 0.4159 | 0.4775 | 0.5446 | 0.6176 | 0.6966 | 0.7819 | 0.8738 | 0.9723 | 1.0779 | 1.1906 | 1.3108 | 1.4386 |
| 0.2479 | 0.2913 | 0.3392 | 0.3920 | 0.4497 | 0.5127 | 0.5811 | 0.6551 | 0.7350 | 0.8209 | 0.9131 | 1.0118 | 1.1171 | 1.2294 | 1.3487 |
| 0.2353 | 0.2763 | 0.3216 | 0.3714 | 0.4260 | 0.4854 | 0.5499 | 0.6196 | 0.6949 | 0.7758 | 0.8626 | 0.9554 | 1.0545 | 1.1600 | 1.2722 |
| 0.2243 | 0.2633 | 0.3063 | 0.3536 | 0.4054 | 0.4617 | 0.5228 | 0.5889 | 0.6602 | 0.7368 | 0.8189 | 0.9067 | 1.0004 | 1.1001 | 1.2061 |
| 0.2147 | 0.2519 | 0.2929 | 0.3380 | 0.3873 | 0.4410 | 0.4992 | 0.5621 | 0.6298 | 0.7027 | 0.7807 | 0.8641 | 0.9531 | 1.0478 | 1.1484 |
| 0.2061 | 0.2418 | 0.2811 | 0.3242 | 0.3713 | 0.4226 | 0.4782 | 0.5383 | 0.6030 | 0.6725 | 0.7470 | 0.8266 | 0.9114 | 1.0017 | 1.0976 |
| 0.1985 | 0.2327 | 0.2705 | 0.319 | 0.3571 | 0.4063 | 0.4596 | 0.5172 | 0.5792 | 0.6457 | 0.7170 | 0.7932 | 0.8743 | 0.9607 | 1.0523 |
| 0.1916 | 0.2246 | 0.2609 | 0.3008 | 0.3443 | 0.3916 | 0.4428 | 0.4982 | 0.5577 | 0.6217 | 0.6901 | 0.7632 | 0.8411 | 0.9239 | 1.0119 |
| 0.1856 | 0.2172 | 0.2523 | 0.2907 | 0.3327 | 0.3783 | 0.4277 | 0.4810 | 0.5384 | 0.5999 | 0.6658 | 0.7362 | 0.8111 | 0.8908 | 0.9753 |
| 0.1799 | 0.2105 | 0.2444 | 0.2816 | 0.3221 | 0.3662 | 0.4139 | 0.4654 | 0.5208 | 0.5802 | 0.6438 | 0.7117 | 0.7839 | 0.8608 | 0.9422 |
| 0.1747 | 0.2046 | 0.2372 | 0.2732 | 0.3125 | 0.3551 | 0.4013 | 0.4511 | 0.5047 | 0.5622 | 0.6237 | 0.6893 | 0.7591 | 0.8333 | 0.9121 |
| 0.1700 | 0.1989 | 0.2308 | 0.2655 | 0.3036 | 0.3450 | 0.3897 | 0.4380 | 0.4900 | 0.5457 | 0.6052 | 0.6687 | 0.7364 | 0.8082 | 0.8844 |
| 0.1656 | 0.1937 | 0.2247 | 0.2584 | 0.2954 | 0.3356 | 0.3791 | 0.4260 | 0.4764 | 0.5304 | 0.5882 | 0.6499 | 0.7155 | 0.7851 | 0.8590 |
| 0.1615 | 0.1889 | 0.2191 | 0.2522 | 0.2878 | 0.3269 | 0.3692 | 0.4148 | 0.4638 | 0.5164 | 0.5725 | 0.6324 | 0.6961 | 0.7638 | 0.8355 |
| 0.1576 | 0.1844 | 0.2138 | 0.2461 | 0.2812 | 0.3189 | 0.3601 | 0.4045 | 0.4522 | 0.5033 | 0.5579 | 0.6162 | 0.6782 | 0.7440 | 0.7137 |
| 0.1541 | 0.1802 | 0.2089 | 0.2404 | 0.2746 | 0.3114 | 0.3515 | 0.3948 | 0.4413 | 0.4911 | 0.5444 | 0.6011 | 0.6615 | 0.7256 | 0.7935 |
| 0.1508 | 0.1763 | 0.2043 | 0.2351 | 0.2685 | 0.3048 | 0.3435 | 0.3858 | 0.4312 | 0.4798 | 0.5317 | 0.5870 | 0.6459 | 0.7084 | 0.7746 |
| 0.1476 | 0.1726 | 0.2000 | 0.2301 | 0.2628 | 0.2982 | 0.3361 | 0.3773 | 0.4216 | 0.4691 | 0.5198 | 0.5739 | 0.6313 | 0.6923 | 0.7569 |
| 0.1447 | 0.1691 | 0.1960 | 0.2254 | 0.2574 | 0.2921 | 0.3295 | 0.3694 | 0.4127 | 0.4591 | 0.5087 | 0.5615 | 0.6177 | 0.6772 | 0.7403 |
| 0.1419 | 0.1659 | 0.1922 | 0.2210 | 0.2523 | 0.2862 | 0.3229 | 0.3625 | 0.4043 | 0.4497 | 0.4982 | 0.5499 | 0.6048 | 0.6630 | 0.7247 |

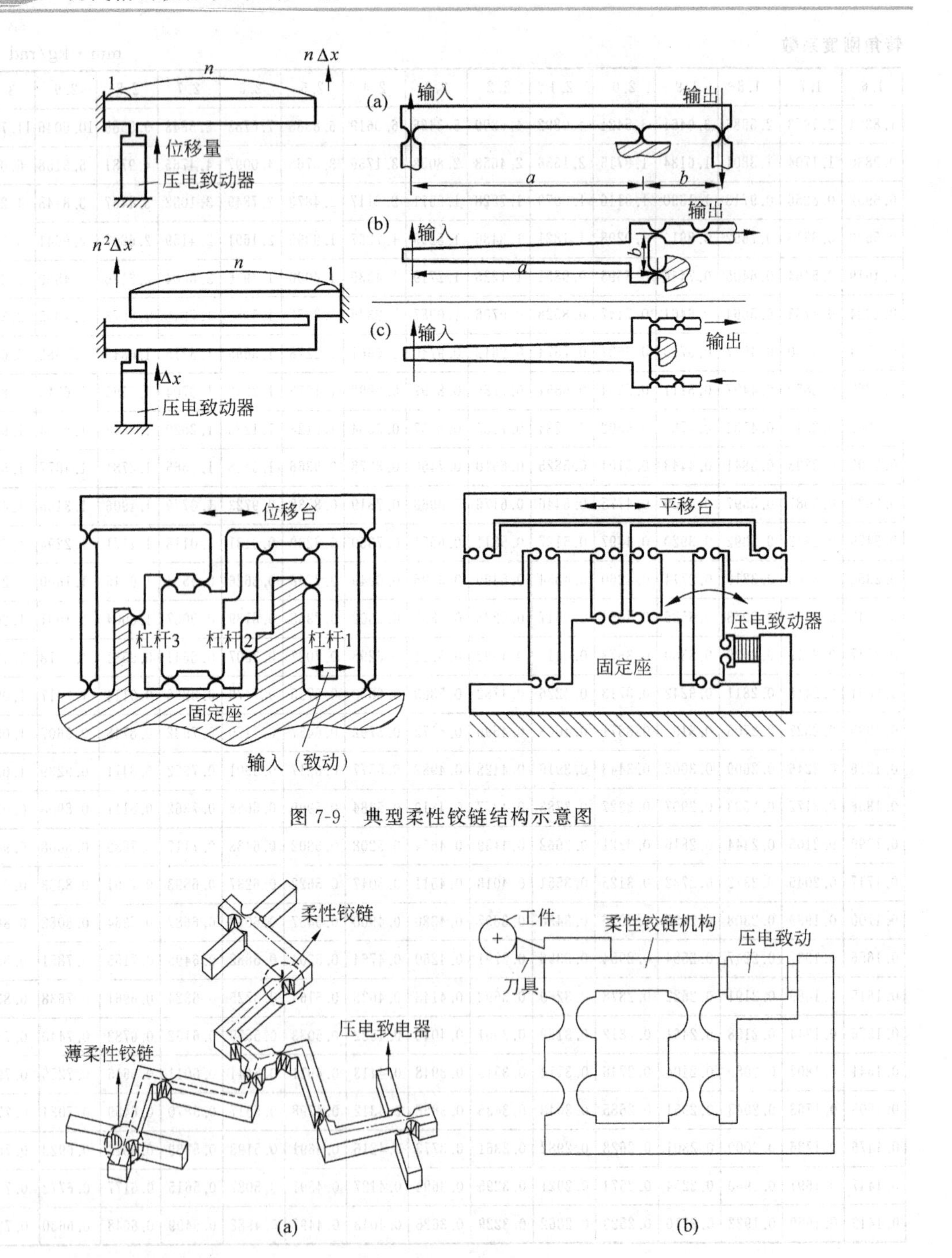


图 7-9　典型柔性铰链结构示意图

图 7-10　柔性铰链应用

(a) SEM 中的 3D 微动台；(b) 微动刀具进给台；(c) XY 纳米微动台；(d) 纳米旋台

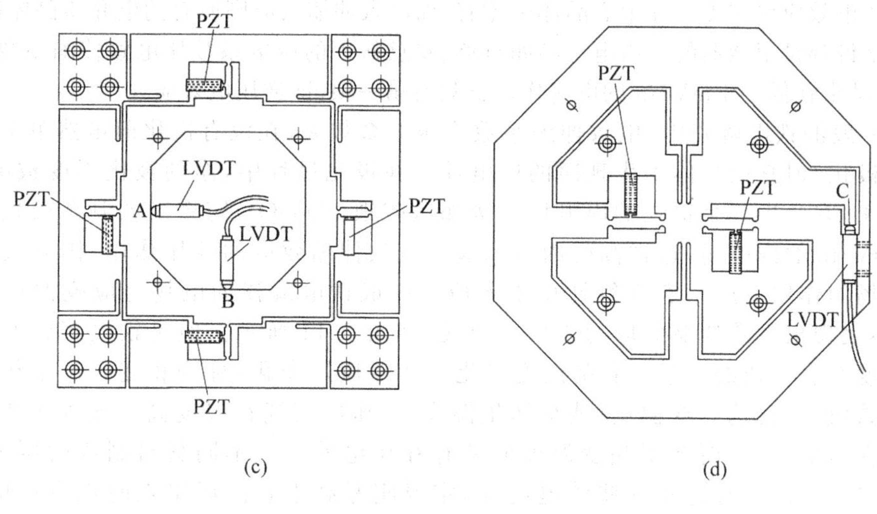


图 7-10(续)

# 7.3 精密致动技术

## 7.3.1 机电耦合致动

压电、电致伸缩器件是近年来发展起来的新型微位移器件。它具有结构紧凑、体积小、分辨率高、控制简单等优点,同时它没有发热问题,故对精密工作台无因热量而引起的误差。用这种器件制成的微动工作台,容易实现精度为 0.01 $\mu$m 的超精密定位,是理想的微位移器件,在精密机械中得到了广泛的应用。

### 1. 压电与电致伸缩效应——机电耦合效应

电介质在电场的作用下有两种效应:压电效应和电致伸缩效应,统称为机电耦合效应。电介质在电场的作用下,由于感应极化作用而引起应变,应变与电场方向无关,应变的大小与电场的平方成正比,这个现象称为电致伸缩效应。而压电效应是指电介质在机械应力作用下产生电极化,电极化的大小与应力成正比,电极化的方向随应力的方向而改变。在微位移器件中我们应用的是逆压电效应,即电介质在外界电场作用下产生应变,应变的大小与电场大小成正比,应变的方向与电场的方向有关,即电场反向时应变也改变方向。电介质在外加电场作用下应变 $s$ 与电场 $E$(单位为 V/m)的关系为

$$s = dE + ME^2 \tag{7-7}$$

式中,$d$ 为压电系数,m/V;$M$ 为电致伸缩系数,$m^2/V^2$;$dE$ 为逆压电效应;$ME^2$ 为电致伸缩效应。

逆压电效应仅在无对称中心晶体中才有,而电致伸缩效应则所有的电介质晶体都有,不过一般来说都是很微弱的。压电单晶如石英、罗息盐等的压电系数比电致伸缩系数大几个数量级,结果在低于1 mV/m的电场作用下只有第一项,即逆压电效应。

在一般的铁电陶瓷中,电致伸缩系数比压电系数大,在没有极化前虽然单个晶粒具有自发极化,但它们总体不表现净的压电性。在极化过程中,净的极化强度被冻结(即剩余极化)并产生一个很强的内电场。例如钛酸钡($BaTiO_3$)陶瓷净的剩余极化产生一个27 mV/m的内电场,这样高的内电场起了电致伸缩效应的偏压作用,因此极化后在弱外电场的作用下产生宏观线性压电效应。一般铁电陶瓷的电场与应变曲线呈蝴蝶形,而不表现出电致伸缩效应的二次方曲线,如图7-11所示。但是铁电陶瓷的晶体结构与温度有着密切的关系。它随温度变化会产生质的变化,称为相变。产生相变的这一温度数值 $T_C$ 称为相变温度(或称居里温度)。压电陶瓷在温度高于或等于相变温度时不存在压电效应,而低于相变温度时才存在压电效应。不同材料制成的压电陶瓷,其相变温度不同。有这样一些铁电陶瓷,室温刚好高于它的居里点时没有压电效应,由于它具有很高的介电常数,因此在外界电场作用下,能被强烈地感应极化,并伴随产生相当大的形变,使电致伸缩效应呈抛物线形的电场-应变曲线。

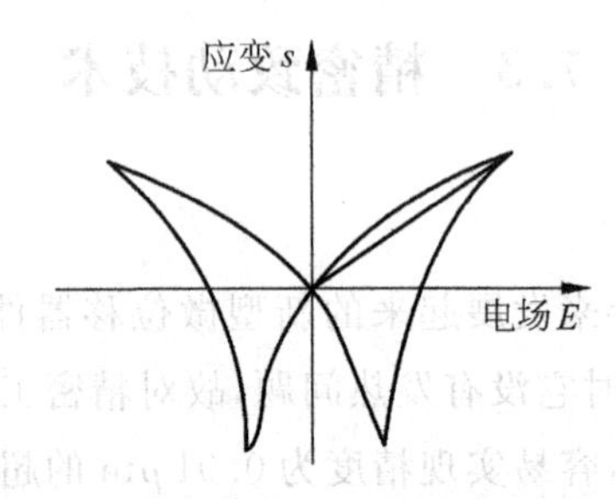


图7-11 铁电陶瓷PZT的电场-应变曲线

**2. 致动材料**

1) 压电晶体

压电晶体常用的材料是锆钛酸铅和钛酸钡。由钛酸铅和锆酸铅组成的多晶固溶体,全名称为锆钛酸铅压电陶瓷,代号PZT(P-铅,Z-锆,T-钛)其特点是:

(1) 灵敏度高,可达1.4~17 nm/(V·cm),输出功率大;

(2) 机电耦合系数大,故机电换能效率高;

(3) 机械品质因数高,几百到几千;

(4) 材料性能稳定,老化性能在5年内小于0.2%;

(5) 居里温度很高,可达300℃,可作高温压电元件,它的使用温度范围在−40~300℃之间。

2) 电致伸缩材料

电致伸缩材料最早是PMN铌镁酸铅系。1977年美国L. E. Cross教授研究出具有大电致伸缩效应的弛豫铁电体组分——0.9PMN-0.1PT，它的居里点在0℃附近。1981年又开发了三元系固溶体0.45PMN-0.36PT-0.19BZN双弛豫铁电体，它具有良好的温度稳定性及大电致伸缩效应。PMN是由PbO，MgO，$Nb_2O_5$，$TiO_2$，$BaCO_3$，ZrO等按比例烧结而成的。

**3. 压电、电致伸缩器件**

1）压电微位移器件

用压电陶瓷作微位移器件目前已得到广泛的应用，如激光稳频、精密工作台的补偿、精密机械加工中的微进给以及微调等。用于精密微位移器件的压电陶瓷应满足下列要求：

（1）压电灵敏度高，即单位电压变形大；

（2）行程大，电压-变形曲线线性好；

（3）体积小，稳定性好，不老化，重复性好。

根据式(7-7)，当无电致伸缩效应时，$ME^2=0$，那么压电系数为

$$d=\frac{S}{E}=\frac{\Delta l}{l}\frac{b}{U} \tag{7-8}$$

式中，$U$为外界施加的电压，V；$b$为压电陶瓷的厚度，m；$l$，$\Delta l$分别为压电陶瓷所用方向的长度和施加电压后的变形量，m。所以

$$\Delta l=\frac{l}{b}Ud \tag{7-9}$$

压电陶瓷的主要缺点是变形量小，即压电微位移器件在施加较高电压时行程仍很小，所以在设计微位移器时，应尽量提高压电陶瓷的变形量，由式(7-9)可见，提高微位移器行程的措施可以从以下几个方面考虑：

（1）增加压电陶瓷的长度$l$和提高施加的电压$U$，是实际中常用的方法。但增加长度会使结构增大，提高电压会造成使用不便。例如，壁厚2 mm的PZT圆筒压电陶瓷，当$U=1000$ V时，欲使变形大于4 μm，则压电陶瓷的长度应大于30 mm。

（2）减小压电陶瓷的厚度$b$，可使变形量增加。厚度与变形量的关系如图7-12所示。但厚度减小会使强度下降，如果是承受较大的轴向压力，可能会使器件破坏，故应兼顾机械强度。

（3）不同材料的压电系数不同，可根据需要选择不同的材料。

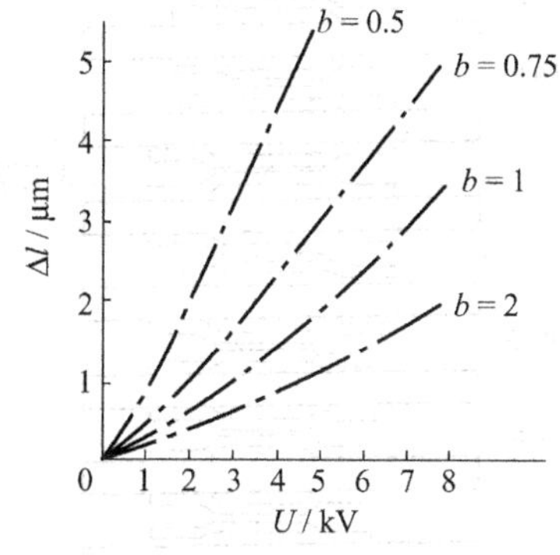


图7-12 不同壁厚的压电陶瓷变形量曲线

（材料：锆钛酸铅，长度$l=15$ mm的圆筒形）

（4）压电晶体在不同方向上有不同的压电系数。$d_{31}$是在与极化方向垂直的方向上产生的应变与在极化方向上所加电场强度之比，而$d_{33}$是在极化方向上产生的应变与在该方向上所加

电场强度之比。从各种压电陶瓷的数据来看,$d_{33}$一般是$d_{31}$的2～3倍,因此可以利用极化方向的变形来驱动。

(5) 采用压电堆可以提高变形量,如图7-13所示。由式(7-9),当$b=l$时有

$$\Delta l = Ud_{33} \tag{7-10}$$

可见,压电陶瓷的变形量与厚度无关,故可以选取较小的厚度。为得到大的变形量,可用多块压电陶瓷组成压电堆,其正、负极按并联连接,则总的变形量为

$$\Delta L = n\Delta l \tag{7-11}$$

式中,$n$为压电堆包含单块压电晶体的块数。

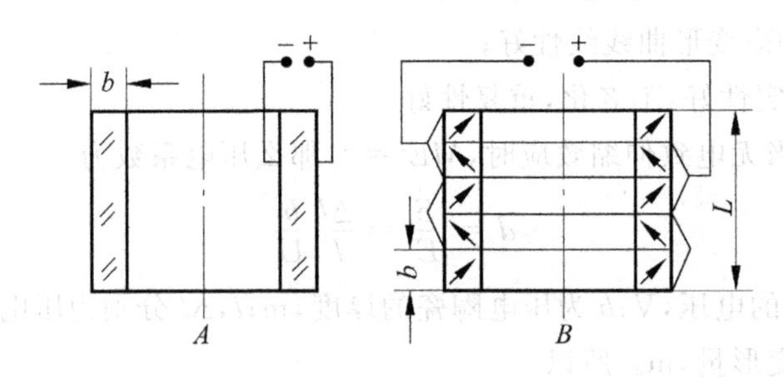


图7-13 单块与压电堆

(6) 采用尺蠖机构。为解决压电陶瓷器件移动范围窄的问题,美国PI公司研制成功由3个压电元件组成的尺蠖机构,它具有很高的分辨率(0.02 μm),行程范围大(大于25 mm),移动速度为0.01～0.5 mm/s。其原理如图7-14所示。3个压电陶瓷机械式地串联在一起,压电陶瓷1,3与轴的间隙几乎为零,加电压后直径变小与轴抱紧成一体,不加电压时与轴脱开,可以与轴相对移动;压电陶瓷2与轴之间的间隙大,加电压后轴向发生变形。只要按一定频率顺序在3个晶体上加电压,就能使器件在轴上步步移动。如图7-14所示,开始时,3个压电陶瓷全部与轴脱开。在压电陶瓷1上加电压后,1与轴夹紧;后在压电陶瓷2上加电压,使2沿轴向伸长(或缩短);同时,压电陶瓷3随2移动后再在3上加电压,使其与轴夹紧;再去掉压电陶瓷1上的电压,使1与轴脱开;去掉压电陶瓷2上的电压,使之收缩(或伸长);然后再在压电陶瓷1上加电压,使1与轴夹紧后去掉3上的电压,使3与轴脱开,这样器件相对于轴就移动了一步。如此循环,即可达到预定的行程。改变加在3个压电陶瓷上的电压频率,可以获得不同的移动速度。

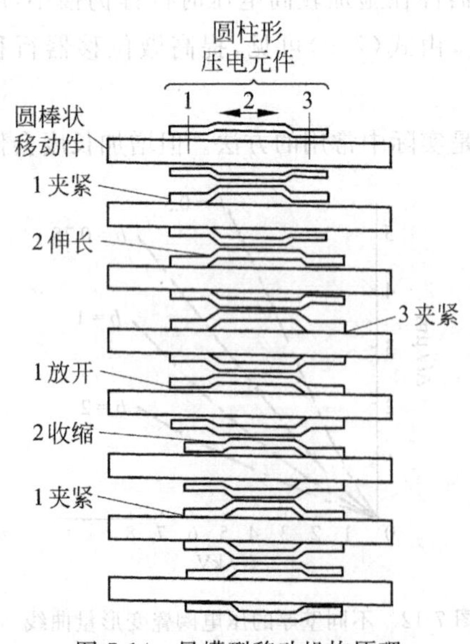


图7-14 尺蠖型移动机构原理

2）电致伸缩器件

电致伸缩器件如图 7-15 所示，它具有比普通压电陶瓷更优越的特性：

（1）电致伸缩应变大；

（2）位置重复性（再现性）好；

（3）不需要极化；

（4）不老化；

（5）热膨胀系数很低。

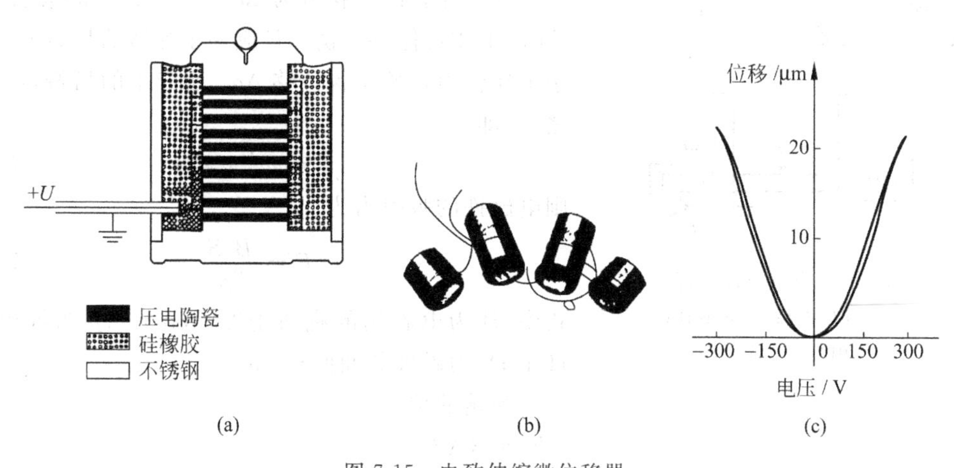


图 7-15 电致伸缩微位移器

电致伸缩微位移器的传递函数：由于器件有电容量（约 2 μF），因此加电压达到稳态会产生过渡过程。图 7-16 为电致伸缩微位移器简化模型，其中 $C$ 为微位移器的等效电容，$R$ 为电压放大电路的等效充放电电阻，$K_m$ 是微位移器的电压位移转换系数。根据图 7-16 中的关系，可推导出在单位阶跃电压输入作用下，微位移器的位移输出响应为

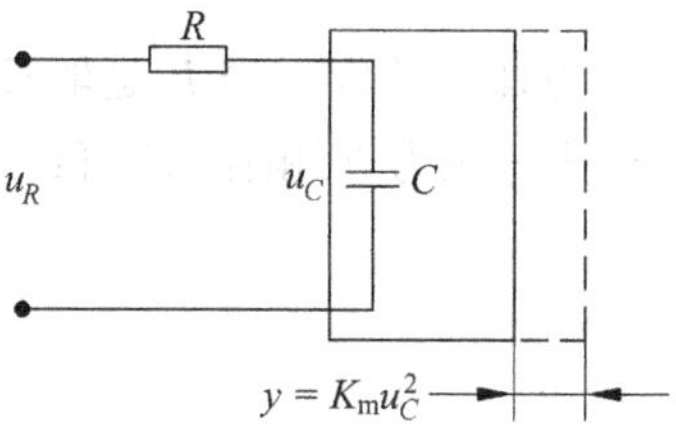

$$y(t) = K_m(1 - 2e^{-t/T'_m} + e^{-2t/T'_m})$$

式中，$T'_m = RC$。

图 7-16 电致伸缩微位移器简化模型

### 7.3.2 电磁致动

电磁控制的微动工作台首先由日本人研制成功。1955 年 Nihizawa 等人开始研究，到 1975 年研制出了定位精度为 0.2 μm 的微动工作台并成功地应用于电子束曝光机中，成为微位移技术中的一个新方法。

**1. 电磁驱动原理**

电磁驱动原理如图7-17所示。把微动工作台1用4根链或金属丝4悬挂起来,工作台两端分别用弹簧3固定,另外两端放置两块电磁铁。通过改变电磁铁线圈的电流来控制电磁铁对工作台的吸引力,克服弹簧的作用力,达到控制工作台微位移的目的。

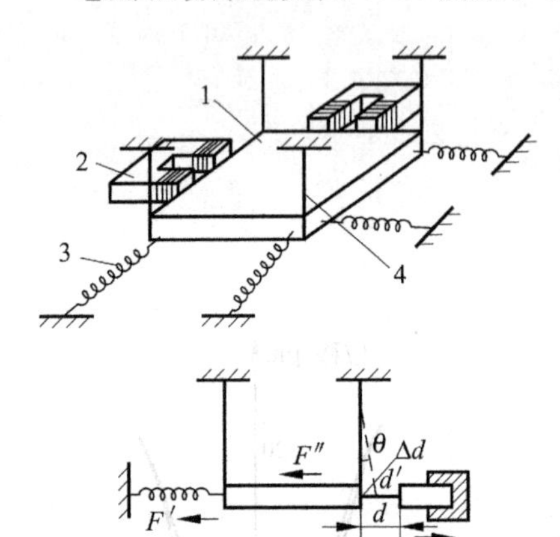


图7-17 电磁驱动原理

1—微动工作台;2—电磁铁;3—弹簧;4—金属丝

设工作台的位移量为$\Delta d_{\mathrm{m}}$,当电磁铁的吸引力为$F$时,工作台保持平衡。$F$应等于弹簧的拉力$F'$和由于工作台由初始位置位移$\Delta d_{\mathrm{m}}$所产生的吊簧拉力$F''$之和,即

$$F = F' + F'' \tag{7-12}$$

则电磁铁的吸引力为

$$F = \frac{B^2 S}{2\mu} \tag{7-13}$$

式中,$B$为电磁场的磁通密度,$\mathrm{Wb/m^2}$;$\mu$为导磁率,H/m;$S$为磁极截面面积,$\mathrm{m^2}$。

弹簧的拉力为

$$F' = k\Delta dg$$

式中,$k$为弹簧常数,kg/m;$\Delta d$为工作台移动距离,m;$g$为常数,$g=9.8\ \mathrm{N/kg}$。

设由于工作台移动而形成的悬挂丝的偏角为$\theta$,工作台向上移动$\Delta h$,那么

$$\Delta h = L(1-\cos\theta)$$

式中,$L$为挂丝长度。当$L$足够长时,$\Delta h/L=1-\cos\theta$。由于$\theta$很小,故$\Delta h/L\to 0$,即弹簧拉力$F'$与挂丝拉力$F''$相比,$F''$可以忽略不计。所以式(7-12)变成

$$\frac{B^2 S}{2\mu} = k\mid \Delta d \mid g$$

$$\mid \Delta d \mid = \frac{B^2 S}{2\mu k g} \tag{7-14}$$

由式(7-14)可见,工作台移动的距离$\Delta d$与磁通密度的平方成正比。因此通过改变流过电磁铁线圈中的电流可以改变磁通密度,从而达到控制位移的目的。

通过线圈的电流与磁通密度的关系为

$$B = NI\left(\frac{1}{d'/\mu + l/\mu_0}\right) \tag{7-15}$$

式中,$N$为绕在电磁铁上的线圈圈数;$l$为磁路长度,m;$\mu_0$为磁性材料的导磁率,H/m;$\mu$为空气隙的导磁率,H/m;$d$为空气隙长度,m;$I$为电流强度,A。

将式(7-15)代入式(7-14)，得

$$|\Delta d| = (NI)^2\left(\frac{1}{d'/\mu + l/\mu_0}\right)\frac{S}{2\mu gk} \tag{7-16}$$

当磁性材料的导磁率 $\mu_0$ 比气隙导磁率 $\mu$ 大很多，即 $\mu_0 \gg l\mu/d'$ 时，则

$$B = NI\mu/d'$$

式(7-16)变为

$$|\Delta d| = \frac{S\mu(NI)^2}{2d'^2 gk} \tag{7-17}$$

由式(7-17)可见，工作台移动的距离与电流和线圈圈数的平方成正比。

**2. 位置控制范围**

由式(7-17)可知，工作台被电磁铁吸引而移动的距离正比于$(NI)^2$。当电流逐渐增大时，气隙 $d$ 越来越小，磁通量增大，吸引力也显著增大。当达到某一临界值时，工作台会突然与电磁铁发生碰撞，此临界值可由式(7-17)导出：

$$I^2 = \frac{2gkd'^2|\Delta d|}{N^2 S\mu}$$

$$I = \frac{d-|\Delta d|}{N}\sqrt{\frac{2gk|\Delta d|}{S\mu}} \tag{7-18}$$

式中，$d$ 为初始空气隙长度。

当$-\frac{\partial d}{\partial I}=\infty$时即发生碰撞，则

$$\frac{\partial I}{\partial(\Delta d)} = \frac{1}{N}\sqrt{\frac{2gk}{S\mu}}\frac{\partial\sqrt{|\Delta d|(d-|\Delta d|)^2}}{\partial|\Delta d|} = 0$$

由上式得出 $\Delta d_{\max}=\frac{d}{3}$，即当工作台位移达到初始间隙的 1/3 时，被吸向磁极。为此，在设计时应考虑到工作台运动到初始间隙的 1/3 时，使磁通路中的磁通达到饱和，从而避免相撞。在磁饱和的条件下，式(7-17)不再适用。在上述条件下磁路阻力比气隙阻力大得多，自然，磁阻 $l/\mu_0$ 不能忽略。由式(7-16)可知，随着磁饱和的产生，磁阻 $l/\mu_0$ 增大，工作台移动量减小。若将开始磁饱和时磁通量的大小定为

$$B'_{\max} = \frac{2d}{9}\sqrt{\frac{6gkd}{S\mu}}\left(\frac{1}{2d/3\mu + l/\mu_0}\right) \tag{7-19}$$

由式(7-18)和式(7-15)得出，当产生磁饱和时，整个磁性物质的长度就等于气隙长度 $d-|\Delta d_{\max}|=\frac{2}{3}d$，$B$ 和 $NI$ 几乎呈线性关系，定位范围可以扩大。如果将磁芯环路的形状设计成锥形，那么在增大 $dS$ 的同时，磁通量也增大，这样 $B$ 和 $NI$ 的关系就是线性关系。

图7-18所示为一利用磁泄漏的装置。当电流(磁力)增大时,磁极吸引工作台,使其间隙变小,则磁极磁阻减小,结果磁通量增大,使磁饱和磁性盘里的磁通量饱和,其磁阻和通过磁化极的磁泄漏增大。结果是,无论电流增大多少,只有通过磁性的磁泄漏增加,而吸引工作台的磁通量不会增加多少,使力学特性得到了调节,从而避免了发生碰撞。

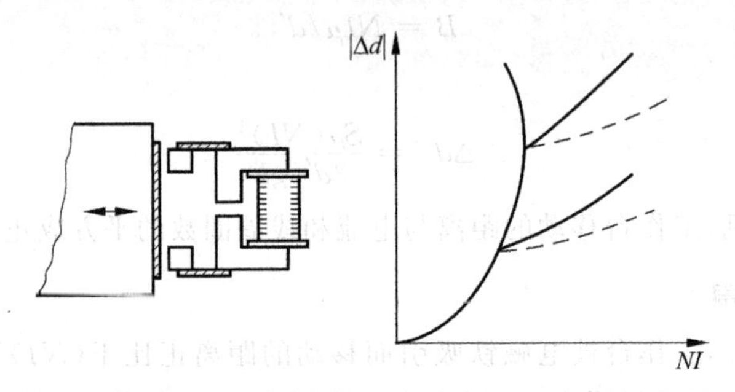


图7-18 无磁饱和移动距离与电流的关系

**3. 设计中考虑的几个问题**

1) 精度、稳定速度和气隙的关系

当不考虑磁饱和特性时,随着精度和定位范围的确定,合适的稳定速度和气隙长度也确定了。由式(7-18)可以得到移动距离的变化量和电流变化量之比为

$$\frac{\partial\mid\Delta d\mid}{\partial I}=N\sqrt{\frac{S\mu}{2gk}}\left(\frac{2\sqrt{\mid\Delta d\mid}}{d-3\mid\Delta d\mid}\right)$$

当电流变化速度为 $\Delta I=\dfrac{I}{A}$ ($A$ 为常数)、精度为 $K$ 时,则

$$\Delta I\frac{\partial\mid\Delta d\mid}{\partial I}=\frac{I}{A}N\sqrt{\frac{S\mu}{2gk}}\left(\frac{2\sqrt{\mid\Delta d\mid}}{d-3\mid\Delta d\mid}\right)<K$$

将式(7-18)代入上式,得

$$\Delta I\frac{\partial\mid\Delta d\mid}{\partial I}=\frac{1}{AN}\sqrt{\frac{2gk\mid\Delta d\mid}{S\mu}}(d-\mid\Delta d\mid)\cdot N\sqrt{\frac{S\mu}{2gk}}\left(\frac{2\sqrt{\mid\Delta d\mid}}{d-3\mid\Delta d\mid}\right)<K$$

$$=\frac{1}{A}\frac{2\mid\Delta d\mid(d-\mid\Delta d\mid)}{d-3\mid\Delta d\mid}<K \tag{7-20}$$

电流变化速度 $\Delta I$ 和气隙变化量 $|\Delta d|$ 之间的关系如图7-19所示。$|\Delta d|$ 在1 μm～10 mm之间变化时,精度 $K$ 为0.1～10 μm。为提高精度,应采取较高的电流变化精度。

2) 改善精度与用磁饱和扩大定位范围

如上述,$\dfrac{d'}{\mu}\gg\dfrac{l}{\mu_0}$电磁铁的吸引力与电流的平方成正比。采用磁饱和,上述条件转化为$\dfrac{d'}{\mu}\leqslant\dfrac{l}{\mu_0}$磁通密度的变化与电流的关系线性度变弱,电磁铁的吸引力将正比于电流的"次平

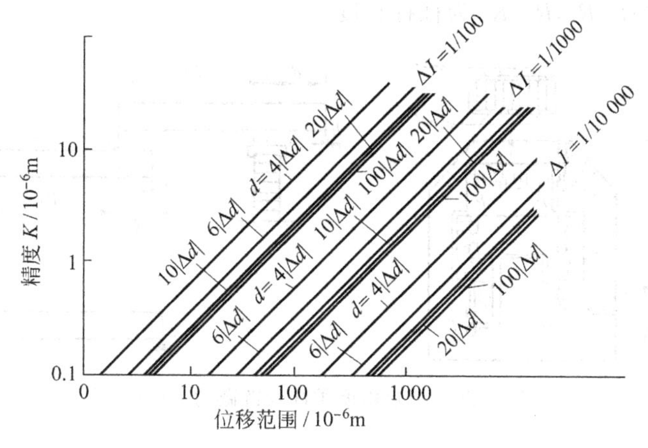


图 7-19 电流变化速度和气隙之间的关系曲线

方"(即低于平方)。为防止碰撞,设计在起始气隙长度的 1/3 处发生磁饱和。相反,为改善精度或扩大定位范围,设计时磁饱和可以发生在任何气隙长度适当处。

## 7.4 典型微位移系统

### 7.4.1 柔性支承+压电致动

柔性支承微动机构是近年来发展起来的一种新型的微位移机构。它的特点是结构紧凑、体积很小,可以做到无机械摩擦、无间隙,具有较高的位移分辨率,可达 1 nm。使用压电或电致伸缩器件驱动,不仅控制简单(只需控制外加电压),而且可以很容易实现亚微米甚至是纳米级的精度,同时不产生噪声,不发热,可适于各种介质环境工作,是精密机械中理想的微位移机构,已在航空、宇航、微电子工业部门,以及精密量测和生物工程领域获得了重要应用。它的出现,开创了精度进入纳米的新时代。

图 7-20 是美国国家标准局应用柔性支承——压电驱动原理研制成的微调工作台。它于 20 世纪 60 年代初研制成功并应用于航天技术中(1987 年获美国前 100 项国家发明奖之一)。它采用杠杆原理与柔性铰链结合的整体式结构,利用叠层式压电晶体作为驱动元件。如图 7-20 所示,在两个侧壁 $P$,$P$ 之间装入压电晶体驱动元件,当压电晶体两端面施加电压时,产生微量位移(2.25 μm/1000 V),由于压电效应,使杠杆 $M_1$ 上的 $a$ 点产生一绕支点 $b$ 转动的微位移,在 $c$ 点上使杠杆 $M_2$ 绕支点 $d$ 转动并在 $e$ 点处拉动工作台 $S$ 作微量位移。杠杆 $M_3$ 的支点为 $f$,工作台 $S$ 由两个杠杆 $M_2$ 和 $M_3$ 上的 $e$ 点和 $g$ 点支持。这样,压电晶体的微位移便经过杠杆 $M_1$ 和 $M_2$ 放大,其放大比为

$$R_T = \left(1 + \frac{R_1}{R}\right)\left(1 + \frac{R_3}{R_2}\right) \tag{7-21}$$

式中,$R_T$ 为放大比;$R,R_1,R_2,R_3$ 为杠杆长度。

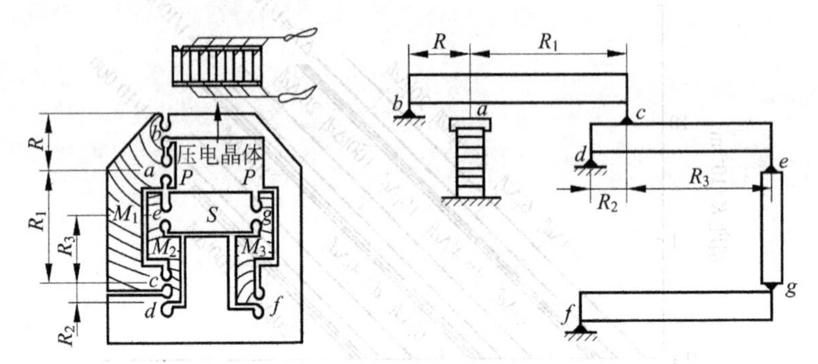


图 7-20 单自由度柔性铰链微动工作台

微动工作台的设计参数为:尺寸范围 10 cm×10 cm×2 cm,分辨精度≤0.001 μm,行程范围 1~50 μm。由于采用了柔性铰链,故无爬行、无间隙、无轴承噪声、不需要润滑、位移分辨精度高,而且在低频下运行没有内热产生,且结构紧凑,适于各种超精密加工环境,特别是超真空等。

图 7-21 是清华大学用柔性铰链——电致伸缩微位移器驱动的两个自由度微动工作台(1992 年获国家教委科技进步奖),它可以简化成两个分别进行 $x,y$ 向运动的平行四连杆机构,分别在工作台的 $A,B$ 两处安装两个电致伸缩微位移器。当在微位器上施加电压时,由于四连杆受力而变形,获得两个方向的微位移 $\delta_x$ 和 $\delta_y$。其优点与上述相同,但可以在单层上实现两个方向的微动。该工作台的技术指标为:尺寸范围 13 cm×10 cm×2 cm,行程范围 0~10 μm,定位精度 3σ≤(±0.03)μm。

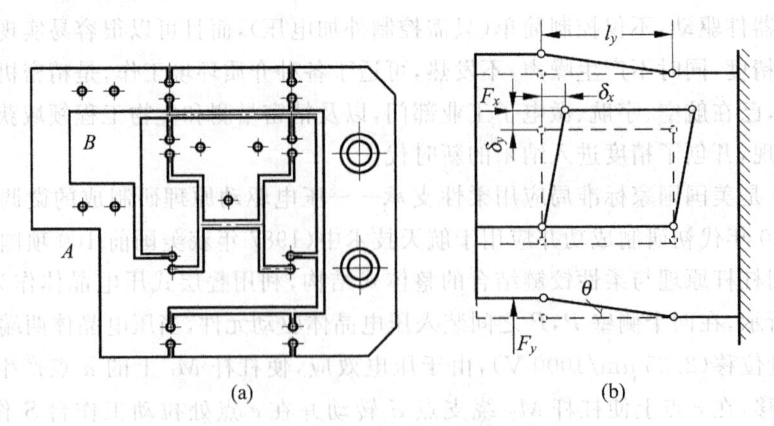


图 7-21 单层 X-Y 弹性微动工作台

图 7-22(a)是日本日立制作所研制的 X-Y-θ 三自由度微动工作台。它主要用于投影光刻机和电子,粗动台的行程为 120 mm×120 mm,速度为 100 mm/s,定位精度为 ±5 μm。

三自由度微动工作台被固定在粗动台上，$x$，$y$ 行程为 $\pm 8\ \mu\text{m}$，定位精度为 $\pm 0.05\ \mu\text{m}$，$\theta$ 为 $\pm 0.55\times 10^{-3}$ rad。微动工作台的原理如图 7-22(b)所示。整个微动工作台面由 4 个两端带有柔性铰链的柔性杠支承，由 3 个筒状压电晶体驱动，压电器件安装在两端带有柔性铰链的支架上，支架分别固定在粗动台和微动台上，只要控制 3 个压电器件上的外加电压，便可以得到 $\Delta x$，$\Delta y=\dfrac{\Delta y_1+\Delta y_2}{2}$，$\Delta\theta\approx\dfrac{\Delta y_1-\Delta y_2}{L}$ 等 3 个微动自由度。

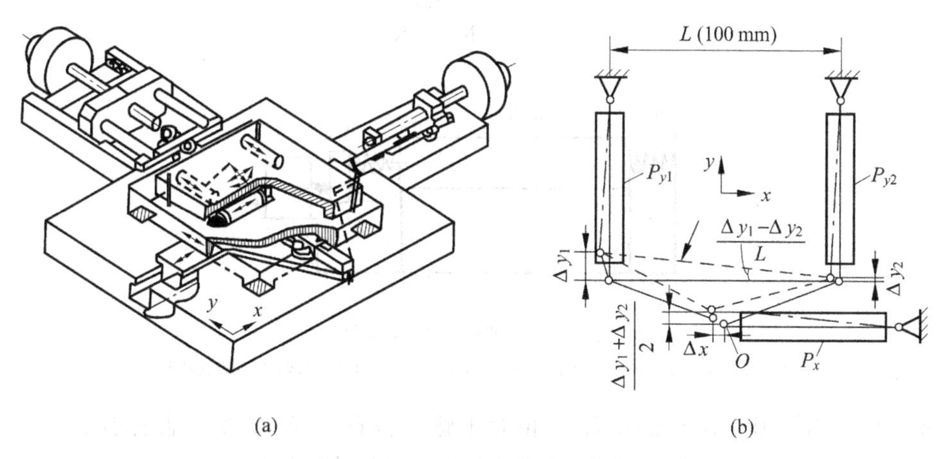


图 7-22 三自由度微动工作台

## 7.4.2 滚动导轨+压电致动

采用滚动导轨作为精密仪器中的精密工作台是一种常见的导轨形式，它具有行程大、运动灵活、结构简单、工艺性好、易实现较高定位精度的优点。我国 1445 所用滚珠导轨作为微动工作台的支承和导向元件，压电器件驱动，实现了对自动分步重复光刻机(DSW)的微定位控制，如图 7-23 所示。微动台的最大行程为 $\pm 9.5\ \mu\text{m}$，定位精度为 $\pm 0.04\ \mu\text{m}$。

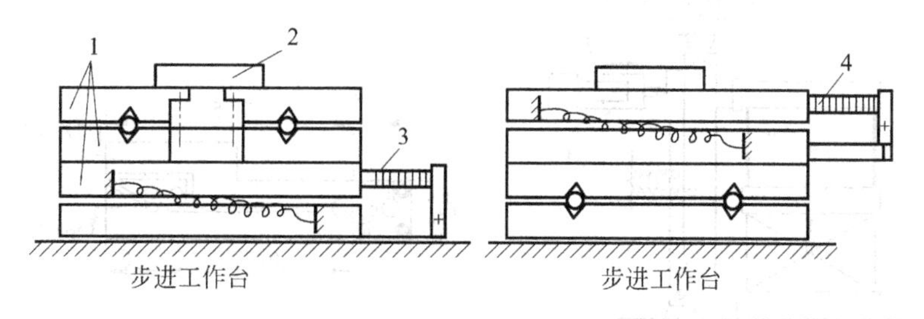


图 7-23 滚动导轨微动工作台

1—导轨；2—承片台；3,4—压电陶瓷

### 7.4.3 弹簧导轨十机械致动

#### 1. 弹性缩小机构

这种微动机构利用两个弹簧的刚度比进行位移缩小,如图7-24所示。设弹簧2,4的刚度分别为$K_2$,$K_4$,微动台的位移为$x$,输入位移为$x_i$,那么

$$x = x_i \frac{K_4}{K_2 + K_4} \tag{7-22}$$

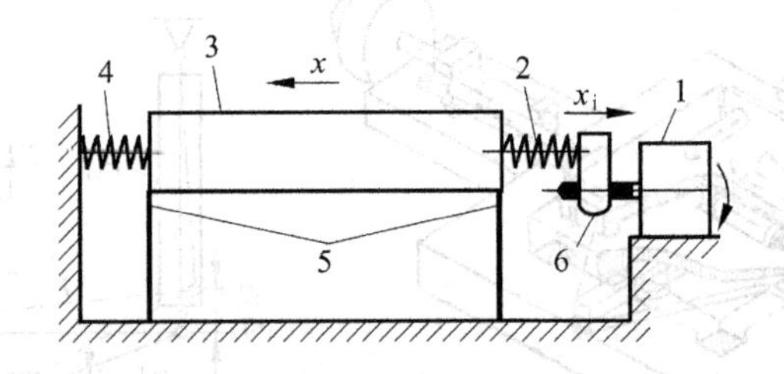


图7-24 弹性缩小微动台

1—步进电机;2,4—弹簧;3—微动工作台;5—平行片簧;6—螺旋机构

如果$K_2 \gg K_4$,则工作台的位移$x$相对于输入位移$x_i$就被大大地缩小了。例如,若$K_2 : K_4 = 99 : 1$,即缩小比为1/100,则对于10 $\mu$m级的输入位移,可获得0.1 $\mu$m的微动。

这种缩小机构的缺点是当微动台承受外力或移动导轨部分存在摩擦力时,它将直接成为定位误差的因素,而且对于步进状态的输入位移,容易产生过渡性的振荡,所以不适于动态响应条件下,可用于光学零件的精密调整机构等。

#### 2. 杠杆式位移缩小机构

杠杆式位移缩小机构也是微动机构中的一种常用形式。图7-25(a)是半导体制造中,

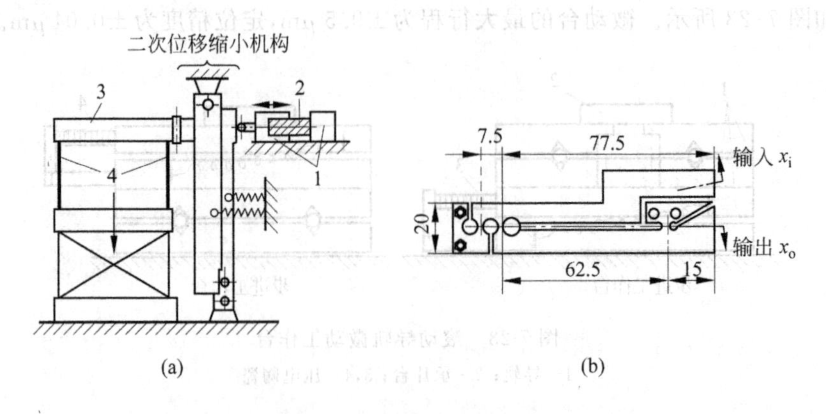


图7-25 杠杆式位移缩小机构

1—步进电机;2—丝杠;3—工作台;4—片簧

使光掩膜作 $x$,$y$ 方向移动的微动机构,由具有 1/50 缩小率的两级杠杆机构和 $x$,$y$ 两个方向可动的平行片簧导轨机构组成。在±50 μm 的范围内,可得到 0.05 μm 的定位分辨率和±0.5 μm 的定位精度。这种机构虽然能够通过连接数级杠杆而得到大的缩小比,但其定位精度易受末级杠杆的回转支点和着力点的结构、加工精度的影响。

图 7-25(b)是另一种杠杆缩小机构。在一块板材上加工出柔性铰链,通过很好的设计,也能由几级并列杠杆同时和平行簧片导轨机构共同组成。图 7-25(b)所示为缩小率为 1/47 的 2 级杠杆机构。这种缩小机构适于移动范围窄的场合,具有柔性铰链的优点;其缺点是由于支点部位的切孔位置加工精度的关系,难以获得正确的缩小比。

**3. 楔形位移缩小机构**

图 7-26(a)所示为利用具有微小角度的斜楔机构的位移缩小机构,也已在实际中应用。设斜楔角为 $\theta$,则缩小比为

$$x = x_i \tan\theta \tag{7-23}$$

式中,$x$ 为输出位移,$x_i$ 为输入位移。

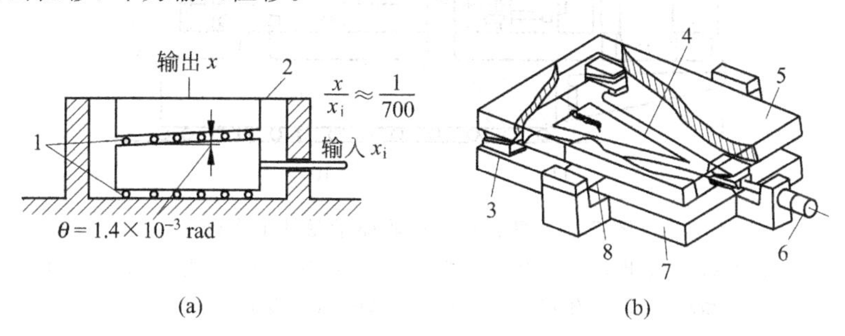


图 7-26 楔形位移缩小机构

1—滚针;2—片簧;3—楔形位移缩小机构;4—输入位移连接板;5—工作台;6—进给丝杠;7—底座;8—片簧

这种位移缩小机构容易获得大的缩小比,同时又能获得较大的移动范围。

图 7-26(b)是将上述楔形位移缩小机构在平面上配置 3 组,通过输入块联动,使大工作台精确地平行移动。在 200 μm 的移动范围内,可获得 0.5″以下的平行度误差;机构的上下移动,可以用于调平。

## 7.4.4 弹簧导轨+电磁致动

为克服丝杠螺母机构的摩擦和间隙,可采用电磁驱动的弹簧导轨微动工作台,其原理如图 7-27 所示。微动工作台用平行片簧导向,在工作台端部固定着强磁体,如坡莫合金制成的小片,与坡莫合金小片相隔适当的间隙装有电磁铁,通过电磁铁的吸力与上述平行片簧导轨的反力平衡,进行微动工作台的定位。

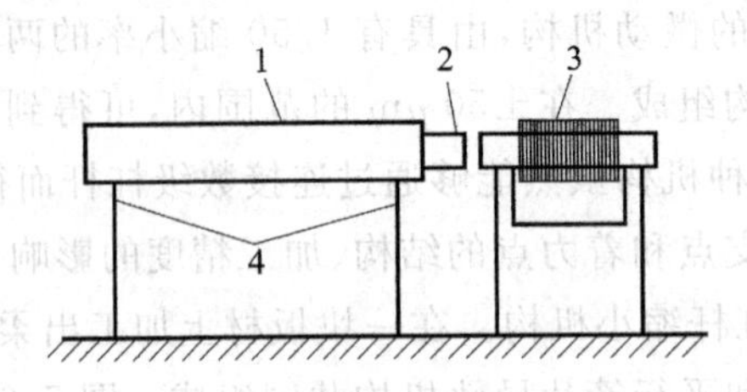


图 7-27 电磁驱动的微动工作台

1—工作台；2—强磁铁；3—电磁铁；4—平行片簧

图 7-28 是日本东北大学利用电磁驱动原理研制出的微动工作台，其定位精度达 ±0.2 μm。

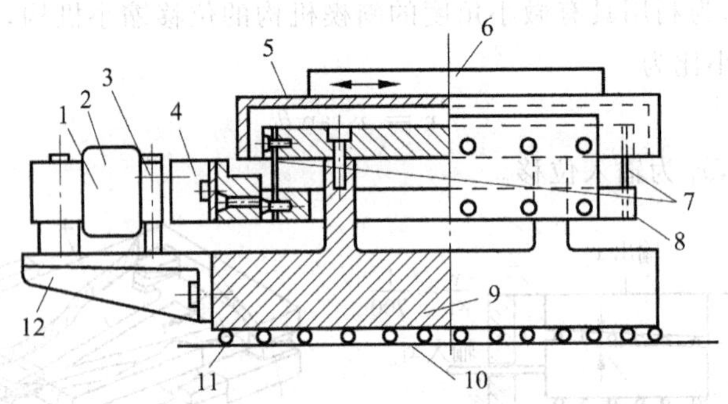


图 7-28 两自由度电磁驱动微动工作台

1—电磁铁；2—线圈；3—气隙；4—磁性块；5—微动台；6—感光版盒；7—平板；
8—微动环；9—$y$ 轴粗动台；10—$y$ 轴基座；11—滚针轴承；12—支架

将上述微动工作台的电磁驱动改成电致伸缩微位移器，同样可以获得 0.2 μm 的定位精度，其原理和结构如图 7-29 所示。

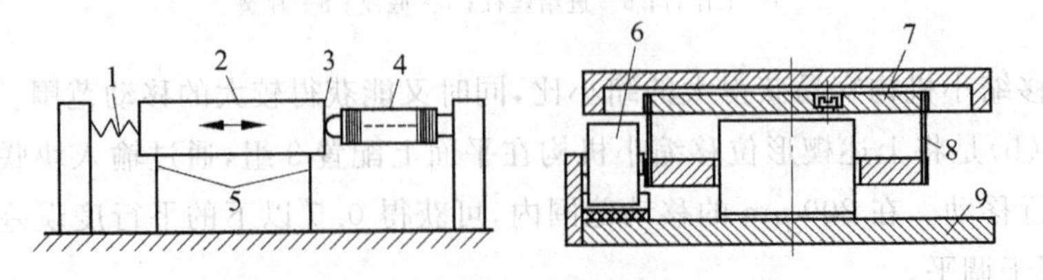


图 7-29 电致伸缩微位移器驱动的微动工作台

1—压缩弹簧；2—微动工作台；3—平面与球面接触副；4—压电元件传动装置；
5—平行片簧；6—微位移器；7—$y$ 运动板；8—平行板簧；9—$x$ 运动板

## 7.4.5 气浮导轨

在近代精密导向技术中，行程与分辨率是一对主要矛盾。弹性导轨是为解决高分辨率

（亚微米甚至是纳米级）而采用的，但行程较小。为解决大行程和中等分辨率（亚微米级）的矛盾，在实际中广泛使用了气浮导轨。滚动导轨虽然也有可能达到亚微米级的精度，但一般而言，它不如气浮导轨精度高，且保持性和抗干扰性比较差。气浮导轨具有误差均化作用，因而可以用比较低的制造精度来获得较高的导向精度，而且它还可以使工作台得到无摩擦和无振动的平滑移动，因此在精密机械与仪器中获得了广泛应用。

图 7-30 是日本富士通公司的一种精密自动掩膜对准工作台，其独特之处是楔形缩小机构与驱动机构同时兼作 $x$，$y$ 方向的直线导轨。楔块部分由空气轴承构成，通过滚珠丝杠推动位移输入块，在 2 mm 的移动范围内，得到 0.03 μm 的分辨率。

图 7-31 是 BTL 在其分步重复照相机上使用的精密 X-Y 工作台。它用静摩擦力驱动机构代替送进丝杠，从而消除了间隙。为减小作用于马达的静摩擦力矩，驱动杆和工作台都采用了空气轴承导向。它的定位精度达到 0.1 μm，使用直线电机驱动。由于其本身在作线性运动，故不需机械变换或传动机构，可使整个装置大大简化，也不存在间隙问题，而且工作台刚性好。

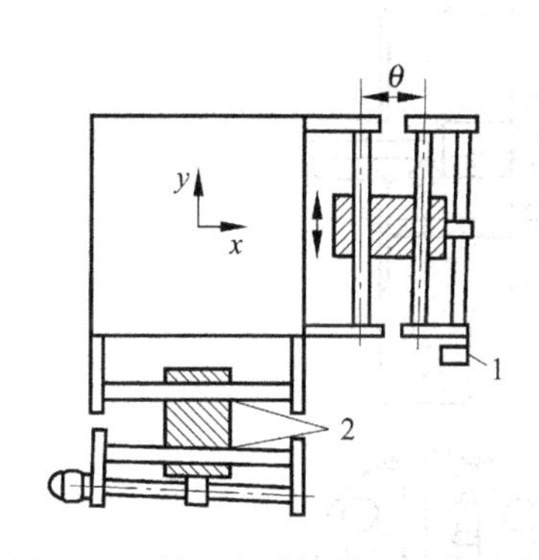


图 7-30 精密自动掩膜对准微动台

1—电机；2—空气轴承

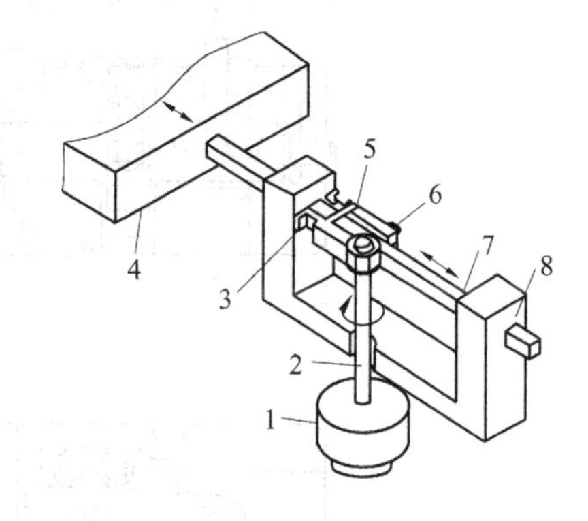


图 7-31 静摩擦驱动的微动台

1—电机；2—主动轴；3—弹性变形支点；4—移动工作台；5—弹簧；6—空转滚轮；7—驱动杆；8—空气轴承

图 7-32 是磁盘记录装置中的高速定位机构，其磁头放在由空气轴承支承和导向的滑动块上，所以静摩擦力不起作用。直线电机的最大推力在 300 N 以上，适于将小质量的物体作高速移动，在 100 μm 左右的行程范围内，可以获得 0.1 μm 精度以上的高速定位。

### 7.4.6 滑动导轨+压电致动

图 7-33 是安徽机械科学研究所研制的利用压电陶瓷实现刀具自动补偿的微位移机构。压电陶瓷加上电压之后，向左伸长，推动方形楔块和圆柱楔块，克服压板弹簧的弹力将固定镗刀的刀套顶起，实现镗刀的径向补偿。

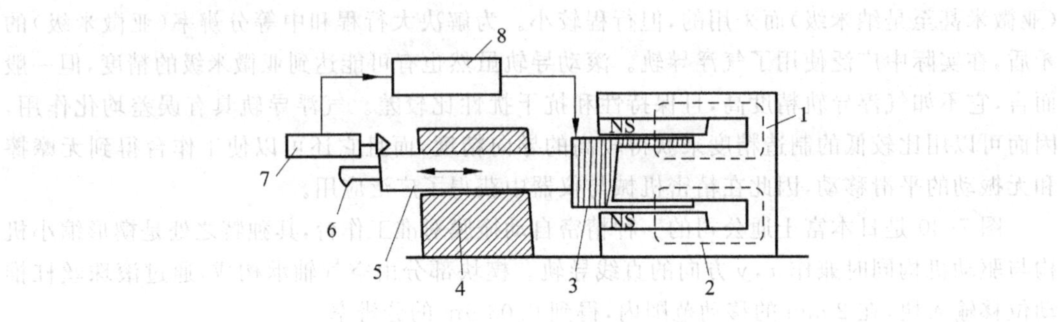


图 7-32 高速定位机构

1—直线电机；2—磁路；3—空心可动线圈；4—空气轴承导轨；5—滑块；6—磁头；7—激光干涉测长仪；8—控制电路

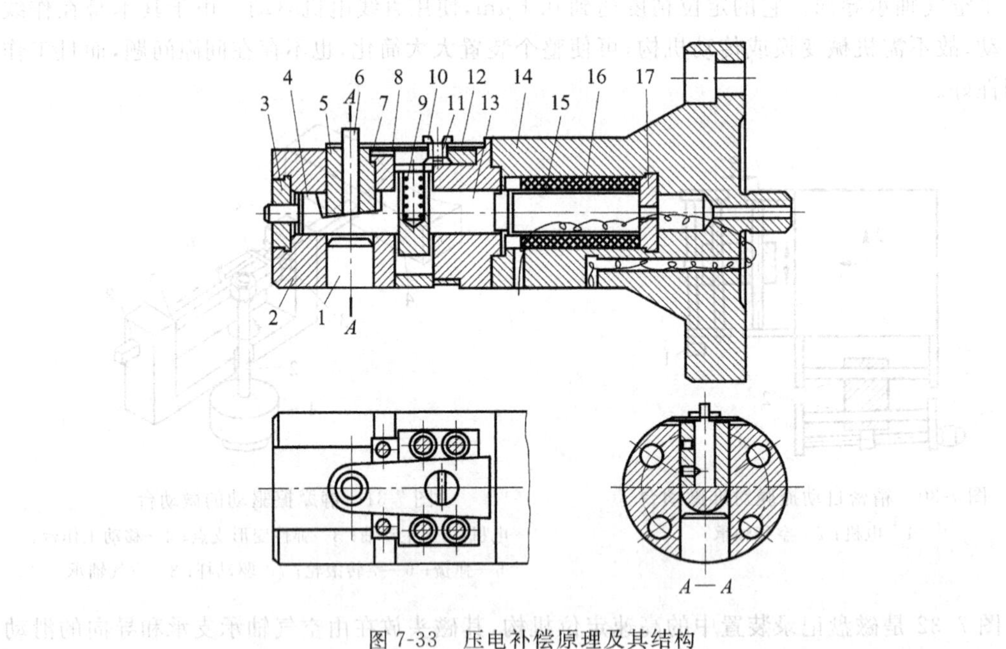


图 7-33 压电补偿原理及其结构

1—阀头；2—镗杆；3—螺盖；4—圆柱楔块；5—刀套；6—镗刀；7—键；8—压板弹簧；9—弹簧；10—方形楔块；11—螺钉；12—盖；13—滑柱；14—法兰；15—压电陶瓷；16—绝缘套；17—垫

## 7.4.7 其他微位移系统

### 1. 电热式微位移机构

电热式微位移机构包括电热伸缩棒和电热伸缩筒两种结构形式，它们都是利用物体的热膨胀来实现微位移的，其热变形的原理如图 7-34 所示。传动杆 1 的一端固定在支架上，另一端固定在沿导轨作微位移的零部件 3 上，当线圈通电被加热时，使传动杆受热伸长，其

伸长量 $\Delta L$ 为

$$\Delta L = \alpha L(t_1 - t_0) = \alpha L \Delta t \tag{7-24}$$

式中，$\alpha$ 为传动杆材料的线膨胀系数；$L$ 为传动杆的长度；$t_1$，$t_0$ 分别为被加热达到的温度和加热前的温度。

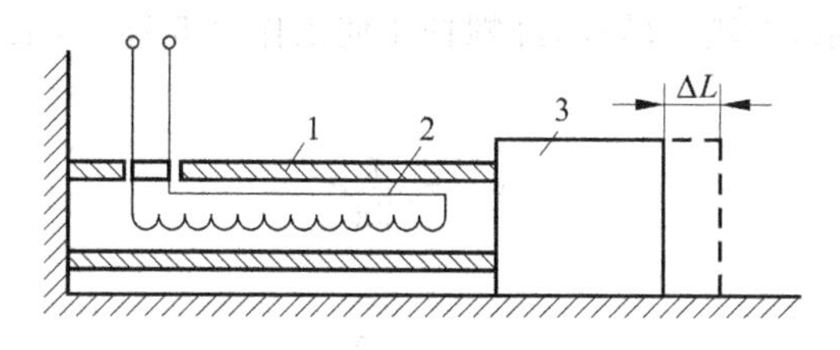


图 7-34 电热式微位移机构原理

1—传动杆；2—线圈；3—零部件

当传动杆由于热变形伸长而产生的力大于导轨副中的静摩擦阻力时，零部件 3 就开始移动，理想的情况是传动件的伸长量等于零部件的位移量。但由于导轨副摩擦力的性质有变化、位移速度有快慢、运动件的质量有大小以及系统阻尼的大小等因素，往往不能达到理想的情况。实际上，当传动杆伸长量为 $\Delta L$ 时，运动件的位移量为

$$s = \Delta L \pm \frac{c}{K} \tag{7-25}$$

式中，$c$ 为与摩擦阻力、位移速度和系统中阻尼有关的系数；$K$ 为与传动件材料的弹性模量($E$)、单位长度截面面积($A/L$)有关的系数，$K=EA/L$。

位移相对误差为

$$\Delta = \frac{s - \Delta L}{\Delta L} = \pm \frac{c}{EA\alpha \Delta t} \tag{7-26}$$

由式(7-26)可见，为减小位移的相对误差，应选择线胀系数和弹性模量较高的材料制成传动杆。

电热式微位移机构的特点是结构简单、操作控制方便。但由于传动杆与周围介质之间有热交换，从而影响位移精度。由于热惯性的存在，不适于作高速位移。当隔热不合理时，相邻零部件由于受热而引起变形，以致影响整机的精度，故限制了它的应用范围。

传动杆的加热，可通过放在杆腔内的电阻丝或直接将大电流通过传动杆来实现。后者的优点是热惯量和热损失都比较小。利用变阻器、变压器，可以改变通入的电流强度，实现对位移的控制。当采用高频感应加热实现间断供热时，可实现间断小脉冲位移。为使传动杆恢复原位，可利用压缩空气或乳化液通过传动杆的内腔，使其冷却。

**2. 机械式微位移机构**

机械式微位移机构是一种古老的机构，在精密机械与仪器中应用广泛，结构形式比较

多,主要有螺旋机构、杠杆机构、楔块凸轮机构、弹性机构以及它们之间的组合机构。由于机械式微位移机构中存在机械间隙、摩擦、磨损以及爬行等,所以运动灵敏度和精度很难达到高要求,故只适于中等精度。

螺旋式微位移机构可以获得微小直线位移,也可以获得大行程的位移。其结构简单,制造方便。如图7-35所示,手轮3转动,经螺杆4使工作台5移动,工作台位移 $s$ 与手轮转角 $\varphi$ 之间的关系为

$$s=\pm\frac{t}{2\pi}\varphi \tag{7-27}$$

其微动灵敏度为

$$\Delta s=t\frac{\Delta\varphi}{2\pi} \tag{7-28}$$

式中,$t$ 为螺旋的螺距;$\Delta\varphi$ 为手动转角。

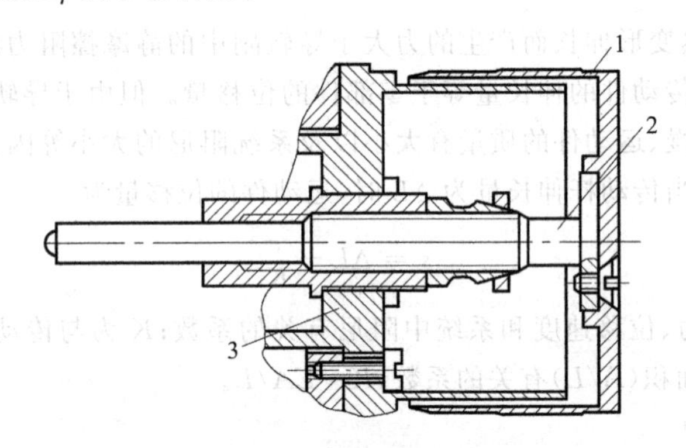


图7-35 螺旋微位移机构

1—手轮;2—螺杆;3—工作台

由式(7-27)、式(7-28)可见,欲提高微动灵敏度,可增大手轮直径或减小螺距。但手轮直径增大,不仅会使空间体积增大,而且会由于操作不灵便反而使微动灵敏度降低。螺距太小,会造成加工困难,同时易磨损,使精度下降。

为了提高微动灵敏度,常常采用差动螺旋,其结构如图7-36所示。它由两个螺距不等($t_1$,$t_2$)、旋向相同的螺旋副组成的,转动螺杆1,使从动件3获得位移 $s$,其关系为

$$s=(t_1-t_2)\frac{\varphi}{2\pi} \tag{7-29}$$

由式(7-29)可见,当 $t_1$ 与 $t_2$ 接近时,可获得较高的微动灵敏度。

**3. 机械组合式微位移机构**

1) 螺旋-斜面式微位移机构

图7-37所示为螺旋-斜面式组合机构,它由主动螺杆1、从动螺杆2、推杆3、套4、斜块5及弹簧7等组成。当螺杆1转动时,可使斜面推动工作台6移动,其运动关系为

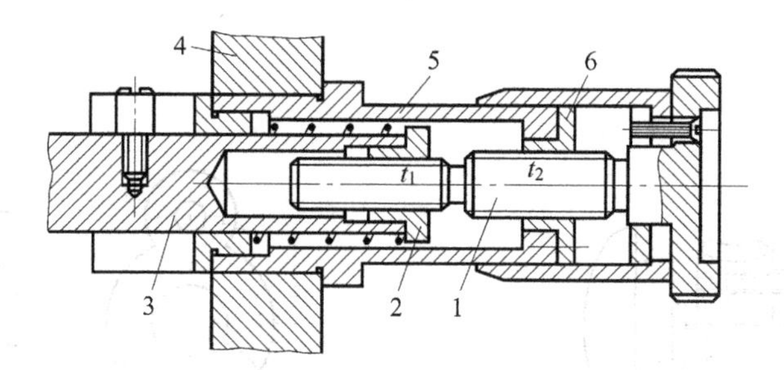


图 7-36 差动螺旋微位移机构

1—螺杆；2,6—螺母；3—从动件；4—基板；5—套筒

$$s = t\frac{\varphi}{2\pi}\tan\alpha \tag{7-30}$$

式中，$t$ 为螺旋的螺距；$\varphi$ 为螺杆的转角；$\alpha$ 为斜块斜面的倾角，一般取 $\tan\alpha=1/50$。

由式(7-30)可见，$t$ 与 $\alpha$ 越小，微动灵敏度越高。

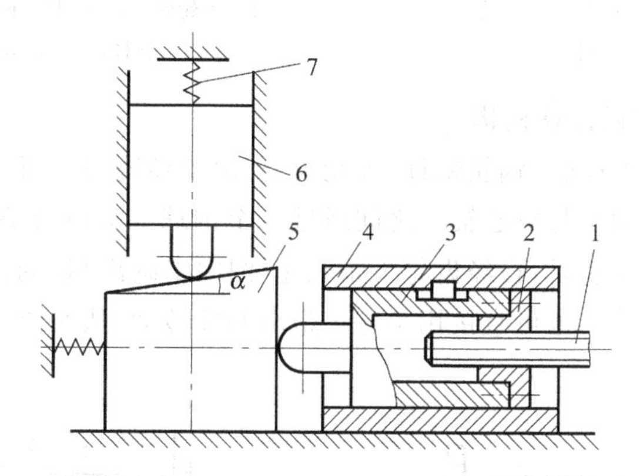


图 7-37 螺旋-斜面微位移机构

1—主动螺杆；2—从动螺杆；3—推杆；4—套；5—斜块；6—工作台；7—弹簧

2）蜗轮-凸轮式微位移机构

图 7-38 所示是蜗轮-凸轮式微位移机构。主动件蜗杆 1 的转动，经蜗轮蜗杆副减速，带动凸轮 4 转动，通过滚轮 5 使滑板 6 获得微位移。

3）齿轮-杠杆式微位移机构

图 7-39 所示是齿轮-杠杆式微位移机构。手轮轴 1 的转动，经过三级齿轮减速，变成扇形齿轮 2 的微小转动。再经过杠杆机构将扇形齿轮 2 的微小转动，变为运动件 5 的上下微动。以上两种组合结构与其他机构相比，具有降速比大、微量位移读数方便的优点。但在结构设计中，应考虑采用消除间隙机构或调整机构，以消除或减小传动中的啮合间隙。

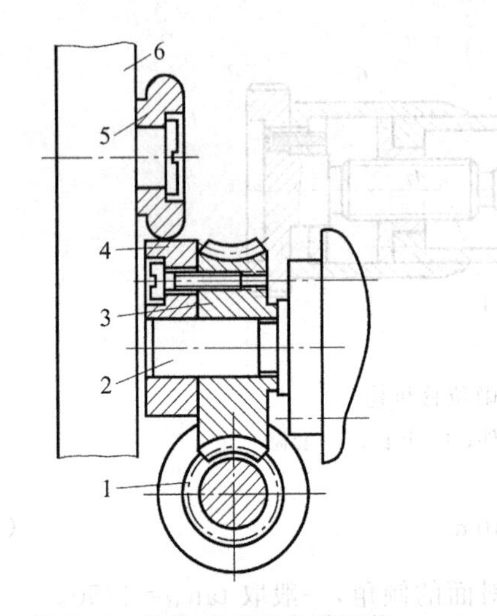


图7-38 蜗轮-凸轮微位移机构

1—蜗杆；2—轴；3—蜗轮；4—凸轮；
5—滚轮；6—滑板

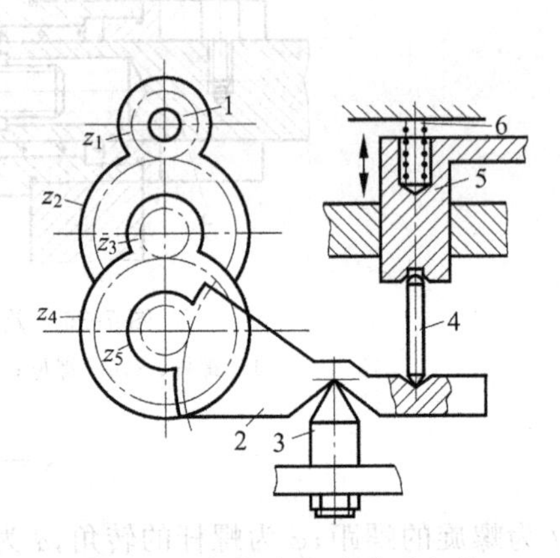


图7-39 齿轮-杠杆微位移机构

1—手轮轴；2—扇形齿轮(杠杆)；3—支承；
4—连杆；5—运动件；6—弹簧

4）摩擦轮-齿轮式微位移机构

图7-40所示是由摩擦轮、蜗轮蜗杆、齿轮齿条、滚动导轨组合而成的微位移机构。主动手轮1带动轴2转动，轴2与空心轴4之间通过3个钢球5靠摩擦方式带动空心轴4上的蜗杆7转动，经蜗轮副减速后，再经齿轮齿条减速(图中未画出)带动滚动导轨上的运动件9作微小移动，实现微位移。也可直接用手轮3带动蜗杆转动，从而使运动件获得大行程快速移动。

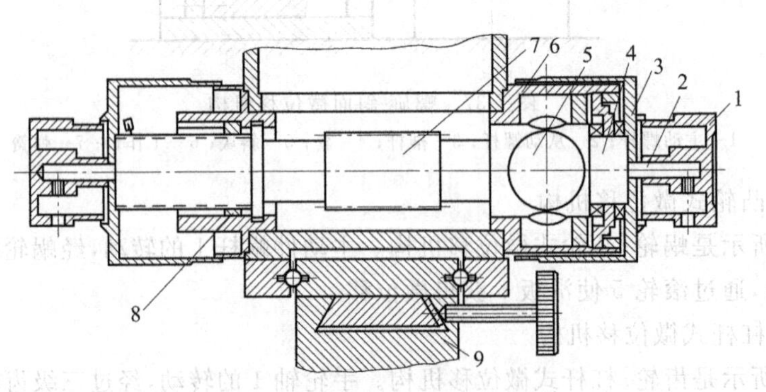


图7-40 齿轮-摩擦式微位移机构

1—主动手轮；2—轴；3—手轮；4—空心轴；5—钢球；6—固定套筒；
7—蜗杆；8—螺母；9—运动件

这种微位移机构可以获得很高的微动灵敏度(优于0.1 μm)，主要是采用了摩擦传动原理，如图7-41所示。图中设主动轴1的直径为$d_1$，钢球3的直径为$d_2$，固定套筒4的内径为$D$。当主动轴以$\omega_1$转动时，滚珠既作自转又绕主动轴轴心作公转(同时沿固定套筒的内壁流动)。当空心轴2在滚珠公转的带动下以$\omega_2$作转动(转速$\omega_2$也就是滚珠中心的公转速度)时，其实质是行星机构。由机械原理可知

$$\frac{\omega_1-\omega_2}{-\omega_1}=-\frac{D}{d_1}$$

其传动比为

$$i=\frac{\omega_1}{\omega_2}=1+\frac{D}{d_1}=\frac{d_1+D}{d_1}$$

因$D=d_1+2d_2$，所以

$$i=\frac{2(d_1+d_2)}{d_1} \tag{7-31}$$

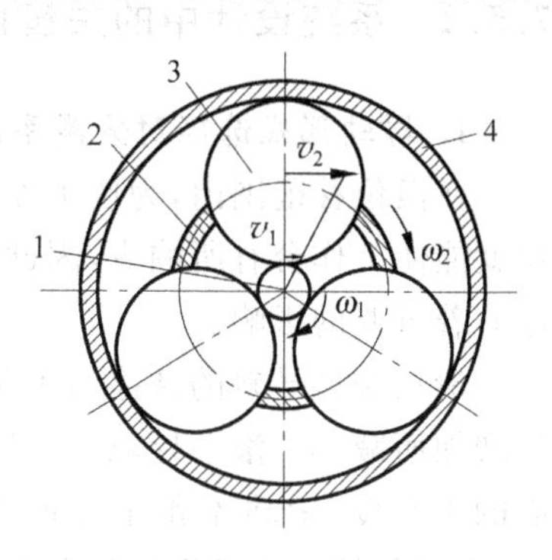


图7-41 摩擦传动原理

1—主动轴；2—空心轴；3—钢球；4—固定套筒

可见，传动比与$d_1$，$d_2$有关。主动轴的微小转角可以通过传动系统使工作台获得较小的微位移，由于采用了摩擦传动，与直接用手动轮相比，相对分辨率提高了，故可以获得较高的微动灵敏度。该机构不但灵敏度高，而且可以实现大行程，且稳定可靠，是比较理想的机械式复合微动机构。

## 7.5 精密微动系统设计实例

实现微位移机构的方案比较多，用途也很广泛。应以满足使用要求而又经济合理为准则。但作为精度补偿用的微动工作台，因其精度要求比较高，一般都在亚微米级以上，所以设计时除满足使用要求外，还应具有良好的静态特性和动态特性。

### 7.5.1 微动工作台设计要求

作为理想的精密微动工作台，应满足下列要求：

(1) 微动工作台的支承或导轨副应无机械摩擦和无间隙，使其具有较高的位移分辨率，以保证高的定位精度和重复精度，同时还应满足工作行程。

(2) 微动工作台应具有较高的几何精度，即颠摆、滚摆和摇摆误差要小，还应具有较高的精度稳定性。

(3) 微动工作台应具有较高的固有频率，以确保具有良好的动态特性和抗干扰能力，即最好采用直接驱动的方式，无传动环节。

(4) 微动系统要便于控制，而且响应速度快。

## 7.5.2 系统设计中的关键问题分析

### 1. 导轨形式选择对分辨率的影响

在微位移范围内,为使工作台具有较高的位移分辨率,希望驱动力或输入位移的微小变化就能使工作台有所响应,因此导轨副间的摩擦力及其变化特性,对工作台的微位移运动特性有着重要的影响。

滑动摩擦导轨的摩擦力不是常数,随相对静止持续时间的增加而增加,随相对滑动速度的增加而减小。滚动导轨虽然摩擦力的平均值很小,但由于滚动体和导轨面的制造误差、表面的不平度、滚动体和导轨面以及隔离架间的相对滑动,使滚动摩擦力在较大的范围内变动,会引起较大的随机位移误差,因此当滚动导轨进行微小间歇运动时,与滑动导轨的运动特性相类似。也就是说,在微位移范围内,滚动导轨和滑动导轨一样,存在着静摩擦力和动摩擦力的差别。

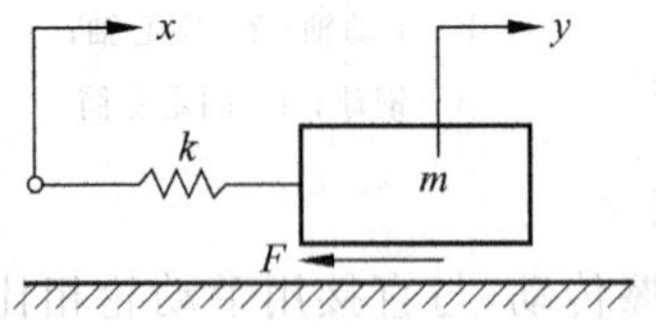

图 7-42 工作台和传动系统简化模型

根据上述结论,可以对滑动导轨和滚动导轨的分辨率及其影响因素作一简单分析。

图 7-42 所示为工作台和传动系统的简化模型。$m$ 为工作面的运动质量,$k$ 为传动系统的刚度,$F$ 为导轨之间的摩擦力。当工作台静止时,$F$ 取值 $F_s$;当工作台运动时,$F$ 取值 $F_m$,且 $F_s>F_m$,即

$$F=\begin{cases}F_s, & v=0\\ F_m, & v>0\end{cases} \tag{7-32}$$

式中,$v$ 为工作台的移动速度。

当输入位移 $x<F_s/k$ 时,工作台不产生运动,即输出位移为 $y=0$。

平衡方程为

$$F=kx \tag{7-33}$$

临界点为

$$F_s=kx_s \tag{7-34}$$

式中,$x_s$ 为临界位移。

当输入位移 $x>x_s$ 时,工作台开始运动,此时 $F=F_m$,其运动方程为

$$m\ddot{y}=(x-y)k-F_m,\quad x>x_s$$

即

$$\ddot{y}+\omega^2 y=\omega^2 x-\frac{F_m}{m} \tag{7-35}$$

式中,$\omega^2=\dfrac{k}{m}$。

解式(7-35),可得微分方程的解为

$$y=A\sin(\omega t+\varphi)+x-\frac{F_m}{k},\quad x>x_s \tag{7-36}$$

式中，$A$，$\varphi$为积分常数。当初始条件$t=0$时，$y=0$，$\dot{y}=0$，$x=x_s$，由此可得

$$A=-\frac{\Delta F}{k},\quad \varphi=\frac{\pi}{2}$$

式中，$\Delta F=F_s-F_m$。

将上式代入式(7-36)，则工作台的位移输出为

$$y=-\frac{\Delta F}{k}\sin\left(\omega t+\frac{\pi}{2}\right)+x-\frac{F_m}{k},\quad x>x_s \tag{7-37}$$

式(7-37)实质是系统在无阻尼情况下的位移阶跃响应。实际上导轨间存在着黏性阻尼，振动的振幅将逐渐衰减，经过一定时间后，系统达到稳态，即

$$y=x-\frac{F_m}{k}$$

根据$\Delta F=F_s-F_m$，将式(7-34)代入得

$$y=(x-x_s)+\frac{\Delta F}{k} \tag{7-38}$$

当$x\to x_s$时，可得系统的最小位移输出，即系统的位移分辨能力：

$$y_{min}=\frac{\Delta F}{k} \tag{7-39}$$

由式(7-39)可见，滑动导轨和滚动导轨的最小位移分辨能力主要受静、动摩擦力之差$\Delta F$和传动系统刚度$k$的影响，减小动、静摩擦力之差和提高传动环节的刚度是提高工作台位移分辨率的主要措施。但是，由于滚动导轨的结构比较复杂，制造困难，抗振性差，对脏物非常敏感，因此不适于做微动工作台。

事实上，静动摩擦力之差不是一个常数，而受相对滑动速度、导轨材料及导轨面润滑条件等因素的影响。

弹性导轨的工作原理如图7-43(a)所示。工作台由平行弹簧片支承，当受到驱动力$F$的作用时，弹簧片发生变形，使工作台在水平方向上产生微小位移$\delta$。由于弹性导轨仅利用受力后的弹性变形来实现微位移，故仅存在弹性材料内部分子之间的内摩擦，而且没有间隙，因此可以达到极高的分辨率。

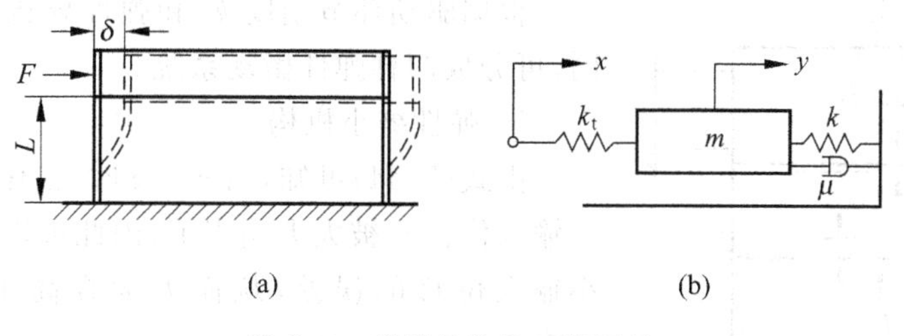


图7-43 弹性导轨的工作原理

设弹簧片的宽度为 $b$,厚度为 $t$,长度为 $L$,则弹性导轨在运动方向上的刚度 $k$ 为

$$k = \frac{2bt^3 E}{L^3} \tag{7-40}$$

式中,$E$ 为材料的弹性模量。

弹性导轨的工作台系统可简化为图 7-43(b)所示的模型,其中,$k_t$ 为传动部件的刚度,$k$ 为弹性导轨的刚度,$m$ 为工作台运动质量,$\mu$ 为阻尼系数。当输入位移为 $x$ 时,输出位移为 $y$,力平衡方程式为

$$m\ddot{y} + \mu\dot{y} + (k + k_t)y = k_t x \tag{7-41}$$

工作台系统的传递函数为

$$G(s) = \frac{k_x \omega_n^2}{s^2 + 2\xi\omega_n s + \omega_n^2} \tag{7-42}$$

式中,$k_x = \frac{k_t}{k+k_t}$;$\omega_n$ 为系统无阻尼自然频率,$\omega_n = \sqrt{\frac{k+k_t}{m}}$;$\xi$ 为阻尼比,$\xi = \frac{\mu}{2m\omega_n}$。

由于弹性导轨的阻尼比很小,根据传递函数 $G(s)$,可求出弹性导轨工作台系统在阶跃位移输入 $x$ 条件下的输出 $y(t)$:

$$y(t) = \frac{k_t x}{k + k_t}\left[1 - \frac{e^{-\xi\omega_n t}}{\sqrt{1-\xi^2}}\sin\left(\omega_d t + \arctan\frac{\sqrt{1-\xi^2}}{\xi}\right)\right] \tag{7-43}$$

式中,$\omega_d$ 为阻尼自然频率,$\omega_d = \omega_n\sqrt{1-\xi^2}$,$t \geqslant 0$。

当系统达到稳态后,其输出位移为

$$y = \frac{k_t}{k + k_t}x \tag{7-44}$$

由式(7-44)可以看出,$k$ 和 $k_t$ 都是系统的固有参数,所以输出位移随输入位移的变化是唯一确定的,不受初始条件及其他因素的影响。这表明弹性导轨系统可以获得稳定的高分辨率和运动精度。

由式(7-43)还可以看出,弹性工作台系统的瞬态阶跃响应是以阻尼自然频率为 $\omega_d$ 的衰减振荡,工作台位移达到稳态的时间与系统无阻尼自然频率 $\omega_n$ 成反比变化,即 $\omega_n$ 值越大,工作台的瞬态响应速度越快。

根据驱动环节刚度 $k_t$ 和弹性导轨刚度 $k$ 的取值不同,可分成两种弹性微动系统。

1) 弹性缩小机构

由式(7-44)可知,当 $k_t \ll k$ 时,工作台的位移 $y$ 相对于输入位移 $x$ 被大大缩小了,因此可以用这种机构来缩小输入位移的误差,从而大大提高工作台的位移分辨率。

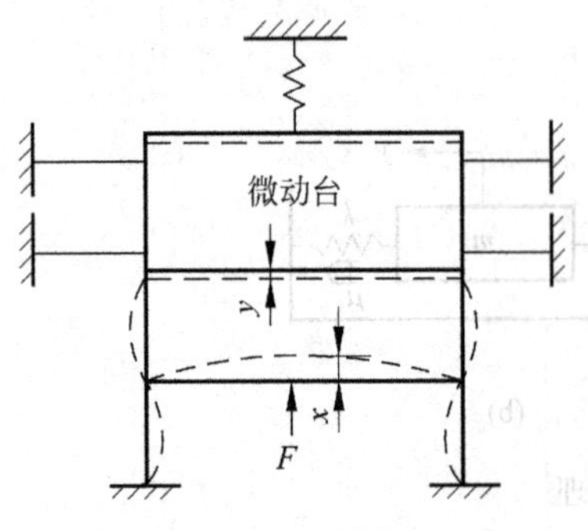

图 7-44 板形弹性导轨微动台

图 7-44 是清华大学研制的另一种弹性缩小机构。

正如这种机构的原理所表明的，其缺点是当工作台承受外力时，将直接产生定位误差。由式(7-43)可以看出，对步进状态的输入位移，输出将产生频率为 $\omega_d=\omega_n\sqrt{1-\xi^2}$ 的过渡性振荡，由于系统阻尼很小，振荡的幅值将很大。

2) 直接驱动机构

当 $k_t \gg k$ 时，式(7-44)变成

$$y \approx x \tag{7-45}$$

在这种情况下，弹性机构变成直接驱动机构。此时机构仍是一个二阶系统，由于 $y=x$，即输出位移完全被输入位移所约束，只要输入恒定，则输出不可能产生振荡。系统瞬态响应的上升时间为

$$t_r=\frac{\pi}{\omega_n\sqrt{1-\xi^2}} \tag{7-46}$$

可见，欲提高工作台的响应速度，在设计微动台时，应尽量提高系统的固有频率。

以上分析是以板簧为例进行的。其他弹簧如柔性铰链、碗簧以及膜盒膜片等作弹性导轨时，上述分析也适用。

**2. 微动工作台驱动**

由式(7-45)可见，弹性微动工作台的位移精度完全取决于输入位移的精度，因此如何产生微小位移是微位移技术中的重要问题。由7.1节可知，形成微位移的方法有两种：

(1) 通过机械方法缩小输入位移；

(2) 利用各种物理原理直接产生微小位移。

如前所述，机械式缩小方法，如弹性缩小机构、杠杆、楔块、丝杠等，都是通过缩小输入位移来提高位置分辨率的，已在实际中得到了应用，并达到了亚微米级的定位精度。但它们共同的缺点是结构复杂，体积大。故有各自的局限性。

直接产生微小位移的机构，按物理原理分主要有电热式、电磁式、压电和电致伸缩式及磁致伸缩式等。电热式和磁致伸缩式驱动装置已成功地应用于电子显微镜样品切片机和精密磨床的砂轮机微动调整上。但由于这两种微动装置伴随有发热现象，因此难以做到高精度。利用电磁吸力与平行弹性导轨的反力平衡，而实现亚微米级的微动装置也获得了广泛应用，它的特点是行程范围大、分辨率较高、精度较高；缺点是，为了将工作台保持一定位置时，电磁铁线圈中始终要通过一定的电流，结果由于发热而影响精度，此外这种结构的位移阶跃响应也同样有振荡的瞬态响应，存在着灵敏度高时难以稳定的问题。利用机电耦合效应，可以实现很高的位移分辨率(可达2.2～5 nm/V)，而机电耦合效应进行的速度快，来不及与外界交换热量，可以近似认为是绝热过程，因此不存在发热问题。利用机电耦合效应制成的微位移器的最大优点是，只需要控制外加电压，就容易实现0.01 μm级的超精密定位；它的缺点是行程小，压电类微位移器控制电压高。

**3. 微动工作台的测量与控制**

实现高精度的精密定位，一定要有与之相适应的高分辨率的位置测量装置。在选择测

量装置时除具有高分辨率的性能外,还应考虑测量范围、重复精度、可靠度及稳定性等。尽管目前测长方法很多,但精度到亚微米级的测量方法是有限的。实现动态测量主要有两种方法:激光测长和光栅测长。激光测长是比较理想的方法,因为它无需使用光栅测长时的高倍频就能获得较小的当量。光栅因受光衍射现象的影响,一般情况下,测量精度达到0.1 μm是比较困难的。

从目前的发展趋势看,由于以微型计算机为主体的数字技术发展得很快,伺服系统也普遍采用了微机数字闭环控制系统。除了控制点位外,还配有速度、加速度控制以及用计算机对系统误差进行修正和监视,使工作台达到较高的动态和静态精度。用微机控制不仅具有速度快、准确、灵活等优点,而且也便于实现精密工作台和整机设备的统一控制。

### 7.5.3 精密微动工作台的设计

以滑动导轨、滚动导轨及弹性导轨(指片簧、碗簧、膜盒等)为基本单元的工作台设计,在《精密机械设计》等书中已进行了详细论述,不再赘述。本节以柔性铰链为基本单元的弹性微动工作台为例,介绍亚微米级微动工作台的设计方法。

**1. 弹性X-Y精密微动工作台的设计**

1) X-Y微动工作台的设计技术指标及方案

根据亚微米级精密定位的要求,微动工作台应满足下列技术指标:

(1) 分辨率小于0.05 μm;

(2) 行程大于4 μm;

(3) 瞬态响应时间小于100 ms。

根据上述柔性铰链的特点,以柔性铰链为基本单元的弹性微动工作台的设计方案,采用电致伸缩微位移器驱动可以满足上述技术指标的要求。其基本结构如图7-45所示。通过在一块板材上加工孔和开缝,使圆弧切口处形成弹性支点(即柔性铰链),与剩余的部分成为一体,而组成平行四连杆机构。当在$AC$杆上加一力$F$时,由于4个柔性铰链的弹性变形,使$AB$杆在水平方向上产生一位移$\delta$,而实现无摩擦、无间隙和高分辨率的微动。

为增加弹性微动工作台的承载能力并提高运动方向上的刚度,确保工作台具有良好的动态特性和抗干扰能力,在不增加工作台尺寸(即厚度$b$)的前提下,应尽可能增大柔性铰链细颈处的厚度$t$,并减小圆弧切口的半径$R$。在这种情况下,$t$往往大于或等于$R$,即设计柔性铰链时应采用$t \geqslant R$条件下的设计方法。

2) 微动台基本模型及设计计算公式

图7-45所示的微动工作台基本结构设计时进行下列假设:

(1) 工作台运动时,仅在柔性铰链处产生弹性变形,其他部分可认为是刚体;

(2) 柔性铰链只产生转角变形,无伸缩及其他变形。

设4个柔性铰链的转角刚度为$k_\theta$,那么当四连杆机构在外力$F$的作用下产生$\delta$的平移时,每个柔性铰链所储存的弹性能为

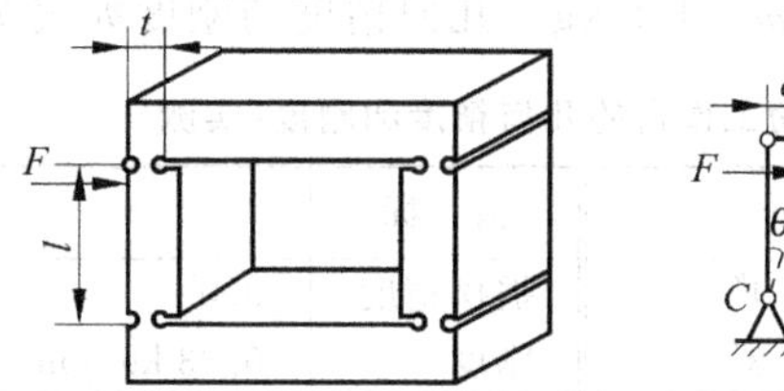

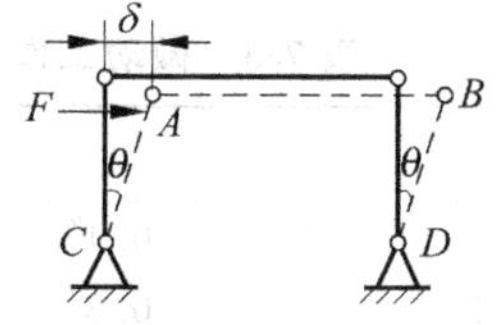


图 7-45 柔性铰链微动工作台模型

$$A_\theta = \frac{1}{2}k_\theta\theta^2 \tag{7-47}$$

式中，$\theta$ 为铰链转角，$\theta \approx \frac{\delta}{l}$；$K_\theta$ 可由表 7-2 查出。

外力 $F$ 所做的功为

$$A = \frac{1}{2}F\delta \tag{7-48}$$

由能量守恒定律，$A=4A_\theta$，可推导出弹性微动工作台的刚度值：

$$k = 4\frac{K_\theta}{l^2} \tag{7-49}$$

这就是微动工作台的基本设计计算公式。

3）弹性微动工作台的设计

在设计时，首先完成整个工作台的零件图及装配草图，选择材料，计算出该工作台的质量 $m$。然后确定柔性铰链的基本参数 $t$ 和 $R$。柔性铰链的基本参数 $t$，$R$ 应满足下列工作要求：

（1）柔性铰链内部应力要小于材料的许用应力。在微位移范围内，此条件一般都能满足。

（2）微位移器产生最大位移输出时，微动工作台的弹性恢复力应小于微位移器的最大驱动力。

（3）微动台的刚性应尽可能大，使其具有良好的动态特性和抗干扰能力。

根据微动工作台的结构原理，其振动模型可以简化为一阶弹簧质量系统，故微动工作台的固有频率为

$$f = \frac{1}{2\pi}\sqrt{\frac{k}{m}} \tag{7-50}$$

式中，$m$ 为弹性微动工作台部分的质量。

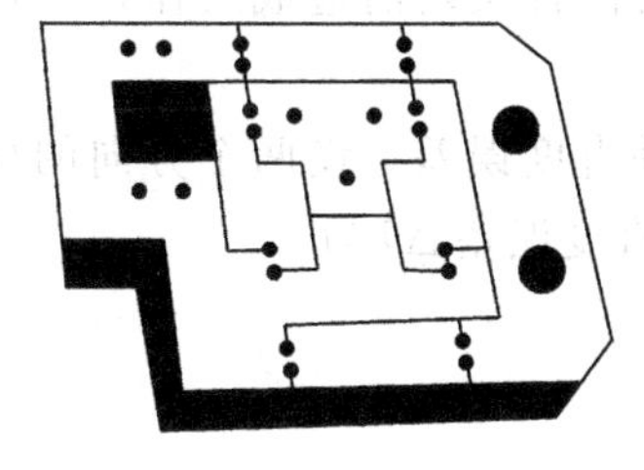

图 7-46 X-Y 柔性微动工作台

电致伸缩微位移器的驱动力在 20 kg 以上，可按式(7-49)和式(7-50)设计微动工作台。

本例题中，微动工作台的尺寸范围为 130 mm×100 mm×20 mm，如图 7-46 所示，固有频率 $f=219$ Hz，刚度 $k=$

0.35 kg/μm，$t$=2 mm，$R$=1.5 mm，$m$=1.8 kg。几何精度与刚度如表7-3所示。

表7-3 微动工作台的几何精度和刚度(实测)

| 指标 | $x$ | $y$ | 指标 | $x$ | $y$ |
|---|---|---|---|---|---|
| 滚摆精度 | 0.2″ | 0.4″ | 摇摆精度 | 8.0″ | 0.6″ |
| 颠摆精度 | 0.4″ | 0.8″ | 刚度 | 0.33 kg/μm | 0.36 kg/μm |

**2. 弹性微动工作台的误差分析**

1）弹性微动工作台设计误差分析

弹性微动工作台运动时，柔性铰链的实际变形有转角、挠度和伸缩3种。根据Paros近似公式，在$t$一定的情况下，转角、挠度、伸缩3种变形分别正比于$lR^{1/2}$，$R^{3/2}$和$R^{1/2}$，因而在$R$较小及$h\gg t$的条件下，实验结果表明它与理论设计值的误差小1%。可以认为，由于设计时假设只产生转角所造成的设计误差可以忽略。

2）微动工作台几何误差

微动工作台铰链圆孔的中心位置加工不准确，如图7-46所示，会造成柔性铰链位置和厚度$t$带来的误差。理想的微动工作台可以看成图7-47所示的平行四边形机构，当$\overline{AB}=\overline{CD}$时，连杆$AD$才能严格平移。若柔性铰链由于铰链的几何位置不精确，使$\overline{AB}\neq\overline{CD}$，设$\overline{AB}=a$，$\overline{CD}=a'$，$\Delta a=|a-a'|$，则引起的机构误差$\Delta\varphi$为

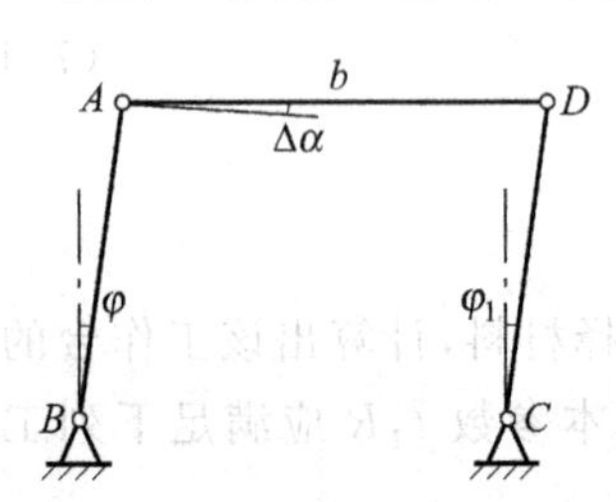

图7-47 微动工作台误差分析图

$$\Delta\varphi=\varphi_1-\varphi=\frac{\Delta\alpha}{\alpha}\tan\varphi$$

故$AD$杆的转角误差$\Delta\alpha$为

$$\Delta\alpha=\frac{a\cos\varphi-a'\cos\varphi_1-\Delta\alpha}{b}$$

式中，$\varphi_1=\varphi+\Delta\varphi$。由于$\Delta\varphi$很小，$\cos\varphi\approx1$，$\sin\varphi\approx\Delta\varphi$，则上式可简化为

$$\Delta\alpha\approx\frac{\Delta\alpha\cdot a(\cos\varphi-1)+\Delta\alpha\cdot a'\sin\varphi\tan\varphi}{ab}\tag{7-51}$$

因微动工作台的行程只有几十微米，所以$\varphi$值非常小，取$\cos\varphi\approx1$，$\sin\varphi\approx0$，因此由于$\Delta\alpha$引起的$AD$杆转角误差$\Delta\alpha\to0$。故由于孔加工精度引起的位置误差而造成工作台的摆角$\Delta\alpha$可以不予考虑。

柔性铰链的位置误差还会造成$x$，$y$方向四连杆机构的垂直度误差。设两个方向的杆长分别为$l_x$和$l_y$，孔的位置误差为±Δ，则可能造成的最大垂直度误差$\Delta\theta$为

$$\Delta\theta=2\Delta\left(\frac{1}{l_x}+\frac{1}{l_y}\right)$$

### 7.5.4 微动工作台的特性分析

#### 1. 静态特性

微动工作台的静态特性是指输入位移 $x$ 不随时间变化，即$\frac{dx}{dt}=0$ 时的特性。其静态特性主要取决于驱动器的特性，本例采用电致伸缩微位移器，故微动工作台的静态特性主要取决于电致伸缩微位移器的电压——位移特性。在电致伸缩微位移器上加电压，微动工作台就有位移输出，其目的是获得微动工作台的行程及分辨率，以及电压-位移曲线的线性度，以决定微动工作台的工作范围。

图 7-48 是用 WTDS-1A 电致伸缩微位移器测试的电压-位移特性曲线，曲线呈抛物线形（只画一半）。从曲线可见，在升压（伸长）和降压（回缩）时两条曲线不重合，存在着迟滞现象。电压在 100～220 V 范围内时线性度较好，位移回零重复性优于 0.01 μm，位移分辨率为 0.01 μm，行程大于 7 μm。

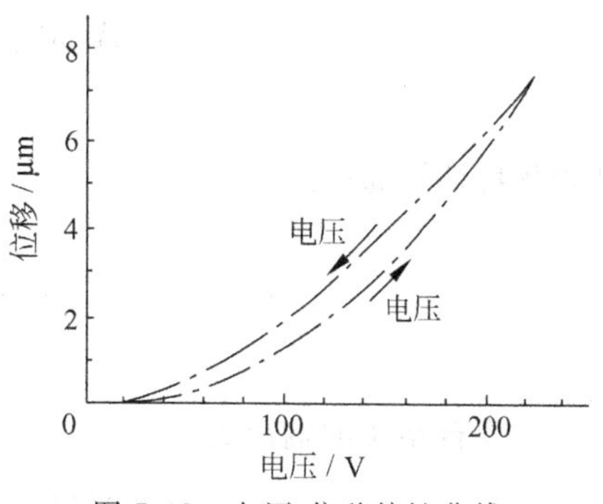

图 7-48 电压-位移特性曲线

分析静态特性为微动工作台的使用，例如行程、分辨率、线性范围等提供了依据，同时也为高精度补偿的修正（迟滞现象引起误差），提供了正确的数据。

#### 2. 动态特性

工作台的动态特性是指输入位移按正弦变化条件下的特性。研究微动工作台动态特性的目的是避免系统在刚度极小值（即谐振频率）附近工作，以免给系统带来很大的误差，甚至无法工作乃至破坏；其次是固有频率 $\omega_0$ 和阻尼比 $\xi$ 反映了系统在动态激励下的响应速度和超调过冲量的大小。

1）幅频特性，静、动态刚度

弹性微动工作台系统简化模型是图 7-43(b) 所示的质量-弹簧-阻尼二阶系统。根据式(7-41)，其力平衡方程式为

$$m\ddot{y}+\mu\dot{y}+(k+k_t)y=k_t x$$

当外力 $F_0=k_t x=$常数时，

$$\dot{y}=0,\quad \ddot{y}=0$$

此时系统的刚度为静刚度 $k_0$，即

$$k_0=\frac{F_0}{y_0} \tag{7-52}$$

式中，$y_0$ 为外力 $F_0$ 为常数时工作台的位移。

当外力按正弦变化时，有

$$m\ddot{y}+\mu\dot{y}+k'y=f\sin\omega t \tag{7-53}$$

式中,$k'=k+k_t$。

对式(7-53)进行变换后得

$$\ddot{y}+2\xi\omega_0\dot{y}+\omega_0^2 y=\frac{f}{m}\sin\omega t \tag{7-54}$$

式中,$\omega_0$ 为固有频率,$\omega_0=\sqrt{\frac{k'}{m}}$;$\xi$ 为阻尼比,$\xi=\frac{\mu}{2\sqrt{mk'}}$。

对式(7-54)进行傅里叶变换,得到幅频特性为

$$A(\omega)=\frac{\frac{1}{k'}}{\sqrt{\left(1-\frac{\omega^2}{\omega_0^2}\right)+4\xi^2\frac{\omega^2}{\omega_0^2}}} \tag{7-55}$$

其相频特性 $\varphi(\omega)$ 为

$$\varphi(\omega)=-\arctan\frac{2\xi\frac{\omega}{\omega_0}}{1-\frac{\omega^2}{\omega_0^2}} \tag{7-56}$$

微动工作台系统的输出为

$$y(t)=A(\omega)f\sin[\omega t+\varphi(\omega)] \tag{7-57}$$

其幅频特性与相频特性曲线如图7-49所示。

当 $\omega=0$ 时,$A(\omega)=1/k'$,$\varphi(\omega)=0$;当 $\omega=\sqrt{1-2\xi^2}\,\omega_0$ 时,$A(\omega)$ 有极值:

$$A(\omega)=\frac{1}{2\xi k'\sqrt{1-\xi^2}}$$

当 $\omega=\omega_0$ 时,$A(\omega)=\frac{1}{2\xi k'}$,$\varphi(\omega)=90°$。此时若 $\xi\to 0$,则 $A(\omega)\to\infty$,输出量的幅度远远大于输入量,这一现象称为谐振。即当输入位移的频率等于工作台系统的固有频率时发生谐振。由图7-49可见,$\xi=0$ 时有明显的谐振现象。随着 $\xi$ 的增大,谐振现象逐渐下降。当 $\xi\geqslant\frac{\sqrt{2}}{2}=0.707$ 时不再出现共振现象。此时 $A(\omega)$ 随 $\omega$ 增加而单调下降。当 $\omega\to\infty$ 时,$A(\omega)\to 0$,$\varphi(\omega)\to -180°$。

系统的动态刚度为

$$k_{动}=k'\sqrt{\left(1-\frac{\omega^2}{\omega_0^2}\right)^2+4\xi^2\frac{\omega^2}{\omega_0^2}} \tag{7-58}$$

2) 阶跃响应

单自由度的弹簧质量系统在阻尼比 $0<\xi<1$ 时,对单位阶跃输入的响应为

$$y(t)=1-\frac{e^{-\xi\omega_n t}}{\sqrt{1-\xi^2}}\sin\left(\omega_d t+\arctan\frac{\sqrt{1-\xi^2}}{\xi}\right) \tag{7-59}$$

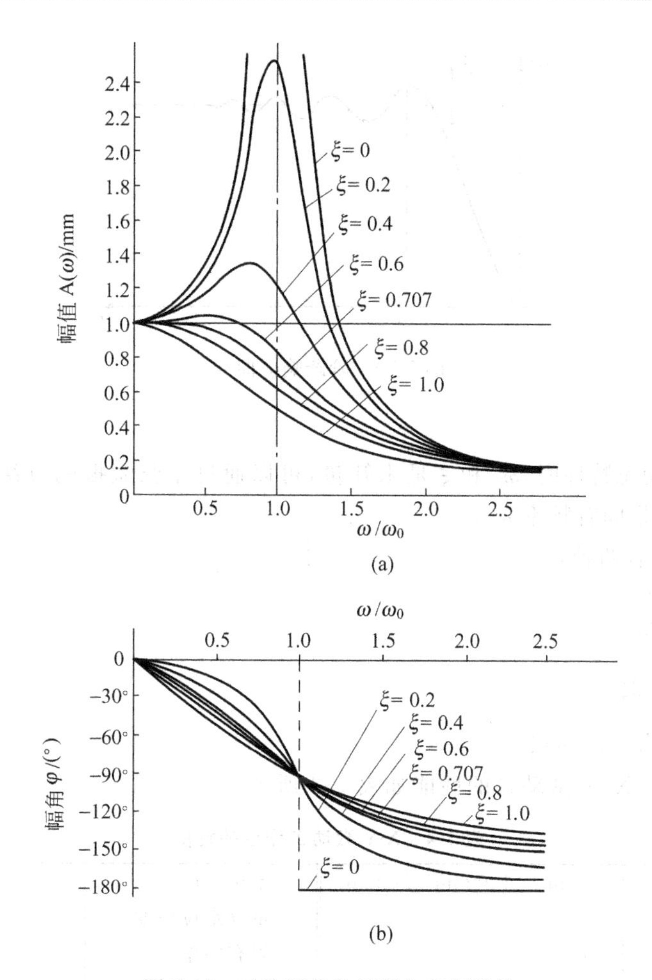


图 7-49 二阶环节的幅频和相频特性

式中，$\omega_d$ 为阻尼自然频率，$\omega_d=\omega_n\sqrt{1-\xi^2}$。

阶跃响应曲线如图 7-50 所示。图中，$M_p$ 为最大超调量，它的大小反映了系统的相对稳定性，其计算公式为

$$M_p = e^{-\left(\xi\sqrt{1-\xi^2}\right)\pi} \tag{7-60}$$

$$t_p = \frac{\pi}{\omega_0\sqrt{1-\xi^2}} \tag{7-61}$$

式中，$t_p$ 为峰值时间，它说明了系统瞬态响应速度。达到并保持在一个允许误差范围内所需要的时间称为调整时间，用 $t_s$ 表示，$t_s\propto\dfrac{1}{\xi\omega_0}$。它表示系统的响应速度，$\omega_0$ 越大，系统的响应速度越快。用阶跃激振的方法可以直接测量 $M_p$ 和 $t_p$，也可用 $\omega_0$，$\xi$ 值计算得到 $M_p$ 和 $t_p$。

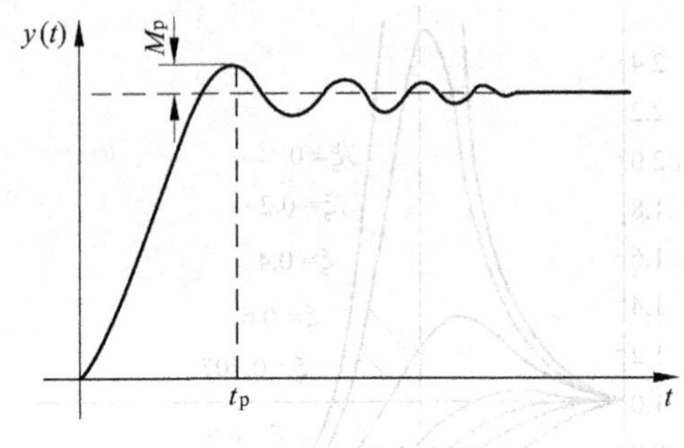


图 7-50 阶跃响应曲线

3）参数估计

在研究系统动态特性时，$\omega_0$ 和 $\xi$ 是未知量，可以通过正弦激振的方法测出幅频特性曲线，其最大峰值就是固有频率 $\omega_0$。

$\xi$ 的判断方法有两种：

(1) $\dfrac{A(\xi)}{A(0)}=\dfrac{1}{2\xi}$;

(2) $\dfrac{\omega_2-\omega_1}{\omega_0}=2\xi$。 (7-62)

式中，$\omega_1$，$\omega_2$ 为半功率点。

本例题中弹性 X-Y 微动台的性能如表 7-4 所示。

**表 7-4 X-Y 微动工作台的性能**

| | | | |
|---|---|---|---|
| 轮廓尺寸 | 130 mm×100 mm×20 mm | 定位精度 | ±0.03 μm |
| 运动坐标 | $x$，$y$ | 重复定位精度 | ±0.03 μm |
| 位移行程 | 7 μm | 固有频率 | >190 Hz |
| 位移分辨率 | 0.01 μm | 最大定位时间 | 64 ms |

## 习 题

7-1 精密微位移工作台应满足哪些技术要求？试分析各项技术要求对微动工作台特性的影响。

7-2 滑动导轨和滚动导转在微位移范围内的运动特性是否相似？为什么？影响滑动导轨和滚动导轨微动能力的主要因素是什么？能否实现亚微米或更高的分辨率？

7-3 压电效应和电致伸缩效应在机理上有何不同？用电压-位移曲线表示之，并分析比较两种元件的特点。

7-4 扩大压电陶瓷变形量有几种方法？你认为哪种方法更适合较大行程？

7-5 某电致伸缩微位移器由 $n$ 片厚度为 $t$ 的 PZT：La 组成，电致伸缩系数为 $M$，求这个微位移器所产生总的位移量 $D$，并画出它的特性曲线。

已知：$n=65, t=0.3$ mm，$M=5.5\times10^{-16}$ $m^2/V^2$，$U=300$ V

（提示：电致伸缩微位移器结构是机械串联，电压为并联）

7-6 在电磁控制的微动工作台中，控制电流变化速度有何意义？

7-7 改善电磁控制的微动工作台的精度与扩大范围采用何种方法？这种方法基于何种原理？

7-8 细绳索悬吊式电磁控制微动工作台，其间隙 $d_{max}=5\times10^{-3}$ mm，悬吊金属丝长度 $L=4\times10^{-1}$ m，空气导磁率 $\mu_0=0.62\times10^{-6}$ H/m，线圈圈数 $N=800$，电流 $I=2$ A，弹簧为圆柱形螺旋弹簧，弹性系数 $\alpha=(2.83\times10^2)$kg/m。求微动工作台的位移量。

7-9 设计一悬吊式电磁控制的微动工作台。已知设计精度 $K=5\times10^{-6}$ m，定位范围 $\Delta d=2.5\times10^{-4}$ m，$\Delta d_{max}=7.5\times10^{-3}$ m，悬吊金属丝长度 $L=3\times10^{-1}$ m，采用弹簧的弹性系数 $\alpha=2.83\times10^2$ kg/m，空气导磁率 $\mu=0.62\times10^{-6}$ H/m，采用纯铁。试确定：(1)线圈圈数；(2)磁饱和密度；(3)磁检面积；(4)电流变化速度；(5)画出简图。

7-10 采用柔性铰链的微动工作台与其他方案相比有何优点？

7-11 柔性铰链微动工作台的设计中，在工作台的基本尺寸确定后“可按工作要求确定柔性铰链的参数 $R$ 和 $t$”，这里所说的工作要求的含义是什么？

7-12 试分析参数 $\omega_0, M_p, t_p$ 对工作台特性的影响。

7-13 若要提高微动工作台的瞬时响应速度，应如何设计微动工作台的参数？

7-14 柔性铰链在外力作用下有几种变形？在微动工作台设计时作了哪些假设。

7-15 有一柔性铰链微动工作台，其中柔性铰链的 $t=1$ mm，$R=2$ mm，$l=43$ mm，运动质量 $m=1.75$ kg。试估算微动工作台的刚度 $k$、固有频率 $f$ 和瞬态响应时间。

7-16 设计一柔性铰链微动工作台，技术要求如下：

行程为 10 $\mu$m，分辨率小于 0.01 $\mu$m 精度为 0.03 $\mu$m，外形尺寸小于 50 mm×40 mm

(1)试确定 $R, t$；(2)计算 $m$(选择材料)；(3)计算刚度 $k$、固有频率 $f_0$ 和瞬态响应时间 $t$；(4)画出零件草图。

7-17 一柔性铰链微动工作台，行程为 100 $\mu$m，微动台摆杆长 $l=60$ mm，材料为硬铝，微位移器为电致伸缩器件，行程为 10 $\mu$m。

(1)求微动工作台的刚度与最大驱动力；(2)校核微动台在移动 100 $\mu$m 时是否发生塑性变形。

（硬铝的弹性模量 $E=0.71\times10^4$ kg/mm$^2$，比例极限 $\sigma_p=34$ kg/mm$^2$，板材厚度 $b=25$ mm，$R=2$ mm，$t=1$ mm）

7-18 分析比较各种机械式微位移机构的特点并列举实用例子。

7-19 试对实现高精度定位精度的技术路线进行分析。

7-20 试总结各种微位移机构的原理及特点。

# 8 机械伺服系统设计

机械伺服系统是实现现代测控仪器智能化、自动化、高效率和高精度的基础。机械伺服系统设计应根据需要选择合适的种类，确定合理的相关参数，建立模型并进行相应分析。

伺服控制系统的分析和设计经历了经典控制论和现代控制论两个发展阶段。经典控制论以传递函数为基础，属于输入输出分析法，又称外部描述法。常用的经典控制系统的设计方法有时域设计法、频域设计法、根轨迹法、零点极点综合法和解析设计法等。现代控制论建立在状态空间法的基础之上，它为控制系统分析和设计提供了更精确、更完备的数学模型，是一种内部描述法。由于经典的控制系统设计方法不仅是理解现代控制理论的前提和基础，而且也是大多数控制系统在设计过程中常用的基本方法，因此本章主要应用经典设计理论，介绍精密机械伺服系统的设计。通过本章的学习，学生应掌握机械伺服系统的分类及优缺点，掌握设计过程和设计方法。

## 8.1 概　述

本节主要讲述机械伺服系统的基本概念。

### 8.1.1 伺服系统的分类及闭环控制系统的构成和设计步骤

伺服控制系统可以从不同的角度进行分类，如图 8-1 所示。

设计中常按系统结构形式分类方法进行研究。

**1. 开环伺服系统**

典型的开环伺服系统如图 8-2 所示，它是采用步进电机的伺服系统。步进电机每接收一个指令脉冲，电机轴就转动相应的角度，驱动工作台移动。工作台移动的位移和指令脉冲的数量成正比，工作台的移动速度和指令脉冲的频率成正比。

这种开环系统的精度完全依赖于步进电机的步距精度和机械系统的传动精度，比闭环系统低，但其结构简单，调试容易，造价低，因此常用于中等以下精度的精密机械系统。

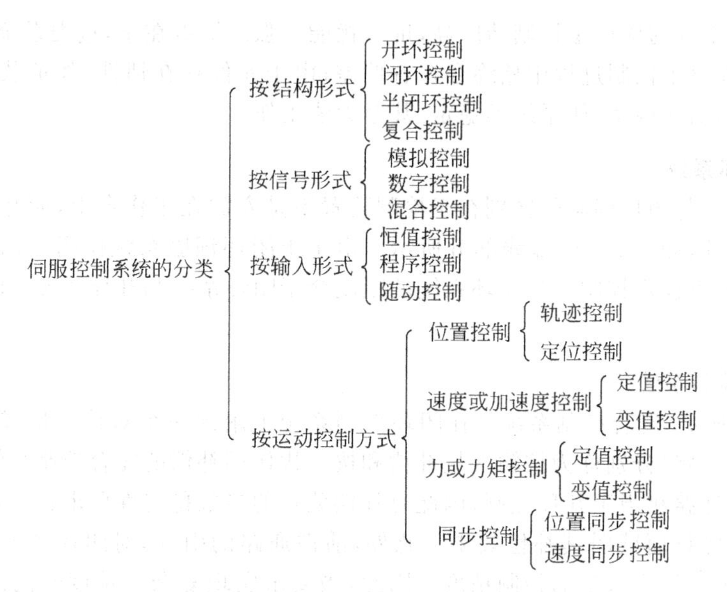


图 8-1　伺服控制系统分类方法

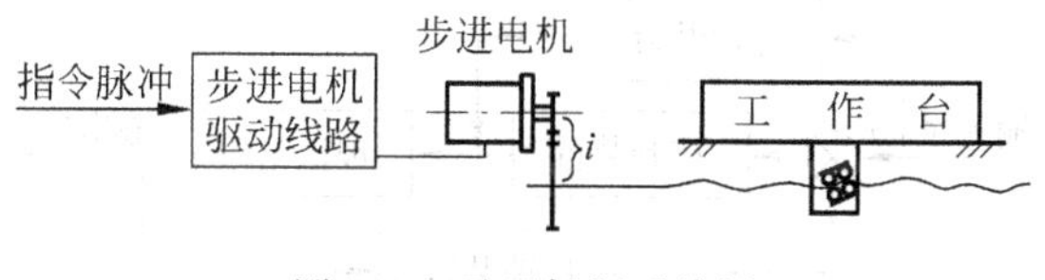


图 8-2　开环伺服系统图

**2. 闭环伺服系统**

在开环系统的输出端和输入端之间加入反馈测量回路(环节)就构成了闭环伺服系统，典型方案如图 8-3 中实线部分所示。

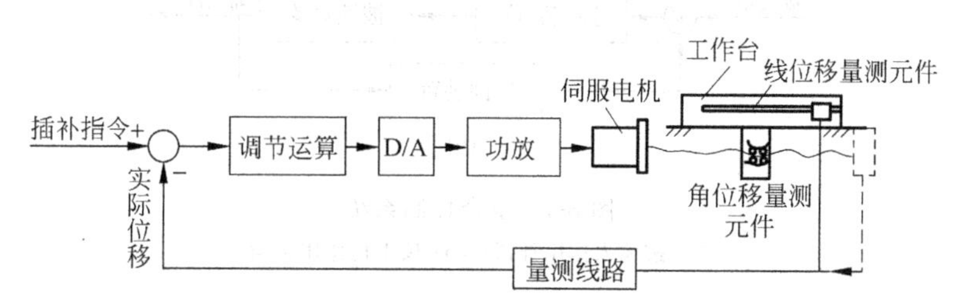


图 8-3　闭环(半闭环)伺服系统

这种系统在工作台上装有位置检测装置，可以随时测量工作台的实际位移，进而将测定值反馈到比较器中与指令信号进行比较，并用比较后的差值进行控制。因此能校正传动链内由于电器、刚度、间隙、惯性、摩擦及制造精度所形成的各种误差，从而提高系统的运动精度。

闭环控制系统的优点是控制精度高,抗干扰能力强。缺点在于,这类系统是靠偏差进行控制的,因此在整个控制过程中始终存在着偏差;由于元件存在惯性(如负载的惯性),若参数配置不当,易引起振荡,使系统不稳定,甚至无法工作。

**3. 半闭环系统**

半闭环系统与闭环伺服的区别在于检测装置不是安放在工作台上,而是装在滚珠丝杠或电机轴的端部,如图8-3中虚线部分所示。由于半闭环伺服系统比闭环伺服系统的环路短,因此较易获得稳定控制。半闭环系统的精度介于闭环系统和开环系统之间,用于要求不太高的情况下。

**4. 复合控制系统**

如图8-4所示,复合控制系统是在闭环控制系统上附加一个对输入量或对干扰作用进行补偿的前馈通路(分别称为按输入量补偿和按干扰作用补偿的复合控制系统)。复合控制系统中的前馈通路相当于开环控制,因此对补偿装置的参数稳定性要求较高,否则会由于补偿装置的参数漂移而减弱其补偿效果。此外,前馈通路的引入,对闭环系统的性能影响不大,但却可以大大提高系统的控制精度。因此,当要求实现复杂且精度较高的运动时,可采用复合控制系统。

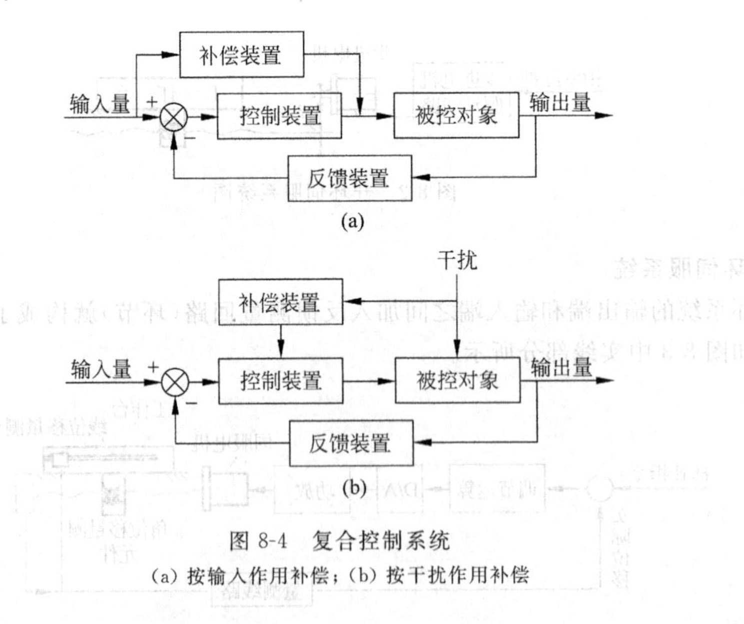


图8-4 复合控制系统
(a) 按输入作用补偿;(b) 按干扰作用补偿

## 8.1.2 设计要求及性能指标

应用场合不同,对控制系统的要求也不同。从控制工程的角度来看,对控制系统有一些共同的要求,可归结为稳定性、精确性、快速性、灵敏性等。这些性能要求主要以动态或静态性能指标体现。

**1. 设计要求**

1) 稳定性

稳定性是保证控制系统正常工作的先决条件。稳定性是指当作用在系统上的扰动信号消失后,系统能够恢复到原来的稳定运行状态;或者在输入的指令信号作用下,能够达到新的稳定运行状态。伺服系统在其工作范围内必须是稳定的,其稳定性主要取决于系统的结构及组成元件的参数。

2) 精确性

控制系统的精确性即控制系统的精度,是现代测控仪器设计的主要目标参数。一般以稳态误差来衡量。所谓稳态误差是指以一定变化规律的输入信号作用于系统后,当调整过程结束而趋于稳定时,输出量的实际值与期望值之间的误差值。

系统中所有元件的误差都会影响到系统的精度,如传感器的灵敏度和精度、伺服放大器的零点漂移和死区误差、机械装置中的反向间隙和传动误差、各元器件的非线性因素等,反映在伺服系统上就会表现出动态误差、稳态误差和静态误差。伺服系统应在比较经济的条件下达到给定的精度。

3) 快速性

快速性反应现代测控仪器在满足一定测量精度要求下的测量速度。快速性取决于系统的阻尼比和固有频率,由上升时间和调整时间来描述。减小阻尼比或增加固有频率可以提高快速响应性,但对系统的稳定性和最大超调量有不利影响。

4) 安全性

由于技术上的原因,安全控制的问题尚未很好解决,在国内外发生过不少次安全事故,损失巨大。因此国内外对于控制系统的故障诊断与安全十分重视,成立了专门的专业委员会,负责这一学科的组织和发展工作。

受控对象的具体情况不同,各种系统对稳定、精确、快速及安全的要求是各有侧重的。例如,调速系统对稳定性要求较严格,随动系统则对快速性提出了较高的要求。即使对于同一个系统,稳、准、快也是相互制约的。提高快速性,可能会引起强烈振荡;改善了稳定性,控制过程又可能会过于迟缓,甚至精度也会变差。

**2. 性能指标**

性能指标反应仪器在工作时表现的性能好坏。仪器的工作过程从时间角度可以分为过渡过程和稳态过程两部分。

1) 过渡过程和动态性能

过渡过程是指从开始有输入信号到系统输出量达到稳定之前的响应过程,也叫动态过程。根据系统结构和参数选择的情况,过渡过程表现为衰减、发散或等幅振荡形式。显然一个可以运行的控制系统,其过渡过程必须是衰减的,也就是必须是稳定的。除提供有关系统稳定的信息外,过渡过程还可提供输出量在各个瞬时偏离输入量的程度以及有关时间间隔的信息,这些信息就反映了系统的动态性能。

在阶跃函数作用下,反映控制系统动态性能的时域指标有延迟时间、上升时间、峰值时间、调节时间、超调量和振荡次数。其中,上升时间、峰值时间和调节时间表示过渡过程进行得快慢,是快速性指标;超调量和振荡次数反映过渡过程的振荡激烈程度,是振荡性指标。

除了上述控制系统的时域指标外,还可以用频域指标来表征控制系统的动态性能。在控制系统中最重要的频域指标是带宽。带宽表示了系统响应的快慢,带宽越宽,则系统阶跃响应的上升速度越快。带宽还反映出系统对噪声的滤波能力,由于一般噪声的频率都较高,故带宽越宽,则系统对噪声的滤波能力越差。

2) 稳态过程和稳态性能

控制系统在单位阶跃函数作用下,在经历过渡过程之后,随着时间趋向于无穷时的响应过程,称为稳态过程。稳态过程表征系统输出量最终复现输入量的程度。如果当时间趋于无穷时,系统的输出量不等于输入量或输入量的确定函数,则认为系统存在稳态误差。稳态误差不仅反映了控制系统稳态性能的优劣,而且是表征控制系统精度的重要技术指标。

### 8.1.3　伺服系统的设计步骤

控制系统的设计任务就是根据控制对象特性、技术要求及工作环境,选择设计元、部件及信号变换处理装置,组成相应形式的控制系统,完成给定的控制任务。控制系统的设计一般按图8-5所示的步骤进行。

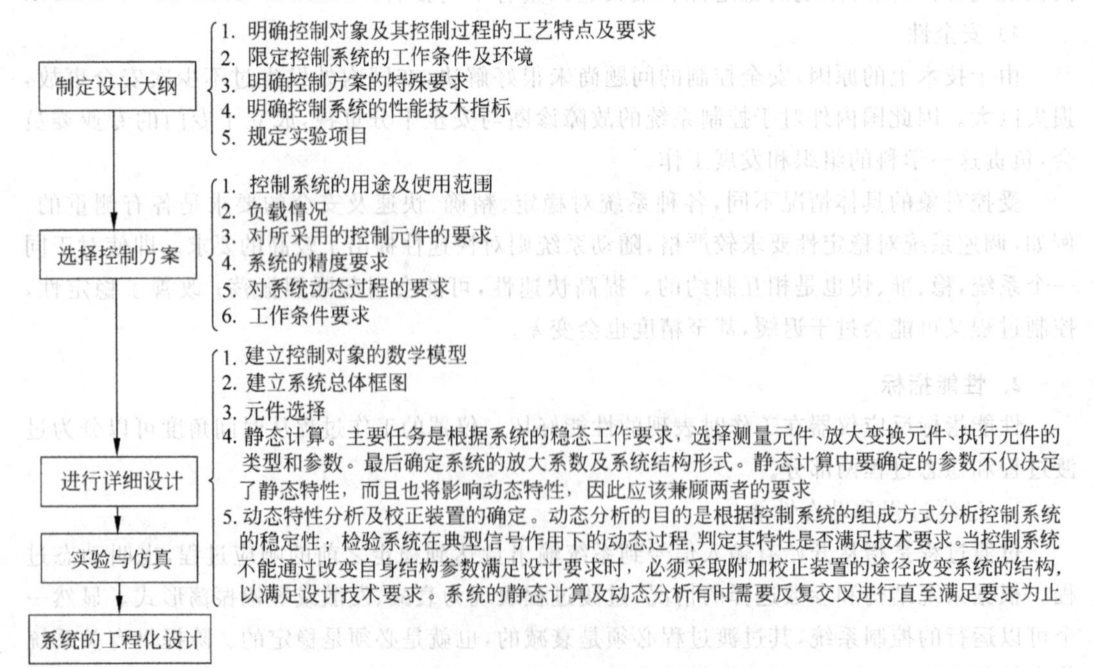


图8-5　伺服系统设计步骤

实际上，控制系统的设计问题是一个从理论设计到实践，再从实践到理论设计的多次反复过程。

## 8.2 开环伺服系统设计

本节主要讲述开环系统的构成、误差分析与校正。开环系统的机械传动装置主要是以步进电机作为驱动部件，通过减速齿轮箱匹配转速和转矩，经滚珠丝杠、螺母副将转动变换为工作台的移动。因此，各环节的误差都对精度产生影响。分析各项误差，进而采取相应措施以提高精度是十分重要的。

步进电机和普通电动机的不同之处在于它是一种将电脉冲信号转化为角位移的执行机构，它同时完成两个工作：一是传递转矩，二是控制转角位置或速度。

步进电机作为执行元件，是机电一体化的关键产品之一，广泛应用在各种自动化设备中，例如数控车床、数控磨床、数控铣床、线切割机床、电火花加工机床、绣花机、行缝机、包装机械、印刷机械、封切机、纺织机、雕刻机、焊接机械、电梯门机、电动门机、捆钞机、切料机等。

### 8.2.1 步进电机控制系统

**1. 步进电机驱动系统的构成**

步进电机必须有驱动器和控制器才能正常工作。驱动器的作用是对控制脉冲进行环形分配、功率放大，使步进电机绕组按一定顺序通电。其原理如图 8-6 所示。

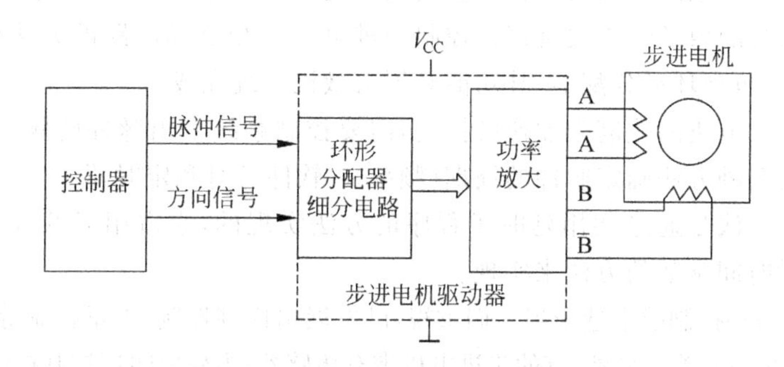


图 8-6 步进电机驱动系统的构成

步进电机控制器和驱动器主要实现以下功能：

(1) 脉冲信号的产生。脉冲信号一般由单片机或 CPU 产生，一般脉冲信号的占空比为 0.3～0.4 左右，电机转速越高，占空比越大。

(2) 信号分配。形象地称为环形分配器。

感应子式步进电机以二、四相电机为主。二相电机的工作方式有二相四拍和二相八拍两种，具体分配如下：二相四拍的步距角为 1.8°；二相八拍的步距角为 0.9°。四相电机的工作方式也有两种,四相四拍为AB-BC-CD-DA-AB,步距角为1.8°;四相八拍为AB-B-BC-C-CD-D-AB,步距角为0.9°。

普遍采用的环形分配器有硬件环分和软件环分两种。

软件环分是指利用软件实现步进电机的脉冲分配方法,通常有查表法和代码循环法。软件环形分配器要占用主机的运行时间,降低了速度,实时性不好。

硬件环分主要有由分散器件组成的环形脉冲分配器、专用集成芯片环形脉冲分配器等。分散器件组成的环形脉冲分配器体积比较大,同时由于分散器件的延时,其可靠性大大降低;专用集成芯片环形脉冲分配器集成度高、可靠性好,但其适应性受到限制,同时开发周期长、需求费用较高。

**2. 控制系统的结构**

由于步进电机具有根据脉冲指令运行的能力,所以步进电机在开环控制中和其他电动机相比有不可比拟的优势。然而随着控制精度要求越来越高,为了对步进电机的失步、越步或细分精度进行补偿,利用步进电机构成闭环的应用越来越多。

根据各部分功能采用的元件不同,开环系统有很多种。例如,控制器有专用控制器、计算机型控制器(此处指广义的计算机如个人计算机、单片机、DSP、PLC、FPGA和DDS等);环形分配器可由硬件构成、专用芯片实现或计算机软件设计实现;驱动器可以是由电力电子元件设计的一般放大器,也可以是PWM驱动器等。

根据结构不同,开环控制系统分为串行控制和并行控制。具有串行控制功能的单片机系统与步进电机驱动电源之间具有较少的连线。这种系统中,驱动电源中必须含有环形分配器。用微机系统的数条端口线直接去控制步进电机各相驱动电路的方法称为并行控制。在驱动电源内,不包含环形分配器,其功能必须由微机系统完成。

为了实现步进电机的速度和加速度控制,需要控制系统发出脉冲的频率或者换相的周期。系统可以用两种方法确定脉冲的周期(频率):软件延时和定时器。

软件延时的方法是通过调用延时子程序的方法实现的,它占用CPU时间。定时器方法通过设置定时时间常数的方法来实现。

步进电机的闭环控制越来越受到人们重视,已发展出模糊控制、矢量控制等多种控制方式,具体内容可参见相关专著。另外,有的步进电机带有传感器,为构成闭环控制提供了条件。

### 8.2.2 开环系统的误差分析与校正

**1. 误差分析**

1) 步进电机误差

步进电机的误差主要有自身的步距误差、运行中丢步和越步引起的误差。后两者应根据步进电机的特性及工作条件加以避免。

步进电机的步距误差一般在±15′左右,经过精密调整之后,可以提高到±10′以内。步进电机单步运行时，可能出现超调和振荡，突然启动时有滞后。但由于这些误差较小，一般可以忽略不计。

2）减速齿轮箱误差

齿轮副的加工和装配误差会影响工作台的位置精度，齿轮副间隙还会在工作台反向移动时出现死区（丢步）。为减少误差，有时采用偏心圈调整齿轮副的中心距和采用双片齿轮错位以减小间隙，但不能完全消除。图 8-7 表示几种消除间隙的结构。

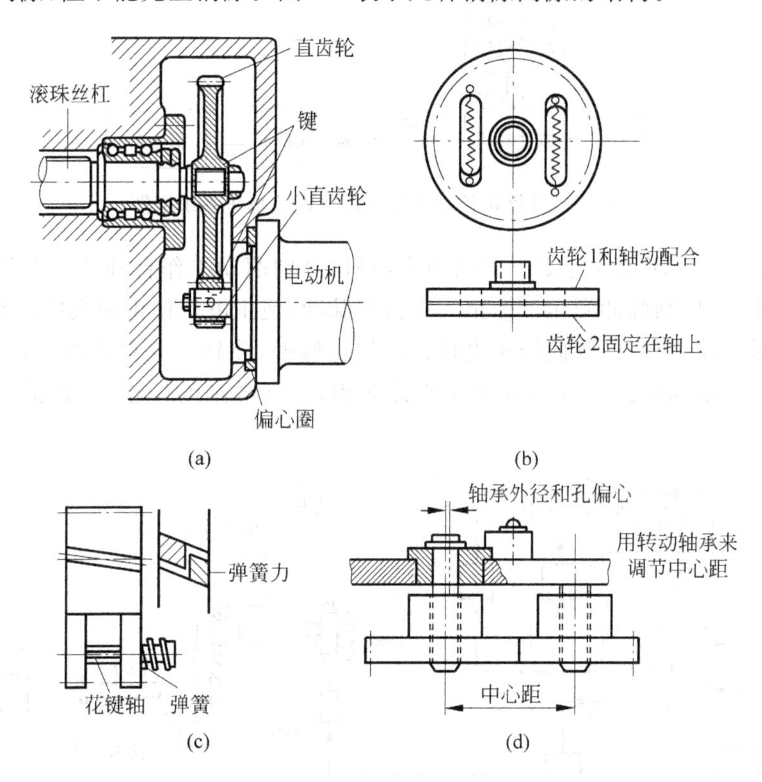


图 8-7 消除间隙的结构

(a) 用转动偏心圈来调整中心距(驱动用)；(b) 用双片齿轮消除间隙(用于仪器齿轮)；
(c) 用轴向调节小齿轮消除间隙；(d) 用偏心轴承调整的方法(驱动用)

3）滚珠丝杠、螺母副误差

滚珠丝杠和螺母副之间的间隙可以采用预紧措施加以消除，但螺距误差、支架刚度、导轨误差、摩擦和热变形等因素都不可避免地会对工作台的移动产生直接影响。

**2. 误差校正**

误差的校正方法主要有细分校正（如前述）、硬件校正和软件校正等。目前多用细分校正和软件校正。在此简单讲述软件校正方法即计算机控制的数字仿真误差校正系统。

1）工作原理

利用计算机进行误差校正，需要预先将实测的工作台位移误差数学模型置于微计算机中。在工作时,计算机一方面输出工作指令,驱动工作台移动;一方面计算误差,输出校正指令,形成附加移动,用以校正位移误差。

控制方案大致可以分为两类:一类是图8-8所示的方案。计算机将指令的理论值 $I$ 和按给定的误差仿真数学模型计算出的误差值 $\Delta I$ 进行求和,输出实际指令值 $I+\Delta I$,进而驱动伺服元件按照实际指令值控制工作台移动。这种方案的优点是机械结构简单。

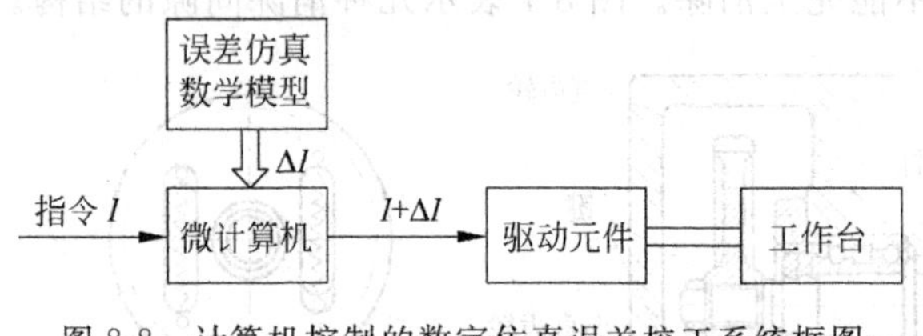


图8-8 计算机控制的数字仿真误差校正系统框图

另一类是图8-9所示的方案。采用两个电机,分别驱动工作台和校正装置运动。计算机按照输入指令,控制脉冲发生器输出一个指令脉冲,使主电机作正向或反向旋转。误差数字仿真器就进行误差计算,并向校正电机输出校正脉冲,使转台获得附加运动,实现误差校正。校正脉冲当量通常比指令脉冲当量小许多倍,得到微细的校正,达到提高回转精度的目的。

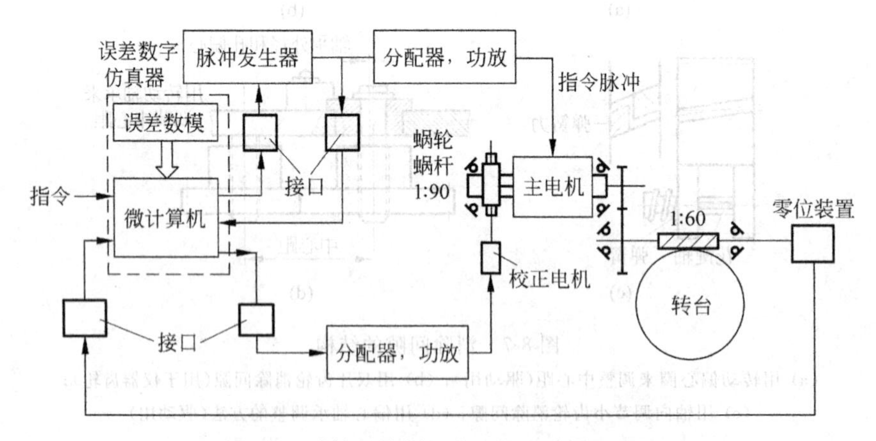


图8-9 计算机控制的误差校正系统原理图

2) 误差仿真数学模型

为建立误差仿真数学模型,首先需要精确测定转台的有限数量的实际角位移值,其结果如图8-10所示。由图可见,误差曲线的分布规律是在一个近似于正弦的大周期函数上叠加若干个形状不规则的小周期误差函数。大周期反映了蜗轮的制造和装配误差,小周期则反映了从主电机到蜗杆的综合传动误差。正、反向传动误差并不相同。

3) 软件设计

误差仿真数学模型和有关系数存放在存储器中,程序流程框图如图8-11所示。

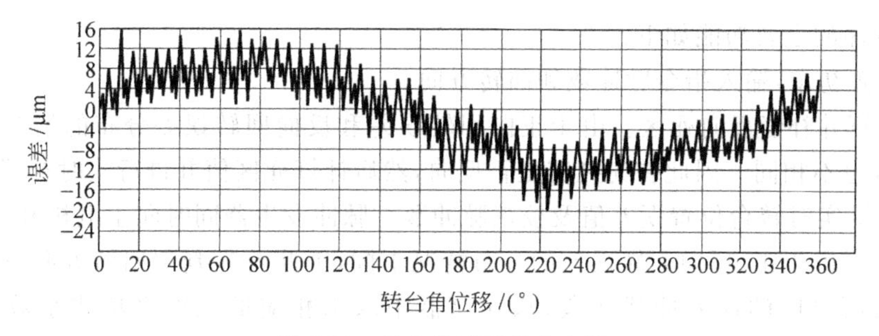


图 8-10 转台位移误差分布图

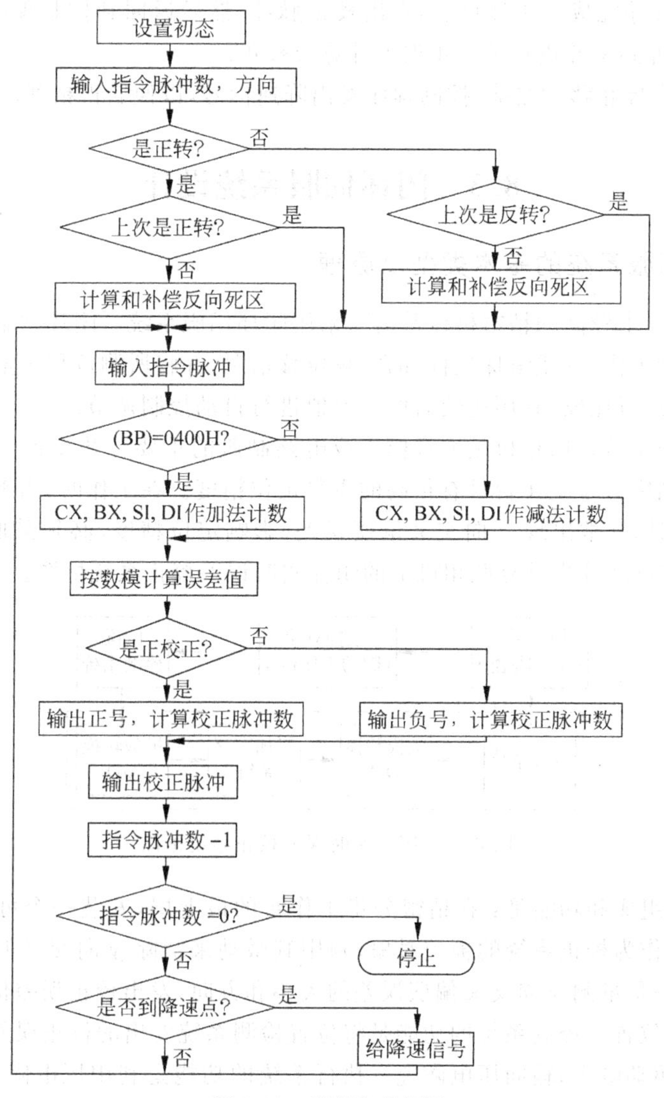


图 8-11 程序流程框图

控制程序的主要功能如下：

(1) 设置初态，输入指令脉冲数和回转方向。

(2) 计算并补偿反向死区。由于正向回转误差和反向回转误差分布的情况不同，各点的反向死区也不相同。因此首先判定是否反向，然后计算死区值并进行实时补偿。

(3) 计算实时转台位置误差值及校正脉冲数。脉冲发生器同时向主电机和微计算机输入指令脉冲。由于正、反向回转误差的分布情况不同，因此首先判定回转方向，然后根据转台实时位置所对应的误差曲线线段，从存储器中取出相应的三次多项式系数，分别计算 $S_1(x)$，$S_2(x)$，然后计算 $F(x)$。

(4) 在控制程序完成一步计算后，发出校正脉冲，然后返回到控制程序的输入程序段，等待下一指令脉冲到来并进行下一步误差计算及校正。

(5) 在工作台停止移动之前，控制程序发出降速信号，以便获得精确定位。

## 8.3 闭环伺服系统设计

### 8.3.1 闭环伺服系统的基本类型及原理

精度或速度要求较高的精密机械常需要采用闭环伺服系统。闭环伺服系统设有位置测量元件，可以测量工作台(或滚珠丝杠)的实际位移情况，并将所测位移参量经负反馈送到比较器中与给定量进行比较，利用比较后所得差值进行自动控制调节。

例如，自动分步重复照相机是大规模集成电路制版的重要工艺设备。由于集成度不断提高，因此要求精密分步工作台具有很高的重复定位精度。在工作时，当工作台沿其主运动方向($x$ 向)移动时，常常出现 $y$ 向交叉偏摆误差，影响定位精度，必须采取措施予以消除。图 8-12 是应用在自动分步重复照相机上的闭环实时误差校正系统框图。

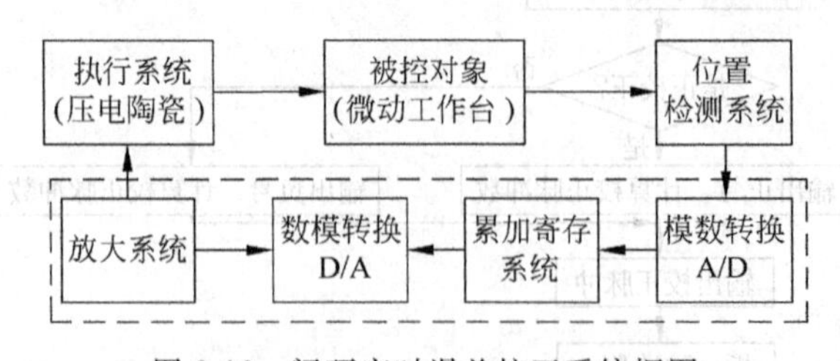


图 8-12 闭环实时误差校正系统框图

校正系统的组成和功能是：在精密分步工作台的最上层，安装一个可沿 $y$ 向作微量移动的浮动工作台作为校正系统的被控对象，利用其微动来消除 $y$ 向交叉偏摆误差。位置检测系统的功能，一是量测 $y$ 向交叉偏摆误差的大小和方向，发出校正误差信号；二是检测补偿后的实际坐标位置。控制系统的功能是将位置检测系统发出的校正误差信号进行累加计算，进而转换为驱动电压，输向压电陶瓷。执行系统的功能是利用压电陶瓷，直接推动微动

工作台沿 $y$ 向作微量移动，以补偿误差。

图 8-12 所示的闭环实时误差校正系统的工作原理是：当工作台沿 $x$ 方向移动时，位置检测装置检测 $y$ 向交叉偏摆误差，并以正、负脉冲的形式送至计数器进行代数累计。当工作台完成一个分步后停机时，瞬间采样 $y$ 向交叉偏摆误差，并送到运算器、存储器内与上一步的误差值进行比较，从而得出微动工作台移回零位所需的校正数值，经译码器、分档开关电路输出相应的直流电压，控制压电陶瓷产生微量位移，用以校正 $y$ 向偏摆误差。当停机曝光时间结束后，工作台自动起动，可继续沿 $x$ 方向移动。微动工作台由于压电陶瓷的作用，将继续保持在补偿后的位置上。

闭环伺服系统按指令和反馈比较方式的不同，大致可分为脉冲比较闭环系统、相位比较闭环系统和幅值比较闭环系统。

**1. 脉冲比较闭环系统**

如图 8-13 所示，系统由位置量测装置、脉冲比较环节、数字-模拟变换器、伺服放大器、伺服马达等部分组成。

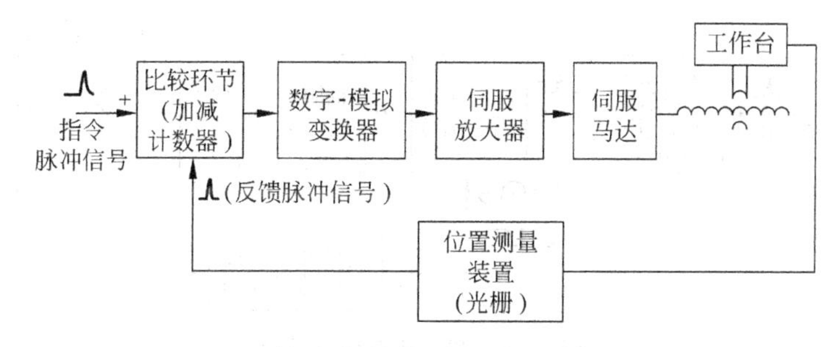


图 8-13　脉冲-脉冲闭环系统

位置测量装置用来将测出工作台的实际位移量变换为相应的脉冲数。若取脉冲当量为 0.001 mm，则工作台每移动 0.001 mm，位置测量装置输出一个脉冲。常用的位置测量装置有光栅、感应同步器、磁尺和激光干涉仪等。

比较环节用来将指令脉冲与反馈脉冲进行比较。可采用可逆计数器作比较环节。计数器中的数即是指令脉冲与反馈脉冲之差。计数器还应能区别出误差是正或负。

数字-模拟变换器将比较环节中的数变换成与数值成正比的电压或电流量，输出电压或电流的极性应能反映误差的方向。

伺服放大器常采用运算放大器。

伺服马达常采用电动机。

脉冲比较闭环系统的工作原理如下：当指令脉冲和反馈脉冲都为零时，加、减计数器为全零状态，伺服放大器没有输出，工作台不动。当一个正向的指令脉冲来到时，计数器开始计数，经数字-模拟变换器，将有一个单位的正电压输出，经伺服放大器放大，驱动伺服马达带动工作台向正方向移动，直至位置测量装置发出一个脉冲，输入比较环节中作减法计算，使计数器回到零状态,工作台即停止运动。这时,工作台相当于在正方向移动了一个脉冲当量的距离。当输入一个反方向的指令脉冲时,数字-模拟变换器则输出一个单位电压,但电压极性为负,经伺服放大器放大驱动伺服马达带动工作台向反方向移动,直到位置测量装置发生一个脉冲,输入到比较环节作加法计算,使计数器回到全零状态,工作台即停止运动。这时,工作台反方向移动了一个脉冲当量的距离。

如果连续不断地输入正方向的指令脉冲,工作台就沿正方向连续移动。当停止输入指令脉冲时,工作台也将停止移动。在工作台移动过程中,计数器的数字反映了指令值与实际位移值之差,即误差。工作台移动的速度与指令脉冲频率有关。即

$$v = 60\delta f \tag{8-1}$$

式中,$v$ 为工作台移动速度,mm/min; $\delta$ 为脉冲当量,mm/脉冲; $f$ 为脉冲频率,脉冲/s。

**2. 相位比较闭环系统**

相位比较闭环系统如图 8-14 所示。系统由脉冲-相位变换器、鉴相器、放大驱动电器、马达、工作台及相位检测器组成。

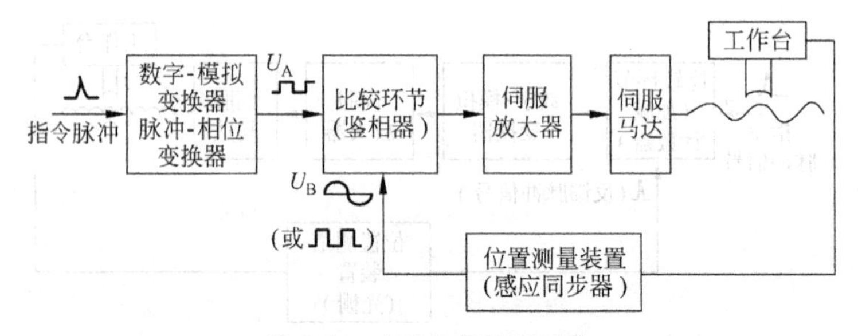


图 8-14 相位比较闭环系统

相位比较系统结构简单,调整方便,频率响应快,抗干扰性强,应用比较广泛。

1) 脉冲-相位变换器

它能将指令脉冲变换为模拟电压。为了便于比较,应使脉冲-相位变换器输出的模拟电压 $U_A$ 的频率与反馈电压 $U_B$ 的频率相同,而相位则应随指令脉冲而变化,如图 8-15(a)所示。即无指令脉冲输入时,$U_A$ 与 $U_B$ 同相位; 当输入一个正向指令脉冲时,电压 $U_A$ 的相位向前移动一个单位 $\Delta\theta_0$,$U_A$ 领先于 $U_B$; 当输入一个反向指令脉冲时,$U_A$ 的相位向后移动一个单位 $\Delta\theta_0$,落后于 $U_B$。变换器的电路如图 8-15(b)所示。

相位比较闭环系统的工作原理如下:变换器由容量为 $m$ 的两套计数器、加减器或同步器组成。

当无指令脉冲输入时(图 8-16(a)),两套计数器都由同一脉冲发生器输入脉冲信号。由于初始时延时单稳输出端为高电位,使触发器 $T_1$ 置零,则当 0 来到时(为使门 1,2 开门的时间与 $f_0$ 错开引进 $\bar{f}_0$) $T_2=0$,封住门 1,$f_0$ 由门 2 输入,经位移通道计数器输出 $U_A$,$U_A$ 与 $U_B$ 的频率相同,相位也相同,其周期为脉冲发生器信号周期的 $m$ 倍,即 $T=mT_0$。此时,鉴

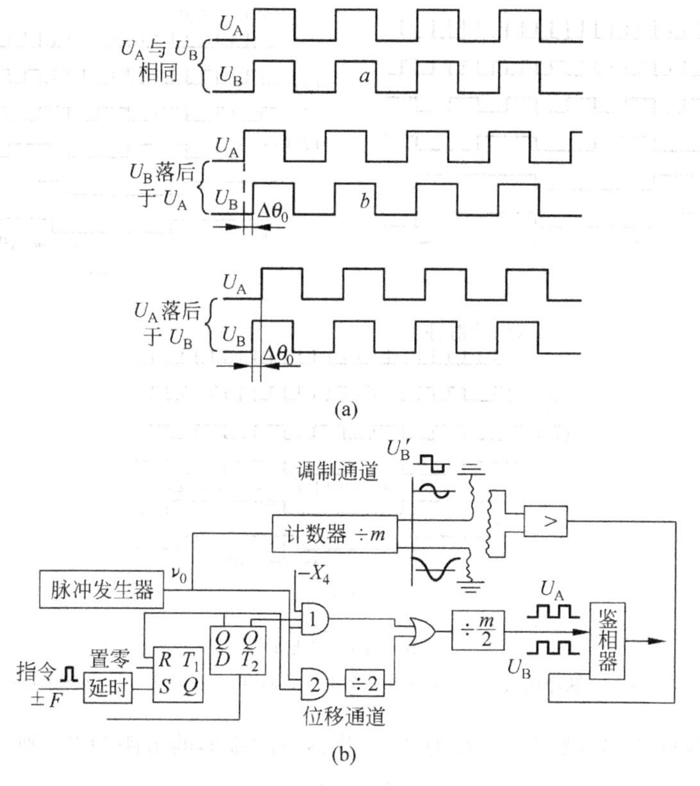


图 8-15　脉冲相位变换

(a) 相位比较波形图；(b) 脉冲相位变换框图

相器无输出，工作台不移动。

当输入一个正向移动的指令脉冲时，$x_+=1$，触发器 $T_1=1$，$T_2=0$，门 1 打开，门 2 封住，$f_0$ 直接送到$\left(\div\dfrac{m}{2}\right)$计数器，减少一次分频，所以位移通道比调制通道多一个输出脉冲。如图 8-16(b)所示，位移通道的输出端有一个周期为$(m-1)T_0$ 的波形，而其后周期仍为 $mT_0$。因而，位移通道计数器输出电压 $U_A$ 的相位领先于调制通道计数器的输出电压 $U_B$，相位差为

$$\Delta\theta_0=\frac{1}{m}\times 360^\circ \tag{8-2}$$

当输入一个反向移动指令脉冲时，因 $x_+=0$，$T_1=1$，$T_2=1$，所以门 1、门 2 均封住，位移通道少输出一个脉冲。在此情况下，位移通道输出端有一个周期为$(m+1)T_0$ 的波形，因而位移通道计数器输出电压 $U_A$ 的相位落后于调制通道计数器的输出电压 $U_B$，如图 8-16(c)所示。

计数器的容量 $m$ 由下列关系决定。当工作台移动一个脉冲当量 $\delta$ 距离时，如反馈测量

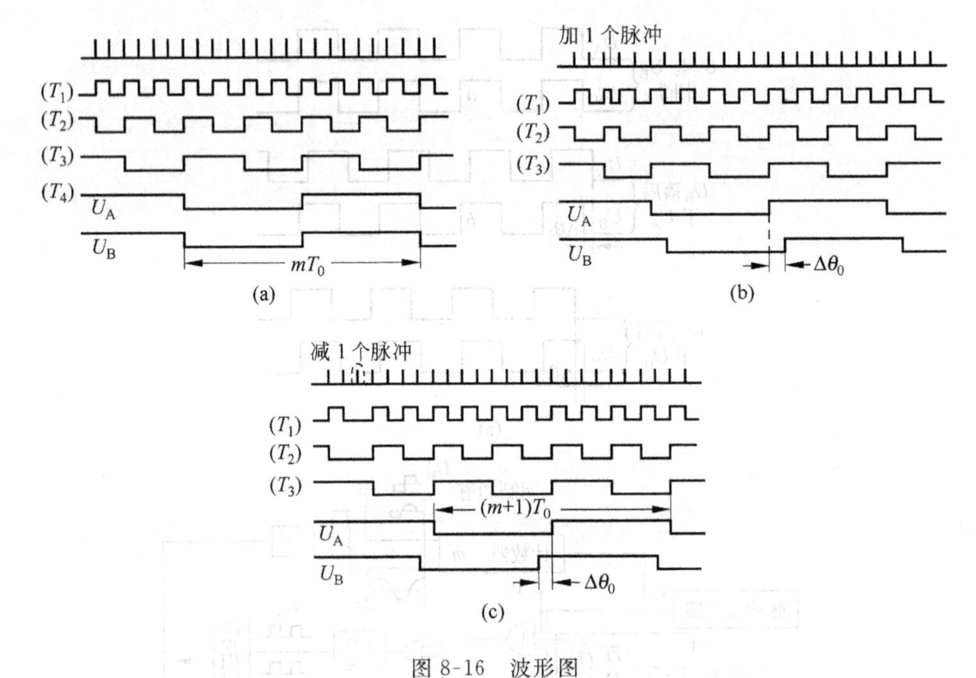


图 8-16 波形图

(a) 无指令脉冲输入时；(b) 加入一个指令脉冲时；(c) 减去一个指令脉冲时

位移元件用感应同步器，则其相位移为 $\Delta\theta$。若感应同步器的节距为 $2\tau$，则

$$\frac{2\tau}{\delta}=\frac{360^\circ}{\Delta\theta} \tag{8-3}$$

把式(8-2)代入式(8-3)，得到

$$m=\frac{2\tau}{\delta}$$

当选择节距为 2 mm、脉冲当量为 0.002 mm 时，$m=1000$。

2) 比较环节(鉴相器)

它把指令信号电压 $U_A$ 和反馈信号电压 $U_B$ 之间的相位差转换成相应的直流电压，经放大控制电机转动，其电路如图 8-17 所示。

**3. 幅值比较闭环系统**

幅值比较闭环系统如图 8-18 所示，由感应同步器位置检测元件、数模转换器、放大器、直流伺服电机组成。

当工作台静止时，感应同步器的机械角 $\theta$ 和激磁信号的电器角 $\varphi$ 相等，系统处于稳定状态。当插补器发来正向进给脉冲时，数模转换器产生正的误差电压，工作台作正向移动，正幅值的电压 $U_0$ 经电压频率变换器输出频率正比于 $T_0$ 值的反馈脉冲。此脉冲作为反馈脉冲使模拟误差值减小，同时进入 cos-sin 信号发生器，改变激磁信号的电气角 $\varphi$，使 $\varphi$ 跟踪 $\theta$

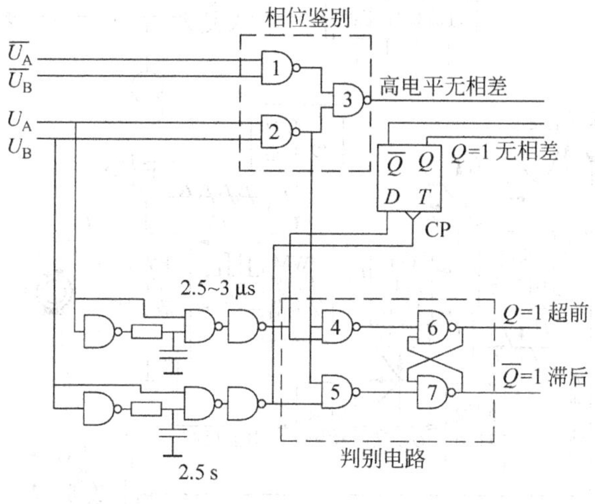


图 8-17 相位鉴别电路

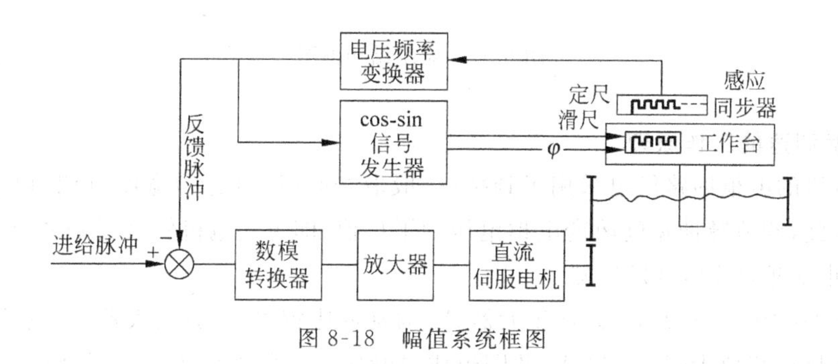


图 8-18 幅值系统框图

而变化，不断测量工作台的实际位置。当进给脉冲停止时，$\varphi=\theta$，则工作台停止运动。负的进给脉冲使系统反向移动，工作过程相同。

### 8.3.2 设计举例：脉宽调速系统的设计和校正

传统系统的设计方法，基本上是一种试凑法，同样一种指标，可能用不同方案实现。设计时通常需经过多次综合考虑来确定系统中的各种参数，最后在调整时再加以整定。具体设计方法有很多种，但工程上应用的设计方法要求计算简便，且应较容易分析出系统中各参数对输出特性的影响和较容易判断校正装置加入后特性改善的情况。现以脉宽调速系统为例加以说明。

图 8-19 所示为系统结构框图。它由三相桥式整流电路、直流稳压电源、三角波发生器、PWM(脉冲宽度调制)信号发生器、速度调节器、限流环节、PWM 功率放大器等环节组成。

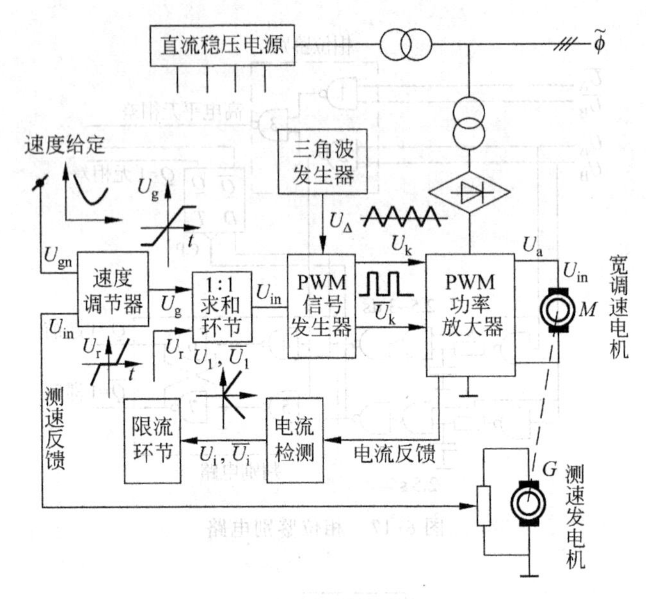


图 8-19　系统结构框图

**1. 脉宽调速的工作原理**

直流电机的电枢回路供电采用了频率(一般取 2000 Hz 以上)宽度可调、幅值恒定的矩形脉冲。因此,调节脉冲宽度改变电枢电压的平均值,即可使电机转速得到调节。

1) 脉冲宽度调节信号发生器

如图 8-20、图 8-21 所示,运算放大器 $A_1$ 为延迟比较器,运算放大器 $A_2$ 为积分器,按正反馈方式连接运算放大器 $A_1$ 和 $A_2$ 共同组成自激振荡三角波发生器。工作时,运算放大器 $A_1$ 的输出为方波,$A_2$ 输出为三角波。

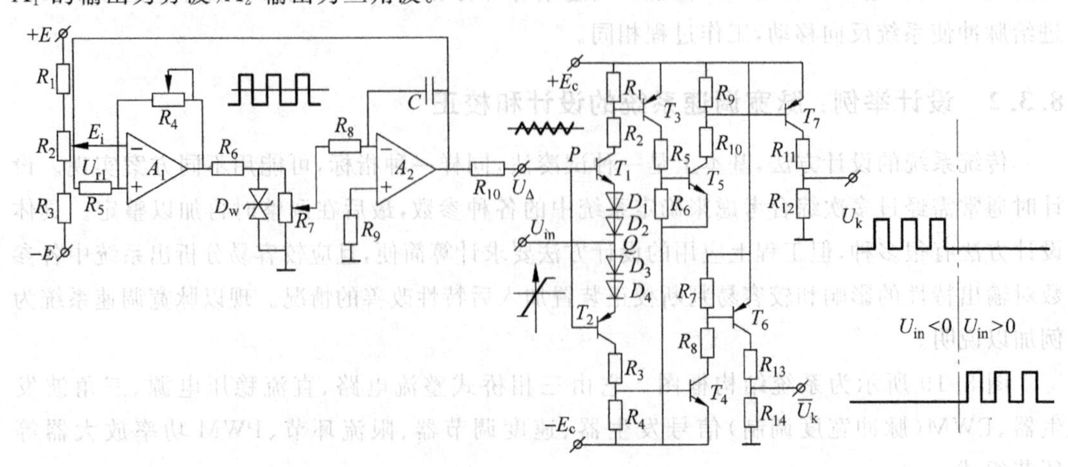

图 8-20　脉冲信号发生器

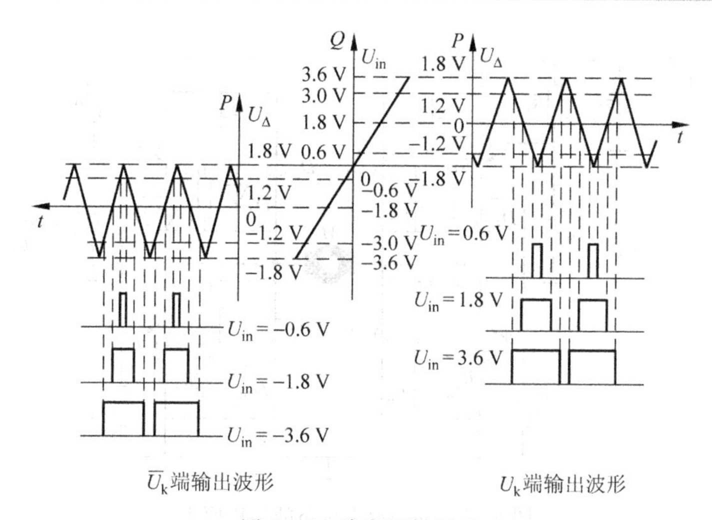


图 8-21 脉宽调制原理

振荡频率为

$$f_c = \frac{R_4}{4R_5R_8C}\alpha_w \tag{8-4}$$

输出振幅为

$$E_c = \pm\frac{R_5}{R_4}E_w \tag{8-5}$$

式中，$\alpha_w$ 为电位器 $R_7$ 的分压系数；$E_w$ 为稳压管 $D_w$ 的稳定电压。

三角波的频率由积分器时间常数 $R_8$，$C$ 所决定，$R_7$ 用来微调频率，$R_4$ 用来调节幅值。在图 8-20、图 8-21 中，$D_1$，$D_2$，$D_3$，$D_4$ 为 4 个硅二极管(设每个 PN 结的导通电压为 0.6 V)，三极管 $T_1$ 导通的条件为 $U_{PQ} > +1.8$ V，$T_2$ 导通的条件为 $U_{PQ} < -1.8$ V。将三角波峰峰值调节到±1.8 V，当在 $Q$ 端输入给定电压 $U_{in}$，其数值定为由 0～±3.6 V 间的任意值时，则 $U_k$ 端将会输出相应宽度的脉冲波。

2) 功率放大桥路及电机

功率放大桥路如图 8-22 所示。其中，$T_1$，$T_2$，$T_3$，$T_4$ 是用作开关的大功率晶体管。二极管 $D_1$，$D_2$，$D_3$，$D_4$ 用作功率管开关的过压保护。为防止功率桥电路中 $T_1$，$T_3$ 或 $T_2$，$T_4$ 同时导通损坏桥路工作，在主通路上连接两只保护二极管 $D_5$ 和 $D_6$，利用二极管导通时的正向压降把 $T_3$ 或 $T_4$ 管反偏锁住。当有矩形脉冲波由 $U_k$ 端输入时，$T_1$ 和 $T_4$ 管工作，设此时电机作正向旋转，转速决定于与电压平均值成正比的输入矩形脉冲的宽度。当 $k$ 端有矩形脉冲波输入时，$T_2$，$T_4$ 管工作，此时电机作反向旋转。

3) 限流环节

为防止电机启动时产生过大的冲击电流，系统中设置了限流环节。它由电流检测和死区电路两部分组成。死区电路采用桥路形式，接在运算放大器的反馈回路中，如图 8-23 所示。其中，4 只二极管 $D_1$，$D_2$，$D_3$，$D_4$ 的导通与输入回路中的直流 $I_i$ 有关。

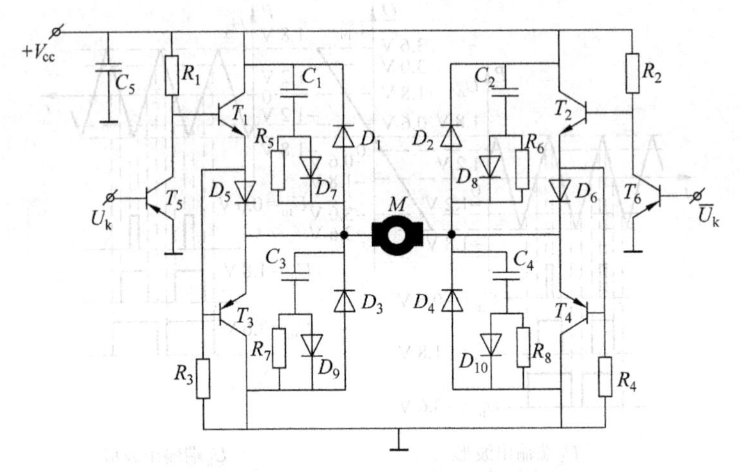


图 8-22　功率放大桥路的结构原理

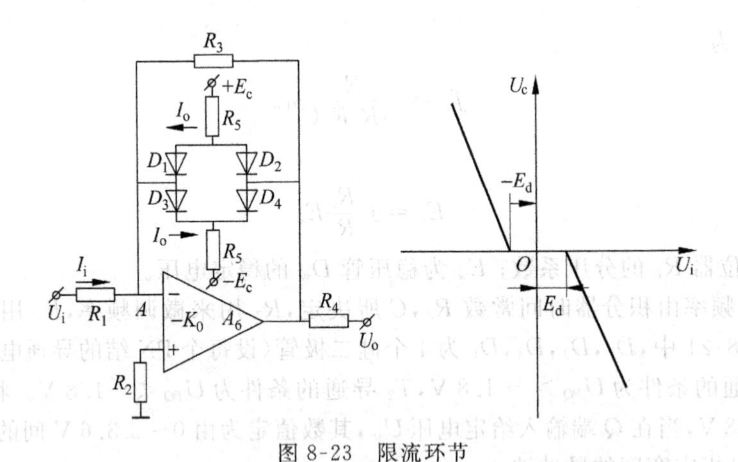


图 8-23　限流环节

当 $U_i>0$ 且 $I_i<I_o$ 时，反馈电阻 $R_3$ 上没有电流流过，输出电压 $U_c$ 为零，处于死区状态。

当 $U_i>0$ 且 $I_i>I_o$ 时，有电流经过 $R_3$ 送至电流的输出端，使桥路中 $D_2$ 和 $D_3$ 导通，$D_1$ 和 $D_4$ 截止，运算放大器进入死区以外的反相比例放大状态。

当 $I_i=I_o$ 时，无电流流经 $R_3$，输出电压 $U_o$ 为零。此时输入电压即为限流的上限边界值 $E_d$，则

$$I_i=\frac{E_d}{R_1}=\frac{E_c-U_D}{R_5}=I_o \tag{8-6}$$

所以

$$E_d=\frac{R_1}{R_5}(E_e-U_D) \tag{8-7}$$

同理,限流下边界值$-E_d$为

$$-E_d=-\frac{R_1}{R_5}(E_e-U_D) \tag{8-8}$$

即限流环节的死区电压为

$$\pm E_d=\pm\frac{R_1}{R_5}(E_e-U_D) \tag{8-9}$$

特性曲线斜率为

$$\lambda=\frac{-R_3}{R_1} \tag{8-10}$$

4)速度反馈环节

在电机轴上安装测速发电机,用以检测电机在给定电压作用下的实际转速。在闭环系统中,测速发电机的输出电压经分压取样后送入比较器与给定电压进行比较,将比较后的差值经放大后驱动电机,实现速度反馈。调速系统框图如图 8-24 所示。

**2. 系统中不变环节的传递函数**

1)脉宽调制功率控制器的传递函数

功率控制器是无惯性环节,但存在延迟,最大延迟时间为一个脉冲周期$t_c$,平均延迟时可取$0.5t_c$。由于延迟时间极小,因此可近似为一阶惯性环节,其传递函数为

$$\frac{U_d(s)}{U_i}=\frac{K_{PWM}}{0.5t_c s+1} \tag{8-11}$$

式中,$K_{PWM}$为功率放大器的电压放大倍数。

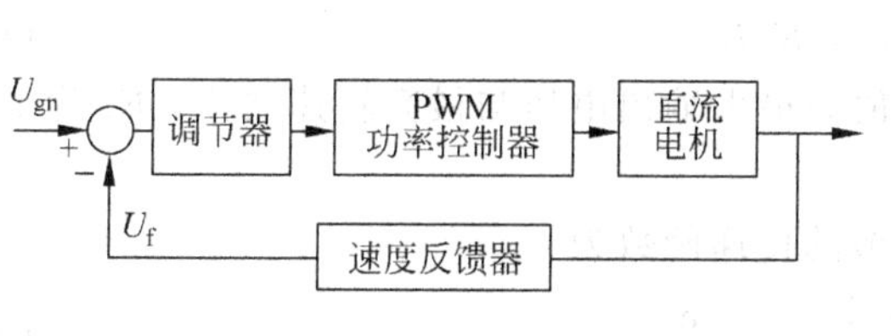


图 8-24 调速系统框图

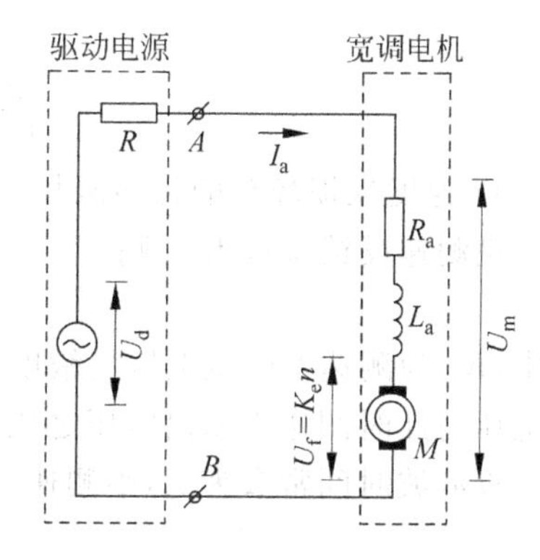


图 8-25 电枢线路图

2)直流电机的传递函数

通常使用的宽调速直流电机是采用铁氧体永磁材料作磁极。电机输出转矩$M$与电枢电流$I_a$成正比。若忽略摩擦负载,则电机输出力矩等于惯性负载力矩。图 8-25 所示为电枢线路图。

电枢回路电压方程和扭矩方程为

$$\left.\begin{aligned} U_d(t) &= (R_a + r)I_a(t) + L_a \frac{dI_a(t)}{dt} + K_e n(t) \\ K_M I_a(t) &= J_\Sigma \frac{dn(t)}{dt} \end{aligned}\right\} \tag{8-12}$$

式中,$K_e$ 为反电势系数;$n(t)$为电机扭矩;$K_M$ 为力矩系数;$J_\Sigma$ 为负载惯性矩。

对式(8-12)作拉氏变换,并令初始条件为零,有

$$\left.\begin{aligned} U_d(s) &= R_\Sigma I_a(s) + L_a s I_a(s) + K_e n(s) \\ K_M I_a(s) &= J_\Sigma s_n(s) \end{aligned}\right\} \tag{8-13}$$

式中,$R_\Sigma = R_a + r$。

由以上公式可求得电机的传递函数为

$$\frac{n(s)}{U_d(s)} = \frac{\dfrac{1}{K_e}}{\dfrac{J_\Sigma L_a}{K_e K_M}s^2 + \dfrac{J_\Sigma R_\Sigma}{K_e K_M}s + 1} = \frac{\dfrac{1}{K_e}}{\left(\dfrac{J_\Sigma R_\Sigma}{K_e K_M}s + 1\right)\left(\dfrac{L_a}{R_\Sigma}s + 1\right)}$$

$$= \frac{\dfrac{1}{K_e}}{(T_M s + 1)(T_e s + 1)} \tag{8-14}$$

式中,

$$T_M = \frac{T_\Sigma R_\Sigma}{K_e K_M} = \frac{GD^2 R_\Sigma}{375 K_e K_M}, \quad T_e = \frac{L_a}{R_\Sigma} \tag{8-15}$$

由于 $T_M \gg T_e$,因此惯性环节$\dfrac{1}{T_M s+1}$可近似成积分环节$\dfrac{1}{T_M s}$,即电机传递函数可表示为

$$\frac{n(s)}{U_d(s)} = \frac{\dfrac{1}{K_e}}{T_M s(T_e s + 1)} \tag{8-16}$$

3) 速度反馈环节的传递函数

设测速反馈系数为 $\alpha$,则

$$\alpha = K_v K_i \tag{8-17}$$

式中,$K_v$ 为测速发电机电压灵敏度,其数值为最大输出电压与最高转速之比;$K_i$ 为最高给定电压与此时测速机输出电压之比。

设滤波时间常数为 $t_n$,则测速反馈环节的传递函数为

$$\frac{U_{fn}(s)}{n(s)} = \frac{\alpha}{t_n s + 1} \tag{8-18}$$

4) 系统不变环节

系统不变环节由脉宽调制功率控制器、直流电机、速度反馈环节组成,其开环传递函数可归纳为

$$W(s) = \frac{K_{PWM}}{0.5t_c s + 1} \frac{\dfrac{1}{K_e}}{T_M s(T_e s + 1)} \frac{\alpha}{t_n s + 1}$$

$$= \frac{\dfrac{K_{\mathrm{PWM}}}{T_{\mathrm{M}}K_{\mathrm{e}}}\alpha}{s(T_{\mathrm{e}}s+1)(t_{\mathrm{n}}s+1)(0.5t_{\mathrm{c}}s+1)} \tag{8-19}$$

由于 $t_{\mathrm{n}}$,$t_{\mathrm{c}}$ 比 $t_{\mathrm{e}}$ 小得多,因此可以作为小时间常数的小惯性群处理,即

$$T_{\Sigma} = t_{\mathrm{n}} + 0.5t_{\mathrm{c}} \tag{8-20}$$

令 $K_{\Sigma}=\dfrac{K_{\mathrm{PWM}}\alpha}{T_{\mathrm{M}}K_{\mathrm{e}}}$,则式(8-20)可简化为

$$W(s) = \frac{K_{\Sigma}}{s(T_{\mathrm{e}}s+1)(T_{\Sigma}s+1)} \tag{8-21}$$

由此可见,不变环节是由一个积分环节、一个惯性环节和一个惯性群组成的Ⅰ型三阶系统,因此需加入调节环节。调节环节的设计一般是由设计者按技术指标要求,综合考虑,根据经验试凑而成的。常用的调节器有比例-微分调节器、比例-积分调节器和比例-积分-微分(PID)调节器。

### 3. 比例-积分-微分调节器的设计

为获得较好的稳态精度和动态特性,采用图 8-26 所示的 PID 调节器。调节器的输入-输出应具有如下关系:

$$U_{\mathrm{sc}}(t) = K_{\mathrm{p}}\left[U_{\mathrm{sr}}(t) + \frac{1}{\tau_{1}}\int_{0}^{t}U_{\mathrm{sr}}(t)\mathrm{d}t + \tau_{\mathrm{D}}\frac{\mathrm{d}U_{\mathrm{sr}}(t)}{\mathrm{d}t}\right] \tag{8-22}$$

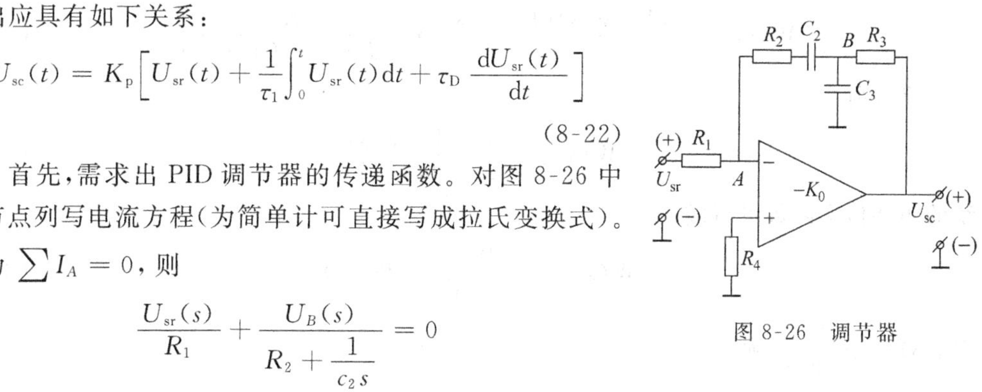


图 8-26 调节器

首先,需求出 PID 调节器的传递函数。对图 8-26 中 $A$ 节点列写电流方程(为简单计可直接写成拉氏变换式)。因为 $\sum I_A = 0$,则

$$\frac{U_{\mathrm{sr}}(s)}{R_1} + \frac{U_B(s)}{R_2+\dfrac{1}{c_2 s}} = 0$$

同理,对 $B$ 节点有

$$\frac{U_{\mathrm{sc}}(s)-U_B(s)}{R_3} - \frac{U_B(s)}{R_2+\dfrac{1}{c_2 s}} - \frac{U_B(s)}{\dfrac{1}{c_3 s}} = 0$$

则 PID 调节器的传递函数为

$$G_{\mathrm{sT}}(s) = \frac{U_{\mathrm{sc}}(s)}{U_{\mathrm{sr}}(s)} = -\frac{R_2R_3c_2c_3s^2+[(R_2+R_3)c_2+R_3c_3]s+1}{R_1c_2s} \tag{8-23}$$

为规范化,在参数选择时使 $R_2 \gg R_3$,$c_2 > c_3$,则

$$(R_2+R_3)c_2+R_3c_3 \approx (R_2+R_3)c_2$$

即

$$G_{\mathrm{sT}}(s) = -\frac{R_2R_3c_2c_3s^2+(R_2+R_3)c_2s+1}{R_1c_2s} \tag{8-24}$$

又可简化为

$$G_{sT}(s)=-\frac{[1+(R_2+R_3)c_2 s]\left[1+\dfrac{R_2R_3}{R_2+R_3}c_3 s\right]}{R_1 c_2 s}$$

$$=\frac{(1+\tau_{d1}s)(1+\tau_{d2}s)}{\tau_i s} \tag{8-25}$$

式中,$\tau_{d1}=(R_2+R_3)c_2$,$\tau_{d2}=\dfrac{R_2R_3}{R_2+R_3}c_3$,$\tau_i=R_1c_2$。

现将 PID 调节器串联到系统中连接成如图 8-27 所示的单位闭环反馈形式。

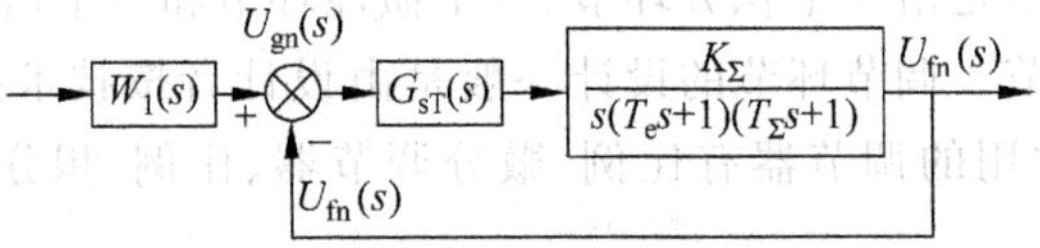

$W_1(s)$　$U_{gn}(s)$　$G_{sT}(s)$　$\dfrac{K_\Sigma}{s(T_e s+1)(T_\Sigma s+1)}$　$U_{fn}(s)$　$U_{fn}(s)$

图 8-27 单位闭环反馈框图

系统的开环传递函数可写为

$$W(s)_K=\frac{(1+\tau_{d1}s)(1+\tau_{d2}s)}{\tau_i s}\cdot\frac{K_\Sigma}{s(T_e s+1)(T_\Sigma s+1)} \tag{8-26}$$

设 $\tau_{d2}=T_e$,则

$$W(s)_K=\frac{K_\Sigma(1+\tau_{d1}s)}{\tau_i s^2(T_\Sigma s+1)} \tag{8-27}$$

系统的闭环传递函数可写成

$$W(s)_B=\frac{W(s)_K}{1+W(s)_K}W_1(s) \tag{8-28}$$

令 $W_1(s)=\dfrac{1}{1+\tau_{d1}s}$,则

$$W(s)_B=\frac{K_\Sigma}{\tau_i s^2(T_\Sigma s+1)+K_\Sigma(1+\tau_{d1}s)}=\frac{1}{\dfrac{\tau_i T_\Sigma}{K_\Sigma}s^3+\dfrac{\tau_i}{K_\Sigma}s^2+\tau_{d1}s+1} \tag{8-29}$$

特征方程为

$$\frac{\tau_i T_\Sigma}{K_\Sigma}s^3+\frac{\tau_i}{K_\Sigma}s^2+\tau_{d1}s+1=0 \tag{8-30}$$

对于三阶系统,其稳定的充分必要条件为

$$\frac{\tau_i T_\Sigma}{K_\Sigma}=0,\quad \frac{\tau_i}{K_\Sigma}>0,\quad \tau_{d1}>0,\quad \frac{\tau_i\tau_{d1}}{K_\Sigma}>\frac{\tau_i T_\Sigma}{K_\Sigma} \tag{8-31}$$

为使系统输出完全跟踪输入,即幅值相等,相位无差,则要求

$$|W(j\omega)_B|=1,\quad \angle W(j\omega)_B=0 \tag{8-32}$$

由于系统的频率特性为

$$W(\mathrm{j}\omega)_{\mathrm{B}} = \frac{1}{\left(1-\frac{\tau_{\mathrm{i}}}{K_{\Sigma}}\omega^2\right)+\mathrm{j}\left(\tau_{\mathrm{d1}}\omega-\frac{\tau_{\mathrm{i}}T_{\Sigma}}{K_{\Sigma}}\omega^3\right)}$$

则幅频特性和相频特性分别为

$$\left.\begin{aligned} |W(\mathrm{j}\omega)_{\mathrm{B}}| &= \frac{1}{\sqrt{\left(1-\frac{\tau_{\mathrm{i}}}{K_{\Sigma}}\omega^2\right)^2+\left(\tau_{\mathrm{d1}}\omega-\frac{\tau_{\mathrm{i}}T_{\Sigma}}{K_{\Sigma}}\omega^3\right)^2}} \\ \angle W(\mathrm{j}\omega)_{\mathrm{B}} &= -\arctan\frac{(K_{\Sigma}\tau_{\mathrm{d1}}-\tau_{\mathrm{i}}T_{\Sigma}\omega^2)\omega}{K_{\Sigma}-\tau_{\mathrm{i}}\omega^2} \end{aligned}\right\} \tag{8-33}$$

由此得出

$$\left(1-\frac{\tau_{\mathrm{i}}}{K_{\Sigma}}\omega^2\right)^2+\left(\tau_{\mathrm{d1}}\omega-\frac{\tau_{\mathrm{i}}T_{\Sigma}}{K_{\Sigma}}\omega^3\right)^2=1 \tag{8-34}$$

即

$$\left(\tau_{\mathrm{d1}}^2-\frac{2\tau_{\mathrm{i}}}{K_{\Sigma}}\right)\omega^2+\left(\frac{\tau_{\mathrm{i}}^2}{K_{\Sigma}^2}-\frac{2\tau_{\mathrm{d1}}\tau_{\mathrm{i}}T_{\Sigma}}{K_{\Sigma}}\right)\omega^4+\frac{\tau_{\mathrm{i}}^2T_{\Sigma}^2}{K_{\Sigma}^2}\omega^6=0 \tag{8-35}$$

所以

$$\tau_{\mathrm{d1}}^2-\frac{2\tau_{\mathrm{i}}}{K_{\Sigma}}=0,\quad \frac{\tau_{\mathrm{i}}^2}{K_{\Sigma}^2}-\frac{2\tau_{\mathrm{d1}}\tau_{\mathrm{i}}T_{\Sigma}}{K_{\Sigma}}=0,\quad \frac{\tau_{\mathrm{i}}^2T_{\Sigma}^2}{K_{\Sigma}^2}=0 \tag{8-36}$$

以上条件应尽可能满足,以便获得好的调节品质。设计调节器时,应根据上述条件先求出调节器的微分、积分时间常数,并据此确定有关电阻、电容参数,最后进行整定调整。

**4. 系统调节品质计算**

调节器参数整定后,闭环系统特征方程各系数即为已知。

设特征方程为

$$as^3+bs^2+cs+1=0 \tag{8-37}$$

解方程求得 3 个特征根为

$$\left.\begin{aligned} \lambda_1 &= \tau \\ \lambda_2 = \lambda_3 &= \alpha\pm \mathrm{j}\beta \end{aligned}\right\} \tag{8-38}$$

则单位阶跃输入下系统的过渡函数为

$$x_0(t)=1-\mathrm{e}^{-\tau i}-A\mathrm{e}^{-\alpha t}\sin\beta t \tag{8-39}$$

**5. 用频率法设计校正装置**

首先需将系统的传递函数用频率特性来表征,即将传递函数中的拉氏算符 $s$ 用复数算符 $\mathrm{j}\omega$ 来代替(证明从略)。工程上为了方便,把复变函数 $W(\mathrm{j}\omega)$ 分别用模与角来表示。复变函数的模称为幅频特性,记作 $A(\omega)$;复变函数的角称为相频特性,记作 $\theta(\mathrm{j}\omega)$。

考虑到计算和标示的方便,采用对数标度方法。对数频率特性曲线又称为伯德曲线,是频率法中用得较多的一组曲线。伯德图包括对数幅频特性和对数相频特性两条曲线,其横坐标 $\omega$ 和纵坐标 $A$ 都用对数标度。为了沿用通信技术中的术语,用增益 $L$ 来表示幅值,单位为分贝(dB),则 $L=20\lg A$,例如,$A=1$,表示幅值无增益,则 $L=0$ dB;$A=10$,则 $L=20$ dB;$A=100$,则 $L=40$ dB,等等。$A$ 每增加10倍,$L$ 就增加20 dB,$A<1$ 时,增益 $L$ 为负值。

系统的伯德图是由各环节简单叠加而成的。计算复数的规则是模相乘、角相加。模相乘的运算可以化为模的对数相加。因此,由几个环节串联所组成的系统,其对数频率特性为各环节对数频率特性相加。

对于前面描述的系统,其不变环节的频率特性可表示为

$$W(\mathrm{j}\omega)=\frac{K_{\Sigma}}{\mathrm{j}\omega(T_{\mathrm{e}}\mathrm{j}\omega+1)(T_{\Sigma}\mathrm{j}\omega+1)} \tag{8-40}$$

把各典型环节的对数幅频特性曲线和对数相频特性曲线分别相加,就可画出系统的伯德图。图8-28所示为上述环节的对数幅频特性。

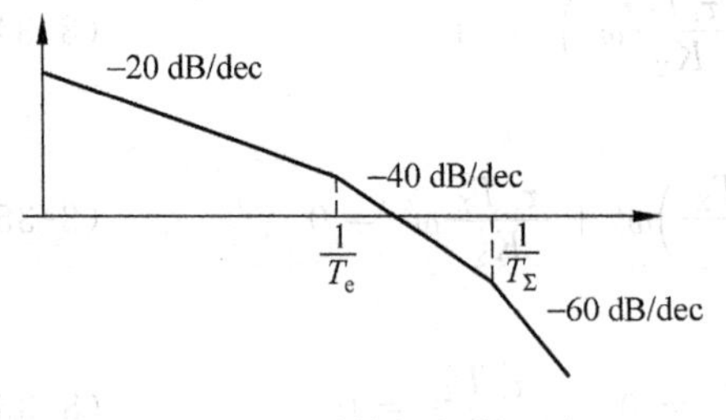

图8-28 对数幅频特性图

对数幅频特性具有以下特点:

(1) 最低频率段的频率决定于积分环节的个数,即系统的型数。例如,Ⅰ型系统的斜率为 $-20$ dB/dec,Ⅱ型系统的斜率为 $-40$ dB/dec。

(2) 频率 $\omega=1$ 时,对数幅频特性曲线的分贝值等于 $K_{\Sigma}$ 的分贝值。

(3) 在典型环节交接频率处,渐近线斜率要变化,变化的程度随环节特性而异。$1/(T_{\mathrm{w}}\mathrm{j}\omega+1)$ 环节的交接频率后斜率下降20 dB/dec,$1/(T_{\Sigma}\mathrm{j}\omega+1)$ 的交接频率后斜率又下降20 dB/dec。

掌握上述特点便可直接绘制系统的开环对数幅频特性曲线,而不需要先画出每一个典型环节的对数幅频特性曲线。具体步骤如下:

(1) 根据系统开环传递函数计算系统增益的分贝值,即

$$K_{\Sigma}=20\lg K_{\Sigma}$$

(2) 按最低频率段直线的特点,先找出横坐标为1、纵坐标为 $K_{\Sigma}$ 这一点,然后依照系统开环传递函数中积分环节的个数得知斜线的斜率,从而画出最低频率段斜线。

(3) 计算各典型环节的交接频率,由低到高依次按各环节传递函数特性改变斜线的斜率。

系统加进校正环节后,一般应使系统的预期开环对数幅频特性曲线满足下列要求:

(1) 在低频段(指第一转折点以前的频率段),有

$$W_{\mathrm{L}}(\mathrm{j}\omega)=\frac{K}{(\mathrm{j}\omega)^{n}}$$

式中,$W_{\mathrm{L}}(\mathrm{j}\omega)$ 为低频段频率特性;$n$ 为积分环节的个数。当 $n=1$ 时,斜线为 $-20$ dB/dec;当 $n=2$ 时,斜线为 $-40$ dB/dec。低频段与稳态误差密切相关,增益应足够大,积分环节数要适当。

(2) 在中频段(指截止频率附近的频率段),频率特性和快速性、超调量密切相关。截止频率 $\omega_c$ 愈大,系统的通频带愈宽,对输入的反应迅速,过渡过程时间可能愈短。中频段斜线应以 $-20$ dB/dec 过 0 dB 线,且需有一定的宽度,以保证系统的稳定性。中频段愈宽,系统的振荡愈小。

(3) 高频段要衰减得快一些,以提高系统抗噪声干扰的能力。

通常希望开环对数幅频特性曲线如图 8-29 所示。

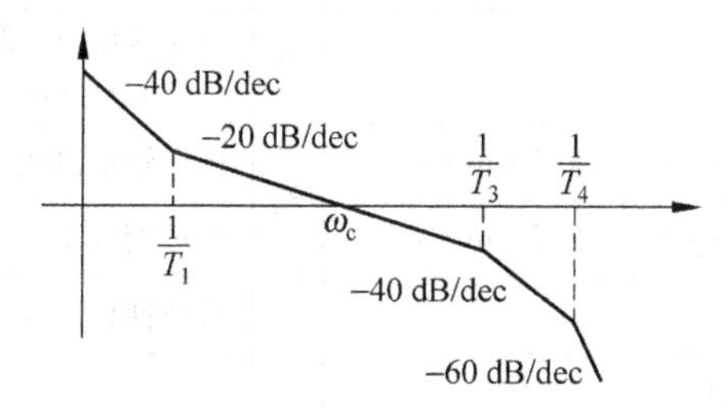


图 8-29　对数幅频特性图

工程上常用稳定裕度来分析系统的稳定性。稳定裕度是指系统的开环幅频特性曲线在 0 dB 时,其相频特性曲线在 $-180°$ 线以上多少度。例如在 $\omega_c$ 点,$\theta(\omega_c)=-140°$,则系统的稳定储备为 40°。它可用作图法或计算求出。稳定储备的选择应适当,过小会使系统不稳定;过大会使系统动作过于迟缓。一般在 30°～70°范围内。

## 习　　题

8-1　精密机械伺服系统的设计要求和技术指标是什么?

8-2　开环系统的主要误差源有哪些?用什么方法进行误差校正?

8-3　简述脉宽调速系统的设计和校正。

8-4　一个闭环系统如题图 8-4 所示,已知参数如题表 8-4 所示。

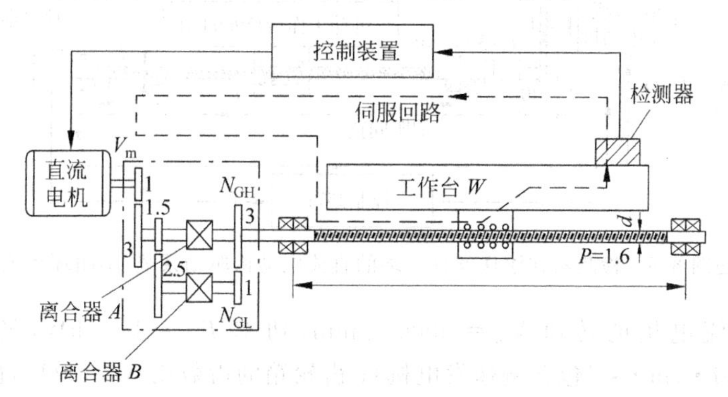


题图 8-4　检测装置在可动工作台上的直流电动机驱动系统(闭环系统)

**题表 8-4 已知参数**

| | | | |
|---|---|---|---|
| 直流电动机 | 转速 $V_m=1150$ r/min | 滚珠丝杠 | 直径 $d=6$ cm |
| | 功率 $P_m=15$ kW | | 长度 $L=216$ cm(两端由止推轴承支承) |
| | 转动惯量 $J_M=0.2$ kgf·m·s² | | 螺距 $P=1.6$ cm/r |
| 齿轮箱 | 高速齿数比 $N_{GH}=1/3$ | | 转动速度 $n_G$(高速)$=383.3$ r/min(电机速度 1150 r/min 时) |
| | 低速齿数比 $N_{GL}=1/15$ | | 转动速度 $n_D$(低速)$=76.3$ r/min(电机速度 1150 r/min 时) |
| | 转动惯量 $J_G$(高速)$=0.05$ kgf·m·s² | | 止推轴承刚度 $K_B=10.7\times10^5$ kgf/cm |
| | 转动惯量 $J_D$(低速)$=0.01$ kgf·m·s² | | 螺母刚度 $K_N=21.4\times16^5$ kgf/cm |
| 工作台 | 重 $W=3000$ kgf | | 纵弹性模量 $E=2.1\times10^6$ kgf/cm² |
| | 摩擦力 $F_f=150$ kgf | | |
| | 移动速度 $v_G$(高速)$=480$ cm/min(电机速度 900 r/min 时) | | |
| | 移动速度 $v_D$(低速)$=98$ cm/min(电机速度 900 r/min 时) | | |

求：驱动系统的共振频率和失动量，即

(1) 折算到电动机轴(高速侧)的负载转动惯量 $J_L$；

(2) 丝杠的轴向刚度(即压缩刚度)$K_0$ 和滚珠丝杠进给机构的综合刚度 $K_e$；

(3) 共振频率(由工作台重量决定的)$\omega_{TO}$；

(4) 失动量。

8-5 题图 8-5 所示为检测器在滚珠丝杠一端的直流电机驱动控制系统(用于定位的半闭环伺服系统)。

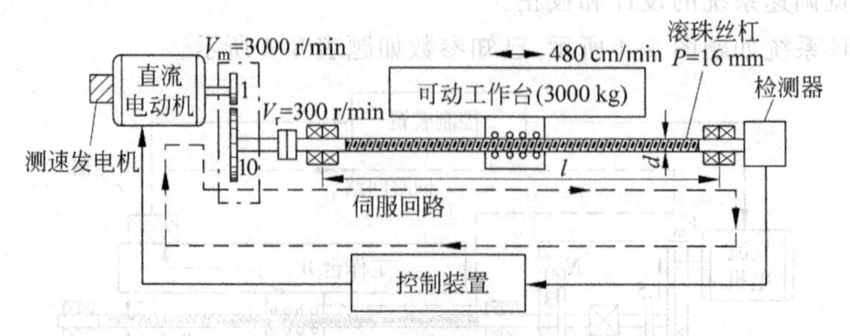


题图 8-5 检测器在滚珠丝杠一端的直流电动机驱动系统(半闭环系统)

已知：直流电机的转速 $V_m=3000$ r/min，功率 $P_m=1.5$ kW，转动惯量 $J_M=0.0138$ kgf·cm·s²(包含测速发电机)；齿轮箱的齿数比 $N_C=1/10$，齿轮系的转动惯量 $J_G=0.01$ kgf·cm·s²(折算到电机轴)；滚珠丝杠的直径 $d=6$ cm，长度 $l=216$ cm

(两端由止推轴承支承),螺距 $P=1.6\ \text{cm/r}$,最大转速 $v_r=300\ \text{r/min}$(直流电动机 3000 r/min 时),横弹性模量 $E=85\times10^4\ \text{kgf/cm}^2$,比重为 $\rho=1.85\ \text{g/cm}^3$;工作台的重量 $W=3000\ \text{kgf}$,摩擦力 $F_f=150\ \text{kg}$(摩擦系数 0.05),最大进给速度 $v=480\ \text{cm/min}$(直流电机 3000 r/min)。

求:(1) 折算到电机轴上的负载转动惯量 $J_L$;

(2) 驱动系统的扭转刚度 $K_T$;

(3) 丝杠的扭转刚度和工作台重量所引起的丝杠轴的共振频率 $\omega_{TO}$;

(4) 从驱动轴方面来看扭转刚度所引起的丝杠轴的共振频率 $\omega_T$。

# 9 精密测量技术

精密仪器精度的高低，除取决于精密机械部分的运动精度外，很大程度上还取决于其定位与测量系统的精度。因此定位与测量系统是精密仪器中的一个重要组成部分，特别是对高精度的仪器尤为重要。精密机械与仪器的核心问题是精度问题，瞄准与对准是精密机械与仪器的基准，因此瞄准与对准精度将直接影响仪器的精度，特别是对高精度的仪器影响更大。在一般精密机械与仪器中，一次性的瞄准与对准误差在仪器的测量误差中占的比重较小，约为1/10～1/5；而在高精度的仪器中，瞄准与对准精度在仪器的总体精度中所占的比重将增大到1/5～1/3。可见，在设计精密机械与仪器时，寻求新的瞄准与对准方法以提高总体精度，是设计者的重要任务之一。

## 9.1 精密测量技术概述

由于定位与测量系统和精密仪器的精度直接有关，因此定位与测量系统的设计是仪器设计中的重要一环，并应满足下列要求：

(1) 与仪器的精度相匹配。在选择定位与测量方法时，首先要从所设计的精密仪器的精度出发，根据仪器所要求的精度合理地选择定位与测量方法。一般情况下，定位测量系统的精度应为仪器总体精度的1/5～1/3。

(2) 具有足够的分辨率。定位与测量系统的分辨率是该系统设计中的一个重要参数，分辨率的大小与控制系统有关。当分辨率与仪器的精度接近或相等时，对控制系统要求很高，即在测量过程中不允许丢脉冲；反之对控制系统的要求可以降低。一般情况下，定位与测量系统的分辨率应小于仪器的精度，通常取仪器精度的1/10～1/3。

(3) 具有较高的频率响应速度。主要取决于光电接收元件和控制电路的频率响应速度。

(4) 控制系统尽量简单，维修方便。

(5) 在满足精度要求的前提下，尽量降低成本。

## 9.2 瞄准与对准技术

瞄准与对准精度是指标志物体与被瞄(对)准物体或其轮廓重合的程度。瞄(对)准精度主要由两个部分组成：一部分为瞄准器标志部分的对准精度；另一部分，对于接触式为瞄准器与被测工件的接触变形，对于非接触式为光电转换及电路等的误差。

瞄准的方法比较多，有机械、光学、电学、光电及气动5种。概括起来，可以将它们分为接触式和非接触式两大类，其用途与性能如表9-1、表9-2所示。

**表9-1 非接触式瞄准部件综合比较表** μm

| 瞄准原理 | 工作状态 | 瞄准方法 | 对准精度 | 转换误差 | 应用范围 |
|---|---|---|---|---|---|
| 光学 | 静态 | 显微镜与投影装置 | 0.3～1 | 有 | 各种零件及微小零件的影像瞄准(透射、反射) |
| | | 双像(互补色)瞄准 | 0.5 | — | 图像快速瞄准 |
| | | 斜光束瞄准 | 0.2 | — | 透射式轮廓边缘瞄准 |
| | | 反射式瞄准 | 0.1～0.2 | — | 透射式轮廓边缘瞄准及不同截面瞄准 |
| | | 光学点位瞄准 | 1～3 | — | 复杂形面、轮廓及三坐标测量 |
| 光电 | 静态、动态 | 定位瞄准器 | 2 | — | 定位与准直系统 |
| | 静态 | 光电显微镜 | 0.01～0.02 | — | 线纹瞄准(透射、反射) |
| | 动态 | 轮廓瞄准头 | 0.03 | — | 线纹动态及自动对准(透射、反射) |
| | 静态 | 自准直光管 | 0.2～0.3 | 有 | 影像快速瞄准(透射、反射) |
| 气动 | 静态、动态 | 气动测头 | 0.1″ | 有 | 角度、平直度 |
| | | | 0.5 | 有气流干扰 | 一般测量及自动化测量(接触式与非接触式均可) |

近年来由于科学技术的进步，由人眼瞄准逐渐向自动对准方向发展，既排除了人眼的主观瞄准误差，提高了仪器的瞄准精度，同时又为仪器的自动化提供了可能。

为了合理设计瞄准与对准系统，在设计时应遵循下述原则：

(1) 瞄准与对准系统主要由仪器的总体设计要求而定。在设计时，应从仪器总体设计角度出发，确定其方式、方法及结构。

(2) 根据仪器总体精度的要求，确定该系统允许误差的大小，并审查已选定的方案是否

表 9-2　接触式瞄准部件综合比较表　μm

| 瞄准原理 | 工作状态 | 瞄准方法 | 对准精度 | 接触误差 | 重复性 | 应用范围 |
|---|---|---|---|---|---|---|
| 机械 | 静态 | 测量刀 | 1 | 与表面有关 | | 工具显微镜 |
| | | 机械测头 | 1～2 | 有 | <1 | 三坐标测量机及实验室 |
| 光学、机械 | | 光学灵敏杠杆 | 0.3 | 较小 | <0.2 | 工具显微镜 |
| 光学、机械、电学 | 静态、动态 | 光电灵敏杠杆 | 0.1 | 较小 | — | 高精度三坐标测量 |
| 电学 | | 电触式测头 | 2 | 较小 | <1 | 三坐标“飞越”测量及自动测量 |

满足精度要求，如不满足应修改设计或采取补足措施。

(3) 根据仪器要求，确定静、动态及自动化程度。

(4) 除考虑瞄准与对准的零位外，是否需要测微机构，应统筹考虑。

### 9.2.1　接触式瞄准方法

#### 1. 机械测头

机械式测头在精密机械与仪器中应用很广泛，它的特点是结构简单，使用方便，适于复杂形状工件如箱体、叶片、曲面等。

1) 机械测头的种类

机械测头的种类很多，如图 9-1 所示。

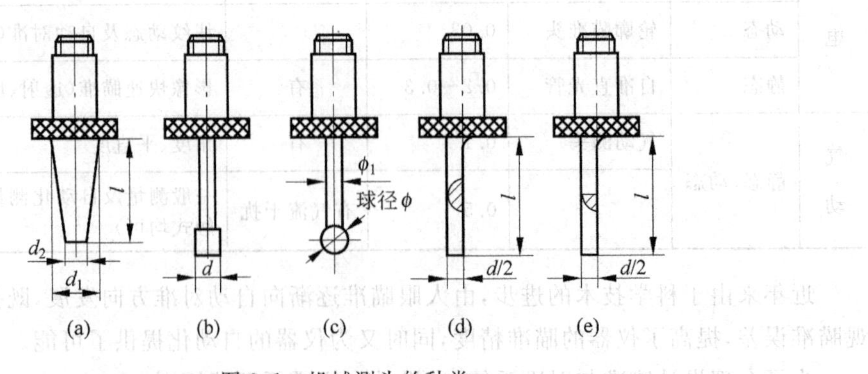


图 9-1　机械测头的种类

(a) 圆锥测头；(b) 圆柱测头；(c) 球形测头；(d) 回转式半圆柱测头；(e) 回转式 1/4 柱面测头；(f) 盘形测头；(g) 凹圆锥测头；(h) 点测头；(i) V 形块测头；(j) 直角测头

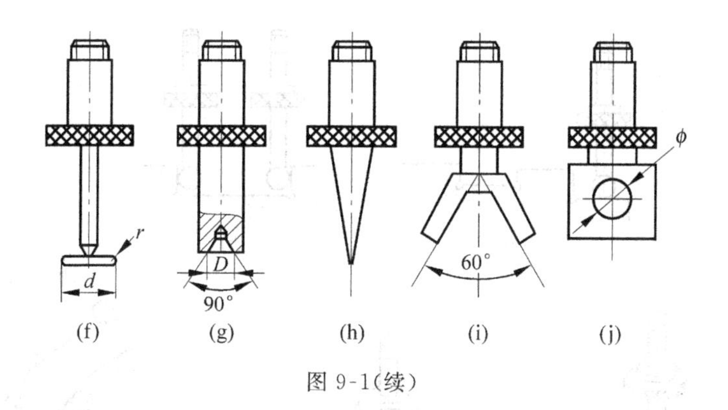


图 9-1(续)

(1) 圆锥测头。圆锥测头用于孔中心位置和孔中心距的测量，如图 9-2(a)所示。在测量大孔时，需要加过渡环，过渡环的结构如图 9-2(b)所示。使用圆锥测头时，由于被测孔的精度不同，孔表面情况的优劣会影响测量精度。圆锥测头的锥度小时，测量精度高。圆锥测头大端直径可为 2～102 mm，每 10 mm 一挡，共 11 种。其锥度一般选用(1∶5)～(1∶4)左右。

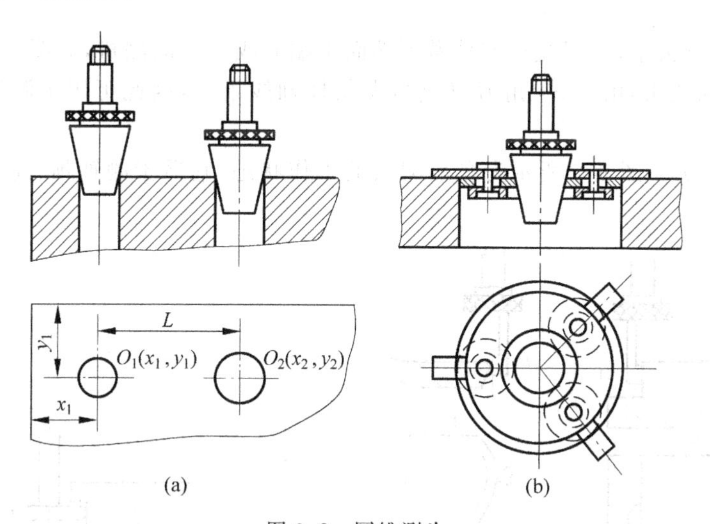


图 9-2 圆锥测头

(2) 球形测头。球形测头能测高度、槽宽、孔径和轮廓形状，其工作状态如图 9-3 所示。它是通用测头，用途比较广泛。球径一般为 8～12 mm 左右。选择球形测头时应遵循以下原则：①探针长度尽可能短——探针弯曲或偏斜越大，精度越低；②连接点最少——每次探针与加长杆连接时，额外引入了新的潜在弯曲和变形点；③测球尽可能大——避免"晃动"而误触发，削弱被测表面未抛光对精度造成的影响。

(3) 回转式半圆柱测头与 1/4 柱面测头。由于回转式半圆柱的测头表面与夹紧轴线重

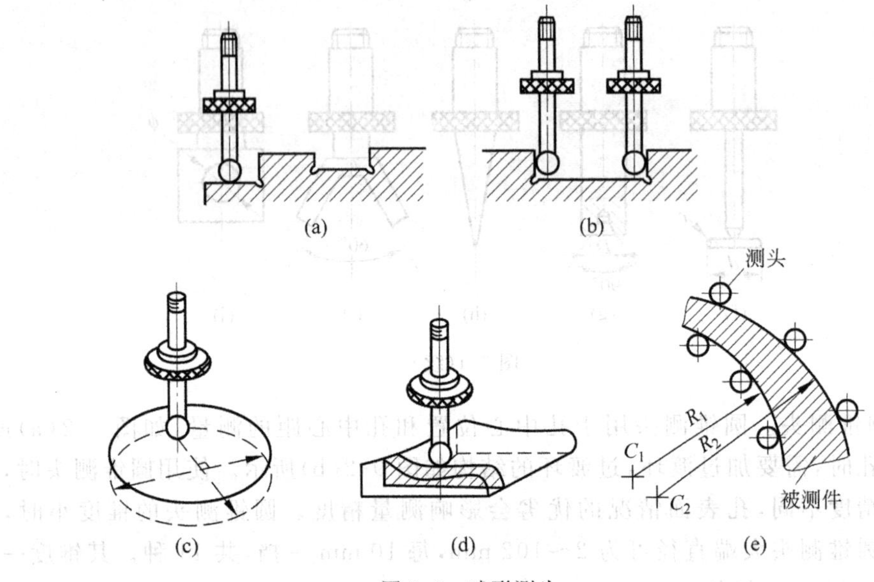


图 9-3　球形测头

合,不需要补偿测头半径,因此很容易做到端面至端面或至点的测量,如图 9-4(a)所示。而回转式 1/4 柱面测头,由于 90°角刀口线与夹紧柱轴线重合,因此可用于测量曲线表面,如图 9-4(b)所示。

(4) 盘形测头。图 9-5 所示为盘形测头的工作状态,它适于测轴颈、高度、槽宽及凸缘高度。

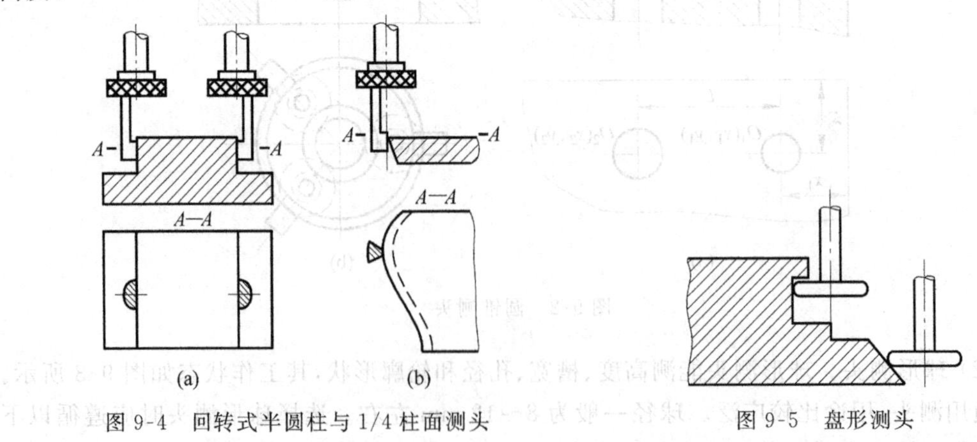


图 9-4　回转式半圆柱与 1/4 柱面测头　　图 9-5　盘形测头

(5) 凹圆锥测头。由于圆柱测头带有 90°角凹圆锥,因此可测定球体或曲线部分中心坐标,其工作状态如图 9-6 所示。

(6) V 形块测头。可用于测量轴类的轴心位置及中心距离等,其工作状态如图 9-7 所示。

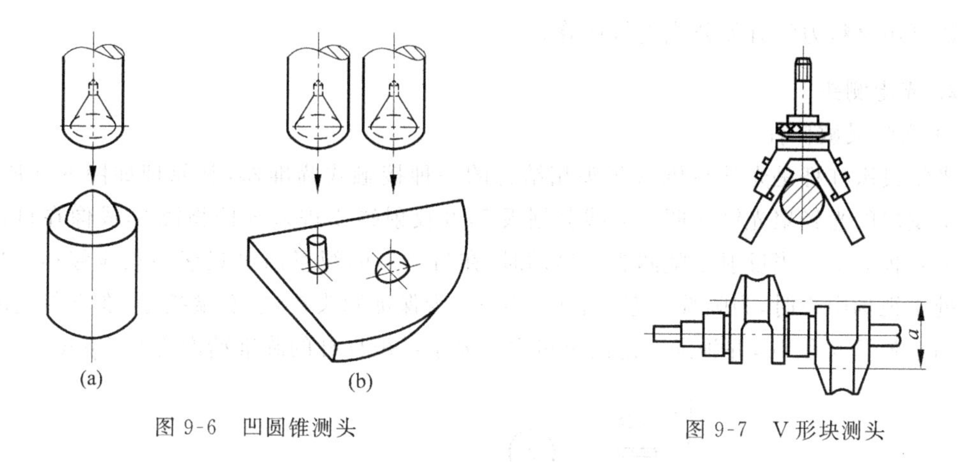


图 9-6 凹圆锥测头　　图 9-7 V形块测头

(7) 直角测头。该测头带有可插入锥测杆的直孔，用于在垂直截面上测量孔或沟槽，其工作状态如图 9-8 所示。

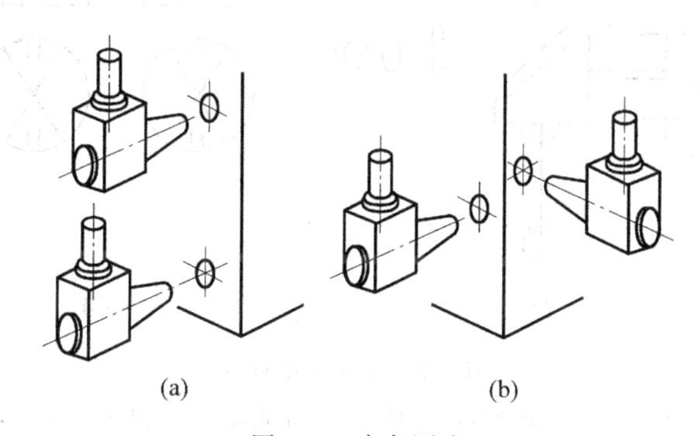


图 9-8 直角测头

2) 影响机械测头瞄准精度的因素

机械测头属于硬测头，由于存在测量力，因此会引起变形从而影响测量精度。

(1) 测量力引起的接触变形。测头的测量端面和被测表面由于测量力引起的接触变形对瞄准精度影响很大，影响的程度随接触情况而不同。接触变形量大小与接触状态、测量力、测端的几何尺寸及测端和工件材料的弹性模量有关。此外，还与被测件的表面粗糙度、硬度有关，被测工件表面粗糙度和硬度越高，接触变形越小。为提高瞄准精度，减小接触变形，必须减小测量力。一般精度下要求测量力不大于 2 N；对高精度瞄准，测量力应在十分之几至百分之几 N 以内。采用球形或圆柱形测头时，应尽可能选用较大直径。当测量一些小尺寸或软材料工件时，由于变形量较大，应在数据处理时考虑给予补偿。但在一定的测量条件下，接触变形对测量误差的影响较小。

(2) 测量力引起的测杆挠曲变形。测量除引起接触变形外，还会引起测杆、测量轴的挠曲变形，特别是当测量杆细长、测量轴刚度差时，其变形尤为严重，因而造成瞄准误差。挠曲变形值可用材料力学有关公式进行计算。

**2. 光电测头**

1) 光学灵敏杠杆

光学灵敏杠杆是光学与机械测头相结合的一种接触式瞄准器,其原理如图9-9所示。光源7发出的光经聚光镜6照亮双线分划板5,经反射镜1进入3倍物镜2,成像在目镜的米字分划板3上。当反射镜随测头8摆动时,在目镜4的视场内可观察到双线移动。当测头8处于视场中心时,为瞄准状态(图9-9(b))。为保证测头在左、右端接触,在反射镜的左端加两个弹簧9和10,并施加一定的测量力。光学灵敏杠杆的瞄准精度为0.5 μm。

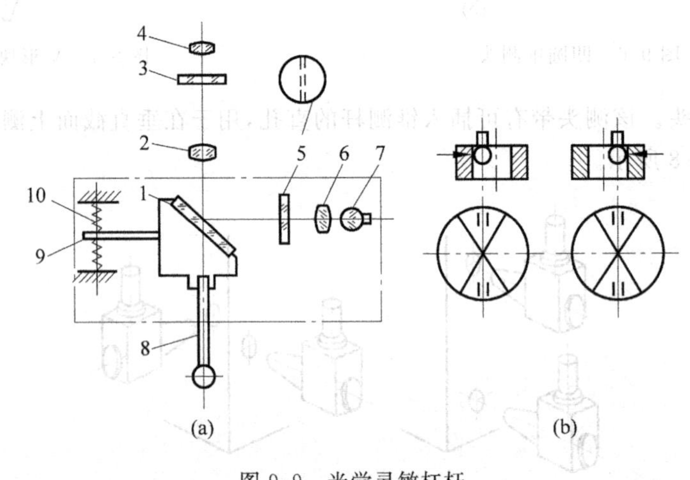


图9-9 光学灵敏杠杆

1—反射镜;2—物镜;3,5—分划板;4—目镜;6—聚光镜;7—光源;8—测头;9,10—弹簧

2) 光电灵敏杠杆

光电灵敏杠杆是在光学灵敏杠杆的基础上加上光电瞄准,其原理如图9-10所示。光源1发出的光经聚光镜2、半透半反射镜3、物镜组4,照射到反射镜5和刻线分划板反射镜13上。反射镜13上瞄准用的刻线的像经反射镜5、物镜组4、半透半反射镜3、分光镜16,光被分成两束:一束经振子上的反射镜18、狭缝20被光电接收元件21接收;另一束经振子上的反射镜14、狭缝被光电接收元件15接收。光电接收元件21接收垂直变化的信号,光电接收元件15接收水平变化的信号。振子以$f$振动,在刀口狭缝上刻线的像作扫描运动。当测头10的位置处于瞄准状态时,刻线的像正好对称于刀口狭缝,输出信号为零。为了便于观察设置了目镜组19。螺钉11用于调整反射镜13的镜面与光轴平行。测头10连同滑筒8由一发条弹簧7的力加以平衡,另一方向由螺旋弹簧12产生拉力,垂向测量力约0.5 N,水平测力为0.25~0.30 N。其瞄准精度可达0.2 μm。

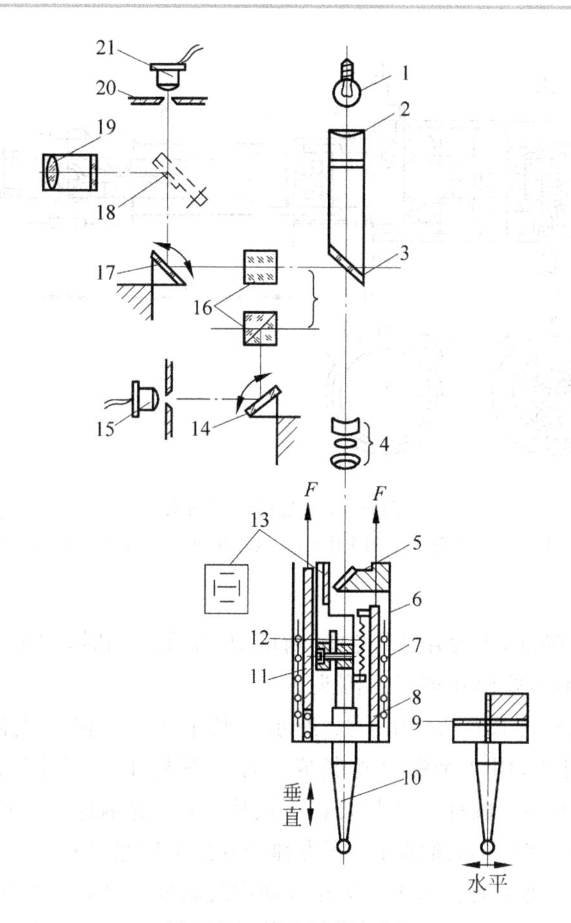


图 9-10 光电灵敏杠杆

1—光源；2—聚光镜；3—半透半反射镜；4—物镜组；5,13,14,17,18—反射镜；6—外壳；7—发条弹簧；8—滑筒；9—十字弹簧；10—测头；11—螺钉；12—螺旋弹簧；15,21—光电接收元件；16—分光镜；19—目镜组；20—狭缝

**3. 电学测头**

电学接触式测头种类很多，按其功能可分为开关测头(只做瞄准用)、具有测微功能的测头和自动测头 3 种；按测头感受的运动可分为单向测头、双向测头和三向测头 3 种。

1) 电磁开关测头

电磁开头测头采用电磁感应原理，通过电器系统，在测杆处于电感应最大值的位置时，发出"过零信号"，其结构原理如图 9-11 所示。电磁线圈 4 固定在测头座 3 上，衔铁位于可动杠杆 5 的一端，杠杆可绕 $O$ 点回转，其支承轴固定在测头座 3 上。可动杠杆 5 的另一端为测杆 6，它可绕 $O$ 点转动约 $\pm 40°$。为了测量工件的另一方向，可动杠杆 5 与测头座 3 可绕自身旋转 $90°$，为使其定位面可靠接触，用弹簧 2 拉紧。这种测头的瞄准精度不高，约为 50 $\mu$m。

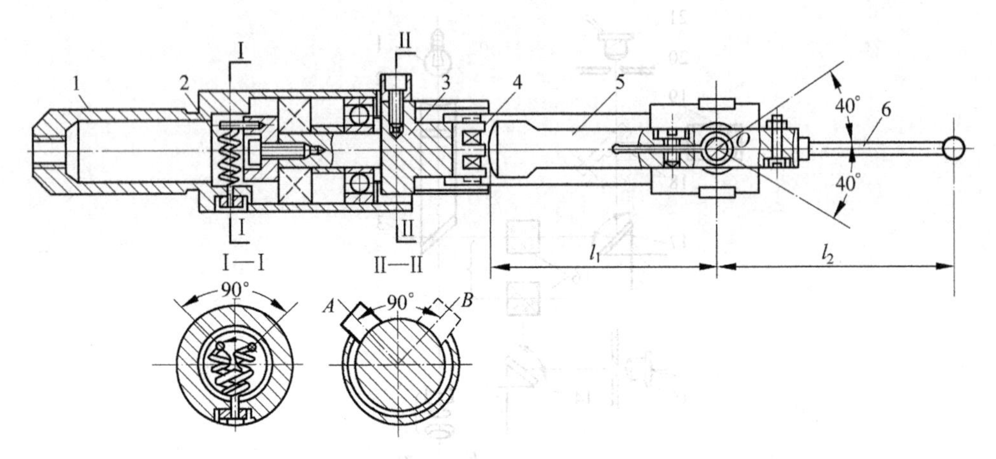


图 9-11 电磁开关测头

1—外壁；2—弹簧；3—测头座；4—电磁线圈；5—可动杠杆；6—测杆

2）电触式测头

电触式测头用于瞄准，主要用于“飞越”测量中，即在检测时，测头缓缓前进，当过零点时测头自动发出信号，不需要停止或退回测头。

电触式测头的结构形式很多，图 9-12 所示为其中之一。测头主体由上主体 3、下底座 10 及 3 根防转杆 2 组成，用 3 个螺钉拧紧成一体。测杆 11 装在测头座 7 上，其底面装有 120°均布的 3 个圆柱体 8。圆柱体 8 与装在下底座 10 上的钢球 9 两两相配，组成 3 对钢球接触副。测头座 7 为一半球形，顶部有一压力弹簧 6 向下压紧，使 3 对接触副自位接触。弹簧力大小用螺杆 5 调节。为了防止测头座 7 在运动中绕轴向转动，采用了防转杆 2。测头座 7 上的防转槽是为了粗略地防止产生大的扭转角而使接触副错乱。电路导线由插座 4 引出。

电触式测头的工作原理相当于零位发讯开关。当 3 对钢球接触副均匀接触时，触头处于零位；当测头与被测件接触时，测头被向任一方向偏转或顶起，电路立即断开，并随即发出信号；当测头脱离被测件后，外力消失，由于弹簧 6 的作用，使测头回到原始位置。

电触式测头的电路如图 9-13 所示。当测头在原始位置时，$A$ 点为低电平，晶体管 $BG_1$ 关闭，指示灯不亮，而 $B$ 点也为低电平，集成电路 $T_1$ 输出为高电平，控制电路停止工作(未画出)。在测头碰上工件的一瞬间，$B$，$A$ 点电平随即上升，$BG_1$ 管导通，指示灯亮。此时 $T_1$ 输出为低电平，使电路工作并发出瞄准信号。

电触式测头的单向重复精度 $\sigma<\pm 1\ \mu\text{m}$。测头测杆长度 $L$ 与触点至中心的半径 $r$ 之间的比例关系将影响到瞄准精度。一般来说，$r/L$ 的比值越大，瞄准精度就越高。在测杆轴线方向的测力约为 0.3～1 N，在测杆垂直方向的测力约为 0.1～0.3 N。测头直径、测端接触变形及测杆变形的系统值，可由已给定的数值进行补偿。

3）双向电感测头

单向、双向电感测头应用于坐标测量机中，可方便地进行瞄准和测微。双向电感测头的

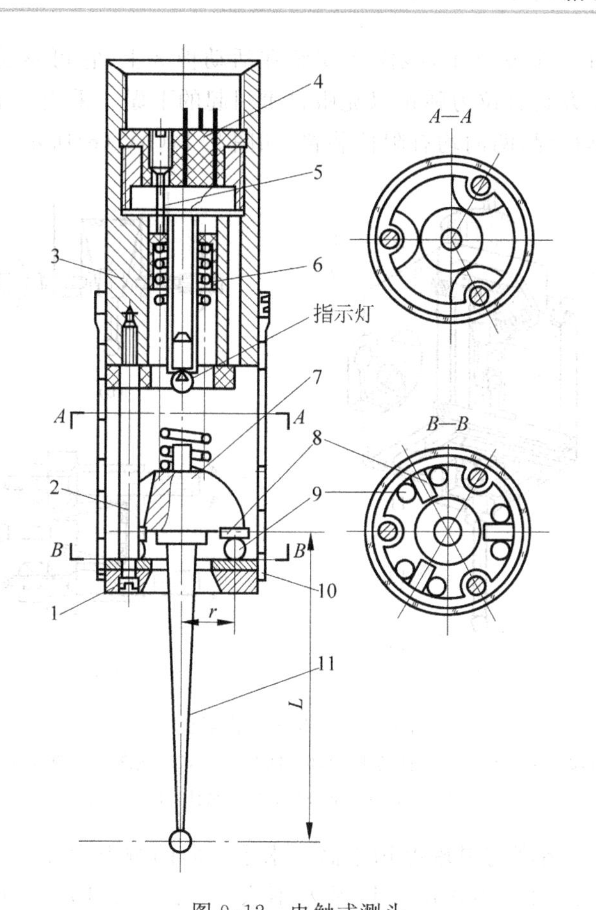


图 9-12 电触式测头

1—螺钉；2—防转杆；3—上主体；4—插座；5—螺杆；6—压力弹簧；
7—测头座；8—圆柱体；9—钢球；10—下底座；11—测杆

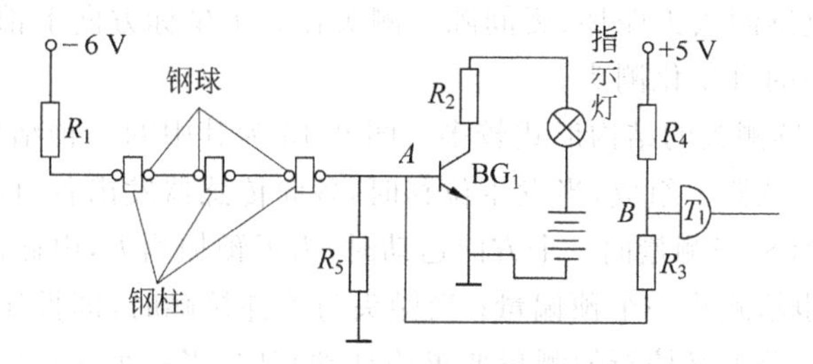


图 9-13 电触式测头电路图

结构如图 9-14(a)所示。采用两组片簧 1,2：垂直方向由 4 根片簧组 1 组成，水平方向由 4 根片簧组 2 组成，可实现 $x$-$z$ 或 $y$-$z$ 方向的测量。测杆 12 可安装在下夹头 11 或侧夹头 10 上。感受装置采用电感传感器，垂直方向电感传感器的铁芯杆 4 与活动板 8 上的支座固定在一起，线圈 5 安装在活动板 3 上，它可感受垂直方向的位移大小。水平方向电感传感器的铁芯杆6固定在测头座9上,线圈7安装在活动板3上,它可感受水平方向的位移大小。在活动板8的上方装有拉力弹簧以克服自重引起的下塌。采用红宝石测头以保持长期使用的精度。为限制行程,两向均有限位装置,如图9-14(b),(c)所示。

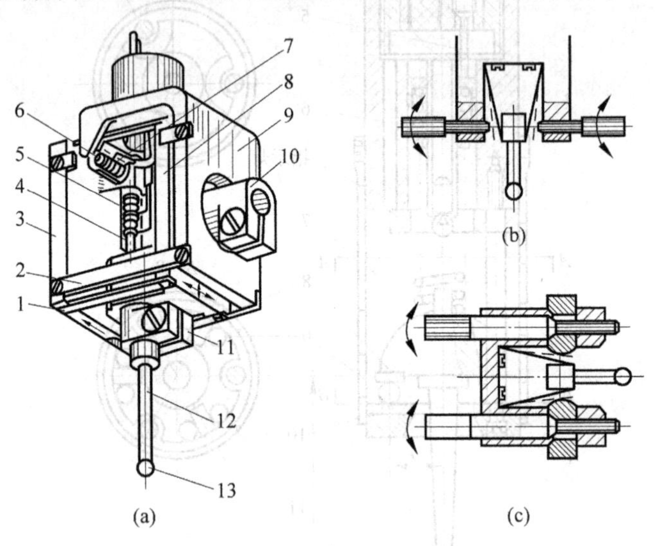


图9-14 双向电感测头

1,2—片簧组;3,8—活动板;4,6—铁芯杆;5,7—线圈;9—测头座;10—侧夹头;11—下夹头;12—测杆;13—测头

该测头结构精巧,精度与灵敏度均很高。水平方向的测力为2.5 mN/μm,垂直方向为3 mN/μm。测量精度:1~100 μm,其误差不大于0.2%;100~200 μm,其误差不大于0.4%。

4) 双簧片式三向电感测头

双簧片式三向电感测头无摩擦、无间隙。测头在3个坐标方向上都有传感器,可作扫描测量或数控自动检测的自动化测头。

双簧片式三向电感测头的结构形式较多。图9-15为其中的一种结构,它由3部分组成:一是感受部分,它由传感器7组成,当发生位移时,各向传感器发出各自的信号。二是测力机构,采用电磁测力机构8,当测量向一个方向运动时,为了预加测力,电磁测力机构向接触力方向产生磁测力,同时也给测头一个预偏量;当触头与工件接触时,即推压测头直至过零发讯。这一过程完成后,电磁测力又按新的测量要求施加到它向,当一个坐标锁紧时,那个坐标的电磁力应释放开。三是零位锁紧机构。三向测头的3个方向不是同时工作的,往往需要锁紧一向或二向,锁紧机构用电磁铁操纵,需要锁紧时,将线圈13的电流断开,则衔铁14被一块永久磁铁11吸引向上运动,衔铁可绕片簧12转动而使圆锥销9插入小座10的孔内,从而将此向锁紧在零位上。需要打开锁紧时,将线圈13通入电流,由电磁力克服永久磁力,将锥销从小孔中拔出而成自由状态。$z$向测座用弹簧5吊挂,可用手轮2调整。销子3用于防止螺母4转动并可在螺母 4 的外圆槽内滑动。测头座 1 上装有 5 个探头,可方便地对工件进行测量。该测头的电感传感器的重复精度为 0.1 μm,测头总的重复精度为 0.5 μm。

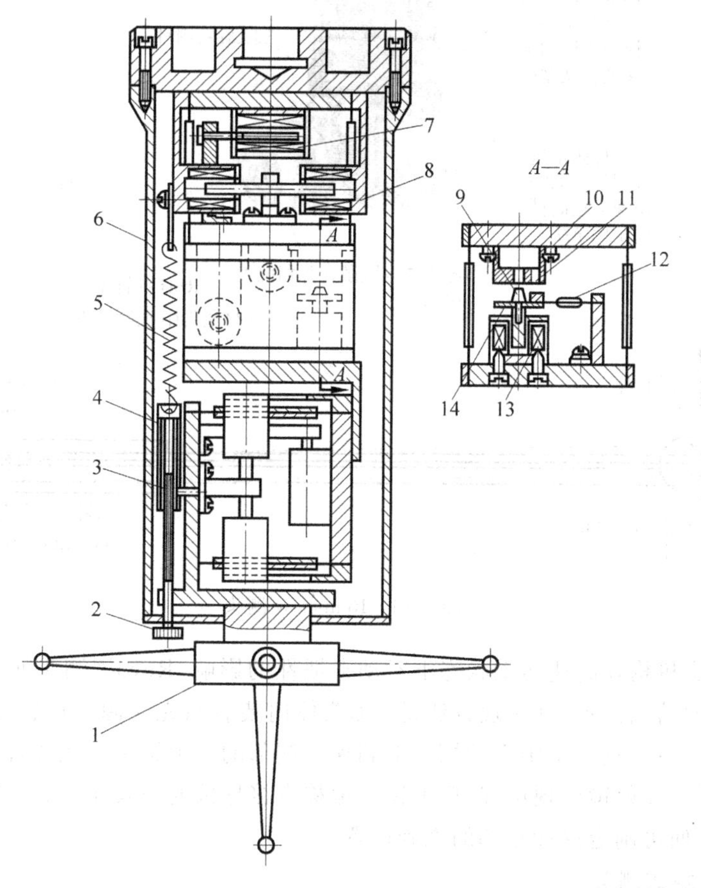


图 9-15　双簧片式三向电感测头

1—测头座；2—手轮；3—销子；4—螺母；5—弹簧；6—外壁；7—传感器；8—电磁测力机构；9—圆锥销；10—小座；11—永久磁铁；12—片簧；13—线圈；14—衔铁

此外还有变位测头、连续扫描测头及电容传感器测头等。

**4. 典型的接触式测头**

1) Renishaw 测头系统

Renishaw 公司的 Revo™测头两轴采用球面空气轴承技术,由高分辨率编码器的无刷电机驱动,可以提供快速、超高精度的定位。

Renishaw 测头系统一般由触发式测头、低测力探针吸盘、测头控制器、探针更换架等组成,如图 9-16 所示。利用微力传感器,保证优异的测量重复性和精确的空间形状测量精度；采用超微触发技术,避免传统测头常会出现的拖动；内置 ASIC 电路保证上百万次可靠操作。

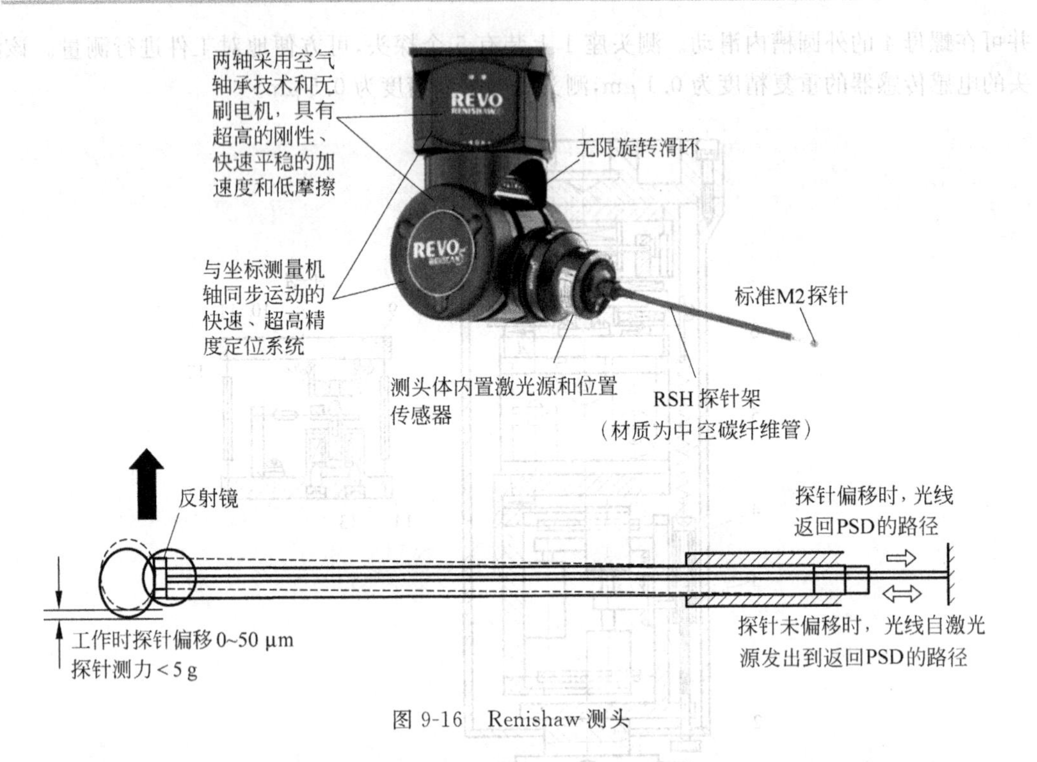


图 9-16 Renishaw 测头

为降低测头机构在高速运动状态下对动态惯性的影响，Revo™测头使用光学方法测量测头探针端部的精确位置，其实现方法是：测头体内装有激光光源和位置传感器(PSD)，激光光源发出的光束经过一个中空的探针射到探针端部的反射镜上。当探针接触工件时发生弯曲变形，伴随着反射镜出现位移，反射镜的偏移直接导致光路发生变化，再由 PSD 测得变化的光路情况，便可确定探针端部的准确位置。

2）三维接触式测头

图 9-17 所示为瑞士 Mecartex 公司和 METAS(瑞士联邦计量及检验局)联合研制的三

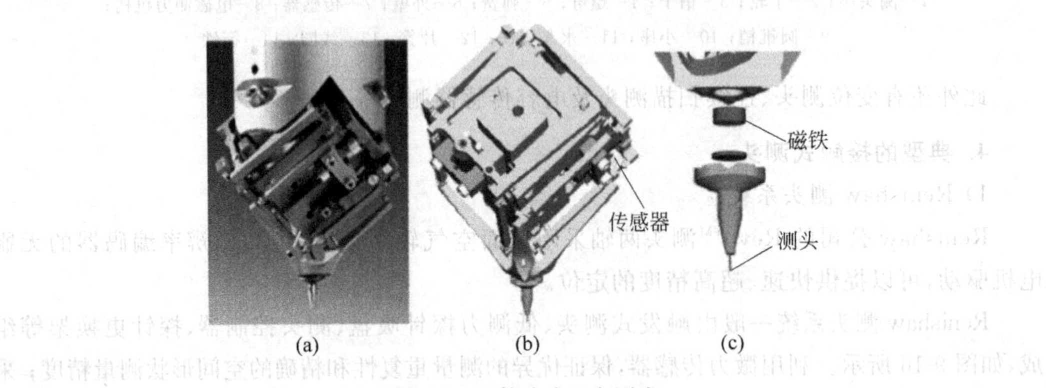


图 9-17 双簧片式三向测头

维接触式测头，其主要特点如下：

（1）采用一种新型的机械机构限制自身旋转运动；

（2）将平移运动分 $x,y,z$ 3 个方向，测头具有完全三自由度。

## 9.2.2 非接触式瞄准方法

### 1. 光学法

光学法是利用光学原理进行瞄准的。根据原理不同，光学法又分为对线法、重合法、双像法、互补色法、反射法及光学点位法等。

1）对线法

对线法直接利用分划板上的刻线对物体(刻线或轮廓)进行瞄准。其瞄准精度随物体的形状和刻线方式而异。瞄准精度受人眼分辨率的限制，同时还与被瞄准物体的形状、亮暗、背景衬度等有关。所谓人眼分辨率是指人眼本身能分开两个点的最小距离，这个距离是由人眼本身的特性所决定的。人眼的对准精度是指一物体重叠到另一物体的叠合精度。根据生理解剖分析，人眼的视网膜上分布着很多六角形的视觉细胞，如图 9-18 所示，齐线率 $n$ 比分辨率 $m$ 要小。图 9-19 是仪器中常见的对准方式，其中图 9-19(a)为二实线叠合，人眼的对准精度$\alpha\approx60''$；图 9-19(b)为二直线端部对准，$\alpha=10''\sim20''$；图 9-19(c)为双线对称跨单线，$\alpha=5''\sim10''$；图 9-19(d)为虚线对实线，$\alpha\approx20''$。将上述角度值化成线值，人眼的对准精度 $\delta$ 为

$$\delta\approx\frac{\alpha\times250}{2\times10^{5}} \tag{9-1}$$

当使用显微镜后，仪器的对准精度 $\delta'$ 为

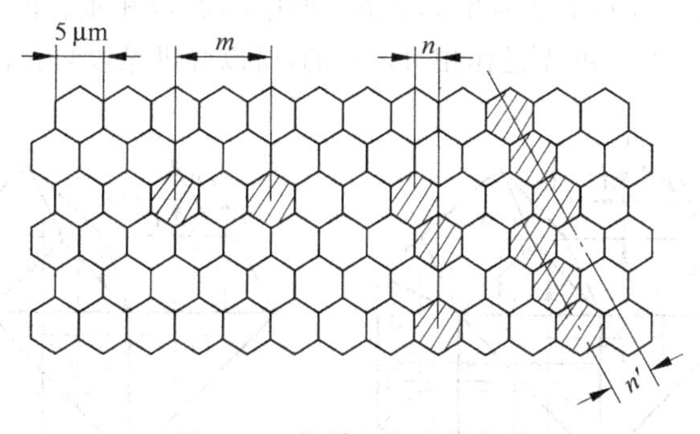


图 9-18 视神经细胞分布图

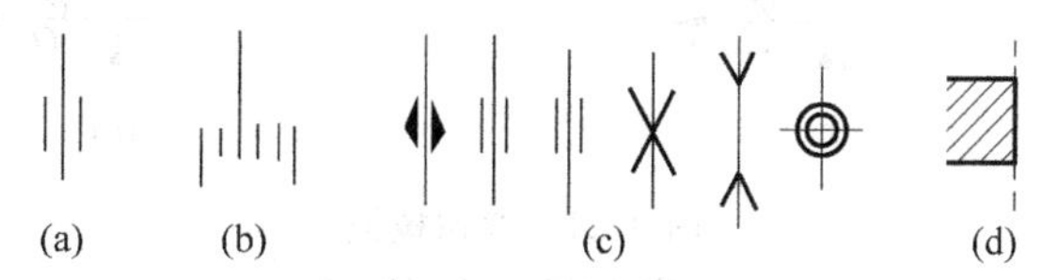


图 9-19 仪器中常见的对准方式

$$\delta' = \frac{\delta}{M} \approx \frac{\alpha \times 250}{2 \times 10^5 M} \tag{9-2}$$

式中,$M$ 为显微镜的放大倍数。

通常放大倍数 $M$ 越大,仪器的对准精度就越高。实际上由于受物镜分辨率的限制,式(9-2)的计算结果往往高于实际值。

2) 重合法

利用对径读数方法可以消除偏心误差。但对径读数法需要两套装置,而且工作不方便。采用重合读数法可以克服上述缺点。重合法的原理如图 9-20 所示。入射光照明 $A$ 点,经1倍转像物镜和屋脊棱镜,成像在 $B$ 点,实现重合法读数。其优点是:一次读数可得到对径的两个数,使用方便,消除了偏心的影响;由于采用了屋脊棱镜,两个像的移动方向相反,因此灵敏度和瞄准精度均可提高1倍。

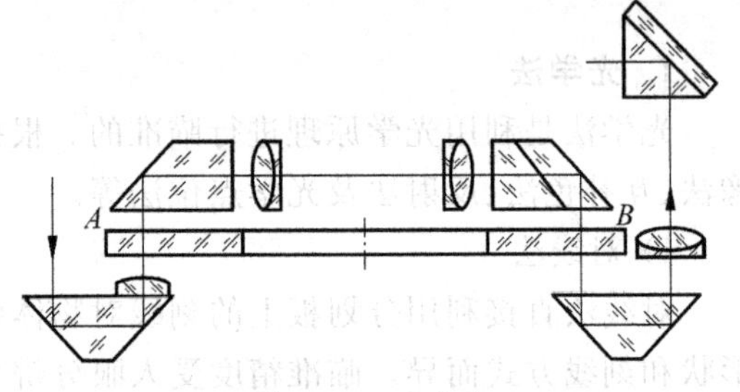


图 9-20 重合法

重合法可采用1倍转像或特殊照明棱镜来实现。1倍转像物镜的放大倍率要求十分准确。

3) 双像法

采用双像棱镜可以实现双像法瞄准。双像法是比较准确和快速的一种瞄准方法,其精度可达到 0.5 μm 左右。

双像棱镜有中心对称和轴对称两种。图 9-21(a)所示为中心对称双像棱镜,点对称的双像棱镜有两个棱镜光轴 $x$ 与 $y$,平面上一点 $A$ 经双像棱镜成像于 $A'$ 和 $A''$,这两点是对称于 $x$,$y$ 轴线的,显然只有 $A$ 点的坐标和 $x$,$y$ 坐标的中心点 $O$ 相重合的情况下,才能获得一个像点。由于在瞄准过程中 $A'$ 和 $A''$ 是作相对运动的,所以瞄准精度可提高1倍。图 9-21(b)是

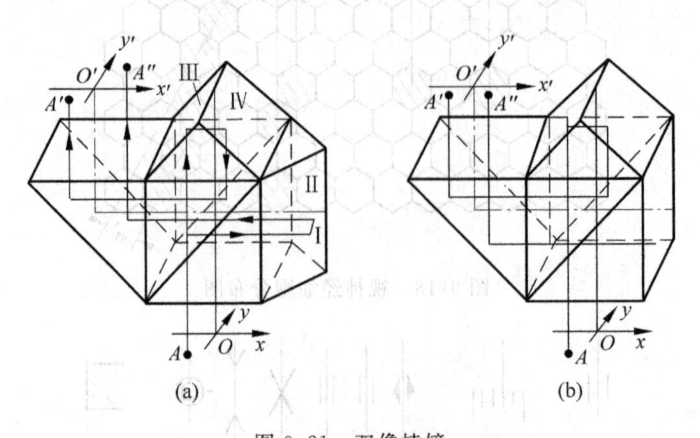


图 9-21 双像棱镜

(a) 中心对称;(b) 轴对称

轴对称双像棱镜，它与点对称的区别在于少一个屋脊棱镜，因此光线对于偏离 $x$ 轴的像不发生偏移，而仅形成对称于 $y$ 轴的双像 $A'$ 和 $A''$。

双像棱镜加工比较困难，特别是两屋脊面的夹角要求严格（$90°\pm5''$），否则像重合不好。

4）互补色法

为提高双像棱镜的瞄准精度，在双像棱镜中采用互补色原理。即在双像棱镜的两个屋脊面上，各镀上不同颜色的干涉反射膜。以图 9-21(a)为例，在屋脊上（Ⅰ或Ⅱ面上）镀反绿色膜，而在屋脊（Ⅲ或Ⅳ面上）镀反品红膜，品红与绿色为互补色。这样，经过Ⅰ（或Ⅱ）面反射的 $A''$ 像为绿色的，而经过Ⅲ（或Ⅳ）面反射的 $A'$ 像为品红色的，两像对准重合时为黑色像。

5）反射法

反射法瞄准显微镜中由于采用表面反射成像的原理，使投射到测量表面的光束相当于一个"光刀"接触工件的表面，可以消除被测物体轮廓影像边缘的影响，从而提高测量精度。

图 9-22 所示为端面反射式瞄准显微镜的光学系统。光源 1 经过聚光镜 2 将十字分划板 3 照明，$A$ 是十字分划板的中心点，物镜 5 使 $A$ 点经反射镜 4 成像于瞄准物镜 7 的物平面上 $A'$ 点。$A'$ 点再经物镜 7、棱镜 8 成像在目镜 10 的分划板 9 上。分划板 9 上有一双刻线，$A'$ 点的像 $A''$ 位于双刻线之间，6 为被测工件。图 9-23 为其测量工作原理。在图 9-23(a)中，当被测表面从左边逐步移近光轴时，有部分光线经被测表面反射而成像在 $A'_r$ 处，这样在视场内可看见两个十字线的像 $A''$ 与 $A''_r$，且 $A''_r$ 在 $A''$ 右方。当被测表面移至与光轴重合时，$A''_r$ 与 $A''$ 在双刻线中心重合，这就是正确的瞄准位置，如图 9-23(b)所示。当被测表面从右边移近光轴时，其视场与图 9-23(a)相反，如图 9-23(c)所示。$A'_r$ 是 $A'$ 的镜像，$A'A'_r$ 是被测表面与光轴偏离的 2 倍，因此它的瞄准精度可提高 1 倍，精度可达 0.2 $\mu$m。

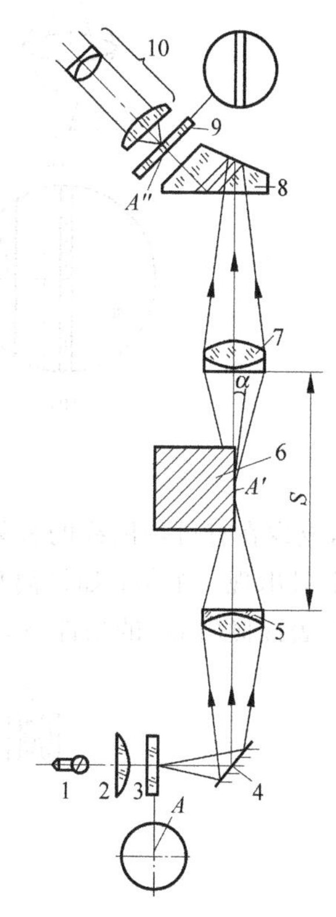


图 9-22　端面反射式瞄准显微系统

1—光源；2—聚光镜；3，9—分划板；4—反射镜；5，7—物镜；6—被测工件；8—棱镜；10—目镜

6）光学点位法

光学点位瞄准器可以用于空间型面如涡轮叶片、曲面、软质表面等作为瞄准部件，其原理如图 9-24 所示。光源 1 发出的光经聚光镜 2、分划板 3、反射镜 5、物镜 4 入射在被测工件表面上，分划板上的十字线的影像经表面漫反射后经过棱镜 6 和 7，进入物镜 8、屋脊棱

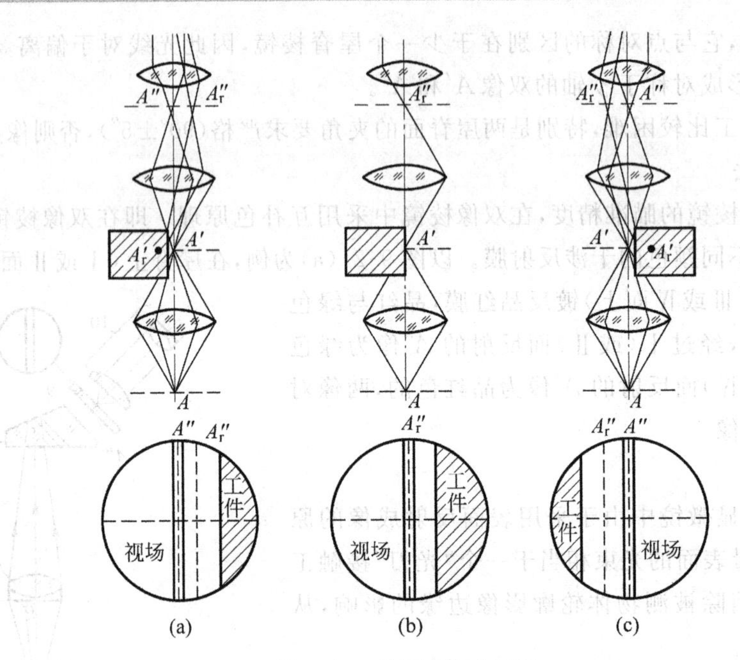


图 9-23 反射法瞄准原理

镜 11,成像在有可调网线的分划板 10 上,通过目镜 9 进行观测。如果正焦时,则在目镜分划板上只出现一个像;如果离焦时,则出现一个模糊像。这种瞄准方法的分散值较小,即使在被测表面倾斜 80°的条件下,分散值也能保持在±(1~3) μm 左右。

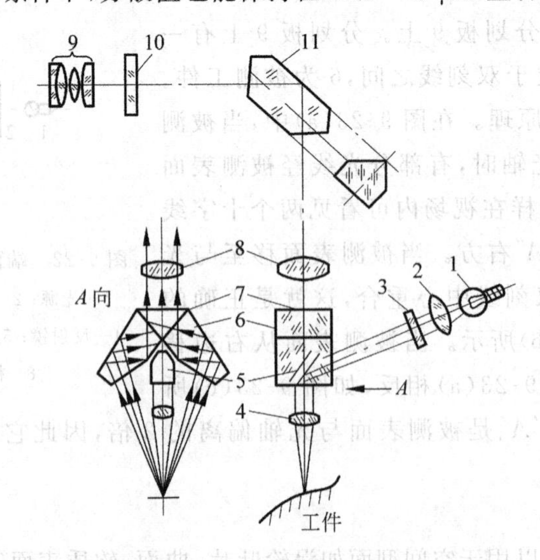


图 9-24 光学点位瞄准器光路图

1—光源;2—聚光镜;3,10—分划板;4,8—物镜;5—反射镜;6,7—棱镜;9—目镜;11—屋脊棱镜

**2. 光电准直仪**

光电准直仪是一种高精度小角度测试仪器，其测量精度可达 0.1″，广泛用于精密机械工业。主要应用场合有：

(1) 平面性和直线性的测量，如机床及精密仪器导轨、平板等；

(2) 分度检验和对准，如各种角度的检验；

(3) 垂直度的检验。

光电准直仪是在光学自准直仪的基础上加入光电接收系统和振动狭缝而形成的。光电信号经电路放大后送到相敏检波电路，根据电表指零与否确定对准状态，可实现自动对准。图 9-25 所示为光电准直仪光路原理图。

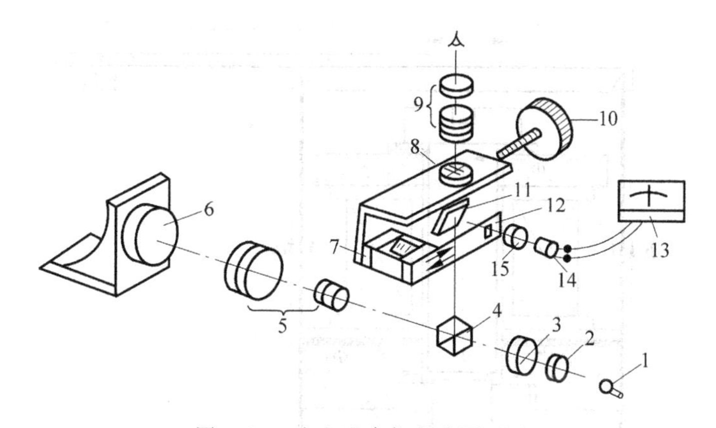


图 9-25 光电准直仪光路原理图

1—光源；2,15—聚光镜；3,8—分划板；4,11—析光镜；5—物镜；6—分光镜；7—振子；9—目镜；10—千分螺丝；12—狭缝；13—表头；14—光电接收元件

光源 1 发出的光经聚光镜 2 均匀地照明带有十字线的分划板 3，分划板 3 位于物镜 5 的焦平面上，因此分划板上的十字线经析光镜 4、物镜 5 以平行光照到被测物体分光镜 6(或反光镜)上。由反射面反射回的光线，又经物镜 5、析光镜 4 向上经析光镜 11 分成两路：一路将十字线成像在刻度分划板 8 上，由目镜 9 进行观察；另一路将十字线成像在振动狭缝 12 上，经聚光镜 15 照射到光电接收元件 14 上。当被测物体分光镜 6 偏转 $\theta$ 角时，反射后的光束将偏转 $2\theta$。设物镜 5 的焦距为 $f$，则十字线的像将偏移

$$\Delta = 2f\tan\theta \tag{9-3}$$

狭缝 12 固定在以 50 Hz 的频率作振动的振子上，当十字线像正好对准狭缝中心时，经聚光镜 15 照到光电接收元件 14 上的光通量具有对称波形，信号变化的频率为 100 Hz。当狭缝中心与十字线像的中心未对准时，得不到对称的波形，这一信号分解后，含有 100 Hz 和 50 Hz 的信号。十字线像偏上或偏下时，两者所产生的 50 Hz 光电信号分量在位相上恰好相差 180°。因此可根据光电信号有无 50 Hz 分量确定是否对准，并根据 50 Hz 分量位相来确定偏离方向。振子狭缝 12 和分划板 8 固定在同一机架上，转动千分螺丝 10 可移动振子

狭缝和分划板8,使十字线像正好对准狭缝中心。

扫描振子有两种：一种是狭缝振荡扫描；另一种是影像振荡扫描。扫描振子的结构也分为两种：一种是直线位移式振子；另一种是摆动式振子。直线位移式振子的结构如图9-26所示。在铜框1上粘接有一块带有透明狭缝的镀膜玻璃片2,铜框1与两片导磁片簧3固接在一起,片簧3夹紧在底座5上。方形永久磁铁产生磁力线$\Phi_0$。当线圈通入频率$f$的交流电时,它产生磁力线$\Phi_1$和$\Phi_2$。在图9-26所示的半周内,$\Phi_0$与$\Phi_2$相加,$\Phi_0$和$\Phi_1$相减,这样右边磁场加强,它吸引右片簧3,使带狭缝玻璃片2向左运动；在另半周,$\Phi_1$和$\Phi_2$方向相反,左边磁场加强,使带狭缝的玻璃片向右运动。由于通过线圈的电流方向不断变化,故狭缝以同样频率$f$往复振动。

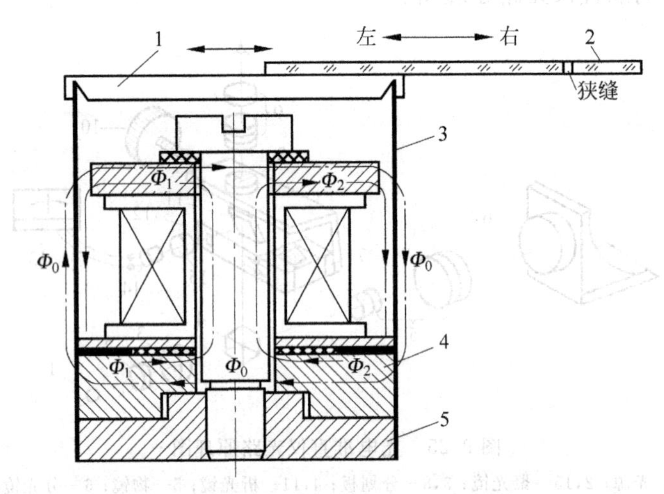


图9-26 直线位移式振子结构

1—铜框；2—玻璃片；3—片簧；4—磁铁；5—底座

摆动式振子的结构如图9-27所示。导磁摆动体3上粘有平面反射镜5,导磁体与铜块6用两组十字片簧2铰接。永久磁铁4产生一个固定磁场,在摆动体3上固定一线圈1。当线圈通入频率为$f$的交流电时,相当于线圈在磁场内运动。根据右手定则,可分析出摇摆方向。故反射镜5实现振动扫描。

对振子有以下要求：

(1) 要使振幅稳定和对称,要求振荡电压稳定且在一定范围内可调；片簧既要导磁又要弹性好且长期稳定。

(2) 通入振子线圈的电流不宜过大,否则会使发热量增加,引起机械变形从而使振动中心漂移。

(3) 振动系统的固有频率$f_0$要比振子的振动频率$f$高。但相差太远不易起振,一般情况下取$f=(0.3\sim0.8)f_0$,$f$通常取50~80 Hz。

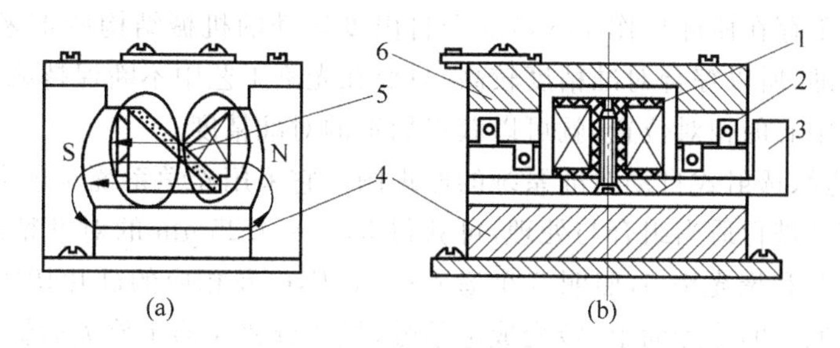


图 9-27 摆动式振子结构

1—线圈；2—片簧；3—摆动体；4—磁铁；5—反射镜；6—铜块

## 9.2.3 典型光电对准系统

**1. 光度式光电自动对准**

光度式光电自动对准方法的基本原理是光度平衡，即依据图像的反差及其在光电接收元件受光面上的位置变化，引起光电输出信号变化来实现。

1）边缘透射式光电自动对准

边缘透射式光电自动对准是利用物体（硅片）的边缘来获得光电对准信号，其原理如图 9-28 所示。硅片安装台 1 上有两排喷气孔 2，每排孔的中心连线方向及向上开口方向均指向 $x$，$y$ 坐标的交点。当带有 $x$，$y$ 方向互相垂直的边缘整齐的硅片 3 进入安装台1 时，通光孔 4 通过一定压力的空气，将硅片 3 吹起，由于空气推力的作用，使硅片 3 朝着坐标 $x$，$y$ 交点方向运动。同时在硅片安装台 1 上，有两个橡皮轮 6 使硅片 3 按箭头方向旋转。光电对准器的光源 7 经通光孔 4 被光电接收器 12 接收，转变成电信号。在未对准之前，光电接收器 12 不断输出信号，一旦硅片 3 的边缘与定位销 5 接触，所有的通光孔都被遮住，给出停止对准信号，橡皮轮 6 停止转动，空气压力下降，把硅片 3 牢牢吸在工作台上，从而实现了 $x$，$y$，$\theta$ 3 个自由度的对准。

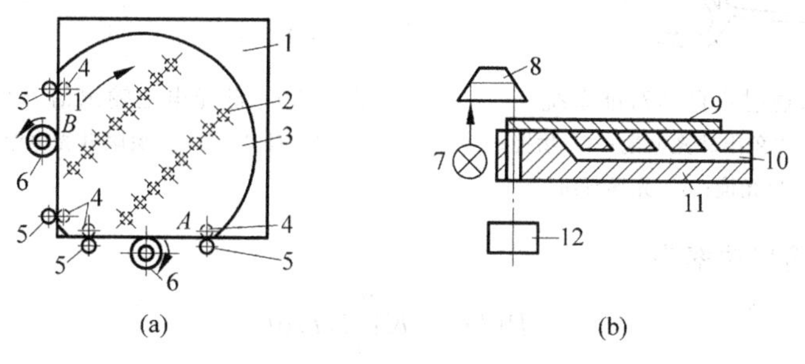


图 9-28 边缘透射式自动对准原理

1,11—硅片安装台；2—喷气孔；3,9—硅片；4—通光孔；5—定位销；6—橡皮轮；7—光源；8—棱镜；10—气孔；12—光电接收器

由于该系统不存在使硅片作 $x,y,\theta$ 3个自由度运动的机械结构所带来的误差，且两条切边同时参加对准，所以综合对准精度较高，只要在光刻工艺中不断保持或修正硅片切边与硅片上光刻图形中心的相对位置，就可以获得稳定的对准精度。

图9-29是边缘透射式自动对准系统的原理图。它采用光学系统对边缘进行放大，并对光电池的输出信号进行适当组合与处理，可获得 $3\sigma=\pm0.25\ \mu m$ 的对准精度。由光源发出的光经光导纤维6和聚光镜5，照明3个通光孔 $A,B,C$ 及相应的硅片切边，经物镜3成像于二象限硅光电池2的受光面上，转变成电信号，经差分放大器1放大后输出。

图9-30(a)表示硅片切边遮通光孔 $A$ 的位置图像，在二象限硅光电池表面的位置与其输出放大电信号之间的关系。当可调光阑或硅片切边图像的位置发生变化时，二象限硅光电池两个输出端的输出信号电压也随之相应地变化，经差动放大器放大后，$A$ 处的输出电压 $U_A$ 有一段线性区，如图9-30(b)所示。

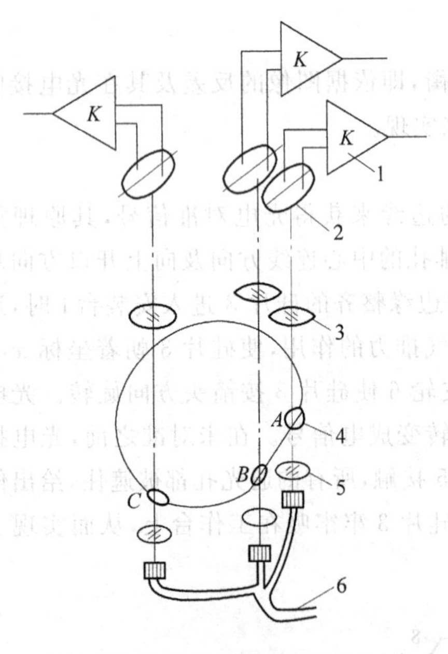


图9-29 边缘透射式自动对准系统

1—差分放大器；2—二象限硅光电池；3—物镜；4—通光孔；5—聚光镜；6—光导纤维

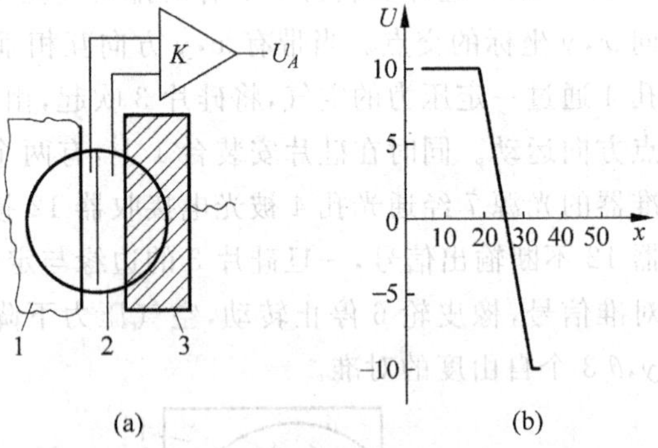

图9-30 硅光电池输出信号与位移的关系

1—硅片；2—二象限硅光电池；3—光阑

硅光电池的输出功率为

$$P(l)=K\int_0^l I(l)\mathrm{d}l \tag{9-4}$$

式中，$K$ 为硅光电池转换系数；$I(l)$ 为工作区内光强随位移 $l$ 的分布函数。

当硅片从位置 $l_1$ 移动到位置 $l_2$ 时，硅光电池输出功率的变化量为

$$\Delta P(l)=K\int_0^{l_2}I(l)\mathrm{d}l-K\int_0^{l_1}I(l)\mathrm{d}l=P(l_2)-P(l_1)$$

若受光面上光强均匀分布，且光电转换也是线性函数，则硅光电池的输出功率 $P$ 相对于位移 $l$ 也是线性关系。若以电压、电流形式输出，则

$$U_A=\frac{P(l_2)-P(l_1)}{i} \tag{9-5}$$

式中，$i$ 为硅光电池输出光电流强度。

同理，可得到光孔 $B$，$C$ 及相应硅片切边位置，也可得到具有类似特性的 $U_B$ 和 $U_C$。

当硅片沿 $x$ 方向移动时，信号 $U_A$ 和 $U_B$ 相同；而当硅片作 $\theta$ 方向旋转时，$U_A$ 与 $U_B$ 反相。所以，可以得到表征硅片在 $x$，$y$，$\theta$ 3 个自由度的位移偏差值，可将 $U_A$，$U_B$ 和 $U_C$ 作如下处理，得到 3 个位移量：

$$\left.\begin{aligned}\Delta x&=\frac{U_x}{k}=\frac{U_A+U_B}{k}=\frac{U_A+U_B}{0.8}\\ \Delta y&=\frac{U_y}{k}=\frac{U_C}{0.8}\\ \Delta\theta&=\frac{U_\theta}{k}=\frac{U_A-U_B}{0.8}\end{aligned}\right\} \tag{9-6}$$

式中，$k=\Delta U/\Delta l\cdot\beta$，实验结果 $k=0.8\ \mathrm{mV}/\mu\mathrm{m}$；$\Delta U$ 为差动放大器输出的电压增量；$\Delta l$ 为边缘图像在二象限硅光电池上的位移增量；$\beta$ 为物镜放大倍率。

当有位置偏差信号 $\Delta x$，$\Delta y$，$\Delta\theta$ 输出时，可通过反馈控制系统，用微位移机构进行调整，直至 $\Delta x$，$\Delta y$，$\Delta\theta$ 输出零信号为止，表示已对准。

这种方法的优点是系统比较简单，信号处理容易，不需要特殊的对准标记；缺点是要在光刻工艺中保持边缘的整齐及对图形坐标关系的正确性。

2）标记反射成像光电自动对准

这种对准方法的光电信号取自于硅片与掩膜上的特殊标记。其原理如图 9-31 所示，光源经半透半反镜后照明掩膜和硅片上的标记，经过反射后，两标记的像被光电接收器件接收，转换成电信号用于对准。硅片上的对准标记做成蜂窝状，目的是提高像的反差。而掩膜上的每个对准标记由 4 条对应的通光狭缝组成。光电接收器件的排列方式如图 9-32 所示。在光源的照明下，为实现 $x$，$y$，$\theta$ 3 个自由度的对准，在相应的通光狭缝处共放置 8 个光电转换元件，从而可获得对应于各组标记的输出信号。

当硅片与掩膜的相对位置产生偏移时，光电器件的输出平衡被破坏，各狭缝对应的输出信号将按下述平衡方程驱动硅片，实现自动对准。

$$\left.\begin{aligned}&x\text{ 方向：}(x_1^+)+(x_2^+)=(x_1^-)+(x_2^-)\\ &y\text{ 方向：}(y_1^+)+(y_2^+)=(y_1^-)+(y_2^-)\\ &\theta\text{ 方向：}(y_1^+)+(y_2^-)=(y_1^-)+(y_2^+)\end{aligned}\right\} \tag{9-7}$$

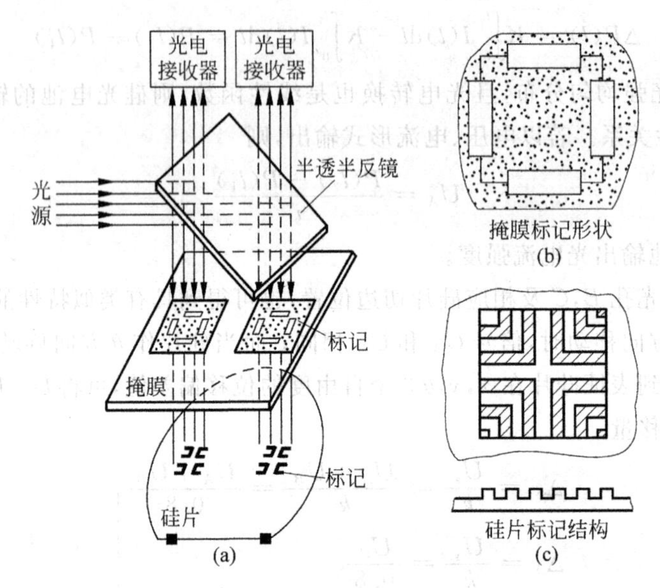


图 9-31　标记反射成像光电自动对准

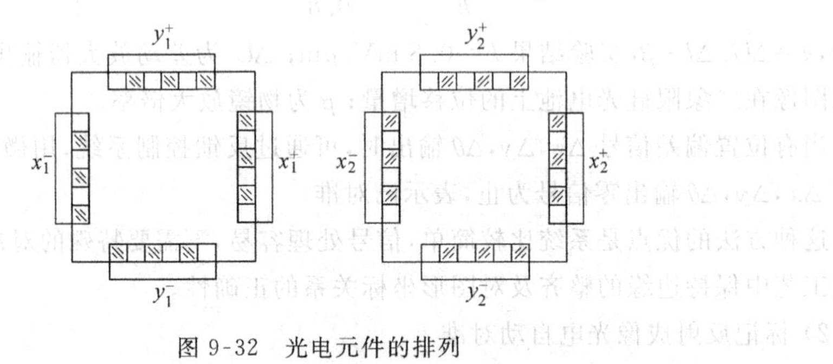


图 9-32　光电元件的排列

这种对准方法的对准精度 $3\sigma=\pm(0.3\sim0.5)\ \mu\text{m}$。

光度式光电自动对准是目前应用较普遍的一种方法。主要原因是结构简单，信号容易处理，但对光源的稳定性、放大器的零漂应有一定要求。反射式对标记图像的对比度要求较高，以保证获得较满意的对准信号，此外，在实际光刻工艺中，由于工艺过程较多，会引起标记(或边缘)的变化，所以为保证精度的稳定性，需要由微处理机对变化量做实时修正。

**2. 扫描式光电自动对准**

1) 机械狭缝扫描式光电自动对准

这类方法的特点是用机械狭缝来扫描掩膜及硅片上的对准标记或它们的放大图像经光电转换来获得 $x,y,\theta$ 3 个方向位置的控制信号。

（1）振动狭缝型

振动狭缝型光电自动对准的基本原理如图 9-33(a)所示。照明光源 3 经聚光镜、分光镜 4 和显微物镜 2 照明工件 1 上的十字标记线，十字标记线反射后经物镜、析光镜后，一路成像于振动狭缝 6 上，被光电元件 5 接收后转换成光电对准信号；另一路可供人眼观察。位移与输出的关系曲线如图 9-33(b)所示。它是用于检测标记线图像中心相对于放置在光轴上的振动狭缝中心的偏移量。对准过程是不断寻找偏移量为零的过程。这种对准方法的对准精度优于 0.1 μm。

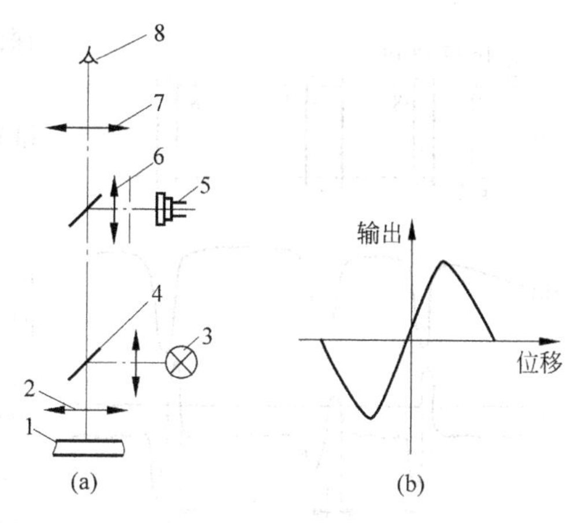


图 9-33 振动狭缝对准原理

1—工件；2—显微物镜；3—光源；4—分光镜；5—光电元件；6—振动狭缝；7—目镜；8—人眼

图 9-34 是利用振动狭缝原理研制成的一种实用对准装置。光源 1 发出的光经聚光镜 2、半透半反镜 3 及物镜 4 后，会聚在标记 7 和 8 的表面，硅片 6 反射的光经物镜 4、半透半反镜 3 和 9、反射镜 10～12、转像装置 13 和 14、狭缝 16～19 后，在光电探测器 20～23 的受光面上得到齐焦的 $x$，$y$ 方向的图像。

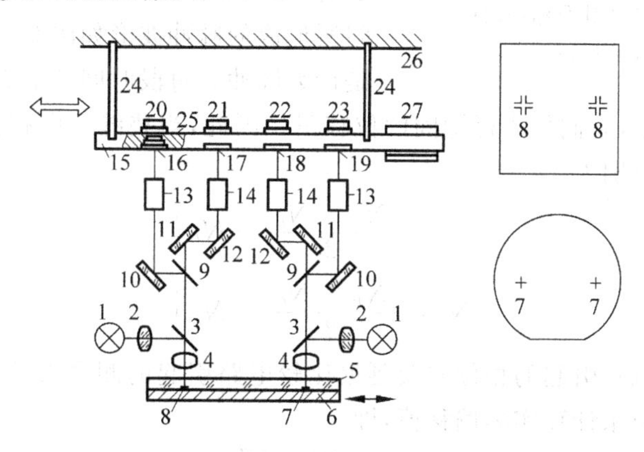


图 9-34 振动狭缝光电探测装置

1—光源；2—聚光镜；3，9—半透半反镜；4—物镜；5—掩膜；6—硅片；7，8—标记；10～12—反射镜；13，14—转像装置；15—振级；16～19—狭缝；20～23—光电探测器；24—连杆；25，26—导向机构；27—驱动器

该装置有下述特点：

① 光电探测元件与扫描狭缝固定在同一振极上，同时扫描，而且用了转像装置 13，14，使得 $x$，$y$，$\theta$ 方向的信号仅由单方向扫描的狭缝光电转换装置获得，不必判别信号是从哪一个狭缝来的，所以大大简化了计算机的处理过程，也减少了出错率，提高了系统的信噪比及

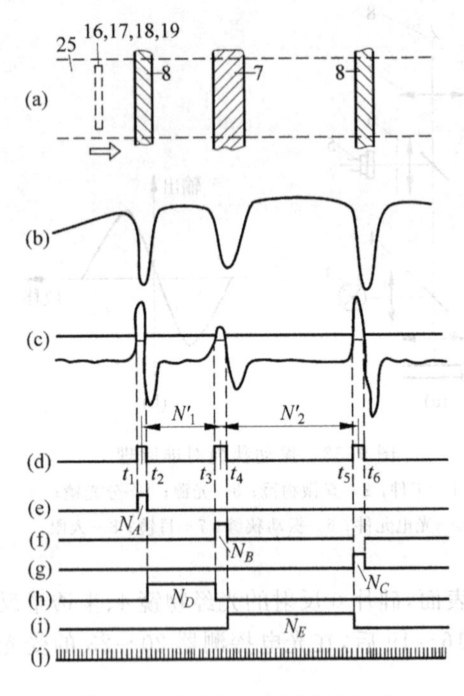


图 9-35 狭缝扫过对准标记时的信号输出与处理

探测精度。

② 即使扫描速度不太稳定,也可获较高的对准精度。

③ 扫描范围较宽,可达 10 mm。

图 9-35 是狭缝扫过掩膜标记和硅片标记时的光电信号形成与处理过程。当狭缝从标记扫描时,光电探测器输出如图 9-35(b)所示的信号波形。将此信号放大、限幅及数字化处理后,分别获得图 9-35(c),(d)所示的波形,其中 $t_1,t_3,t_5$ 与 $t_2,t_4,t_6$ 分别表示方波上升沿和下降沿处的时刻。这些信号经过与信号上升、下降时刻同步的与门电路 $A,B,C,D$ 和 $E$ 之后,便得到图 9-35(e)~(i)所示的信号波形。即与门 $A$ 工作在 $t_1 \sim t_2$ 期间,$B$ 门工作在 $t_3 \sim t_4$ 期间,$C$ 门工作在 $t_5 \sim t_6$ 期间,$D$ 门工作在 $t_2 \sim t_3$ 期间,$E$ 门工作在 $t_4 \sim t_5$ 期间。在狭缝扫描期间内,狭缝每移动一个单位长度,位移探测器将产生一个脉冲,所以整个扫描期间所形成的脉冲波形如图 9-35(j)所示,它实际上是计数脉冲。每段时间 $N_A,N_B,\cdots\cdots$ 内所容纳的脉冲数由计算机记录,它们代表标记间的位移量。因此,当狭缝正向扫描时,掩膜及硅片对准标记间的脉冲数分别为

$$\left.\begin{aligned} N'_1 &= \frac{N_A + N_B}{2} + N_D \\ N'_2 &= \frac{N_B + N_C}{2} + N_E \end{aligned}\right\} \tag{9-8}$$

为了消除微分电路引起的相位差及延迟比较电路引起的测量误差,可以用求正反向扫描所得脉冲的平均值来计算实际偏移值,即

$$\left.\begin{aligned} N_1 &= \frac{N'_1 + N''_1}{2} \\ N_2 &= \frac{N'_2 + N''_2}{2} \end{aligned}\right\} \tag{9-9}$$

式中,$N'_1$,$N'$分别为正向扫描的脉冲数;$N''_1$,$N''_2$分别为反向扫描的脉冲数。

设掩膜上左、右标记中心与硅片上左、右标记中心的相互位置如图 9-36 所示,则对于左对准标记中心 $R_1$ 和 $P_1$ 来说,可得 $x$,$y$ 向的偏差量为

$$\left.\begin{aligned} \Delta x_1 &= K(N_2 - N_1) \\ \Delta y_1 &= K(N_2 - N_1) \end{aligned}\right\} \tag{9-10}$$

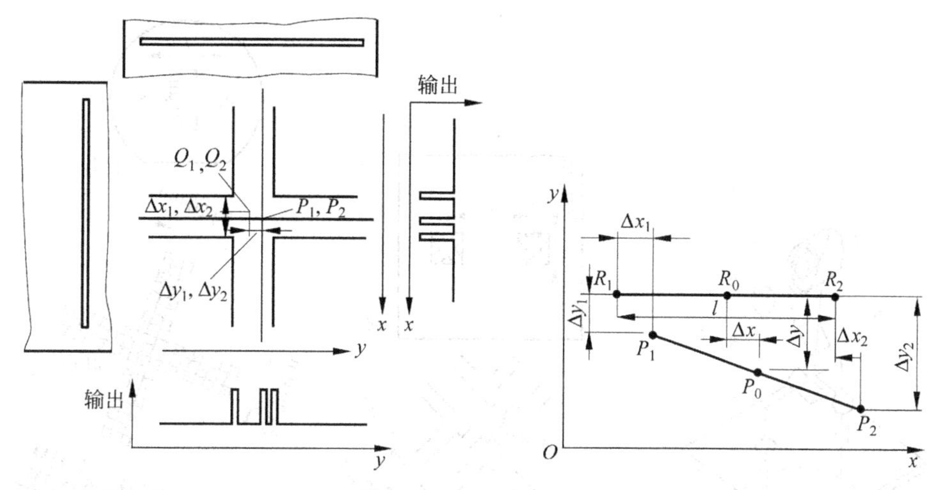


图 9-36 标记相互位置关系与偏差量计算

式中,$K$ 为位移探测器每个脉冲所对应的长度转换系数。

同样,可求出右对准标记中心 $R_2$,$P_2$ 的偏差量 $\Delta x_2$ 和 $\Delta y_2$。最后可根据这些数值算出掩膜上左、右标记中心 $R_0$ 与硅片上左、右标记中心 $P_0$ 在 $x,y,\theta$ 方向的偏差值:

$$\left.\begin{aligned}\Delta x &= \frac{\Delta x_1 + \Delta x_2}{2} \\ \Delta y &= \frac{\Delta y_1 + \Delta y_2}{2} \\ \Delta\theta &= \frac{\Delta y_1 - \Delta y_2}{l}(\text{rad})\end{aligned}\right\} \tag{9-11}$$

式中,$l$ 为左、右标记的间隔。

当 $\Delta x=\Delta y=\Delta\theta=0$ 时,即对准。

(2) 转动狭缝型

转动狭缝型与振动狭缝型的区别是将往复位移的振动狭缝改变为旋转转鼓转动的狭缝,对准标记也随之不同,其原理如图 9-37 所示。光源 3 发出的光经聚光镜 4、半透半反镜及物镜 5 照明掩膜和硅片上的标记,反射后带有标记图像的光经物镜 5 和半透半反射后,成像于转鼓 1 的狭缝 6 上,被安装在转鼓 1 内的光电元件 2 接收。标记放大图形如图 9-37(b)所示。转鼓上 4 条狭缝为一组,共有若干组,分别排列在转鼓左右两侧,如图 9-38 所示。当转鼓旋转时,各组狭缝将依次从左至右对准标记扫过,并由光电元件接收通过狭缝及光孔 $H_1$ 和 $H_2$ 的光能量信号。设对准过程某一瞬间,掩膜与硅片上标记的相互位置如图 9-38 所示,硅片标记位于掩膜标记之下,这时以狭缝 1 扫描掩膜及硅片上左、右侧对准标记为例,其光电信号转换过程如下:当狭缝 1 与构成掩膜对准标记的线 31 重合时,到达光电元件的光线变暗,通过线 31 后又变亮;与线 32 重合时变暗,通过线 32 后又变亮;当狭缝 1 运动到构成硅片对准标记的线 21 并与之重合时,再次变暗,过后又变亮。这

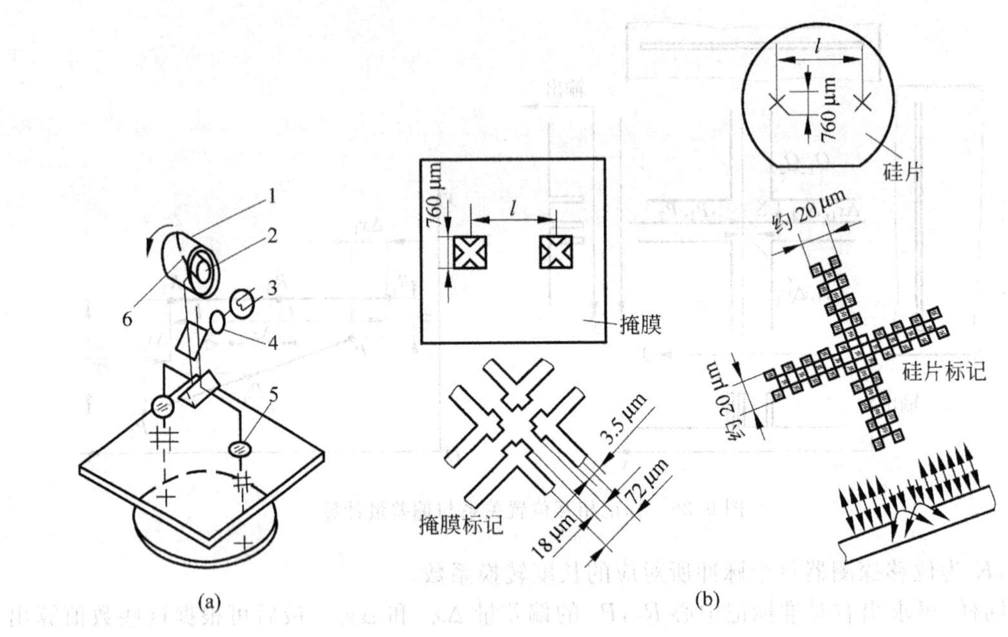


图 9-37 转动狭缝对准原理及标记结构

1—转鼓；2—光电元件；3—光源；4—聚光镜；5—物镜；6—狭缝

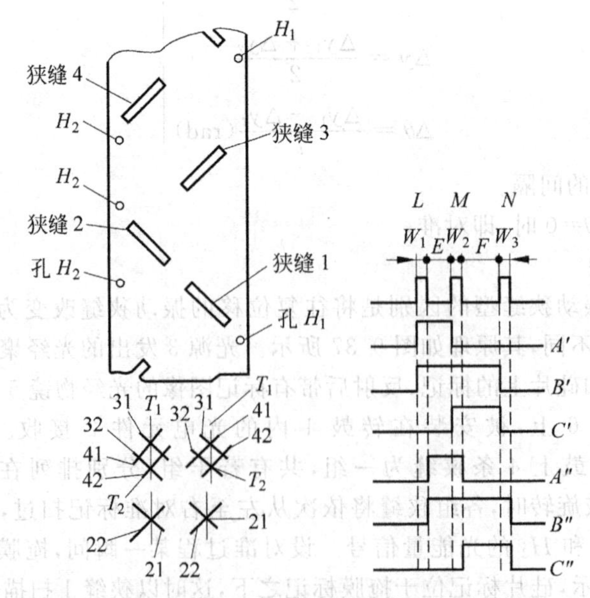


图 9-38 某一对准瞬间标记相互位置与信号输出

样光电元件输出的便是一些脉冲，经整形处理后便得到图 9-38 中的 $L,M,N$ 3 个方脉冲。$W_1,W_2$ 分别表示掩膜标记线 31 和 32 的宽度；$W_3$ 表示硅片标记线 21 的宽度。$E,F$ 分别为标记线 31 与 32、31 与 21 之间的间隔。将 $L,M,N$ 进一步处理后，便可得到 $A',B',C'$ 及 $A'',B'',C''$ 6 个脉冲方波。其中，$A',B',C'$分别是 $LM,LN,MN$ 的前沿间隔；$A'',B'',C''$分别是 $LM,LN,MN$ 的后沿间隔。这 6 个脉冲经运算放大电路作求平均值运算之后，则不论它们原来的宽度如何，都能得到各刻线中心的间距。经过运算后可求出使两标记完全对准、硅片相对于掩膜的移动量 $\Delta x,\Delta y,\Delta\theta$。实际情况下，由于标记的相互位置在对准前是随机的，而且扫描狭缝不止一条，因此在各具体情况下，狭缝扫描输出的方向判别、量值大小的计算都必须由微机处理进行，其处理过程比较复杂，要求微机具有较全的功能。这种对准方法的对准精度达 $\pm 0.25\ \mu m$。

2）激光扫描式光电自动对准

激光扫描式光电自动对准的特点是：用暗视场检测对准标记，可以消除来自掩膜及硅片上的有害闪耀光斑，从而获得信噪比很高的检测信号；用旋转镜扫描可实现速度、高精度自动对准，其对准精度在 $\pm 0.3\ \mu m$ 以内。

激光扫描自动对准的原理如图 9-39 所示。采用输出功率为 2 mW、波长为 632.8 nm 的 He-Ne 激光器，激光器 1 发出的激光，经聚光镜 2 后由八面体旋转反射镜 3 扫描。扫描光束通过 f-$\theta$ 透镜 4，再经分光镜 9 分成左、右两束，又经半透半反镜 7 分别进入左、右物镜 8，以均匀速度垂直扫描掩膜和硅片上的对准标记 10，11。衍射和反射的光经物镜 8、半透半反镜 7、透镜和反射镜后达到光电探测器 6，被光电探测器接收转换成光电对准信号。滤波器 5 滤掉垂直反射光，仅让衍射和漫反射光达到光电探测器 6。若掩膜和硅片表面上无标记图形，激光就沿原路垂直反射到达滤波器上而全部被滤除，探测的输出电平为零；若有标记，扫描激光就产生衍射和漫反射，而达到探测器输出对准信号形成暗视场检测。八面体旋转反射镜 3 的转速为 1500 r/min，扫描一次的时间为 5 ms，在标记上的扫描速度为

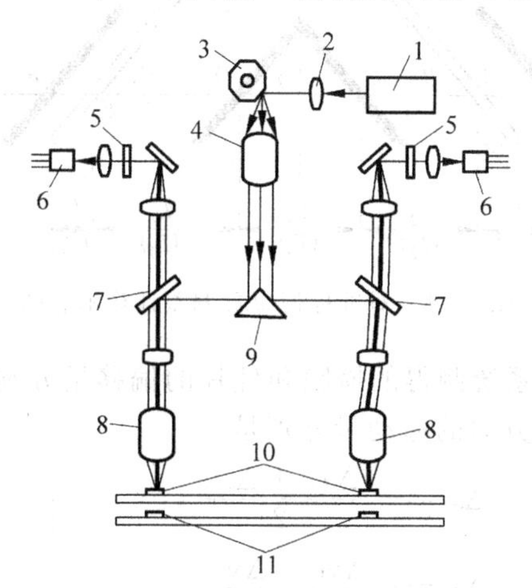


图 9-39 激光扫描光电自动对准原理

1—激光器；2—聚光镜；3—反射镜；4—f-$\theta$ 透镜；5—滤波器；6—光电探测器；7—半透半反镜；8—物镜；9—分光镜；10，11—对准标记

6.2 m/s,扫描激光点的直径约为10 μm,物镜的数值孔径为NA=0.05,故光学系统的焦深较长,即使是产生20~30 μm的离焦,对对准精度的影响也较小。

采用与扫描光束成45°的对准标记,单向扫描便可实现二维对准。其标记形状如图9-40所示,标记线宽为4~8 μm。自动对准过程是:首先用激光束扫描掩膜和硅片上的标记,当激光束扫描过标记时,标记图形边缘产生的衍射和漫反射光被接收,变成脉冲信号输出,脉冲信号经过微处理机的处理,计算出掩膜和硅片之间的坐标偏差,其偏差信号驱动微位移机构,调整到两者对准为止。

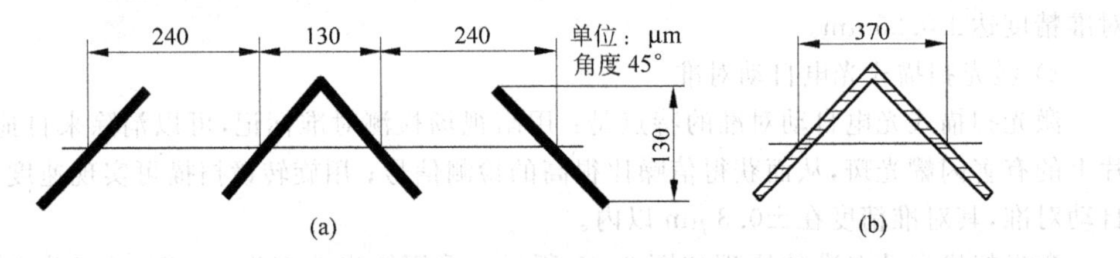


图9-40　掩膜和硅片上的对准标记

在对准过程中,标记位置判别及偏差量的计算方法如图9-41所示。其中,$W$是硅片上的对准标记,$M$是掩膜上的对准标记。

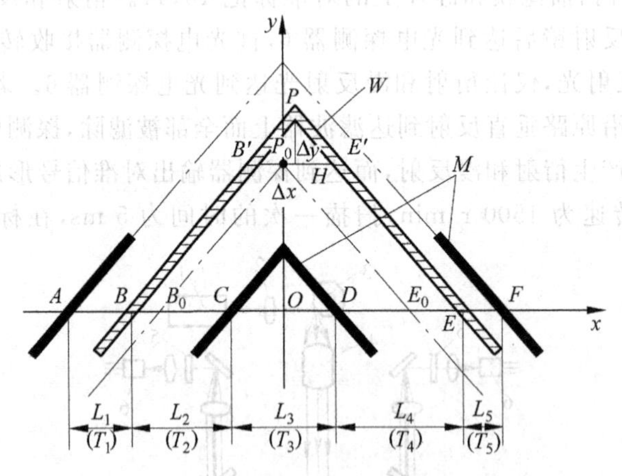


图9-41　对准标记位置偏差计算示意图

设左、右两光电显微镜系统测得的掩膜和硅片的偏移量分别为$\Delta x_L$,$\Delta x_R$和$\Delta y_L$,$\Delta y_R$,那么对准时,硅片在$x$,$y$,$\theta$方向的移动量分别是

$$\left.\begin{aligned}\Delta x &= -\frac{\Delta x_{\mathrm{L}} + \Delta x_{\mathrm{R}}}{2} \\ \Delta y &= -\frac{\Delta y_{\mathrm{L}} + \Delta y_{\mathrm{R}}}{2} \\ \Delta\theta &= \arctan\frac{\Delta y_{\mathrm{L}} - \Delta y_{\mathrm{R}}}{l}\,(\mathrm{rad})\end{aligned}\right\} \tag{9-12}$$

式中，$l$ 为左、右标记间距。

$$\Delta x_L(\Delta x_R)=\frac{(L_1-L_2)+(L_4-L_5)}{4},\quad \Delta y_L(\Delta y_R)=\frac{-(L_1-L_2)+(L_4-L_5)}{4}$$

若激光束扫过 $AB$，$BC$，$CD$，$DE$，$EF$ 的时间间隔分别是 $T_1\sim T_5$，则 $L_1=T_1v$，$L_2=T_2v$，$L_3=T_3v$，$L_4=T_4v$，$L_5=T_5v$（$v$ 为激光扫描速度），根据测得的时间 $T_1\sim T_5$，则

$$\left.\begin{aligned}\Delta x_L(\Delta x_R)&=\frac{(T_1-T_2)+(T_4-L_5)}{4}v\\ \Delta y_L(\Delta y_R)&=\frac{-(T_1-T_2)+(T_4-T_5)}{4}v\end{aligned}\right\}\tag{9-13}$$

将式(9-12)代入式(9-13)即可得到与扫描速度有关的偏量差。

3）电视摄像扫描积分自动对准

电视摄像扫描积分自动对准方法的特点是：

（1）对图像质量要求不高。由于采用积分方法求的是标记中心线的位置，所以照度及光电探测器的不均匀性及标记表面反射特性的变化等因素而造成的图像质量问题，即使是图像对比度很差，甚至是信号完全被噪声所埋没，其对准精度也几乎不受影响。

（2）对准精度高。根据对称原理，对各中心线求平均值，所以比其他直接靠图像反差提供对准信号方法相比，对准精度高得多；同时，由于积分长度可选择较大，所以对标记要求可降低，即使是标记图像边缘分界处有缺陷，或标记线长短略有差异，只要其数值远小于积分长度，则对准精度几乎不受影响；这种对准精度可达±0.25 μm。

影响该方法的对准精度的因素是光学系统中转像装置本身的精度及扫描线的密度、扫描速度的均匀性等。

电视摄像扫描积分对准原理是预先在掩膜与硅片上做出互相垂直的对准标记，用电视摄像机扫描线在平行于标记线方向对标记进行逐行扫描，并求出某一扫描长度上的视频信号积分电压值。将相邻两行积分值相减，再经 AD 转换、微机处理，便可求出各标记的中心位置。图 9-42(a)所示为对比度较差的标记图像，$n$，$n+1$ 表示两相邻的扫描线，$l$ 是视频信号积分的长度，扫描线 $n$ 位于图像边缘之外，$n+1$ 位于图像上；图 9-42(b)表示 $n$ 行和 $n+1$ 行上的电压分布，可见，信号电压已被图像噪声所埋没，所以无法直接由电子系统进行识别；图 9-42(c)表示长度 $l$ 上 $n$ 行和 $n+1$ 行的视频信号的积分值：

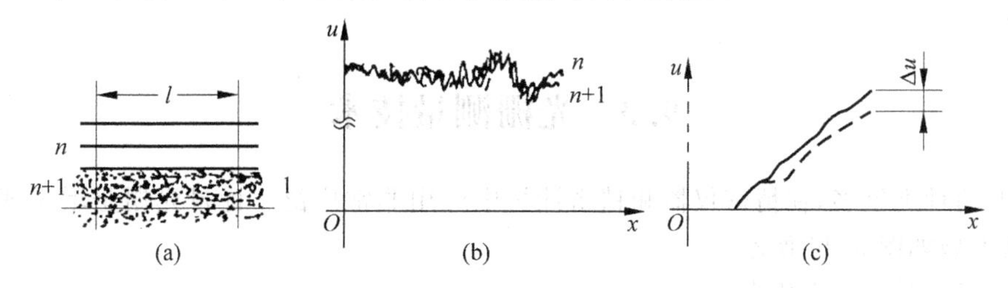


图 9-42 电视摄像扫描

$$u_1 = \int_0^l u(n)\mathrm{d}x, \quad u_2 = \int_0^l u(n+1)\mathrm{d}x$$

其中,电压 $u$ 是 $x$ 的函数。积分值的差 $\Delta u$ 为

$$\Delta u = u_2 - u_1 = \int_0^l u(n+1)\mathrm{d}x - \int_0^l u(n)\mathrm{d}x \tag{9-14}$$

$\Delta u$ 值足以由电子系统可靠地识别,从而达到可以测出信噪比很小的信号的目的。

用电视摄像机实现二维扫描的几种光学系统如图 9-43 所示。硅片 2 上的对准标记做在分离视场显微镜 4 和 6 的视场 3 内,显微镜将标记成像于电视摄像机靶面上。由于对准过程是 $x,y,\theta$ 方向的运动过程,所以对只能作单方向扫描的电视摄像机来说,必须加转像装置 5,使标记像面转 90°,使标记位置与扫描线方向平行,才能得到二维扫描信息,如图 9-43(c)～(e)所示;如采用两个电视摄像机进行扫描,则可省去转像装置,如图 9-43(a),(b)所示。

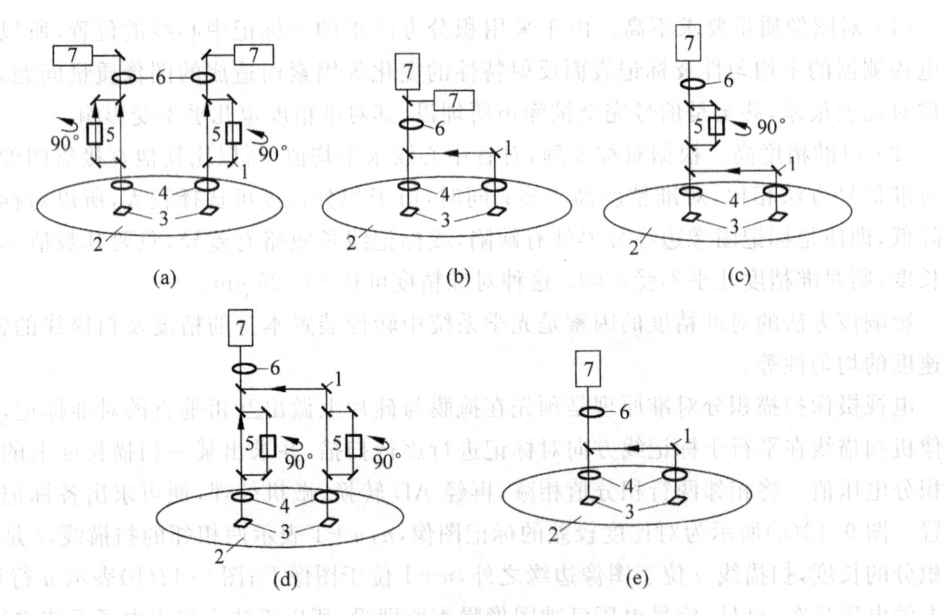


图 9-43 实现二维扫描的几种系统

1—反射镜; 2—硅片; 3—视场; 4,6—显微镜; 5—转像装置; 7—光电探测器

## 9.3 光栅测量技术

光栅的种类繁多,在精密仪器和精密计量中应用非常广泛。计量光栅是增量式光学编码器,其类型如图 9-44 所示。

计量光栅具有以下优点:

(1) 测量精度高。计量光栅应用莫尔条纹原理。莫尔条纹是由许多刻线综合作用的结

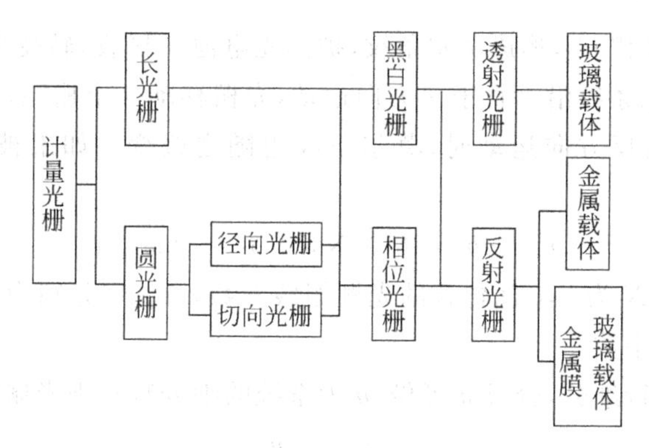


图 9-44 计量光栅的类型

果，故对刻划误差有均化作用，因此利用莫尔条纹信号所测量的位置精度较线纹尺等高，可用于微米级、亚微米级的定位系统。

(2) 读数速率高。莫尔条纹的取数率一般取决于光电接收元件和所使用电路的时间常数，可以从每秒零次至数十万次，既可用于静止的，也可用于运动的，非常适于动态测量定位系统。

(3) 分辨率高。常用光栅栅距为 10～50 μm，细分后很容易做到 1～0.1 μm 的分辨率，最高分辨率可达到 0.025 μm。

(4) 读数易实现数字化、自动化。莫尔条纹信号接近正弦，比较适合于电路处理，故其测量位移的莫尔条纹可用光电转换以数字形式显示或输入计算机，实现自动化，且稳定可靠。

## 9.3.1 测量原理

利用莫尔条纹测量位移(包括直线位移和角位移)的核心部件是光栅副，即标尺光栅和指示光栅，当两光栅重叠在一起并使两栅线之间有一个很小的夹角时，就形成了莫尔条纹，如图 9-45 所示。计量光栅分为振幅光栅和相位光栅，如图 9-46 所示。

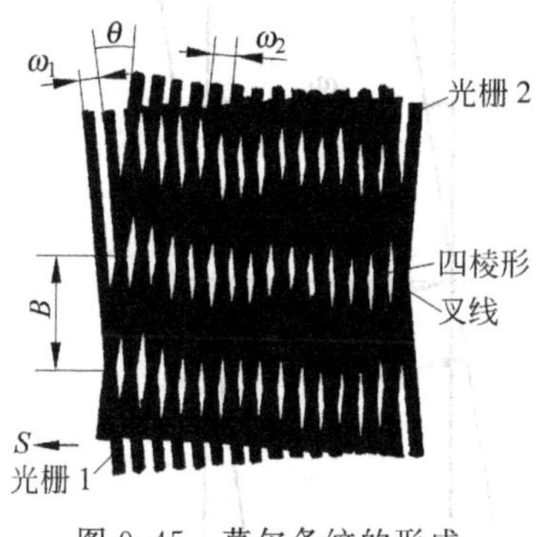


图 9-45 莫尔条纹的形成

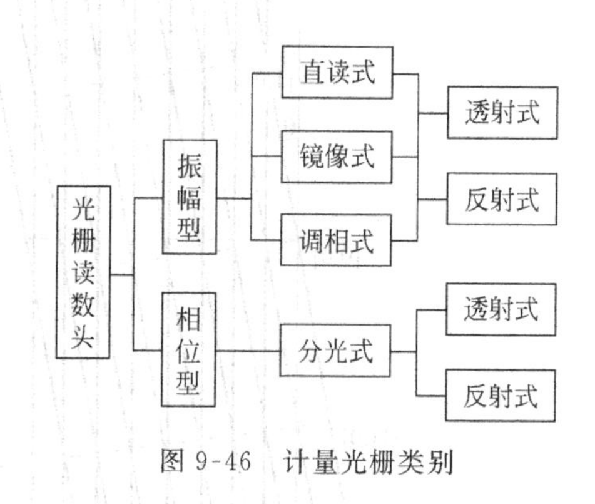


图 9-46 计量光栅类别

### 1. 振幅光栅测量位移的原理

长光栅测量位移系统如图 9-47 所示。光源 1 发出的光经聚光镜 2 变成平行光束，照明

标尺光栅 $G_1$ 和指示光栅 $G_2$,形成莫尔条纹,被硅光电池 4 接收,转变成电信号。当光栅 $G_2$ 沿 $x$ 方向移动时,莫尔条纹沿垂直于 $x$ 方向运动,光栅移动一个栅距,莫尔条纹移动一个条纹间隔;当光栅 $G_2$ 向反方向运动时,莫尔条纹也随之改变。如果被测对象长度为 $x$,如图 9-48 所示,则

$$x = ab = \delta_1 + N\omega + \delta_2 = N\omega + \delta \tag{9-15}$$

式中,$\omega$ 为光栅栅距;$N$ 为 $a$,$b$ 间包含的光栅栅线对数;$\delta_1$,$\delta_2$ 分别为被测距离两端对应光栅上小于一个栅距的小数。

若将光栅栅距进行细分,分成 $n$ 等份($n$ 为系统的细分数),则光栅系统的分辨率为

$$\tau = \omega / n \tag{9-16}$$

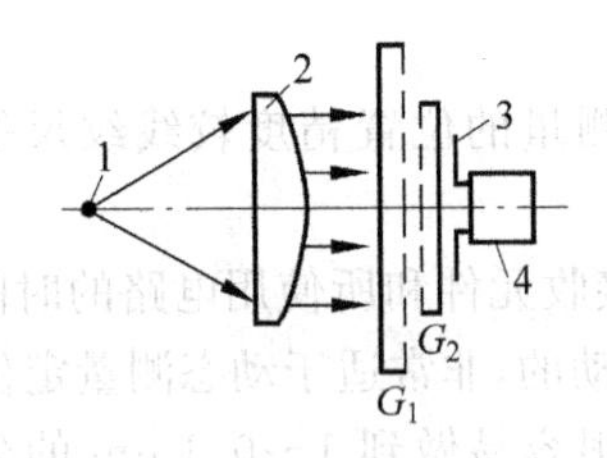


图 9-47　长光栅测量位移系统

1—光源;2—聚光镜;3—光阑;4—光电元件

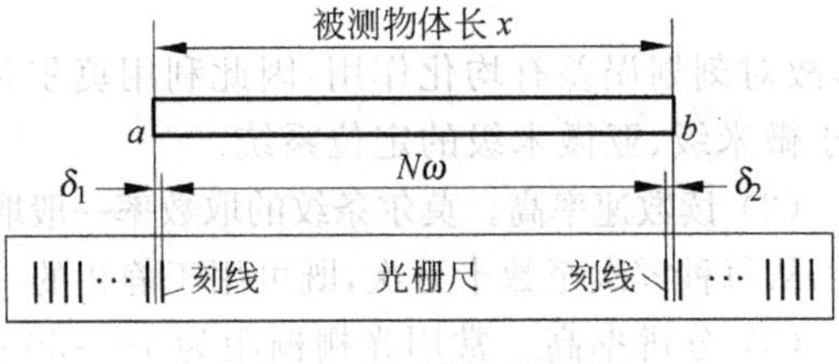

被测物体长 $x$

$a$ $b$

$\delta_1$ $N\omega$ $\delta_2$

||||⋯ 刻线 光栅尺 刻线 ⋯ ||||

图 9-48　长光栅测量原理

1) 长光栅莫尔条纹方程

长光栅莫尔条纹的简图如图 9-49 所示。取主光栅(标尺光栅)$A$ 的 0 号栅线为 $y$ 坐标,$x$ 坐标就垂直于 $A$ 的诸刻线,指示光栅 $C$ 的 0 号栅线相交于坐标原点,其夹角为 $\theta$,那么两

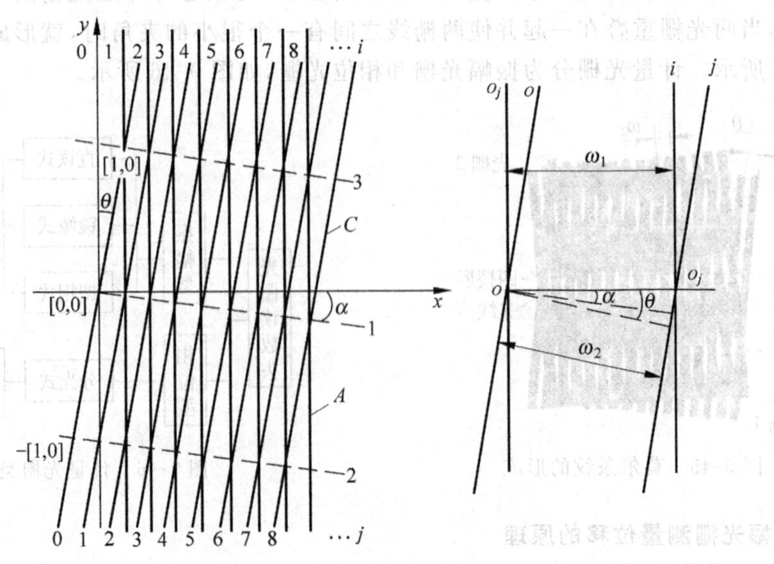


图 9-49　长光栅莫尔条纹简图

刻线的交点连线就代表了莫尔条纹的中心线。设主光栅两相邻刻线之间的距离为 $\omega_1$（即栅距），指示光栅的栅距为 $\omega_2$，则莫尔条纹 1 的方程式为

$$y_1 = x\tan\alpha = \frac{\omega_1\cos\theta - \omega_2}{\omega_1\sin\theta}x \tag{9-17}$$

同理，莫尔条纹 2，3 的方程式分别为

$$y_2 = \frac{\omega_1\cos\theta - \omega_2}{\omega_1\sin\theta}x - \frac{\omega_2}{\sin\theta},\quad y_3 = \frac{\omega_1\cos\theta - \omega_2}{\omega_1\sin\theta}x + \frac{\omega_2}{\sin\theta} \tag{9-18}$$

（1）横向莫尔条纹

当 $\omega_1=\omega_2$，$\theta\neq 0$ 时，得到的莫尔条纹称为横向莫尔条纹，如图 9-50 所示。此时式(9-17)变为

$$\tan\alpha = -\tan\frac{\theta}{2},\quad y_1 = -x\tan\frac{\theta}{2} \tag{9-19}$$

式(9-19)即为横向莫尔条纹方程，横向莫尔条纹与 $x$ 轴的夹角为 $\theta/2$。

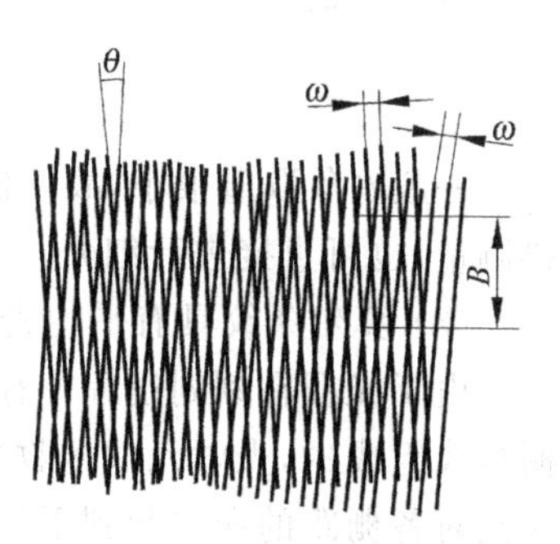

图 9-50　横向莫尔条纹

接下来求横向莫尔条纹间隔 $B$。两相邻莫尔条纹在 $y$ 轴上的距离 $B_y$ 为

$$B_y = y_3 - y_1 = y_1 - y_2 = \frac{\omega_2}{\sin\theta} \tag{9-20}$$

则两条纹间隔 $B$ 为

$$B = B_y\cos\frac{\theta}{2} = \frac{\omega_2\cos\frac{\theta}{2}}{\sin\theta} = \frac{\omega}{2\sin\frac{\theta}{2}} \tag{9-21}$$

由于 $\theta$ 很小，故 $\sin\theta\approx\theta$，$\sin\frac{\theta}{2}\approx\frac{\theta}{2}$。这样式(9-20)与式(9-21)相等，即 $B=B_y$。因此实际应用时，通常以 $B$ 代替 $B_y$。

由式(9-18)获得的莫尔条纹称为斜向莫尔条纹。在 $\theta\neq 0$ 的条件下，欲使 $\alpha=0$，即使莫尔条纹平行于 $x$ 轴，应满足

$$\omega_2 = \omega_1\cos\theta \tag{9-22}$$

的条件，才获得严格的横向莫尔条纹。

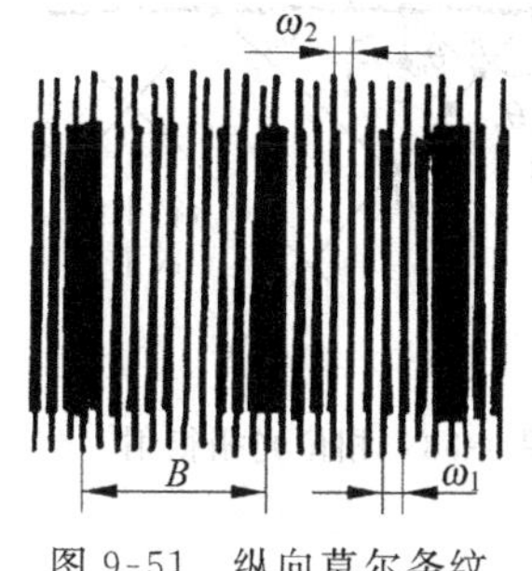

图 9-51　纵向莫尔条纹

（2）光闸莫尔条纹

当 $\omega_2=\omega_1$，$\theta=0$ 时，$B=\infty$。莫尔条纹随主光栅的移动而明暗交替变化，此时指示光栅相当于光闸的作用，称为光闸莫尔条纹。

（3）纵向莫尔条纹

当 $\omega_2\neq\omega_1$，$\theta=0$ 时，形成纵向莫尔条纹，如图 9-51 所示。

2) 莫尔条纹的特征

(1) 莫尔条纹运动与光栅运动具有对应关系

当光栅副中任一光栅沿垂直于刻线方向移动时,莫尔条纹就沿着近似于垂直于光栅运动的方向运动。光栅移过一个栅距,莫尔条纹移动一个条纹间隔。当光栅反向移动时,莫尔条纹也随之反向运动。两者的运动关系是对应的。

(2) 莫尔条纹具有位移放大作用

放大倍数为

$$k=\frac{B}{\omega}\approx\frac{1}{\theta} \tag{9-23}$$

一般 $\theta$ 角取值很小,故 $k$ 值很大。由于莫尔条纹具有放大作用,因此适于高灵敏度的位移测量,也可直接进行细分。

(3) 莫尔条纹具有平均光栅误差作用

由于光栅在刻划过程中存在栅距误差,故莫尔条纹不是直线。而莫尔条纹是由大量光栅刻线组成的,光电元件接收到的是这个区域中所包含的所有刻线的综合结果,所以莫尔条纹能对各栅距的误差起到平均作用,从而提高测量精度。

设单个栅距误差为 $\delta$,形成莫尔条纹区域内有 $N$ 条刻线,则综合栅距误差 $\Delta$ 为

$$\Delta=\pm\frac{\delta}{\sqrt{N}} \tag{9-24}$$

**2. 相位光栅测量位移的原理**

相位光栅又称为闪耀光栅,通常有两种断面形状:三角形和锯齿形,如图 9-52 所示。对三角形光栅,$a=b$,故也称对称型相位光栅;对锯齿形光栅,$a:(a+b)=0.6\sim0.7$,对 0 级和 1 级衍射光有最佳透过系数。

相位光栅测量位移的原理如图 9-53 所示。当一束平面光波以入射角 $i$ 入射在透射相位光栅 $G$ 上时,经衍射后其衍射角为 $\theta_n$ 的第 $n$ 级衍射光波在空间任意一点 $C$ 的相位 $\varphi_C(n)$ 为

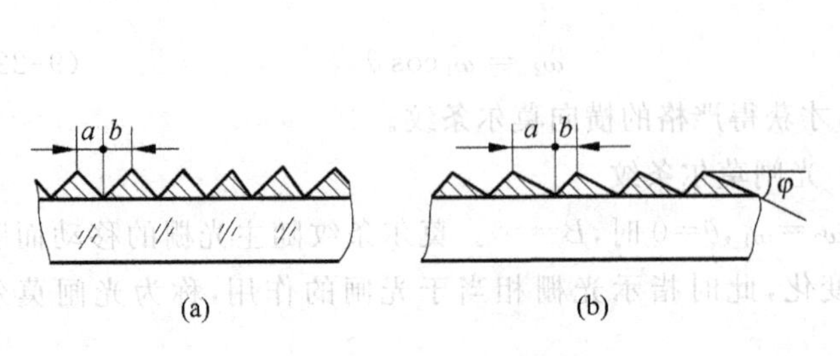


图 9-52 相位光栅断面

(a) 三角形;(b) 锯齿形

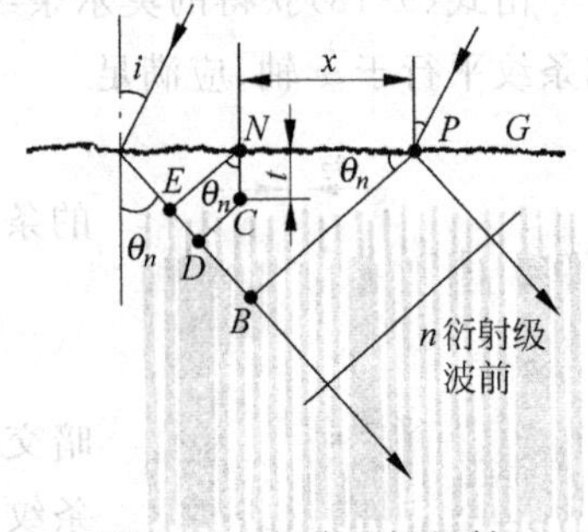


图 9-53 相位光栅衍射

$$\varphi_C(n)=\varphi_P(n)-\frac{2\pi(\overline{BE}-\overline{DE})}{\lambda}=\varphi_P(n)+\frac{2\pi t}{\lambda}\cos\theta_n-\frac{2\pi x}{\lambda}\sin\theta_n \tag{9-25}$$

式中，$\lambda$ 为入射光波长；$\varphi_P(n)$为空间 $P$ 点的相位。

同理，衍射角的第 $m$ 级在 $C$ 点的相位为

$$\varphi_C(m)=\varphi_P(m)+\frac{2\pi t}{\lambda}\cos\theta_m-\frac{2\pi x}{\lambda}\sin\theta_m \tag{9-26}$$

因此，这两束衍射光波在该点的相位差为

$$\begin{aligned}\Delta\varphi_C=&[\varphi_P(n)-\varphi_P(m)]+\frac{2\pi t}{\lambda}(\cos\theta_n-\cos\theta_m)\\&-\frac{2\pi x}{\lambda}(\sin\theta_n-\sin\theta_m)\end{aligned} \tag{9-27}$$

根据光栅衍射主极大值方程

$$(a+b)(\sin\theta_n-\sin\theta_m)=k\lambda \tag{9-28}$$

式中，$(a+b)=\omega$ 为光栅栅距；$k=n-m$ 为衍射级数。

将式(9-28)代入式(9-27)得

$$\Delta\varphi_C=[\varphi_P(n)-\varphi_P(m)]+\frac{2\pi t}{\lambda}(\cos\theta_n-\cos\theta_m)-(n-m)\frac{2\pi x}{\omega} \tag{9-29}$$

对于一定的参考点和给定的衍射级来说，式(9-29)中的第一、二项为常数。可见，在 $C$ 点给定的两束衍射光波的相位差 $\Delta\varphi_C$ 与位移 $x$ 呈线性关系。若这两束光符合相干条件，在 $C$ 点发生干涉，光栅沿 $x$ 方向连续移动，$C$ 点就可获得交替变化的光强。如果加上指示光栅，其栅距和标尺光栅的栅距相等(或接近，或具有整数倍关系)，把标尺光栅与指示光栅面对面的刻线几乎平行地放在一起(如图 9-54 所示)，那么当光线通过 $G_1$ 衍射出 1,0 两束光，并入射到第二块光栅 $G_2$ 上，每束光又进行一次衍射时，强度占优势而相近的两束衍射光(1,0)和(0,1)就以相同方向发射，它们的各自波前 $F_{(1,0)}$ 和 $F_{(0,1)}$ 相互平行。当光栅 $G_1$ 相对于光栅 $G_2$ 沿 $x$ 方向移动时，光束(1,0)相对(0,1)的相位发生变化，光栅移动一个栅距，其相位变化 $2\pi$，此时发射光的光场亮度均匀地变化 1 个周期，即莫尔条纹信号。将光栅 $G_1$ 相对于光栅 $G_2$ 转动，使两者刻线交叉一个很小的角度 $\theta$，则可获得垂直于刻线方向且具有一定宽度的莫尔条纹。

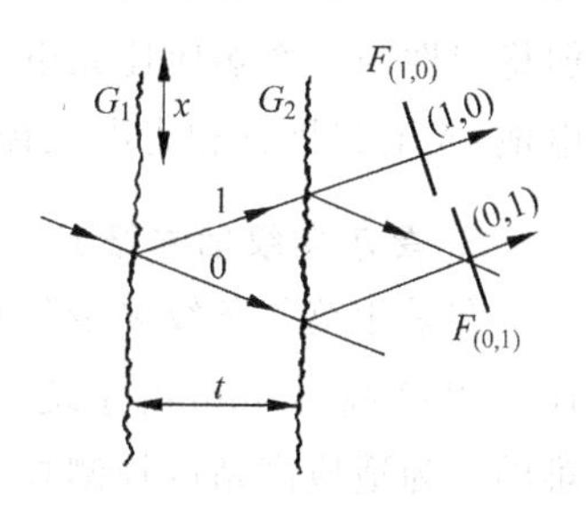


图 9-54 相位光栅

## 9.3.2 光栅系统设计

### 1. 系统设计中的基本问题

1) 光源

经常使用的光源有 3 种：白炽灯(钨灯)、发光二极管和半导体激光器。白炽灯是最通用的光源，应和聚光镜组合使用，形成平行光照明，以提高分辨率。使用白炽灯时，应加稳压

电源,保证光强恒定,避免机械性振动。施加的电压不能超过额定电压,同时要注意白炽灯发热对精度的影响。发光二极管和半导体激光器有比白炽灯体积小、寿命长、热量低的特点。

2) 标尺光栅和指示光栅

标尺光栅和指示光栅有机械刻制的和照相复制的两种。通常多采用照相复制的,即在玻璃基体上蒸发镀铬并由刻尺母板照相复制而成。铬与玻璃的亲合力大且机械强度高,稳定性好,成本低。在信号形成的过程中,重要的问题是刻线质量、精度及刻尺之间空气间隙的一致性等,当两刻尺相对移动1个节距时,由于光闸现象,光通量会呈三角波形变化1个周期,但由于衍射现象及刻线的不均一性等因素,光通量的变化近似正弦波形。

3) 接收元件

常用的接收元件有硅光电池、光电二极管和光电三极管。硅光电池的优点是受光面积大、光能利用率高、频率响应较高($10^{-5}$ s),使用时不需要加偏压,结构紧凑。常用的是四象限硅光电池,它便于细分和消除直流成分。其缺点是输出电压(电流)灵敏度较低。常用型号为2CR,受光面积为2.5 mm×5 mm,5 mm×5 mm,5 mm×10 mm,10 mm×10 mm,10 mm×20 mm等。光电二极管是光生伏打型元件,它的线性良好,灵敏度与硅光电池接近,频率响应比硅光电池高($10^{-7}$ s),常用型号为2CU。光电三极管有放大作用,灵敏度高,但稳定性与频率响应比光电二极管差,常用型号为3DU,受光面积为1～2 $mm^2$。有关硅光电池、光电二极管和光电三极管的光电特性,请参阅有关手册。

**2. 莫尔条纹信号细分**

在采用莫尔条纹测量位移的一些高分辨率、高精度的仪器中,对已采用的细光栅例如100～250线对/mm的系统,再要单纯依靠使用更细的光栅来提高系统的分辨率,是比较困难的。为适应高精度检测技术的需要,近年来莫尔条纹细分技术日益成熟,细分方法越来越完善。对1个栅距进行几十到几百等分的细分已不困难,目前最高可达1000等分,为光栅在高精度仪器中的应用提供了广阔前景。

莫尔条纹细分分为空间位置细分和时间域相位细分两类,可采用机械、光学和电子学的方法实现,也可用三者结合的方法,如图9-55所示。

1) 电子细分原理

电子细分是将栅距分成$n$等分,是在时间域上通过对相位信息的测量达到细分目的的。通过光电转换,将莫尔条纹转换成电信号,转换后获得的电信号为

$$U(t) = U\sin(\omega t + \varphi) \tag{9-30}$$

可见,光栅信号的波形是正弦波。

要获得高精度的细分,首先要有高质量的原始信号,这是获得高精度细分的前提。没有

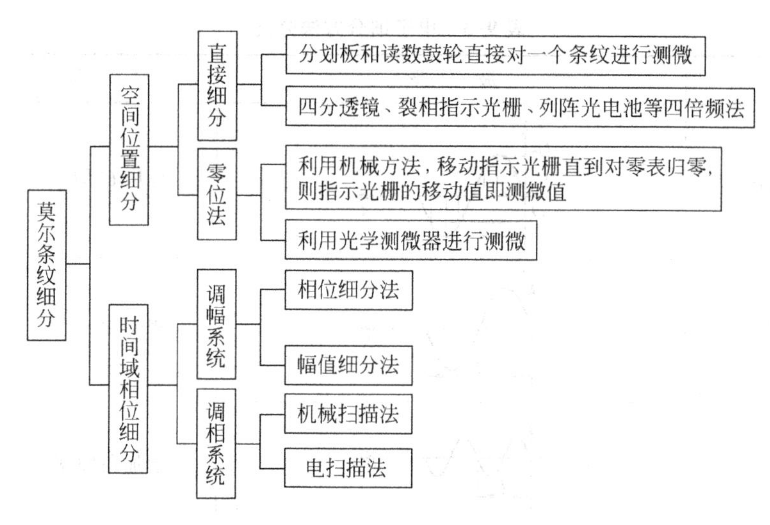


图 9-55　莫尔条纹细分方法

高质量的原始信号，欲达到高精度的细分是很困难的。由于光栅本身存在误差，同时衍射效应及光栅副装调中的问题等因素，一般获得的正弦信号往往达不到理想的信号。从电子细分的角度，光栅信号应满足下列要求：

(1) 信号的正弦性。严格地说，光栅信号是包含多次谐波成分的非正弦性信号，利用差分放大电路可消除二次谐波，但对三次谐波无法克服，因此对高质量的系统，应采用滤波的方法，以提高信号的正弦性。通常 $n \geqslant 100$ 时，要求三次谐波分量小于 6%。

(2) 信号的等幅性及全行程幅值的一致性。由于光栅制造中的线条质量如线宽的均匀性、透光的一致性等，会造成不同区域信号波形的幅值不等，因此当 $n \geqslant 100$ 时，要求信号的幅值变化小于 10%。

(3) 正弦信号和余弦信号的正交性。正弦信号和余弦信号是电子细分的基础，两者的相位差应是 90°，以保证取样的正确性，一般正交性要求小于 10%。

(4) 抑制共模电压(直流分量)。由于光源发光强度的变化会造成接收信号中直流分量即共模电压的波动，从而影响电子细分的精度，因此应控制光源的亮度变化。通常要求光源亮度变化而造成的剩余电压小于 6%。

(5) 反差。反差是指莫尔条纹转换成电信号中的交流信号电压和直流信号电压的比值，通常反差应大于 80%。

2) 电子细分方法

对光栅莫尔条纹的信号进行电子细分的方法有幅值分割法、周期测量法、角频率倍增法(倍频法)、移相法及函数变换法 5 种。表 9-3 给出了各种方法的原理，表 9-4 列出了目前常用的各种电子细分方法的特点及应用范围。这些方法同样适用于光波干涉条纹信号和衍射条纹信号等一切可转变成正弦电信号的情况，是数字技术中的普遍方法。

表 9-3 电子细分方法分类

| 分类 | 波形 | 原理 |
|---|---|---|
| 幅值分割法 | 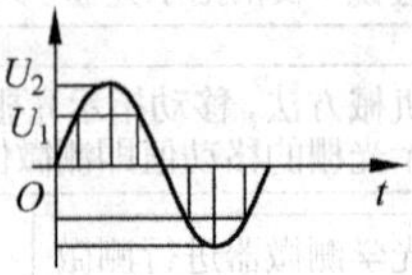 $U_2$ $U_1$ $O$ $t$ | 分压$U_1$,$U_2$ |
| 周期测量法 | 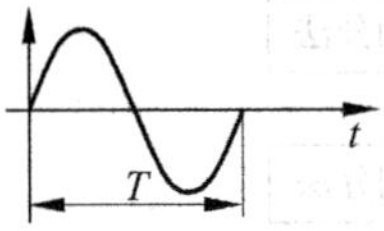 $t$ $T$ | 测时间 $t$ |
| 倍频法 | 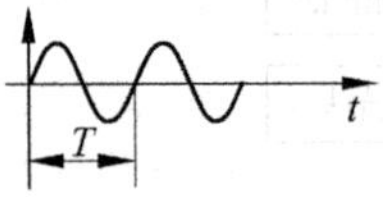 $T$ $t$ | 增加角频率 $n\omega$ |
| 移相法 | 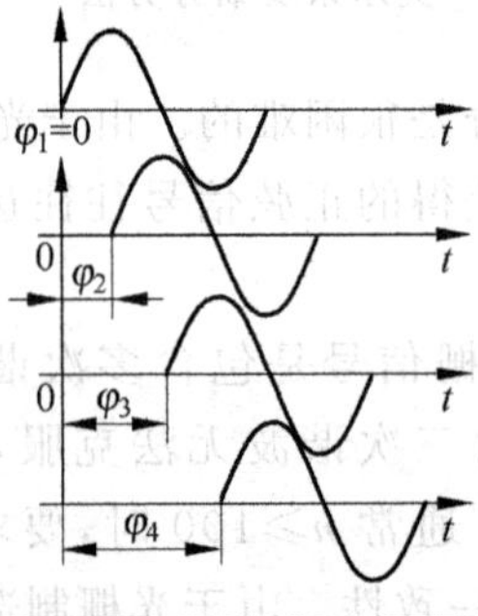 $\varphi_1=0$ $t$ 0 $\varphi_2$ $t$ 0 $\varphi_3$ $t$ $\varphi_4$ $t$ | $\varphi_1=\frac{2\pi}{n}$<br>移相多信号:$\varphi_2=2\varphi_1$<br>⋮<br>$\varphi_n=(n-1)\varphi_1$ |
| 函数变换法 | 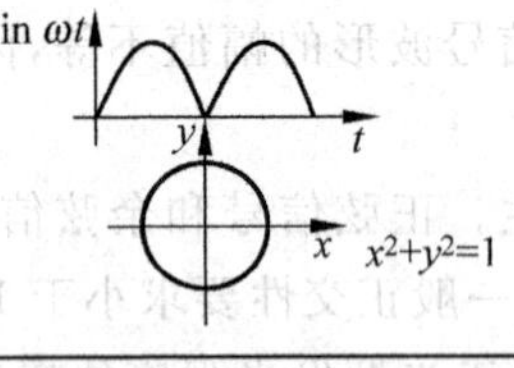 sin $\omega t$ $t$ $y$ $x$ $x^2+y^2=1$ | $f(t)\to F[f(t)]$ |

表 9-4 常用细分方法及其特点

| 细分方法 | 常用细分数 | 主要优缺点 | 应用范围 |
|---|---|---|---|
| 直接细分法 | 4 | 电路简单,对信号无严格要求,细分数不高 | 可用于动态和静态测量,应用较广泛 |
| 移相电阻链法 | 10~60 | 细分数较大,精度较高,电阻元件获得容易,对信号正交性要求严格,随着细分数增大,电路成比例复杂化,零点漂移对细分精度影响较大 | 可用于静态和动态测量,在细分数为20左右时优点显著 |
| 幅值分割电阻链法 | 40~80 | 细分数较大,精度较高,信号波形与幅值变化对细分精度影响较小,电路复杂 | 可用于动态和静态测量,常用于细分数较大的场合 |

续表

| 细分方法 | 常用细分数 | 主要优缺点 | 应用范围 |
|---|---|---|---|
| 锁相细分法 | 100～1000 | 细分数很大，电路简单，对信号波形无严格要求，对光栅运动匀速性要求很高 | 只适用于动态测量，细分数较大时可优先采用 |
| 载波调制法 | 100～1000 | 细分数大，精度较高，对信号波形及正交性要求严格，电路比较复杂 | 适用于动态和静态测量，要求细分数较大的场合 |
| 内插示波器法 | 25～40 | 对信号的正弦法、等幅性和正交性要求较高 | 只能用于速度较低的场合 |
| 矢量运动法 | 6～20 | 以差分放大器为组合单元，易改变等分数。但细分数大，则结构复杂 | 适用于细分数较小的动态和静态测量 |
| 正弦-余弦电位器法 | 10～20 | 正-余弦电位器误差较大，难得到较大细分数，电位器转速不能大于 1 r/s，电路简单 | 只适用于静态或准静态测量 |
| 光学调制法 | 200～1000 | 细分数大，精度较高，对信号波形无严格要求，系统机构复杂 | 适用于动态和静态测量 |

## 9.3.3 典型光栅测量系统

莫尔条纹读数系统（又称为读数头）用的是将光栅的位移转换成近似正弦的莫尔条纹的光电信号，经电路处理后可用于精密机械运动的控制定位或测量。

**1. 直读式**

图 9-56 为透射式，图 9-57 为反射式。直读式适用于栅距大于 0.01 mm 的振幅光栅，对 25～100 线/mm 的黑白光栅，标尺光栅和指示光栅的间隙 $d$ 可取为 3～5 mm。反射式光栅用钢材料制成，其优点是坚固耐用，线膨胀系数与工件相近。

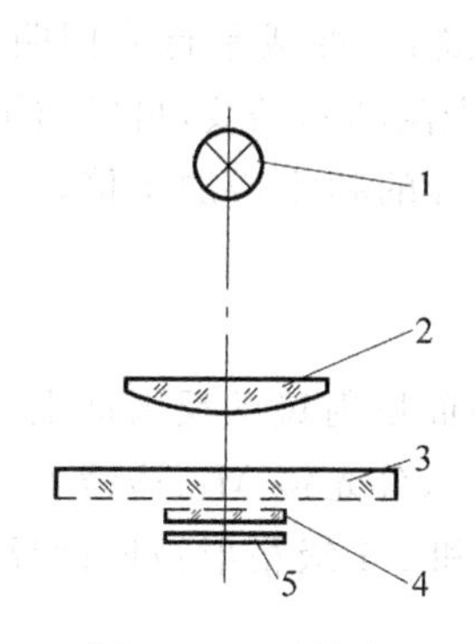


图 9-56 透射式

1—光源；2—透镜；3,4—光栅；5—光电接收元件

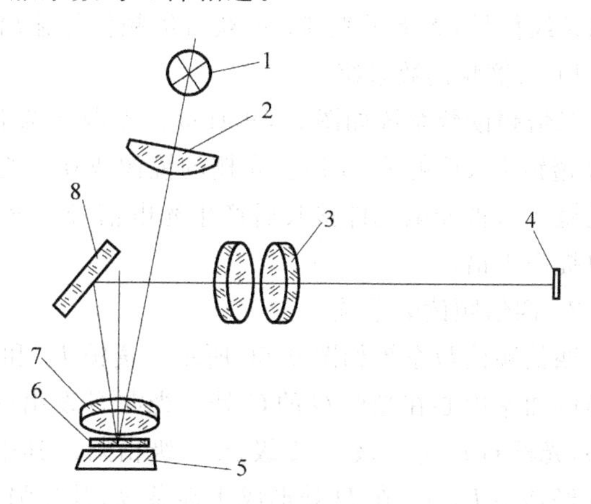


图 9-57 反射式

1—光源；2—透镜；3,7—聚光镜；4—光电接收元件；5—反射光栅；6—光栅；8—反射镜

**2. 分光式**

分光式莫尔条纹读数系统适用于相位光栅。分光式有透射式和反射式两种，如图9-58所示。透射式光路(图9-58(a))从点光源1发出的光经透镜2变成平行光照明主光栅$G_1$和指示光栅$G_2$，由于两光栅衍射的结果将产生多级衍射光谱。如果采用双级闪耀光栅，则主光栅射出的是0级和1级衍射光束，再经指示光栅衍射，得到(0,1)，(0,0)和(1,0)，(1,1)4个波振面。经聚光镜3汇聚在光电接收器4上，限光狭缝5挡住(0,1)和(1,0)以外的其他各级光，以提高输出信号的反差。采用最小偏角即$\beta=-\alpha$，可克服由于两光栅间隙变化造成的测量误差。由于衍射效应通过限光狭缝后而大大削弱，因此应选用较大的光栅间隙。

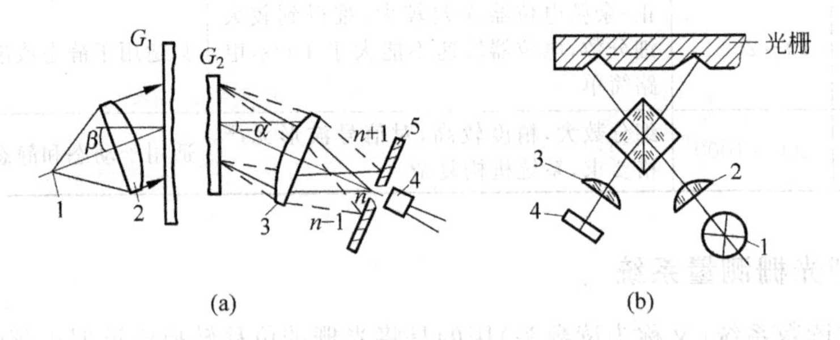


图9-58 分光式读数系统

(a) 透射式；(b) 反射式

1—光源；2—透镜；3—聚光镜；4—光电接收器；5—限光狭缝

**3. 镜像式**

镜像式读数系统利用主光栅和它的镜像产生莫尔条纹信号。其优点是可获得无间隙的莫尔条纹信号，无指示光栅；可获得倍频信号输出，提高了灵敏度。

1) 二倍频读数系统

二倍频读数系统如图9-59所示。光源$S$发出的光经透镜$L_1$变成平行光照明主光栅$G$，经透镜$L_2$、反射镜$M$使主光栅的镜像成在主光栅上，形成光闸莫尔条纹，再经透镜$L_1$和析光镜$M_d$，被光电元件接收后产生光电信号。该系统光电信号的频率增加1倍，故其灵敏度也提高1倍。

2) 四倍频读数系统

四倍频读数系统如图9-60所示。透镜$L_2$和焦点$F$在凹面反射镜的反射面上，凹面反射镜的曲率中心在光栅$G$的$C$处。光源$S$发出的光经透镜$L_1$、分光镜$M_d$、透镜$L_2$照明光栅$G$，光栅$G$产生0级、±1级、±2级衍射。其中，只有0级和±1级衍射被凹面反射镜反射并经透镜$L_2$,$L_3$在$D$处形成干涉条纹，其光强变化方程为

$$I(x)=I_0+I\cos\frac{8\pi x}{\omega} \tag{9-31}$$

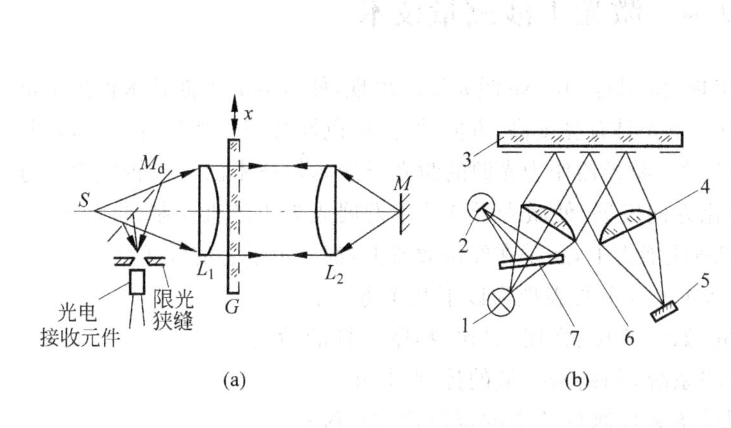


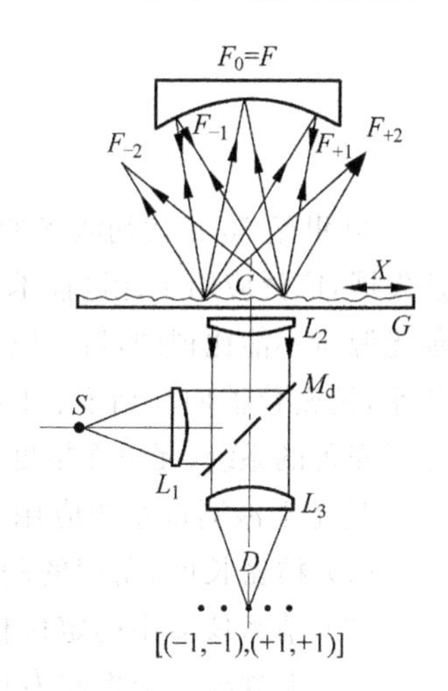


图 9-59 二倍频读数系统

1—光源；2—光电接收元件；3,5—光栅；4,6—透镜；7—析光镜

图 9-60 四倍频读数系统

式中，$I_0$ 为背景光强；$I$ 为交变光强；$\omega$ 为光栅栅距。

由式(9-31)可知，光栅移动 1 个栅距，光强 $I(x)$ 变化 4 个周期，获得四倍频莫尔条纹。

3）多倍频读数系统

多倍频读数系统如图 9-61 所示。光源 $S$ 发出的光经透镜 $L_1$ 变成平行光，经分束板 2 照明闪耀光栅 $G$，光栅产生 $\pm m$ 级的衍射，经分束板及透镜 $L_2$ 被光电接收元件 1 接收，可以获得 $m$ 倍频的莫尔条纹，故该系统的灵敏度很高，适于高精度的测量。

4）调相式

调相式莫尔条纹读数系统如图 9-62 所示。旋转圆柱光栅 7、经光源 8 照明之后其处于运动状态的栅线被投影到两块长光栅 2,4 上，光栅 4 为基准光栅不运动，光电接收元件 3 产生不变的基准信号。另一路光栅 2 是运动的，光电接收元件产生的是被调制的信号。光栅每移动 1 个栅距，在基准信号与调制信号间得到 360°的位相变化，可利用两者的位相差进行测量。

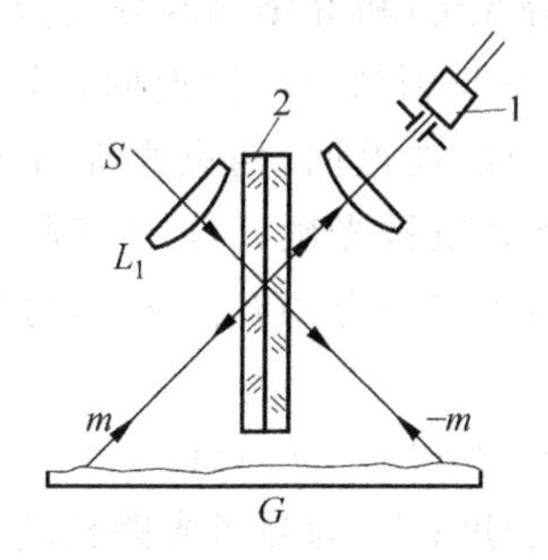


图 9-61 多倍频读数系统

1—光电接收元件；2—分束板

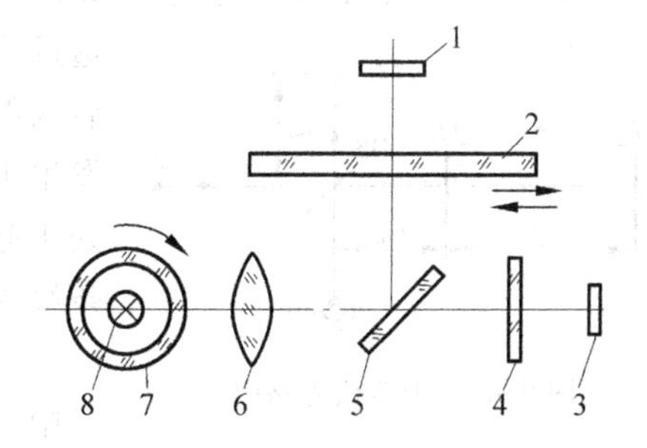


图 9-62 调相式读数系统

1,3—光电接收元件；2,4—光栅；5—半透半反镜；6—透镜；7—圆柱光栅；8—光源

## 9.4 激光干涉测量技术

20世纪60年代初激光的出现,特别是He-Ne激光器的出现,使古老的干涉技术得到了迅速发展,广泛应用于计量技术中。激光具有亮度高、方向性好、单色性及相干性好等特点,是其他光源所不能比拟的,目前以He-Ne激光器作为光源的激光干涉测量技术已经比较成熟。近年来,精密仪器向高精度、自动化方向发展,使激光干涉技术发展成为用微机控制、自动记录、显示完善的系统,无论在精度和适应能力上,还是在经济效益上,都显示了它的优越性。

激光干涉测量系统应用非常广泛,主要表现为以下几个方面:

(1) 精密长度、角度的测量,如线纹尺、光栅、量块、精密丝杠的检测;

(2) 精密仪器中的定位检测系统,如精密机械的控制、校正;

(3) 大规模集成电路专用设备和检测仪器中的定位检测系统;

(4) 微小尺寸的测量等。

激光干涉仪有单频激光干涉仪和双频激光干涉仪两种。

### 9.4.1 测量原理

根据物理光学,迈克尔逊双光束干涉仪的测长公式为

$$L = K\frac{\lambda}{2} \tag{9-32}$$

式中,$L$为被测长度;$\lambda$为波长,$\lambda=\frac{\lambda_0}{n}$,$\lambda_0$为激光真空中波长;$n$为折射率;$K$为干涉条纹数。

将式(9-32)改写成

$$K = \frac{2nL}{\lambda_0} \tag{9-33}$$

如图9-63所示干涉仪的光路,光源$S$发出的光,经分光镜(析光镜)BS分成两束:一束透过分光镜入射到测量反射镜$M_2$被返回,另一束反射后入射到参考反射镜$M_1$被返回,两束光在分光镜相遇发生干涉,产生的干涉条纹被光敏元件$P$接收。干涉仪处于起始位置,其初始光程差为$2(L_m-L_c)$,对应的干涉条纹为

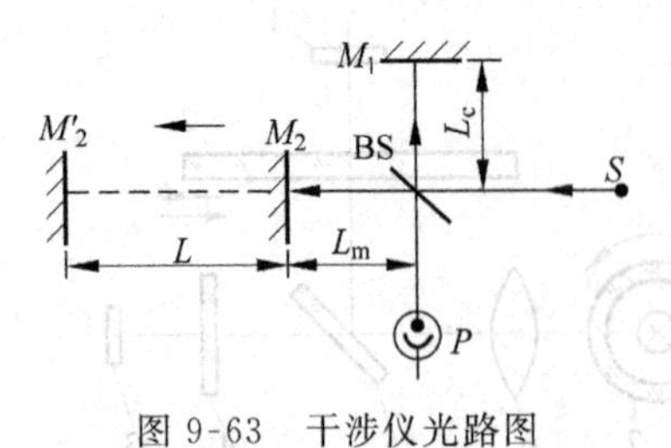

图9-63 干涉仪光路图

$$K_1 = 2n(L_m - L_c)/\lambda_0 \tag{9-34}$$

式中,$L_m$为测量光路长度;$L_c$为参考光路长度。

当反射镜$M_2$移动到$M_2'$位置时,设被测长度为$L$,那么

$$K = \frac{2nL}{\lambda_0} + \frac{2\pi(L_m - L_c)}{\lambda_0},\quad K = K_2 + K_1 \tag{9-35}$$

式中，$K_1$ 为初始位置时的干涉条纹数；$K_2$ 为测量的条纹数。

在实际测量中，通常取 $K_1=0$，则对应测量长度 $L$ 计数器得到的条纹数 $K=K_2$。

### 9.4.2 激光干涉测量系统设计

**1. 系统设计要求**

由于用激光作光源的干涉仪与用其他光源的干涉仪相比，具有测量速度高、测量范围大等优点，故在精密仪器中广泛用于定位检测系统。一套性能良好的激光干涉定位系统应该满足下列要求。

(1) 满足仪器的精度要求。激光干涉定位系统一般是用于高精度的仪器作为定位检测系统，根据仪器设计原则，定位检测系统的精度应占仪器总精度的 1/3～1/10，应根据仪器的精度来确定干涉系统本身的精度。例如，若仪器的总精度为 1 μm，则干涉定位系统的精度应小于±0.1 μm，与之相应的干涉系统的分辨率应小于 0.01 μm。在干涉系统设计时，为满足精度要求，应考虑结构选型，在布置结构时应尽量满足阿贝原则及结构变形最小原则，同时还应采取必要的措施如稳频等保证在外界环境变化时，对干涉仪的精度影响较小。此外，应根据仪器精度的高低，对环境提出必要的要求。

(2) 保证干涉定位系统工作的稳定性和较强的抗外界干扰能力。干涉系统的稳定性是它的重要性能指标之一，否则仪器不能正常工作。为保证稳定性，首先干涉条纹要有较高的对比度。对比度越高，获取的信号质量就越好，仪器的稳定性就越好。干涉条纹对比度的要求有两点：一是对于固定点的对比度好；二是在测量定位的全行程上的对比度变化小。根据实践经验，主要是以光电转换后的正弦信号的质量来衡量对比度的优劣。对于单频干涉仪，其信号幅值应大于 2 V；全行程内幅值的变化应小于 10%；两正交信号的正交性应小于 10%。要达到上述指标，主要是光学元件的选择与设计问题。其次是抗外界干扰能力问题。外界干扰主要是指外界的振动干扰。单频干涉仪抗外界干扰能力差，双频干涉仪抗外界干扰能力强。解决抗干扰能力的问题除从选择干涉仪的类型考虑外，还应采取必要的措施。

(3) 结构力求简化，保证必要的调整环节，以便操作、维修，适于工业生产。

**2. 系统设计原则**

(1) "共路"原则。在干涉仪的结构布局设计时，应尽量遵守"共路"原则。所谓"共路"，是指测量光束与参考光束应接近同一路径，这样可以认为两束光处于相同的外界环境，可避免外界环境变化对精度的影响。为了实现共路原则，在设计干涉仪的光路时，可将参考光束转折成与测量光束平行。同时应尽量做到测量光束与参考光束等光程。等光程不但是光路长度相等，而且两光路中光学元件的设置也应尽量类似。

(2) 阿贝原则。在设计仪器的干涉定位系统时，应遵守阿贝原则。在干涉定位系统中，阿贝原则应包含两方面的内容：一是测量点应与被测点共线，即被测点在激光干涉仪测量点的运动方向延长线上，但由于结构的限制往往不能做到，此时被测点应尽量接近其延长线,以减小阿贝误差;二是参考点应选择在与被测点有关的点上,以保证测量精度。

(3) 两光束在相干点的光强应尽量相等,以获得最清晰的对比度最好的干涉图形。

(4) 非期望光尽可能少。不反映测量中被测量的光线称为非期望光或闲杂光。非期望光包括两部分:一是光线在各光学零件界面上都同时发生折射和反射,这些光线通过各种途径进入干涉场,从而影响干涉条纹的对比度;二是"回授"光线,即激光发出的光经干涉系统后又回到激光管内,回授的存在会干扰激光器的发光强度,严重时会破坏激光器的正常工作。减少非期望光的方法较多,例如减少光学零件的数目、镀膜、正确选择光学元件、在光路中加光阑以及采用偏振方法等,应根据具体的仪器采取具体措施。

**3. 系统精度设计**

1) 系统精度的影响因素

如图9-63所示的干涉仪光路图,外界环境如温度、湿度、气压等的变化,对干涉仪本身的精度会有直接影响,并造成定位测量误差。下面计算由于上述影响所造成的误差量。

对式(9-35)进行全微分得

$$dK = dK_2 + dK_1 \tag{9-36}$$

可得

$$\begin{aligned} dK_1 &= \frac{\partial K_1}{\partial n}dn + \frac{\partial K_1}{\partial (L_m - L_c)}d(L_m - L_c) + \frac{\partial K_1}{\partial \lambda}d\lambda \\ &= 2(L_m - L_c)\frac{dn}{\lambda_0} + \frac{2n}{\lambda_0}d(L_m - L_c) - \frac{2n}{\lambda_0^2}d(L_m - L_c)d\lambda_0 \\ &= \frac{2}{\lambda_0}\left[(L_m - L_c)dn + nd(L_m - L_c) - \frac{n}{\lambda_0}(L_m - L_c)d\lambda_0\right] \end{aligned} \tag{9-37}$$

$$dK_2 = \frac{\partial K_2}{\partial n}dn + \frac{\partial K_2}{\partial L}dL + \frac{\partial K_2}{\partial \lambda_0}d\lambda_0 = \frac{2}{\lambda_0}\left(Ldn + ndL - \frac{n}{\lambda_0}Ld\lambda_0\right) \tag{9-38}$$

所以,测量结束时产生的干涉条纹误差为

$$\Delta K = \int dK = \int dK_1 + \int dK_2 = \Delta K_1 + \Delta K_2 \tag{9-39}$$

若测量开始使计数器"置零",则测量结束时,计数器计到的干涉条纹数为

$$\begin{aligned} \overline{K} = &\frac{2nL}{\lambda_0} + \frac{2}{\lambda_0}\left[L\Delta n_0 + n\Delta L_0 - \frac{n}{\lambda_0}L\Delta\lambda_{00}\right] \\ &+ \frac{2}{\lambda_0}\int\left(L\delta n + \delta nL - \frac{n}{\lambda_0}L\delta\lambda_0\right) + \frac{2}{\lambda_0}\int\Big[(L_m - L_c)\delta n \\ &+ \delta n(L_m - L_c) - \frac{n}{\lambda_0}(L_m - L_c)\delta\lambda_0\Big] \end{aligned} \tag{9-40}$$

式(9-37)~式(9-40)中,$dn = \Delta n_0 + \delta n$;$d\lambda_0 = \Delta\lambda_{00} + \delta\lambda_0$;$d(L_m - L_c) = \Delta(L_m - L_c) + \delta(L_m - L_c)$;$dL = \Delta L_0 + \delta L$。$L$ 为被测长度的名义值;$n$ 为标准状态下的空气折射率;$\lambda_0$ 为真空中波长的理论值;$\Delta L_0$ 为测量开始时,被测件长度对其名义值的增量;$\Delta n_0$ 为测量开始时,空

气折射率对 $n$ 的增量；$\Delta\lambda_{00}$ 为测量开始时，真空中的实际波长对其理论值的增量；$\Delta(L_m-L_c)$ 为测量开始时，干涉仪的初始程差对其名义值的增量；$\delta n$ 为测量过程中，空气折射率对起始状态的变动量；$\delta L$ 为测量过程中，被测长度对起始状态的变动量；$\delta\lambda_0$ 为测量过程中，波长对起始状态的变动量；$\delta(L_m-L_c)$ 为测量过程中，干涉仪的初程差对起始状态初程差的变动量。

由式(9-40)可见，计数器得到的干涉条纹数由 4 部分组成：

(1)
$$K_2 = 2nL/\lambda_0 \tag{9-41}$$

这项误差反映了被测长度真值的条纹数；

(2)
$$\Delta K_{20} = \frac{2}{\lambda_0}\left(L\Delta n_0 + n\Delta L_0 - \frac{n}{\lambda_0}L\Delta\lambda_{00}\right) \tag{9-42}$$

这项误差反映了测量开始时外界环境条件偏离标准状态造成 $\Delta n_0, \Delta L_0, \Delta\lambda_{00}$ 引起的条纹数，它们均与被测长度有关；

(3)
$$\delta K_2 = \frac{2}{\lambda_0}\int\left(L\delta n + n\delta L - \frac{n}{\lambda_0}L\delta\lambda_0\right) \tag{9-43}$$

这项误差反映了测量过程中外界环境条件偏离测量开始时的条件而造成 $\delta n$，$\delta L$ 和 $\delta\lambda_0$ 引起的条纹数，与被测长度 $L$ 有关；

(4)
$$\delta K_1 = \frac{2}{\lambda_0}\int\left[(L_m-L_c)\delta n + n\delta(L_m-L_c) - \frac{n}{\lambda_0}(L_m-L_c)\delta\lambda_0\right] \tag{9-44}$$

这项误差反映了测量过程中干涉仪的初程差也随着环境条件的变化而变化，它与被测量长度 $L$ 无关，由于此项误差与测量长度 $L$ 无关，产生于测量区之外，故称为闲区误差或零点漂移。

激光干涉定位系统在精密仪器中是测量的基准，因此仪器定位精度的高低，很大程度上取决于这个基准的精确程度。除激光器实现单频输出外，要求它的输出频率的变化尽量小。

引起光学谐振腔长度变化的因素主要有以下几种：

(1) 温度的影响。工作环境温度的变化会使激光器的腔长发生变化，其相对变化量为

$$\frac{\Delta l}{l} = \alpha\Delta t \tag{9-45}$$

式中，$\alpha$ 为线膨胀系数，对石英玻璃 $\alpha=6\times10^{-7}l/(^\circ)$，对殷钢 $\alpha=9\times19^{-9}l/(^\circ)$；$\Delta t$ 为工作环境温度变化量。温度的变化直接改变激光光学谐振腔长度的变化，从而使频率发生变化。例如，用石英管制作的半内腔激光器，$l=100$ mm，当 $\Delta t=1^\circ$C 时 $\Delta l=6\times10^{-6}$ mm，频差(或频率间隔)$\Delta\nu=3\times10^8$ Hz。此外，还会影响折射率 $n$ 的改变；由于温度变化会使管子变形，窗口、镜片产生畸变，从而造成频率稳定性变坏。

(2) 振动的影响。工作环境中机械振动会造成激光管变形，使谐振腔的光学长度改变，导致谐振频率的漂移，严重的机械振动会破坏激光器的正常工作。

(3) 大气波动的影响。由于激光器工作环境中大气波动，例如温度、气压、湿度等变化，会导致折射率的变化。对外腔式激光器，频率变化的相对误差为

$$\frac{\delta\nu}{\nu}=(\beta_P\Delta P-\beta_T\Delta T-\beta_H\Delta H)\frac{l-l_1}{l} \tag{9-46}$$

式中,$\Delta P,\Delta T,\Delta H$ 分别为大气压力、温度及湿度的变化量;$\beta_P,\beta_T,\beta_H$ 分别为压力、温度和湿度变化系数;$l,l_1$ 分别为谐振腔长和放电管长。

2) 提高系统精度的措施

由上述分析可知,造成激光器频率变化的主要外部因素是温度、振动和大气的影响,在精度要求不高的条件下,可采用恒温、防振和密封的方法进行稳频,稳定度可达 $10^{-6}\sim10^{-7}$。但对于测量精度较高的仪器就不足了,必须进一步采取稳频措施。

(1) 兰姆下陷法

这是目前应用最广泛的一种稳频方法。单纵模气体激光器的输出功率,当输出频率出现在原子跃迁谱线中心时,会有一个局部极小值,如图9-64所示,称为兰姆下陷。兰姆下陷的深度和宽度与激光器的工作条件有关。小信号增益越大或光学损失越小,兰姆下陷就越深;均匀加宽的宽度越小,兰姆下陷的宽度越小。

利用兰姆下陷法稳频的激光器如图9-65所示。整个激光器安装在谐振腔间隔器如石英管或殷钢管上,其中一块反射镜胶在环形压电陶瓷上,陶瓷的内、外表面分别为负极和正极,加正、负电压后,压电陶瓷伸长或缩短使腔长缩短或增长。它的变化量与加在压电陶瓷上的电压和压电陶瓷的长度成正比,以补偿外界因素引起的腔长变化。

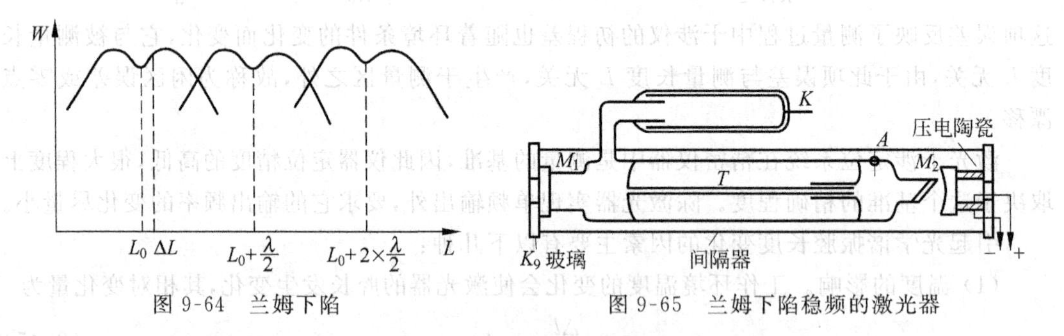


图9-64 兰姆下陷

图9-65 兰姆下陷稳频的激光器

利用兰姆下陷稳频实际上是一个负反馈控制系统,其原理框图如图9-66所示。它是一个鉴频器,当激光频率偏离特定的标准值时(即兰姆下陷的中心频率),则发出一误差信号,这个信号经过放大反馈来控制腔长,将激光频率又拉回特定的中心频率。其反馈的原理是在压电陶瓷上加一个正弦调制电压(频率为1 kHz,幅值为0.5 V),则腔长也以这个频率伸缩,激光器输出的激光频率也随之作正弦式变化。如图9-67所示在兰姆下陷的 $A,B,C$ 处获得二倍频的输出即 $2f$,而在 $BC$ 段和 $AB$ 段得到 $f$ 频率的正弦变化,不过 $BC$ 段和 $AB$ 段输出信号的相位相反。在该系统中激光输出的信号用光敏三极管接收,将光信号转换成电信号,此信号经过选频放大,频率恰好选在 $f$ 处,那么 $2f$ 频率的信号不能通过选频放大器。放大的信号送入相敏检波得到一直流电压,这个电压大小与误差成正比。电压的正、负决定于误差信号与调制电压的相位关系,它反映了由于外界环境变化引起的频率漂移方向。这个电压经调制升压、整流后加在压电陶瓷上，使压电陶瓷伸长或缩短，这就控制了腔长的修正方向。如果激光输出的频率在 $\Delta\nu$ 处，输出为 $2f$，且幅度较小，由于选频放大器调谐在 $f$ 处，故腔长仍维持原值。

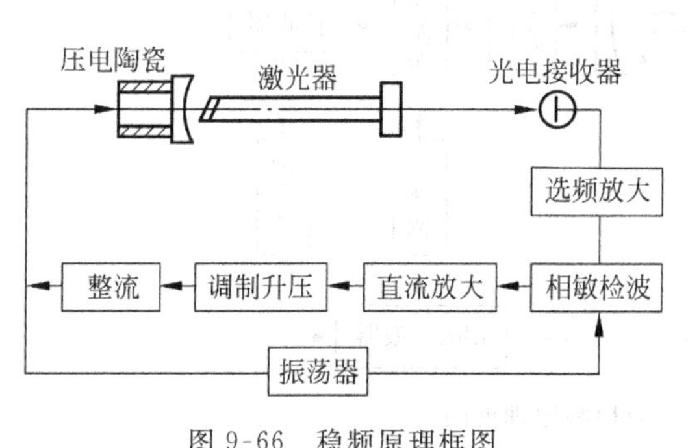


图 9-66 稳频原理框图

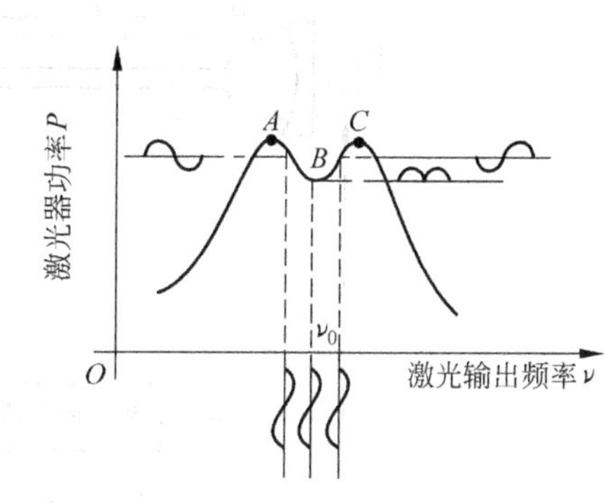


图 9-67 兰姆下陷法获得信号图

用兰姆下陷法要求激光器的输出是单纵模、兰姆下陷对称性好、下陷尽可能深且斜率较大。兰姆下陷稳频可获得较高的频率稳定度和灵敏度，稳定度可达 $10^{-9}$，再现性为 $10^{-7}$。

(2) 塞曼效应法

原子能级在磁场的作用下发生分裂的现象称为塞曼效应。例如，氖原子的 632.8 nm 谱线在磁场的作用下会分裂成频率和偏振状态的两条谱线：一条是左旋圆偏振光，其频率比不加磁场的频率高；另一条是右旋圆偏振光，它的频率比原频率低。因此增益曲线也分裂成两条，如图 9-68 所示。其中，$\nu_0$ 代表分裂前的谱线中心频率，如果谐振频率调谐在 $\nu_1$ 处，那么右旋圆偏振光的光强大于左旋圆偏振光的光强。因此可根据激光器输出光强的差别来判断频率偏离中心的方向和程度。

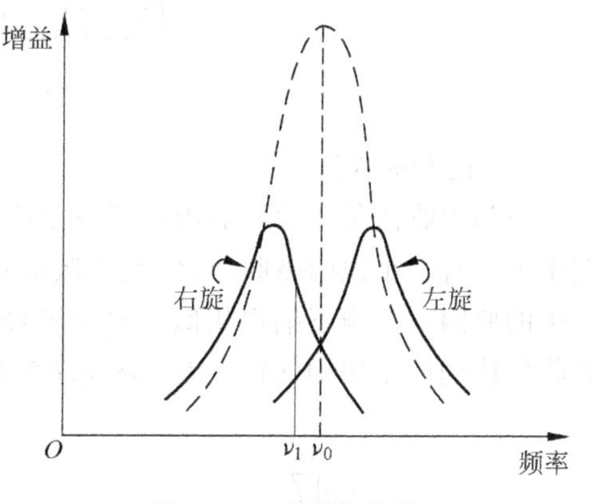


图 9-68 塞曼效应图

利用塞曼效应稳频的原理如图 9-69 所示。在 He-Ne 激光器上加纵向磁场 $H$（一般为 0.035 T），由于塞曼效应激光被分裂成左、右旋圆偏振光，经电光调制器（如铌酸锂电光调制器等）和检偏器后，被光电三极管接收，转换成电信号。当在电光调制器上加交变的调制电压时，左、右旋圆偏振光轮流通过，经检偏器后光电元件接收到按一定频率交替变化的光强，如图 9-70 所示，并转换成相同的两种脉冲。它们的幅值相等时，表示谐振腔的谐振频率稳定在中心频率 $\nu_0$ 处；如果两电脉冲幅值不等，则表示谐振腔的谐振频率偏离中心频率 $\nu_0$。把这一信号作为误差信号，经相敏检波和积分放大变为直流信号加到压电陶瓷上，从而改变谐振腔长度 $l$，矫正谐振频率 $\nu$，使其趋向

中心频率 $\nu_0$。由于同时输出的左、右旋圆偏振光的频率略有不同,故又称为双频稳频法,该方法的再现性达 $10^{-7}$。

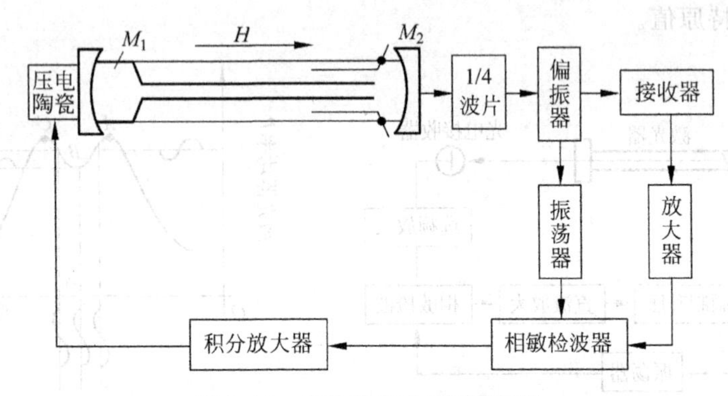


图 9-69　塞曼效应稳频原理框图

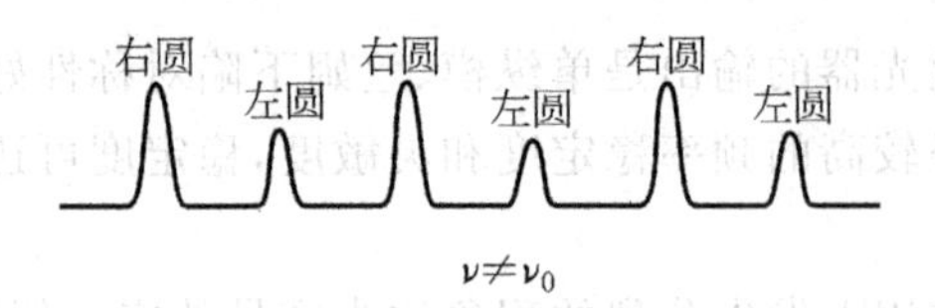


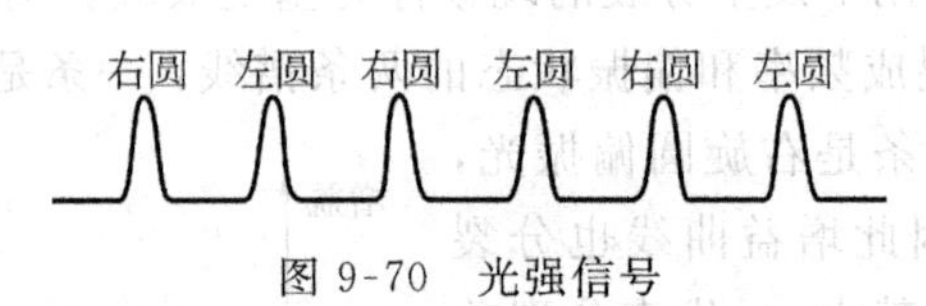


图 9-70　光强信号

(3) 饱和吸收法

饱和吸收法是在激光器内放置一个吸收器,如图 9-71 所示。吸收器内充的气体在激光频率附近有一个锐的吸收峰,但它的吸收曲线在中心频率 $\nu_0$ 处有一个下陷,这个吸收下陷产生的原因与兰姆下陷很相似。对于多普勒效应引起的非均匀增宽谱线来说,我们可以把吸收气体的原子按轴向速度 $U_z$ 分成许多组。如果激光频率 $\nu$ 不在谱线中心 $\nu_0$ 处,则 $U_z =$

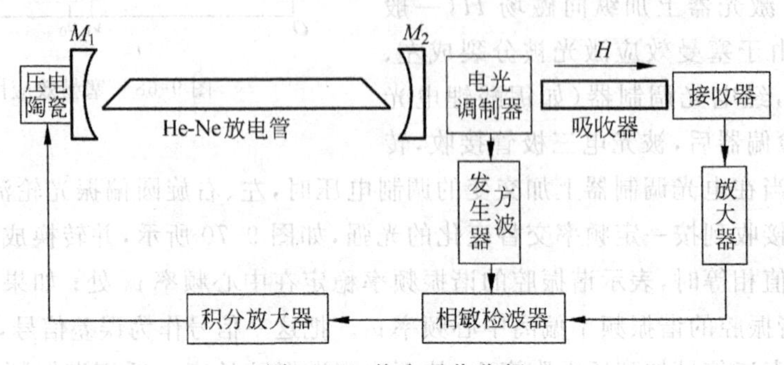


图 9-71　饱和吸收稳频

$\pm[(\nu-\nu_0)/\nu_0]c$($c$为光速)的两组原子都可以吸收它；如果激光频率在谱线中心，则只有$U_z=0$的一组原子能够吸收它，因而吸收曲线在$\nu=\nu_0$处出现下陷。放置了这样的吸收器后，由于吸收器内的吸收介质与激光器内的增益介质共同作用的结果，使激光器的输出功率曲线在$\nu_0$处出现一个小峰，称为反转的兰姆下陷，如图9-72所示，可用它来提供误差信号。由于吸收器内的气压比较低，通常只有$10^{-2}\sim10^{-1}$ Torr，所以其碰撞增宽比较小，使这个小峰比兰姆下陷小得多，而且吸收峰的位置稳定，不受放电条件影响，所以稳定精度较高。目前用碘分子$I_2^{127}$的吸收线稳定He-Ne激光器的632.8 nm谱线的频率，再现性可达$10^{-9}\sim10^{-10}$，短时间稳定度可达到$10^{-12}$。

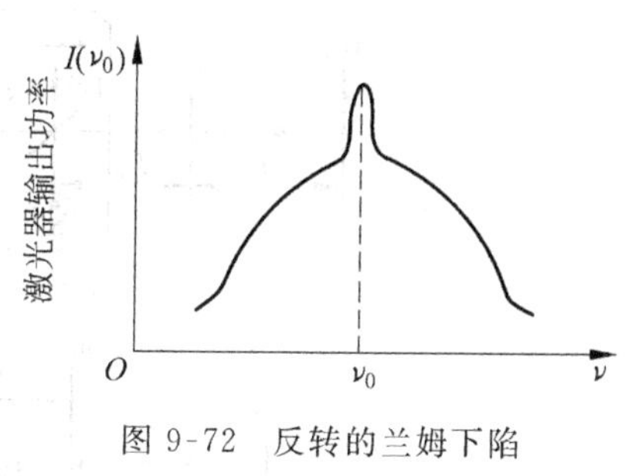

图9-72 反转的兰姆下陷

(4) 干涉腔法

干涉腔法除激光谐振腔之外，再加一个品质因数很高的谐振腔。由于其品质因数比原子共振谱线的品质因数高得多，谐振谱线宽度相当窄，仅10 MHz，所以干涉腔是一种很好的光学鉴频器，利用干涉腔的谐振频率与激光器的振荡频率进行比较，就可以得到一个误差信号，从而将激光振荡频率稳定在谱线中心。这种稳频方法可达$2\times10^{-9}$的稳定度。

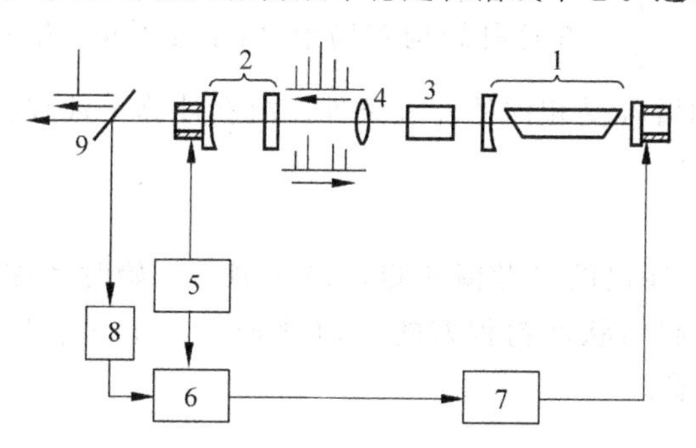

图9-73 干涉腔法原理图

1—激光器；2—干涉腔；3—消耦合器；4—透镜；5—振荡器；6—相敏检波器；7—放大器；8—接收器；9—分光镜

图9-73是利用干涉法稳频的原理图。激光器1和干涉腔2组合实现干涉腔稳频，由1/4波片和偏振器组成消耦合器3，它的作用是只允许激光束单向通过而不能来回透射，因而防止激光束反馈回激光器。透镜4使激光谐振腔与干涉腔更好地匹配，以获得更好的单模。干涉腔的长度由振荡器5的交变电压加以扫描，接收器8接收到一误差信号，经相敏检波器6检出一直流成分用来控制激光器的腔长，可以将激光振荡的单模频率稳定在干涉腔的谐振频率上。

**4. 系统结构布局**

1) 整体式

如图9-74(a)所示，将参考镜$M_1$、分光镜BS、激光器$J$等密封在一体之内；而测量镜$M_2$与被测体连在一起，测量时置于外界条件之中。这种结构布局的参考臂区域与测量臂区域处于不同的环境条件之下，因此在计算干涉仪的误差时，要分别计算$\delta n_m$，$\delta n_c$，$\delta L_m$和$\delta L_c$的影响。

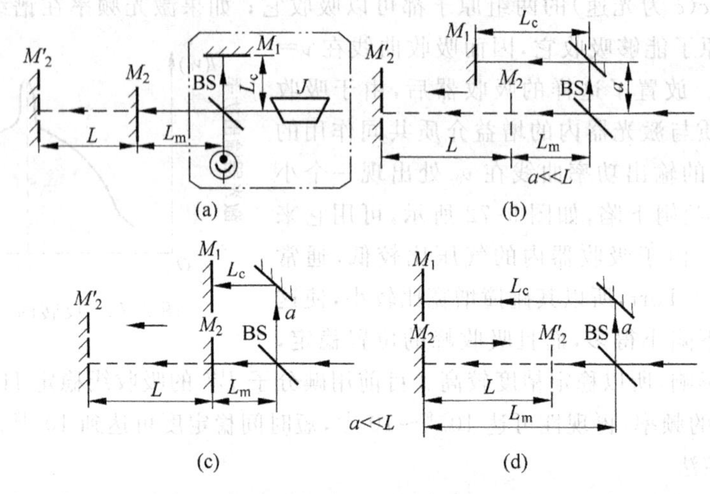


图 9-74　干涉仪结构布局

2）最短程差式

如图 9-74(b)所示，这种结构布局是在最大测量行程时，使两相干光束（测量光束和参考光束）具有最短的相干长度，即$|L_m-L_c|=\dfrac{L}{2}$。在这种结构布局中，由于参考镜 $M_1$ 和测量镜 $M_2$ 布置在同一侧，可以认为干涉仪两臂经受相同的环境条件。故在计算干涉仪误差时可按式(9-44)计算。

3）齐端式

如图 9-74(c)，(d)所示，"齐端"是指干涉仪的参考镜和测量镜在测量开始时齐端，即 $L_m=L_c$，且测量过程中干涉仪的初程差对起始状态初程差的变动量 $\delta(L_m-L_c)$ 等于 0。式(9-44)中 $\delta K_1=0$，干涉仪的闲区误差为零。

4）误差自动补偿式

由式(9-43)和式(9-44)可见，$\delta K_2$ 和 $\delta K_1$ 的表达形式相似，当改变参考镜和测量镜的相对位置时，可以在相同的环境条件下改变 $\delta K_1$ 的符号。

当 $L_m<L_c$ 时，

$$\delta K'_1=\frac{2}{\lambda_0}\int\left[(L_c-L_m)\delta n+n\delta(L_c-L_m)-\frac{n}{\lambda_0}(L_c-L_m)\delta\lambda_0\right]=-\delta K_1$$

这就提供了利用闲区误差补偿 $\delta K_2$ 的可能，如图 9-75 所示。同理，当 $L_m>L_c$ 时，可令测量镜作反向运动，如图 9-75(b)所示，此时 $L$ 取负值，由式(9-42)，$\delta K'_2=-\delta K_2$，也提供了 $\delta K_1$ 补偿 $-\delta K_2$ 的可能性。

整体式布局的闲区误差较大，不适于高精度的仪器，一般只适于小型轻便式干涉仪。齐端式可使闲区误差为零，但不具备自动补偿能力。最短程差式虽然闲区误差不为零，但大测程时可使结构紧凑。自动补偿式的结构布局较好。

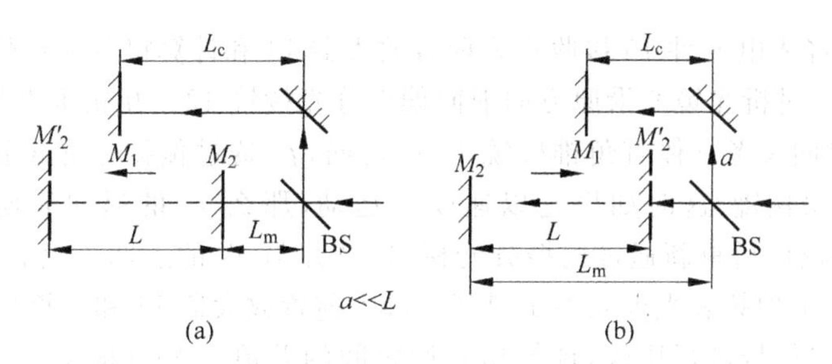


图 9-75 误差自动补偿式

## 9.4.3 双频激光干涉测量系统

### 1. 双频激光干涉仪的测量原理

双频激光干涉仪的测量原理建立在塞曼效应、牵引效应和多普勒效应的基础之上，其光学原理如图 9-76 所示。在全内腔 He-Ne 激光器上加约 $3\times10^{-2}$ T 的轴向磁场，由于塞曼效应和牵引效应，发出一束含有两个不同频率的左旋和右旋圆偏振光，它们的频率差大约是 1.5 MHz。这束光经 1/4 波片 7 之后成为两个互相垂直的线偏振光，再经平行光管 8 准直和扩束。

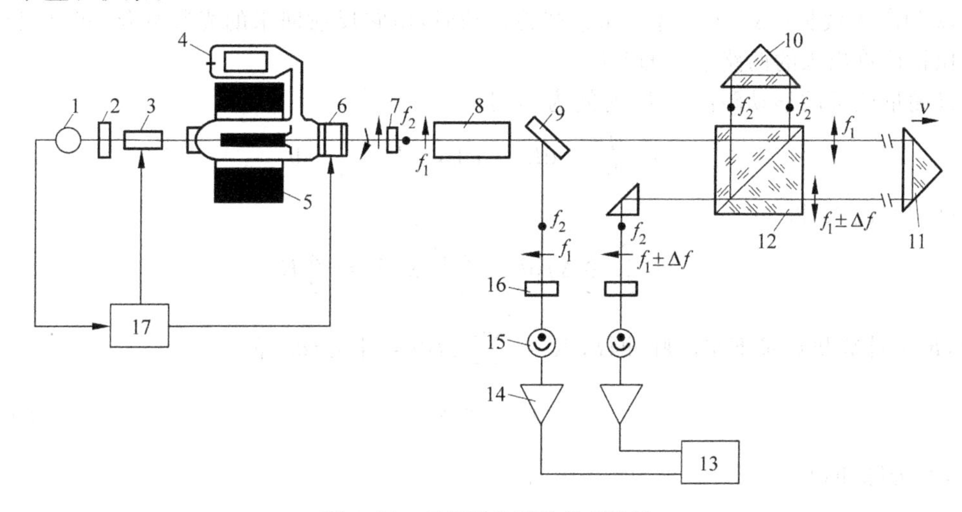


图 9-76 双频激光干涉仪光路图

1,15—光电元件；2,16—检偏器；3—电光调制器；4—双频激光管；5—永久磁铁；6—压电陶瓷；7—1/4 波片；8—平行光管；9—析光镜；10—立体直角锥棱镜；11—测量立体直角锥棱镜；12—偏振分光棱镜；13—计算及显示器；14—前置放大器；17—激光稳频器

从平行光管 8 出来的这束光经过析光镜 9 反射出一小部分作为参考光束通过 45°放置的检偏器 16。由马吕斯定律可知，两个垂直方向的线偏振光在 45°方向上投影，形成新的线偏振光并产生拍频。这个拍频频率恰好等于激光器所发出的两个光频的差值，即 $f_1-f_2$，

约为 1.5 MHz。经光电元件 15 接收进入前置放大器 14 和计算机及显示器 13。

另一部分光透过析光镜 9 沿原方向射向偏振分光棱镜 12。互相垂直的线偏振光 $f_1$ 和 $f_2$ 被分开。$f_2$ 射向参考立体直角锥棱镜 10 后返回，$f_1$ 透过偏振分光棱镜 12 到立体直角锥棱镜 11——测量棱镜，这时如果它以速度 $v$ 运动，那么 $f_1$ 的返回光便有了变化，成为 $f_1 \pm \Delta f$。这束光返回后重新通过偏振分光棱镜 12 并与 $f_2$ 的返回光会合，然后到 45°放置的检偏器 16 上产生拍频被光电元件 15 接收，进入前置放大器 14 和计算机及显示器 13。

计算机对两路信号进行比较，计算出它们之间的差值 $\pm\Delta f$（即多普勒频差）。进而可根据立体直角锥棱镜的移动速度和时间求得被测长度。

设测量中立体直角锥棱镜的移动速度为 $v$，根据多普勒效应则有

$$f = f_1\left(1 \pm \frac{v}{c}\right) \tag{9-47}$$

式中，$f_1$ 为激光频率；$c$ 为光在真空中的速度。

式(9-47)中的正、负号按下述原则确定：棱镜与激光器相向运动时为正；相背运动时为负。由于多普勒效应引起的频率变化为

$$\Delta f = f - f_1 = \pm \frac{2v}{c} f_1 = \pm \frac{v}{\frac{1}{2}\frac{c}{f_1}} = \pm \frac{v}{\frac{\lambda}{2}} \tag{9-48}$$

式中，$\lambda$ 为激光波长；$\Delta f$ 为立体直角锥棱镜运动时，由它反射回来的光频变化，也就是经计算机比较计算出来的两路信号的差值。

设测量棱镜的移动距离为 $L$，时间为 $t$，则

$$v = \frac{\mathrm{d}L}{\mathrm{d}t}, \quad \mathrm{d}L = v\mathrm{d}t, \quad L = \int_0^t v\mathrm{d}t$$

将式(9-48)代入，得

$$L = \int_0^t \frac{\lambda}{2}\Delta f \mathrm{d}t = \frac{\lambda}{2}\int_0^t \Delta f \mathrm{d}t = \frac{\lambda}{2}K$$

式中，$K$ 为计算机记录下来的脉冲数，$K = \sum_0^t \Delta f \mathrm{d}t = \int_0^t \Delta f \mathrm{d}t$。故

$$L = \frac{\lambda}{2}N \tag{9-49}$$

式中，$N$ 为脉冲数。

**2. 双频激光干涉仪的特点**

双频激光干涉仪与单频激光干涉仪相比有以下特点：

(1) 抗干扰能力强。单频激光干涉仪的最大弱点就是抗外界环境干扰能力差。双频激光干涉仪由于是双频参加测量，“双频”起到调制作用，因此在被测量对象相对于干涉仪静止时，仍保持一个 1.5 MHz(或其他数量)的交流信号，被测对象的运动只是使这个信号的频率增加或减少。因而前置放大器可采用较高倍数的交流放大器。即使是光强衰减 90%仍可得到满意的信号。对外界环境的变化抗干扰能力强，故适于生产现场测量，并能测量较长的距离。

(2) 可实现光学二倍频。双频激光干涉仪有两个光频参加测量，因此得到的信息更为丰富，利用这个特点可实现光学二倍频。

(3) 用途广，不但可测长，而且还可测直线性、小角度及平直度等。

(4) 成本高，比较贵。

**3. 双频激光干涉仪的应用**

双频激光干涉仪一般都做成遥置式的，即干涉仪与激光器分成两体。其优点是使用方便灵活，可根据具体测量对象进行组装，便于消除阿贝误差及闲区误差，从而提高测量精度，同时便于更换干涉组件，以扩大应用范围。双频激光干涉仪具有多种功能，除精密测长之外，还可用于测角、测量直线性等。

1) 测角附件

测角附件的原理如图 9-77 所示。从激光头射出的正交线偏振光 $f_1$ 和 $f_2$ 被双膜块组(双偏振光棱镜)分开，$f_1$ 射向下立体直角锥棱镜，$f_2$ 射向上立体直角锥棱镜。经反射后在双膜块组会合。当双立体直角锥棱镜作平行移动时，$\Delta f_1=\Delta f_2$，在拍频中互相抵消，计算机显示不变。如果双立体直角锥棱镜有一倾角 $\alpha$，这时 $\Delta f_1\neq\Delta f_2$，两个棱镜角点在光轴方向将产生一相对位移，则

$$\alpha = \arcsin\frac{l}{R} \tag{9-50}$$

测角附件的作用与自准直仪的功能类似，可以测量导轨运动的直线性和平板的平面度。

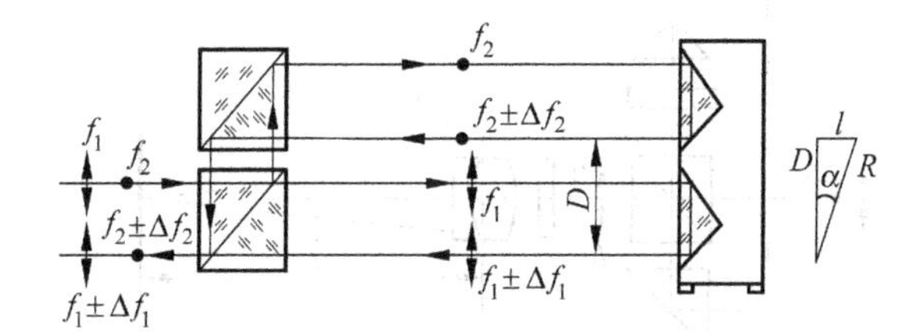


图 9-77 测角原理

2) 直线度附件

直线度附件的原理如图 9-78 所示。激光头射出的光束经过析光镜 1 射到渥拉斯顿棱

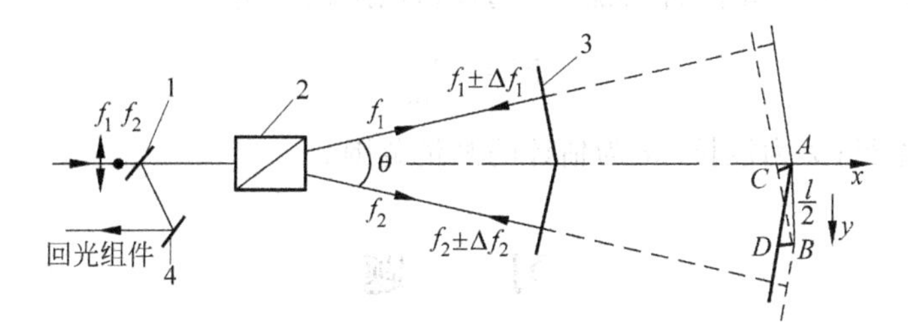


图 9-78 直线度附件的原理

1—析光镜；2—渥拉斯顿棱镜；3—双平面反射镜；4—全反射镜

镜2上,渥拉斯顿棱镜2把正交的线偏振光 $f_1$ 和 $f_2$ 分开,夹角为 $\theta$ 的两束光分别射向双平面反射镜3并返回,重新在渥拉斯顿棱镜2会合。会合后光束经析光镜1、全反射镜4,进入接收器。若双平面反射镜3沿轴平移到 $A$ 点,由于 $f_1$ 和 $f_2$ 两路光所走的路程相等,所以 $\Delta f_1=\Delta f_2$,拍频互相抵消,显示值不变。如果在移动中双平面反射镜沿 $y$ 方向下落到 $B$ 点,则 $f_1$ 较原来的光程少 $2\,\overline{AC}$;与此相反,$f_2$ 却增加 $2\,\overline{BD}$。两者的总差值等于 $2(\overline{AC}+\overline{BD})$。由图9-78可知,下落量为

$$\overline{AB}=\frac{\overline{AC}+\overline{BD}}{2\sin\frac{\theta}{2}} \tag{9-51}$$

直线度附件的功能相当于标准平尺和千分尺表的作用,可以用来检查机床工作台的移动方向对直线的偏量。这种误差往往是用自准直仪方法测不出来的。

3) 单光束干涉仪

单光束干涉仪用来测量小零件(例如手表零件)的振动等,因为这些小零件无法安装立体直角锥棱镜。其原理如图9-79所示。由激光头射出的激光被偏振棱镜2分开,反射光经1/4波片3射向立体直角锥棱镜4,返回后振动方向转过90°成为透射光;另一路透过1/4波片5,由物镜6聚焦到反射镜7,返回后偏振方向转90°成为反射光;两束光会合后经直角棱镜1反射被接收器接收。

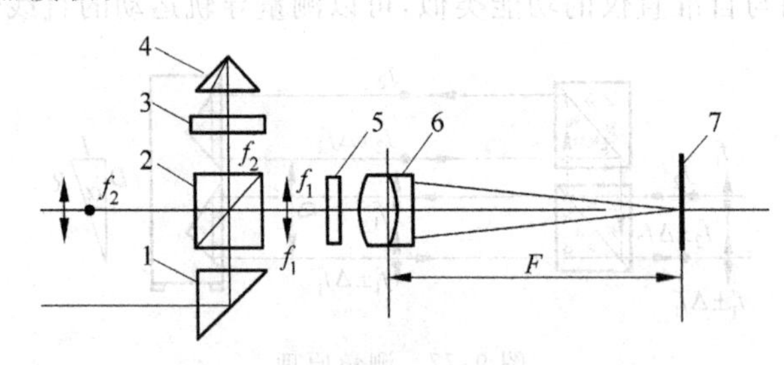


图9-79 单光束干涉仪原理图

1—直角棱镜;2—偏振棱镜;3,5—1/4波片;4—直角锥棱镜;6—物镜;7—反射镜

可根据不同的使用要求配备物镜6。选择物镜焦距 $F$ 为

$$F^2=\frac{D^2}{4\lambda}x \tag{9-52}$$

式中,$D$ 为光斑直径;$\lambda$ 为波长;$x$ 为估计的测量范围。

## 习 题

9-1 设计精密仪器定位检测系统时应满足哪些技术要求?

9-2 莫尔条纹有何特性?说明计量光栅的类别、特点及光栅计量的原理。振幅式光栅和

相位式光栅在原理上有何差别？

9-3 为获得良好的激光干涉仪，在设计时应考虑哪几个方面的问题？

9-4 为什么条纹宽度 $B$ 越大，光电元件接收的能量越大？当 $B\to\infty$ 时，如何进行细分？为什么常取光电元件的宽 $b=(0.2\sim0.3)B$？

9-5 说明影响莫尔条纹细分的因素及光栅参数的选择原则。

9-6 说明光栅测量中，光电转换及记数的原理。为什么要获取相位相差90°的两路信号？只取一路信号可否？为什么？

9-7 分析影响莫尔条纹信号质量的因素，以及影响光栅测量精度的因素。

9-8 对50条线/mm的光栅来说，单线误差 $\delta=1\ \mu m$。若用面积为10 mm×10 mm的光电池接收引起的误差是多少？当光栅夹角 $\theta=20'$ 时可对位移放大多少倍？

9-9 光栅和指示光栅的栅距 $W=0.02$ mm，用10 mm×10 mm的四象限硅光电池接收，计算光栅及莫尔条纹的有关参数。

9-10 用双频激光干涉仪测量角度，采用锁相倍频为7倍，已知光斑直径 $D=54.4$ mm，计数器显示 $N=10$，求被测角度。

9-11 用双频激光干涉仪测量导轨的直线度，采用37倍频，$\theta=1°30'38.7''$，每隔10 mm测一点，测得的数据如下表所示。画出该导轨的直线度曲线。

| 点 | 0 | 10 | 20 | 30 | 40 | 50 | 60 | 70 | 80 | 90 |
|---|---|---|---|---|---|---|---|---|---|---|
| $N$ | 0 | 2 | 1 | 5 | 7 | 4 | 7 | 5 | 4 | 2 |

9-12 试分析比较各种检测定位系统的优缺点。

9-13 比较各种接触式和非接触式瞄准部件达到的精度及应用范围。

9-14 仪器的瞄准对准精度与仪器测量误差的关系如何？

9-15 机械测头为什么能广泛应用？欲提高精度应采用哪方面的措施？

9-16 光学对准精度受哪些因素影响？

9-17 为什么采用反射法能提高对准精度？

9-18 说明光度式和相位式光电显微镜的原理、特点以及能达到的精度。为什么静态光电显微镜的对准精度高于动态光电显微镜？

9-19 分析各种光电自动对准系统的原理及特点。

# 10 精密仪器设计实例与实验

精密仪器的种类很多,用途相当广泛,所涉及的方案原理也各不相同。本章通过具有代表性的典型实例,阐述现代仪器的设计方法,以达到举一反三的目的。

## 10.1 线宽测量仪自动调焦系统

### 10.1.1 仪器设计任务

#### 1. 系统功能

用于大规模集成电路生产过程中线条宽度检测,实现自动调焦功能,原理如图 10-1 所示。

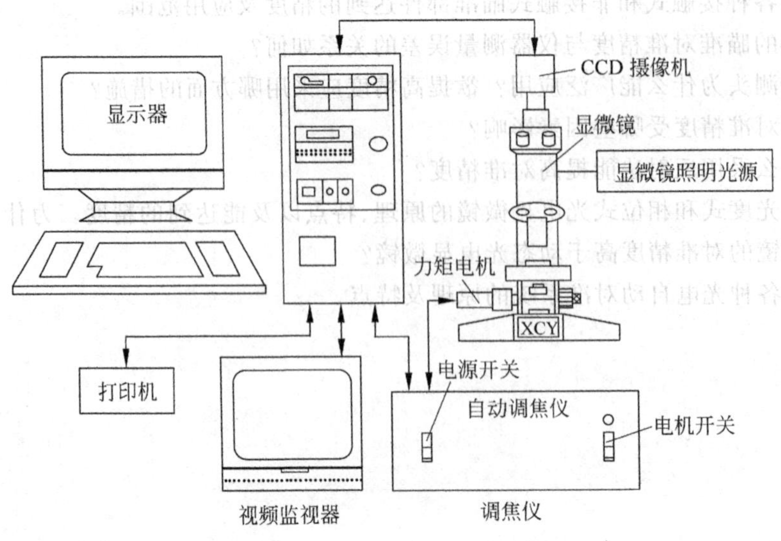


图 10-1 线宽测量仪原理图

**2. 系统技术指标**

（1）物镜：$100^{\times}$；

（2）调焦范围：±100 μm；

（3）分辨率：0.1 μm；

（4）精度：±1 μm。

## 10.1.2 系统方案选择

常见的调焦系统如表 10-1 所示。

**表 10-1 常见自动调焦系统** μm

<table>
<tr><th colspan="3">调焦方式</th><th>调焦范围</th><th>调焦精度</th><th>研制单位</th><th>应用仪器</th></tr>
<tr><td rowspan="7">直接调焦</td><td colspan="2">光-电</td><td>±10</td><td>±0.5</td><td>上海光机所</td><td></td></tr>
<tr><td rowspan="6">图像处理法</td><td rowspan="2">像散法</td><td>±300</td><td>±0.5</td><td>清华大学</td><td>光盘机</td></tr>
<tr><td>±500</td><td>±1</td><td>上海激光所</td><td>显微仪</td></tr>
<tr><td>图像微分法</td><td>±10</td><td>±1.9</td><td>浙江大学</td><td>显微镜</td></tr>
<tr><td rowspan="2">CCD 法</td><td>50 倍焦深</td><td>±0.25</td><td>哈尔滨工业大学</td><td>显微系统</td></tr>
<tr><td>±25</td><td>±0.5</td><td>天津大学</td><td>显微系统</td></tr>
<tr><td colspan="2"></td><td></td><td></td><td></td><td></td></tr>
<tr><td rowspan="3">间接调焦</td><td colspan="2">斜光束法</td><td>±50</td><td>±1</td><td>上海光机所</td><td>显微系统</td></tr>
<tr><td colspan="2" rowspan="2">偏心光束法</td><td>±100</td><td>±0.1</td><td>清华大学</td><td>线宽测量仪</td></tr>
<tr><td>±150</td><td>±0.5</td><td>清华大学</td><td>掩膜检查仪</td></tr>
</table>

图像处理法和偏心光束法都具有大调焦范围和调焦精度，二者对比如表 10-2 所示。

**表 10-2 两种调焦方法比较**

| 类　型 | 偏 心 光 束 法 | 图 像 处 理 法 |
|---|---|---|
| 基本原理 | 设定并自动保持目视图像清晰时的物距 | 自动搜索图像最清晰时的物面位置 |
| 检测电路 | 需增加调焦部分的检测光路，十分复杂 | 只需获得图像的视频信号，因此光路简单 |
| 处理电路 | 复杂，调试困难，且受反射特性影响较大 | 采用图像采集电路，由计算机进行数值计算，需要接口及驱动电路 |
| 调焦时间 | 短，可实时跟踪 | 搜索正焦物面，占用机时 |
| 成本 | 较高 | 低 |

续表

| 类 型 | 偏 心 光 束 法 | 图 像 处 理 法 |
| --- | --- | --- |
| 可靠性 | 低 | 高 |
| 精度 | 精度较高,但初始位置由人设置,可能有系统误差 | 较高 |
| 调焦范围 | 较大 | 依赖图像清晰度判据函数的选取 |

从表10-2可以看出,图像处理自动调焦系统由于其检测光路和处理电路简单实用,因此在可靠性方面有很大的优势。这种方案还具有操作简单的特点。因此,本系统采用了图像处理法实现自动调焦。但是,从表10-2中也可以看到,图像处理法自动调焦的调焦范围依赖于图像清晰度判据函数的选取。

### 10.1.3 清晰度判据函数选择

如何选取适当的判据函数,是一件比较困难的事。为了选择最理想的判据函数,必须通过实验作出相应的调焦曲线来考查其特性。采集一次图像灰度值,按调焦函数公式计算出相应的调焦函数值,就可得到调焦曲线。

经过查阅大量文献和资料,对其中推荐的各种判据函数加以筛选,最后确定了表10-3中列出的3类函数(共11种),来进行实验求证。考虑到图像采集速度和函数计算量的问题,仅采用了各公式的一维形式。设各函数公式中,$g_i$ 为一维图像上第 $i$ 点的灰度值,$n$ 为该图像的总像素数,$\bar{g}$ 为这 $n$ 个像素的灰度值的均值。

为了判断不同调焦函数的适用性,实验中选取了4种样品:

(1) 掩膜板上的铬线条;

(2) 硅片上的Al线条(Al/Si);

(3) 硅片上的 $SiO_2$ 线条($SiO_2$/Si);

(4) 硅片上的光刻胶线条。

其中,样品(1)和(2)上线条所成图像的对比度较好,样品(3)和(4)上的线条所成图像的对比度较差。

为了使判据函数的计算结果能突出且不失真地反映系统离焦的信息,可以对采集到的图像数据(即各点的灰度值)进行一些预处理。

**1. 阈值修正**

D. C. Mason 和 D. K. Green 提出了灰度阈值修正法,即只有灰度值大于一定阈值 $\Psi$ 的点才参与判据函数值的计算,表示为

$$A = f(g'_i) \quad 其中, \quad g'_i = \begin{cases} g_i, & g_i \geqslant \Psi \\ 0, & g_i < \Psi \end{cases} \tag{10-1}$$

表 10-3 清晰度判据函数表

| 序号 | 函数类别 | 函数名称 | 函数公式 |
|---|---|---|---|
| 1 | 均值 | 均值函数 | $f_1 = \bar{g} = \frac{1}{n}\sum_i g_i$ |
| 2 | 基于图像对比度 | 方差函数 | $f_2 = \sigma = \sum_i \mid g_i - \bar{g} \mid^2 = \sum_i g_i^2 - n\bar{g}^2$ |
| 3 | | 修正方差函数 | $f_3 = \sum_i g_i g_{i+1} - n\bar{g}^2$ |
| 4 | | 标准方差函数 | $f_4 = \frac{1}{g}\sum_i \mid g_i - \bar{g} \mid^2 = \frac{1}{g}\sum_i g_i^2 - n\bar{g}^2$ |
| 5 | | 绝对方差函数 | $f_5 = \sum_i \mid g_i - \bar{g} \mid$ |
| 6 | 基于图像微分 | 平方梯度函数 | $f_6 = \sum_i \mid g_i - g_{i+1} \mid^2$ |
| 7 | | 修正平方梯度函数 | $f_7 = \sum_i \mid g_i - g_{i+2} \mid^2$ |
| 8 | | 修正平方梯度函数 | $f_8 = \sum_i \mid g_i - g_{i+4} \mid^2$ |
| 9 | | 修正平方梯度函数 | $f_9 = \sum_i \mid g_i - g_{i+1} \mid^2 / \sum_i \mid g_i - g_{i+1} \mid$ |
| 10 | | 修正平方梯度函数 | $f_{10} = \left\| \sum_i g_i g_{i+1} - \sum_i g_i g_{i+2} \right\|$ |
| 11 | | 二次微分函数 | $f_{11} = \sum \mid g_{i-1} - 2g_i + g_{i+1} \mid^2$ |

一般阈值 $\Psi$ 可按图像灰度均值来选取。

**2. 最小二乘线性拟合**

由于照明不可避免地存在一定的不均匀性以及显微镜照明光轴与工作台表面不垂直等因素的影响，所得一维灰度图有一定的线性走向，对硅片上对比度较差的线条测量时比较明显。由于随焦面位置变化的线性趋势项将在一定程度上使调焦函数极值点偏离正焦点而产生误差，因此在计算调焦函数值前(尤其是那些受线性趋势项影响较大的函数)，应采用最小二乘线性拟和消去这种干扰。

**3. 同态滤波**

图像信号在获取、传输和变换的过程中常受到包括加性噪声、信号有关噪声和脉冲噪声在内的各类噪声的影响而发生退化，要同时滤除这 3 类噪声是极为困难的。此外，由于人们对图像质量的视觉感受在很大程度上受图像边缘信息的影响，因此滤除噪声的同时应尽可能好地保持图像的边缘信息。当图像受到上述 3 种噪声影响时，其模型可表示为

$$c=\begin{cases}g+[k_1 s(g)+k_2]n_0, & R=1-(r_1+r_2)\\ c_{\max}, & R=r_1\\ c_{\min}, & R=r_2\end{cases} \tag{10-2}$$

其中,$g$ 为未受干扰的原图像灰度值;$n_0$ 是一个具有零均值且方差为1的任意分布的随机白噪声过程;$s(g)$是信号的某种函数;$k_1,k_2$ 为标量常数;$c$ 为量测到的图像灰度值;$c_{\max}$和$c_{\min}$分别为像素灰度动态范围的极大值和极小值;$r_1,r_2$ 为小于1的常数;$R$ 表示 $c$ 取某种值的概率(例如,$c=c_{\min}$的概率为 $r_2$)。

3种预处理方法的比较:

(1) 用梯度加权灰度均值公式可以进行灰度阈值修正,从而加强图像中高频分量的作用,使判据函数曲线的波峰更陡,提高其准确性。

(2) 用最小二乘线性拟合可以消去线性趋势项,从而减少误差,提高图像清晰度判据函数的准确性。

(3) 采用同态滤波可以减少图像噪声对调焦的干扰,使图像清晰度判据函数能用于各种类别的图像,提高其适用性。

为了判断不同预处理方法的优劣,对这3种方法均进行了软件编程;为了与未做预处理的调焦函数区分,分别以 $a,b,c$ 来标明,因此对每一种样品都可得到4类调焦曲线。

(1) $f_1,f_2,\cdots,f_{11}$:按表10-3所列11个公式计算。

(2) $a_1,a_2,\cdots,a_{11}$:先进行灰度阈值修正,再按上述公式计算。

(3) $b_1,b_2,\cdots,b_{11}$:先采用最小二乘线性拟合消去线性趋势项,再按上述公式计算。

(4) $c_1,c_2,\cdots,c_{11}$:先用同态滤波去除图像噪声,再按上述公式计算。

实验所得4种样品的4类调焦曲线,其水平方向坐标轴为工作台 $z$ 向移动位置,单位为1 μm,从负离焦50 μm处上升到正离焦50 μm处,测得另一大组曲线。最后为了确定各种判据函数的耐用性,对上述4种样品,在正焦且工作台静止不动时连续测量各判据函数值。每0.25 s测一次(即每秒测4次),共测10次,作归一化处理后,再计算标准差 $\sigma$。$\sigma$ 值小,说明判据函数对外界干扰不敏感,即耐用性高。

$$\sigma=\sqrt{\frac{\sum_{i=1}^{10}(f_i-f)^2}{9}} \tag{10-3}$$

分析调焦曲线和判据函数的特性,重点考查函数的单峰性(在调焦范围内只有一个极点)、准确性(函数最大值对应了最佳物面位置)和耐用性,可以得到如下结论:

(1) 图像对比度对判据函数特性影响较大。线条图像对比度较好时(样品(1),(2)),大部分函数满足准确性和单峰性要求,而且耐用性好;线条图像对比度较差时(样品(3),(4)),能满足这两项要求的函数很少,耐用性也相对差一些。对于对比度最差的光刻胶线条(样品(4)),只有函数 $f_8,c_7,c_8$ 才满足要求。

(2) 为了兼顾调焦范围、调焦准确性和调焦速度,一般将调焦分为两步;先用波峰较宽、较缓的调焦函数以较大步距快速搜索到最佳物面附近，再用波峰较窄、较陡的调焦函数以较小步距慢速搜索到最佳物面。在对样品(4)(硅片上的光刻胶线条)调焦所得 $f_8$，$c_7$，$c_8$ 的曲线中，$c_8$ 曲线最平滑，但波峰很窄，因此函数 $c_8$ 计算函数值可作为精调焦函数。仔细考察所有调焦曲线后发现，经最小二乘线性拟和消去线性趋势项的函数 $b_5$ 虽然出现了双峰，但这两个波峰均在最佳物面附近，其峰宽之和较大，而远离最佳物面处曲线比较平滑，而且对各种样品都如此，因此函数 $b_5$ 可作为精调焦函数。

### 10.1.4　最佳物面搜索

图像处理自动调焦的过程，实际上就是根据工程台在不同物面上的图像清晰度判据函数的数值确定最佳物面的过程。也就是应在调焦范围内搜索一点 $z=z_0$，$z_0$ 对应于调焦范围内的调焦函数的最大值。

由于线宽测量仪待测样品的种类较多，图像对比度各不相同，再加上各种环境噪声的影响，所得的调焦曲线不一定均匀呈理想的光滑单调无偏曲线。因此，如何尽快搜索到最佳物面，是一个比较复杂的问题。

T. Yeo 提出用 Fibonacci 直接搜索法来实现快速调焦。这种方法利用 Fibonacci 数列的收敛性来进行区间收缩，从而在 $n$ 次迭代后达到最佳物面($n$ 由所需调焦范围和调焦精度来决定)。但这种方法的运用有两个条件：

(1) 要求在调焦范围内调焦函数只有一个极值点；

(2) 电机带动工作台沿 $z$ 向上升或下降的精度必须很高。

当这两点具备时，用 Fibonacci 直接搜索法的确可以很快找到正焦面，但(1)，(2)两点在实际应用中是很难保证的。由于环境振动、噪声等的影响，调焦函数有可能出现小峰类的波动(即出现多个极值点)。此外，由于 $z$ 向运动齿轮齿条存在侧隙，换向有摆动，因此 $z$ 向定位精度必然会受到影响。上述因素会导致在用 Fibonacci 法搜索时比较容易出现误判。因此，必须使用抗噪性比较好的搜索方法来实现调焦，具体说明如下。

**1. 调焦区域的选取**

(1) 考虑到图像采集速度和计算速度，计算调焦函数时仅采用了一维的图像信息，即利用一条线上的灰度值来计算函数值。

(2) 由于测量线宽时视场内的线条大部分为水平线或垂直线，高倍物镜下线条与线条间的距离相差较大，有时视场内仅有一根水平线条(或一根垂直线条)，尤其在使用 $100^{\times}$ 物镜时更易出现这种情况。此时若选用某几条垂直线(或某几条水平线)来计算调焦函数值，那么这几条线可能并没有截住仅有的那根线，这时调焦出现误判的可能性显然极大。而且使用的线条越多，计算量越大，调焦速度越慢。因此，以两条像线 $l_1$，$l_2$ 作为调焦区域。$l_1$ 与 $l_2$ 在视场内的线条大多数为水平或垂直方向时，可以覆盖(截住)很多线条，使调焦函数获取的信息量增多，调焦更准确。

**2. 离焦方向的判断**

由于各种调焦函数关于正焦点近似对称，因此不能仅凭 $z$ 向某一位置对应的调焦函数值来判断离焦方向。由于线宽测量仪没有 $z$ 向限位装置，一旦离焦方向判断错误，不但无法正确对焦，而且工作台有可能带动待测样品撞上物镜，结果不但使样品受污染或破裂，也会使物镜受到损伤。因此，判断离焦方向应十分慎重。

根据粗调焦函数在正焦及焦面附近处的测得值，设一阈值 $f_{\min}$；在调焦前先测此时的精调焦函数 $f$，若 $f<f_{\min}$，则此时工作台离焦面较远。为保险起见，令工作台快速下降一段距离 $L_z$($L_z$ 可由物镜工作距离定出)，再令工作台以较快速度上升，一边上升一边测粗调焦函数值 $f$，直至 $f>f_{\min}$(进入焦面附近的区域)。此时再令工作台以慢速上升，上升的同时连续测 10 次粗调函数值 $f(1),f(2),\cdots,f(10)$。若 $f(10)$ 为 10 个值中的最大值，则可认为工作台处于负离焦状态，应以向上的速度搜索最佳物面，否则应以向下的速度搜索最佳物面。

**3. 粗调时最大值的判断**

调焦函数经过仔细选取后，所得调焦曲线有比较明显的波峰，但在搜索过程中，有可能由于某种干扰使函数值波动而在非最佳物面处产生极值点(在粗调时因搜索范围比较大，容易出现这种情况)。在这里为方便起见，考虑到这种极值点带来的波峰并非函数最大值所在波峰，将这种极值点所在波峰称为伪峰，实际最大值点所在波峰称为真峰。由实验可知，伪峰跟真峰相比，宽度更大一些，如图 10-2 所示。

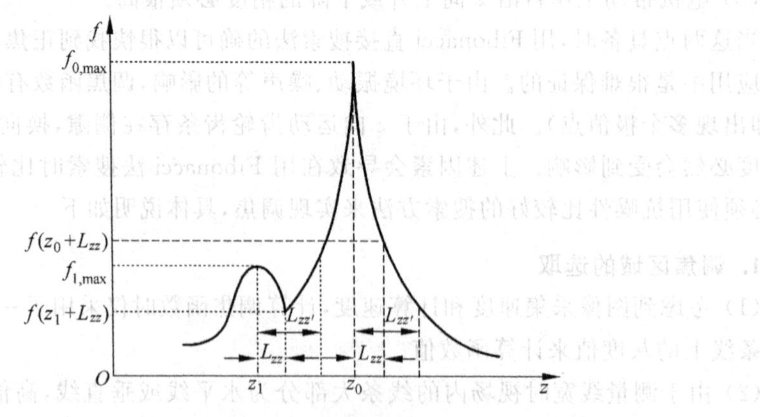


图 10-2 伪峰与真峰

设工作台沿 $z$ 向搜索，则将会通过 2 个极值点 $z_1$ 和 $z_0$，相应的函数值为 $f_{1,\max}=f(z_1)$，$f_{0,\max}=f(z_0)$。那么，

(1) 若工作台继续移动距离 $L_{zz}$，得到的函数值分别为 $f_{1,zz}$ 和 $f_{0,zz}$，则一般有

$$\frac{f_{1,zz}}{f_{1,\max}}=\frac{f(z_1+L_{zz})}{f(z_1)}>\frac{f_{0,zz}}{f_{0,\max}}=\frac{f(z_0+L_{zz})}{f(z_0)} \tag{10-4}$$

由此可得最大值点的条件 1 为

$$\frac{f(z_0+L_{zz})}{f(z_0)}<\Omega \tag{10-5}$$

式中，$\Omega$ 为小于 1 的常数，一般可取 $\Omega=0.85$。

（2）当工作台继续移动至偏离极值点距离 $L_{zz'}$ 处，设此期间工作台运动了 $k$ 步，共测得 $k$ 次调焦函数值。对伪峰，$k$ 次测量值中，已出现 $f(z_1+i\Delta_z)>f(z_1)$，$\Delta_z$ 为工作台运动步距，$l\leqslant i\leqslant k$；对真峰，则仍保持 $f_{0,\max}$ 最大，即对 $i=1,2,\cdots,k$，始终有

$$f(z_0+i\Delta_z)<f(z_0) \tag{10-6}$$

式(10-6)即为最大值点的条件 2。

总之，只有当搜索到的极值同时满足式(10-5)和式(10-6)时，才能断定该极值点为真实最大峰值点。

**4. 逼近最大值方向**

由于侧隙对工作台定位精度的影响有可能达到 0.1 μm 或 0.2 μm，而 $100^{\times}$ 物镜的焦深仅为 0.34 μm，因此必须尽量消除侧隙的影响。比较简单实用的方法是始终从一个方向逼近最佳物面，当工作台上升(或下降)越过粗调焦函数最大值所在位置 $z_0$ 时，为了回到这个位置，应令工作台下降(或上升)至越过 $z_0$ 一定距离，再重新上升(或下降)到精调函数极值点处。

**5. 验证**

为了减少误判，当调焦搜索到精调焦函数的极值点后，应再次测量粗调函数值 $f$，将 $f$ 与粗调时搜索到的最大值 $f_{\max}$ 比较，若 $f/f_{\max}<0.9$，则极有可能出现误判，此时应令系统重新自动搜索最佳物面。

## 10.1.5 自动调焦实验

实验装置如图 10-3 所示。

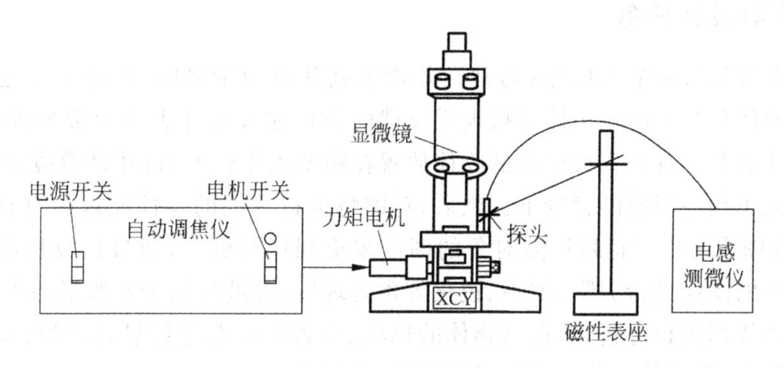


图 10-3 实验装置

实验中采用 5 种样品：

(1) Leitz 标准板上的铬条；

(2) 硅片上的 Al 线条(Al/Si)；

(3) 硅片上的 $SiO_2$ 线条($SiO_2$/Si)；

(4) 硅片上的 $Si_3N_4$ 线条($Si_3N_4$/Si)；

(5) 硅片上的光刻胶线条(光刻胶/Si)。

在图 10-3 所示工作台上放置样品，然后人为地使工作台离焦 +100 μm 或 −100 μm，再令系统自动调焦，调焦完成后记录电感测微仪读数，并重复上述过程，实验结果列入表 10-4 中。

**表 10-4 自动调焦实验数据** μm

| 样　　品 | Leitz 标准版 | Al/Si | $SiO_2$/Si | $Si_3N_4$/Si | 光刻胶/Si |
|---|---|---|---|---|---|
| 10 次调焦结果的标准差 $\sigma$ | 0.26 | −0.29 | 0.50 | −0.60 | −0.91 |

注：100× 物镜。

通过上述实验可以看出，本图像处理系统在调焦范围 ±100 μm 内具有较高的重复精度。对于 100× 物镜，线条对比度较好(样品(1)，(2))时，重复精度 $\sigma=\pm0.3$ μm；线条对比度较差(样品(3)，(4)，(5))时，重复精度 $\sigma=\pm(0.5\sim0.8)$ μm，调焦时间为 5～10 s。

电视图像处理自动调焦系统是线宽测量仪的重要组成部分。图像法自动调焦的精度取决于图像清晰度判据函数的选取和最佳物面的搜索方式。通过分析和实验，本书选取修正平方梯度函数为判据函数，采用了在计算函数值前先进行预处理——以同态滤波去除图像噪声的方法，并根据实际情况得出了实用的最佳物面搜索方式。自动调焦实验表明，在调焦范围 ±100 μm，调焦精度为 0.3～0.9 μm，满足设计要求。

## 10.2 基于光学立体显微镜的微装配系统

### 10.2.1 仪器设计任务

微装配主要指对亚毫米尺寸(通常在几微米到几百微米之间)的零部件进行的装配作业。本系统的任务是采用基于计算机视觉反馈的方法完成尺寸大小为微米级的方形槽、孔器件的自动化装配。首先将被检测的物体放置在精密工作台上，打开显微镜自带的光圈，使物体尽可能处于均匀照明的背景下。然后，对即将进行装配的零件通过配有自动调焦的显微镜、CCD 和图像采集卡将被检测对象的图像采集到计算机中，通过计算机图像处理系统软件对采集到的图像进行去噪、增强、锐化等预处理后，再进行基于亚像素的边缘提取，并对得到的二值边缘图进行分析，获得该物体的形状、位置和姿态等信息，同时反馈给计算机控制系统，最后完成微器件的装配控制过程。

整个微装配系统实际上是一个闭环的控制系统，视觉检测系统的作用相当于一个“柔性反馈”环节。视觉系统实时地获取图像，经过对图像的处理和运算，分析出微器件的空间位置，并将此信息传递给机械手和承物台的控制器，引导机械手和承物台的运动和调整。

一般精密仪器的设计需要满足精度、经济性、可靠性、寿命、造型等因素，其中精度要求是第一位的。对于微装配系统而言，微器件所要求的装配精度决定了装配系统要达到的精度。根据目前微装配的实际应用背景和加工制造成本，本系统基于视觉反馈控制的微装配系统的设计指标如下：

(1) 系统装配精度达到微米级；

(2) 装配器件的形状为方形槽、块；

(3) 装配器件的特征尺寸在 1～100 μm 范围内；

(4) 装配系统的驱动定位精度为微米级。

### 10.2.2 系统方案选择

微器件装配系统采用精密机械-光学显微镜-CCD 摄像机-微机控制的总体方案。系统如图 1-5 所示，其结构关系如图 1-6 所示。

整个装配过程由微机控制完成。装配开始后，置于工作台和微夹持器上的微装配器件由立体显微镜成像到 CCD 摄像机的靶面，经光电转换后送入图像采集卡，将模拟信号转换成数字信号，传送到微机进行数字信号处理(DSP)，从而得到被装配器件的当前位姿信息。根据装配要求，利用专用软件从位姿信息中提取驱动系统所需的定位参量数据，控制工作台和微夹持器操作平台运动，以带动被装配器件在三维装配空间的相对移动或旋转，从而完成最终微器件的装配任务。装配过程可通过监视器实时观察。

微器件装配系统按功能可分为承载模块、监视检测模块、驱动模块、夹持模块以及软件控制模块，如图 10-4 所示。

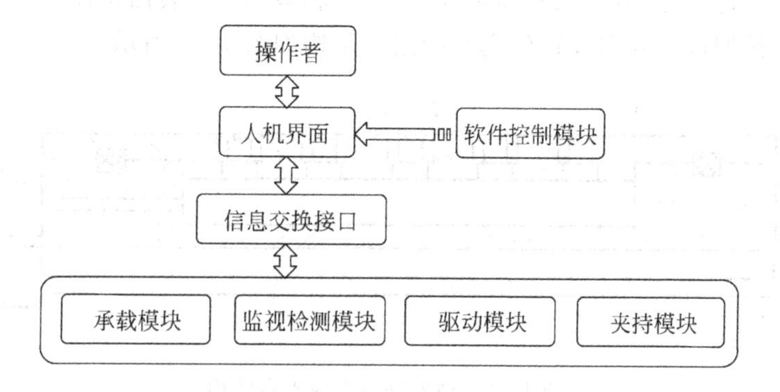


图 10-4 微装配系统功能模块

**1. 承载模块**

承载模块由微器件真空吸附台、X-Y 精密工作台和微动工作台等 3 部分组成，如图 10-5 所示。

1) 真空吸附台

为了精确地进行装配，必须使微器件能够在工作台上可靠固定，采用真空吸附台实现。

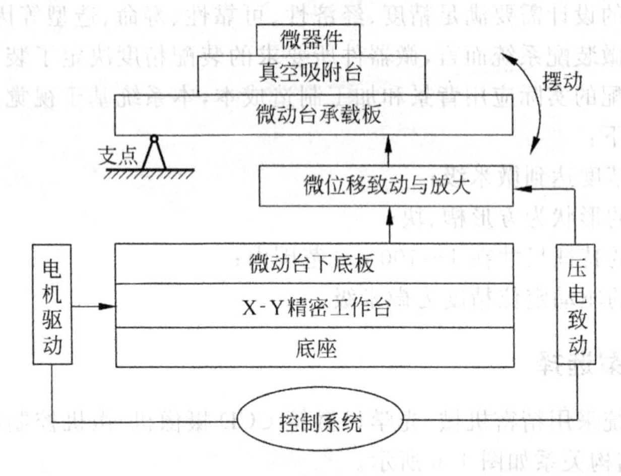


图 10-5 承载模块结构组成

真空吸附台直接位于微动工作台承载板的上面,提供装配空间并对微器件进行固定。

系统采用真空吸附的方法是利用微器件上、下两表面的压力差进行吸附,其优点是:

(1) 吸附台结构简单,对微器件的尺寸适应性好;

(2) 吸附针尖形状细长,对装配图像影响小;

(3) 作用力分布均匀,不易造成微器件损伤。

真空吸附的固定状态是否稳定,主要取决于吸附力的大小,影响吸附力的主要因素包括系统真空度、微器件尺寸和形状、吸嘴尺寸、吸附台和微器件的表面粗糙度等(具体设计请参阅有关书籍)。按照以上要求设计的真空吸附台结构如图 10-6 所示。

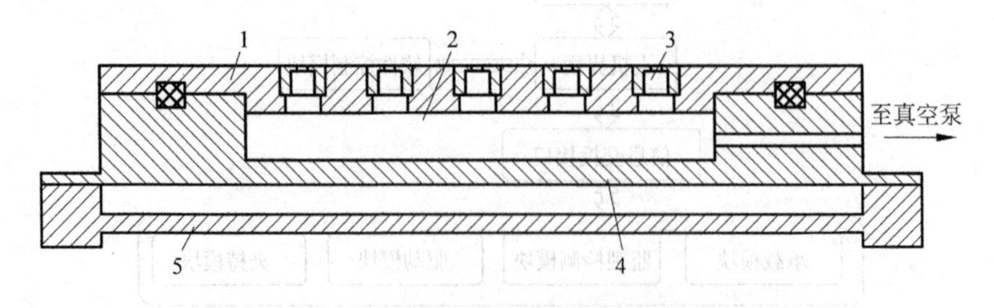


图 10-6 微器件真空吸附台结构

1—盖板; 2—真空腔; 3—吸嘴; 4—工作盘; 5—底座

真空吸附台分为 3 层:底座、工作盘和盖板。工作盘和盖板之间形成密封的真空腔,工作盘壁上有一个抽气孔,并与外部的真空系统相连接,盖板上分布有直径不同的吸嘴,利用外界与真空腔内的气压差,将微器件吸附在吸嘴上。底座上有调平螺母,可以进行吸附台的调平。吸附台上共设计了 4 种不同孔径的吸嘴,目的是为了适应于不同尺寸的微器件。另外也设计了与吸嘴相对应的堵头,当使用吸附台进行微装配操作时,可能只需一个或几个吸嘴，为了防止其他吸嘴漏气而影响系统的工作性能，可以用堵头将没有使用的吸嘴堵上。

2）X-Y 精密工作台

X-Y 精密工作台是微装配系统中的粗定位工作台，用来实现水平面内 $x$ 和 $y$ 向的移动自由度，行程为 100 mm×100 mm，重复定位精度小于±1 μm。它是由光栅定位系统、直流力矩电机等部件组成的闭环控制系统控制，如图 10-7 所示。

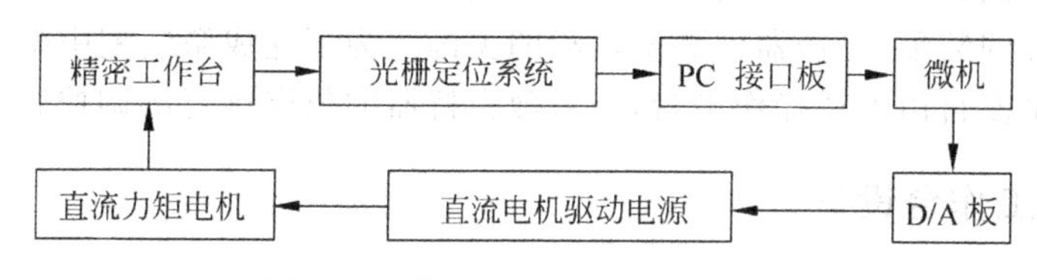


图 10-7 精密工作台系统控制框图

工作时，计算机先设置一定位移，然后按预定程序控制 D/A 输出，使电机带动精密工作台移动。光栅定位系统不断测量工作台运动的实际位移，并将测量结果立即通过 PC 接口板送入计算机。当输入位移值达到预定的数值时，计算机控制电机停止转动，从而实现对精密工作台的闭环控制，将待装配微器件移至显微镜的视场中心。

3）微动工作台

微动工作台是微装配系统中的精定位工作台，采用整体式三维电致伸缩驱动的柔性机构实现，其功能是提供微器件沿 $x$，$y$ 和 $z$ 3 个坐标轴的旋转自由度。电致伸缩器件是一种新型微位移器件，具有结构紧凑、分辨率高、控制简单等优点。柔性机构是一种新型的机械传动机构，具有体积小、无机械摩擦、无间隙、运动灵敏度和分辨率高等特点。电致伸缩驱动与微位移柔性机构放大为微动工作台基本功能与精度提供了保证。

**2. 监视检测模块**

监视检测模块包括立体显微镜、CCD 摄像机、监视器、图像采集卡以及显微调焦装置。模块功能包括两方面：

（1）装配操作的实时监视。由于微器件尺寸极其微小（微米量级），为方便操作者对装配过程进行实时监控，必须借助于显微镜、监视器等成像系统。

（2）微器件的形状、位姿检测识别。微器件装配信息以数字图像的形式由图像采集卡传到微机控制系统，并通过图像分析软件处理，得到微器件装配的位置检测信息。

**3. 驱动模块**

微装配系统的驱动模块包括：

（1）X-Y 精密工作台的直流力矩电机及其驱动卡；

（2）微动工作台的混合式步进电机（stepping motor）与驱动卡，以及电致伸缩压电块的高压稳压源；

（3）立体显微镜自动调焦的直流力矩测速机组；

（4）微夹持器的步进电机及其驱动卡和小型直流力矩电机；

(5) 8路8位光电隔离数模转换D/A卡和三路步进电机脉冲控制卡。

微器件装配过程中,各个驱动单元需要根据软件控制模块的指令协调动作,操作微器件,以完成装配任务。

#### 4. 夹持模块

夹持模块,即微夹持系统,主要实现待装配微器件的夹紧与释放操作以及微器件位姿的调整,完成微器件的装配,是微器件装配运动的关键。为了完成微装配中微夹持器多种操作动作,设计了一个多自由度微操作平台,以对微夹持器的位姿进行协调控制。

### 10.2.3 微动工作台设计

#### 1. 结构分析

由于微器件本身特性,使得装配中微动工作台的摆动角小,而且精度要求高,其驱动器相应的要具有体积小、无间隙、无摩擦、分辨率高、控制简单等特点。针对以上情况,微动工作台采用整体式三维柔性铰链机构,利用电致伸缩原理和柔性铰链技术来实现微位移和微转角。

为了增大微动工作台的摆角幅度,在选择大行程的电致伸缩器件的同时,要实现柔性铰链较大的放大比(几十甚至上百)。由于微装配系统操作空间的限制,采用传统的在二维平面内实现微位移驱动、放大结构已不能满足要求。查阅国内外现有资料,在此方面亦未有适合的结构系统。为此,设计完成一种新型的"整体式微位移和力三维驱动放大机构",其中微位移驱动放大与位移放大转向将分别在两个相互垂直的平面内实现。

#### 2. 设计要求

在设计"整体式微位移和力三维驱动放大机构"时,需解决如下问题:

(1) 柔性铰链形式、结构参量对电致伸缩微位移将有很大的影响。如果柔性铰链刚度太大,电致伸缩器件最大输出力就不足以推动柔性铰链,更不会有微位移输出;相反,如果柔性铰链刚度太小,在外载荷以及真空吸附台重力作用下,柔性铰链驱动放大机构本身的刚度将很难得到安全保证。

(2) 在体积有限的空间内实现微位移的三维立体驱动放大,以及几十甚至上百的放大比,微动工作台系统结构复杂,加工工艺难度大。

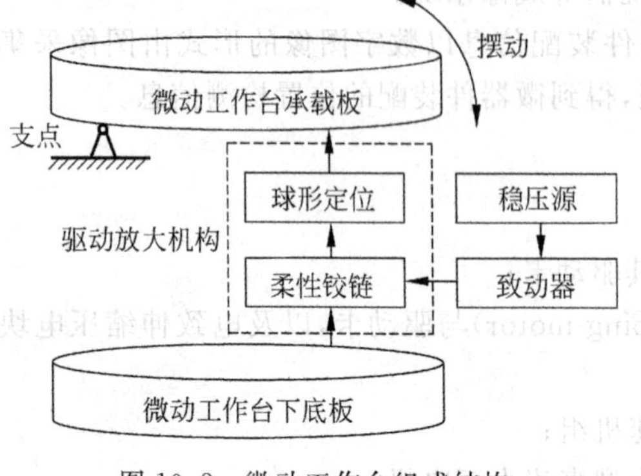


图10-8 微动工作台组成结构

#### 3. 设计方案

微动工作台的组成结构及工作原理如图10-8所示。微动工作台主要由承载板、驱动机构及下底板3部分组成。其中,下底板用于与X-Y精密工作台连接,从而带动微动工作台实现沿$x$和$y$方向的水平直线运动以及绕竖直$z$轴的转动。驱动机构输出微位移和力,是微动工作台的核心部分。微动工作台承载板的顶面与真空吸附台相连接，底面通过球形定位结构与驱动机构的输出端连接，并在驱动机构作用下，带动微器件绕 $x$、$y$ 轴摆动。

### 10.2.4　系统测量实验

根据微器件装配技术路线，微孔是整个装配过程中相对位置调整的主要对象，对于微轴主要是调整其空间垂直姿态，因此，微圆的运动和定位是装配精度的保证。微器件定位前，精确地将当前微器件位置信息反馈到驱动控制系统至关重要，否则后续工作无从谈起。微装配采用视觉系统作为微器件位移检测和反馈环节。

**1. 视觉系统实验**

实验装置和微器件样品如图 10-9 所示。给电机以一定的控制参量驱动承有微型圆形器件的工作台运动。实验采用 DGS-6A 数显式电感测微仪测量承载微孔工作台的实际位移，测量精度为±0.01 μm。利用图像识别软件对移动的微孔位置进行检测，并反馈到检测系统。

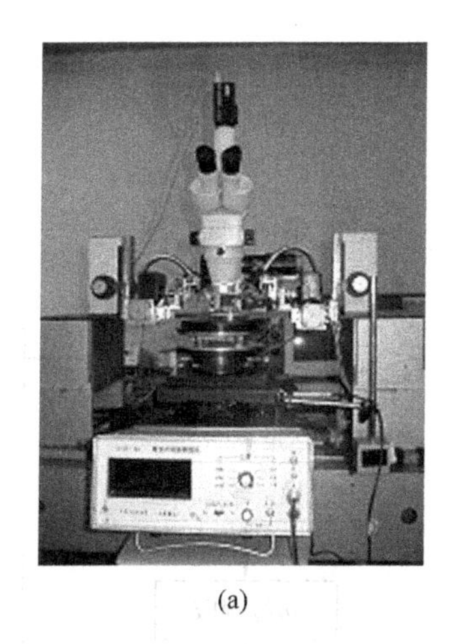

(a)

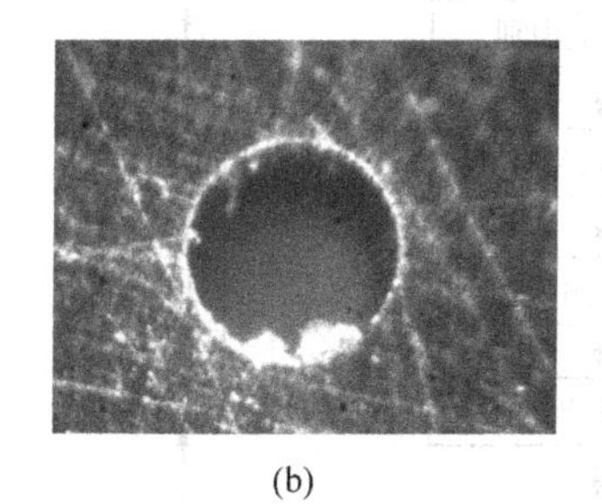

(b)

图 10-9　视觉识别系统装置及样品

(a) 实验装置；(b) 微器件样品

对 $x$ 向和 $y$ 向分别进行实验。给力矩电机施加一定的电压和时间，连续单步运行 $N$ 次，记录下每次移动位置并对应地采集位置图像。

微器件的总体装配分为两个阶段：装配定位和微装配，如图 10-10 所示。整个微装配系统的总体实验流程如图 10-11 所示。

1) 实验流程

微孔定位实验的目的是检测视觉系统导引下的微装配定位驱动精度。实验要求将微器件位置调整到图像预定位置上，以检测视觉系统的柔性反馈性能。装配定位实验流程如图 10-12 所示。

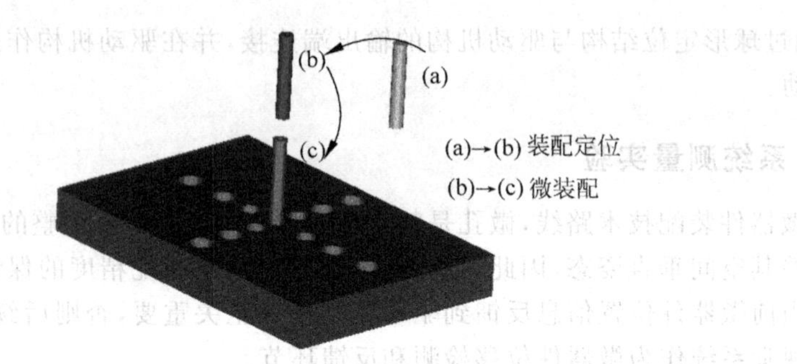


图 10-10　微装配总体实验的两个阶段

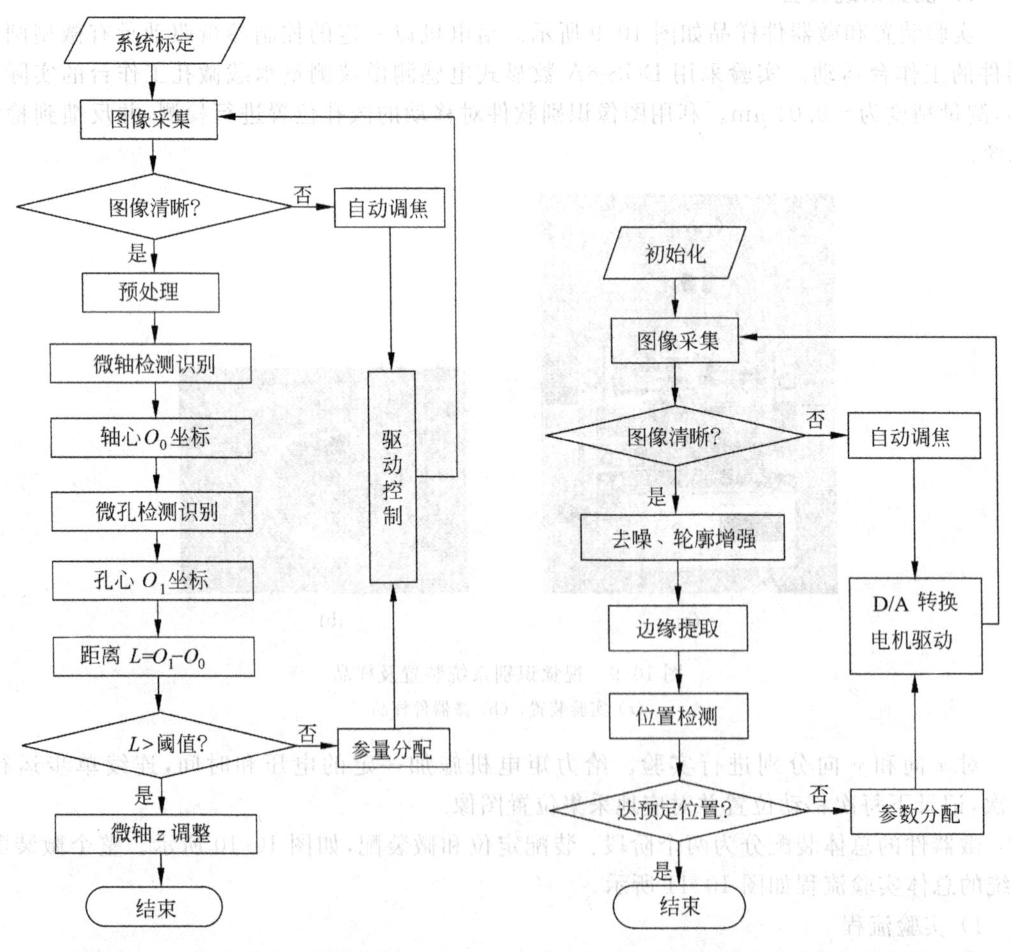


图 10-11　微装配总体实验流程　　图 10-12　定位驱动控制流程图

2）实验设计

由定位驱动控制流程编写相应的实验测试软件。微装配过程中，将定位驱动结果进行实时图像采集，并显示在测试软件用户界面观察窗内，如图 10-13 所示。

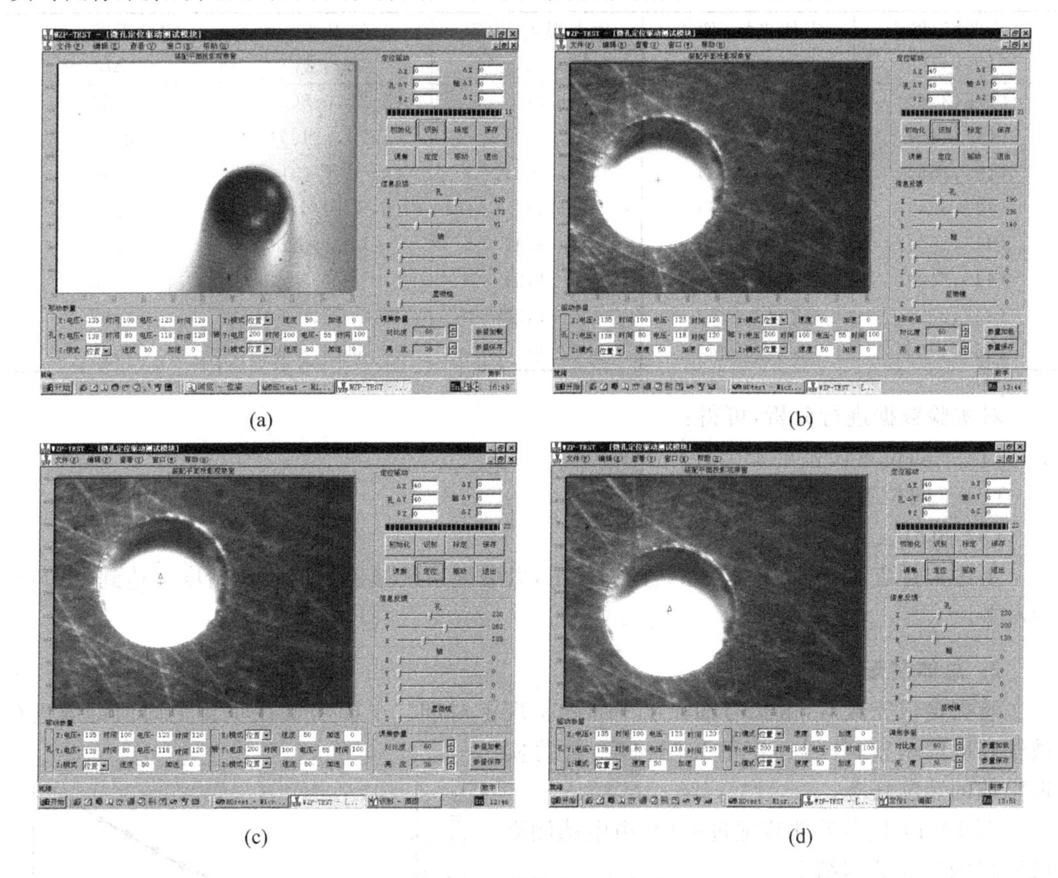

(a) (b) (c) (d)

图 10-13 微装配定位实验

(a) 微轴初始位置识别；(b) 微孔初始位置识别；(c) 定位调整中间过程；(d) 定位调整结束

实验首先采集微器件起始位置图像，经过视觉软件图像处理与位置检测得出微轴和孔的初始位置坐标，将识别结果显示在观察窗内，分别以符号“+”和“Δ”标记对应圆心位置，如图 10-13(a)和(b)所示。计算起始位置和预定目标的距离，根据距离大小分配 $x$ 和 $y$ 向力矩电机驱动参量，控制电机带动工作台向预定目标运动。运动过程中，微器件图像在观察窗中实时显示，并对图像中微器件位置坐标进行实时识别，如图 10-13(c)所示。经过几次循环驱动定位，微器件位置坐标非常接近预定目标，并满足预先设定的定位精度阈值，此时微器件精确定位实验完成，如图 10-13(d)所示。循环次数可以用阈值控制，阈值越小，说明要求的定位精度越高，但循环调整时间越长。

3）实验结果

为了得到微器件的定位精度，实验将 8 个不同方位的微器件调整到图像中心点(320, 240)，实验数据如表 10-5 所示。

表 10-5 微器件定位实验数据

| 起始坐标/像素 $(x_i, y_i)$ | 定位坐标/像素 $(x_j, y_j)$ | 像素误差/像素 $(\Delta x_f, \Delta y_f)$ | 空间误差/μm $(\Delta x, \Delta y)$ | 定位误差/μm $\|\Delta L\|$ |
|---|---|---|---|---|
| (178,321) | (323,234) | (3,4) | (5.31,6.80) | 8.63 |
| (187,246) | (321,239) | (1,−1) | (1.70,−1.70) | 2.39 |
| (199,165) | (320,238) | (0,−2) | (0, −3.40) | 3.40 |
| (327,326) | (320,243) | (0,3) | (0,5.10) | 5.10 |
| (315,154) | (317,244) | (−3,4) | (−5.31,6.80) | 8.63 |
| (445,312) | (319,242) | (−1,2) | (−1.77,3.40) | 3.83 |
| (457,232) | (319,245) | (−1,5) | (−1.77,8.50) | 8.68 |
| (464,172) | (322,244) | (2,4) | (3.54,6.80) | 7.67 |

对实验数据进行分析,可得:

(1) $x$ 向位置误差小于±5.5 μm;

(2) $y$ 向位置误差小于±8.5 μm;

(3) 距离误差均小于 10 μm。

上述实验结果说明,在视觉系统的引导下,微装配系统微器件的定位精度可达到±10 μm 的水平。

**2. 总体装配**

装配定位完成后,微孔与轴在水平面内实现了对准。下面需要在垂直平面内继续进行微轴高度的调整,获得一定的装配深度,最终实现整体的装配任务。

图 10-14 是微器件装配过程中,由电感测微仪测得的实验数据结果。

对实验数据进行拟合,可得如下关系:

$$z = -0.93 + 0.39N$$

式中,$N$ 为步进电机输入脉冲数。

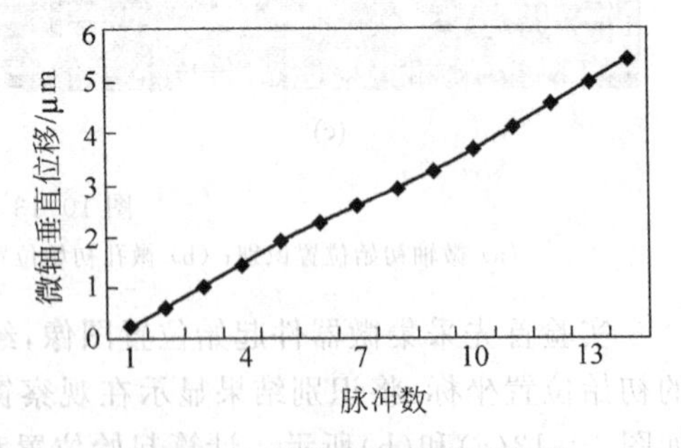


图 10-14 微装配输入输出曲线

经过装配定位与垂直方向装配,微轴和微孔最终在视觉系统的引导下完成了三维装配,如图 10-15 所示。

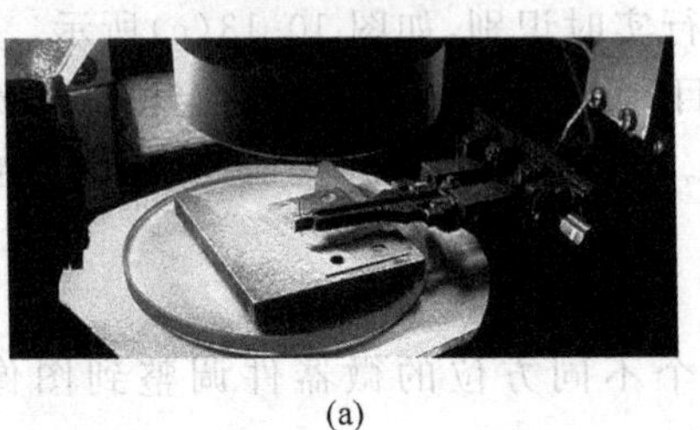

(a)

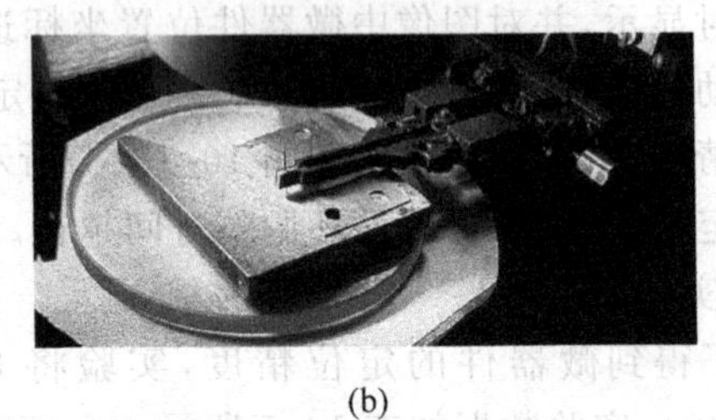

(b)

图 10-15 微器件总体装配

(a) 装配开始;(b) 装配完成

# 10.3 精密仪器设计综合实验

## 10.3.1 实验目的

(1) 了解微动工作台的工作原理及驱动方法;
(2) 掌握 CCD 数字摄像机的工作原理;
(3) 学习掌握图像处理技术与算法;
(4) 掌握微尺度对象测量和对准技术与方法;
(5) 掌握光栅定位测量技术与方法。

## 10.3.2 实验原理

### 1. 系统组成(见图 10-16)

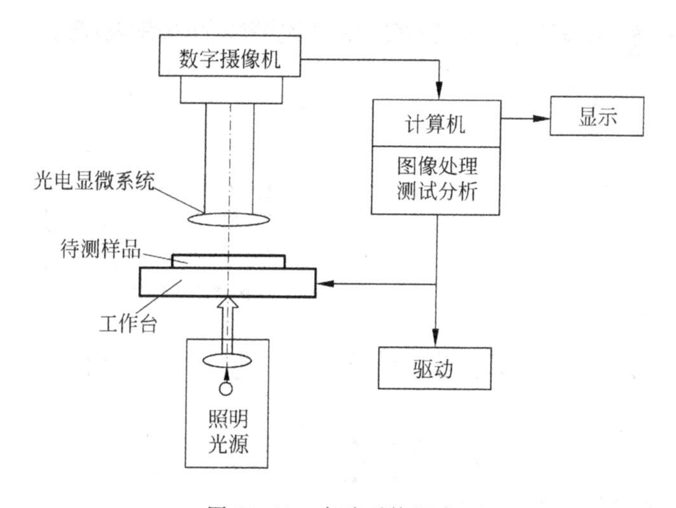


图 10-16 实验系统组成

### 2. 工作原理

整个仪器采用光电显微系统-CCD 彩色摄像-数字图像采集-光栅定位-压电微动-计算机分析处理的总体方案,其基本工作原理如图 10-17 所示。

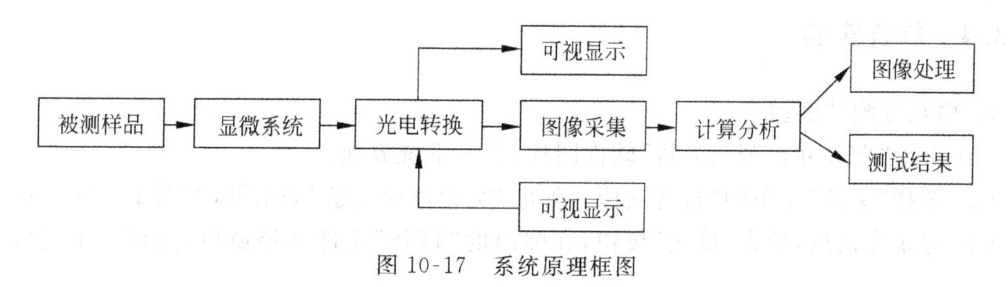


图 10-17 系统原理框图

**3. 系统功能**

(1) 微小对象显微放大、图像采集、实时显示与成像调焦分析；

(2) 测试数据存储、测试结果图表化显示与测试报告打印输出；

(3) 手动选取与智能化自动测试等多种检测方法；

(4) 压电微位移与光栅定位测量,实验曲线绘制。

## 10.3.3 实验仪器

主要实验仪器：精密仪器设计综合实验台，如图10-18所示。包括光电显微系统、CCD数字摄像系统、数字图像采集系统、压电微动台与光栅定位系统、计算机分析处理系统(如图10-19所示)以及显示输出等。

图10-18　综合实验仪

实验样品：纤维载波片、微构件以及样品图像。

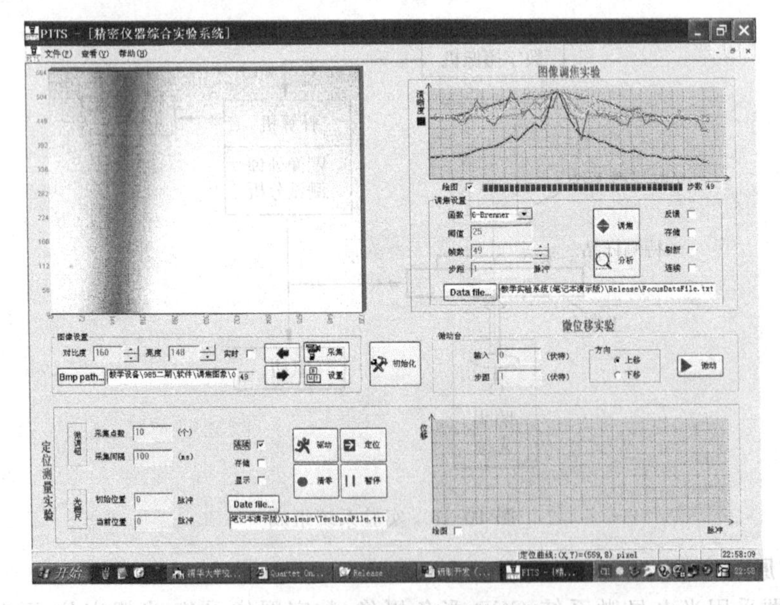


图10-19　实验平台操作软件

## 10.3.4 综合实验

**1. 微尺寸测试实验**

(1) 单击“微尺寸检测与分析”软件图标,进入系统界面。

(2) 选择“文件”菜单的“打开图像”,弹出“实验登录信息”提示框,如图10-20所示。

(3) 登录完信息,单击“确定”按钮,在弹出的“打开”文件选择窗口,选择一个实验分析的图像文件(.BMP 格式)。

(4) 根据当前检测对象类型,在“类型选择”下拉框中选择一对象,如“山羊绒”,之后可以采用以下 3 种方式之一进行尺寸测量,如图 10-21 所示。

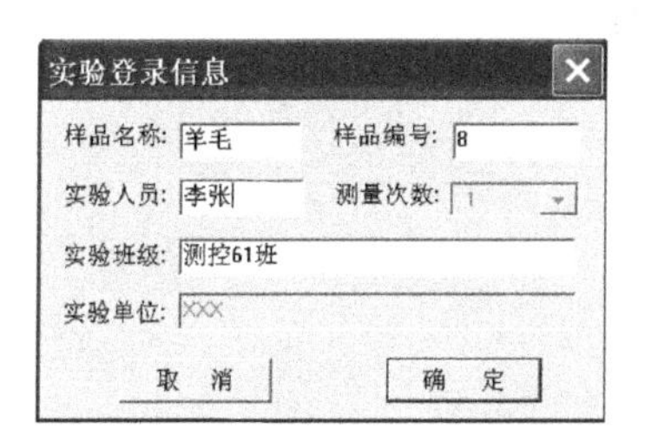


图 10-20 实验登录界面

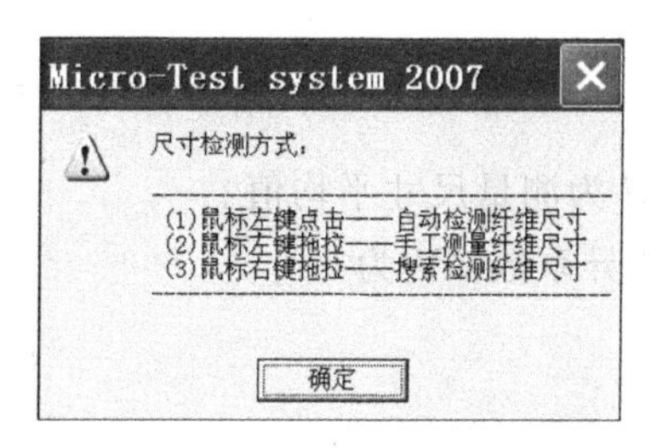


图 10-21 微尺寸检测方式

(5) 选择不同的检测对象($M$ 种),并重复检测多次($n$ 次),此时在“尺寸”下拉框中会记录每一种检测对象的多次测量数据,同时在“测量数据”统计分析视窗中会自动显示当前 $M$ 种测量对象的对比分析结果,如图 10-22 所示。

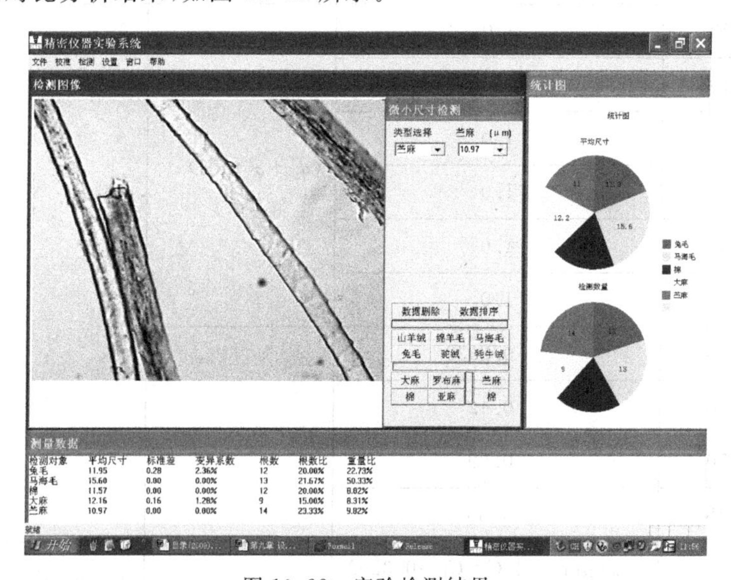


图 10-22 实验检测结果

请按照以下计算公式和计算方法,统计分析“尺寸”中的数据,并与“测量数据”中的计算结果进行比对。

假设某种对象测量 $n$ 次,该检测对象的平均尺寸、标准差和变异系数可计算如下。

平均尺寸 $\bar{d}$ 为

$$\bar{d}=\frac{\sum_{i=0}^{n-1} d_i}{n}$$

式中,$n$ 为测量次数;$d_i$ 为单次测量结果。

标准差 $\sigma$ 为

$$\sigma=\sqrt{\frac{\sum_{i=0}^{n-1}(d_i-\bar{d})^2}{n-1}}$$

式中,$\bar{d}$ 为测量尺寸平均值。

变异系数CV为

$$\mathrm{CV}=\frac{\sigma}{\bar{d}}\times 100\%$$

对不同种类的测量对象($M$ 种),可由根数、密度、修正系数等进行重量比计算(见表10-6)。

**表10-6 重量比计算**

<table>
<tr><th>纤维类型</th><th>密度 $D/(g/cm^3)$</th><th colspan="2">修正系数 $C$</th><th>重量比计算</th><th>说　明</th></tr>
<tr><td>山羊绒</td><td>1.30</td><td colspan="2">1.0</td><td rowspan="6">$(\bar{d}^2+\sigma^2)nCD$</td><td rowspan="10"></td></tr>
<tr><td>兔毛</td><td>1.10</td><td colspan="2">1.0</td></tr>
<tr><td>牦牛绒</td><td>1.32</td><td colspan="2">1.0</td></tr>
<tr><td>驼绒</td><td>1.31</td><td colspan="2">1.0</td></tr>
<tr><td>马海毛</td><td>1.32</td><td colspan="2">1.0</td></tr>
<tr><td>绵羊毛</td><td>1.31</td><td colspan="2">1.0</td></tr>
<tr><td>棉</td><td>1.55</td><td colspan="2">0.2939</td><td rowspan="4">$\bar{d}^2 nCD$</td></tr>
<tr><td>亚麻</td><td>1.50</td><td colspan="2">0.42</td></tr>
<tr><td>罗布麻</td><td>1.50</td><td colspan="2">0.39</td></tr>
<tr><td>大麻</td><td>1.48</td><td colspan="2">0.35</td></tr>
<tr><td rowspan="3">苎麻</td><td rowspan="3">1.51</td><td>$<15\ \mu m$</td><td>$C=C_1=0.3202$</td><td rowspan="3">$(\bar{d}_1^2 n_1+\bar{d}_2^2 n_2+\bar{d}_3^2 n_3)CD$</td><td rowspan="3">$n_1\sim n_3$,$\bar{d}_1\sim\bar{d}_3$ 分别为细度 $<15\ \mu m$,细度 $15\sim40\ \mu m$ 和细度 $>40\ \mu m$ 三种尺寸区间对应的测量次数和平均尺寸</td></tr>
<tr><td>$15\sim40\ \mu m$</td><td>$C=C_2=0.2652$</td></tr>
<tr><td>$>40\ \mu m$</td><td>$C=C_3=0.2210$</td></tr>
</table>

注:实时在线微尺寸检测与分析功能,除了在第(2)步时选择"检测"菜单的"在线检测"外,其余步骤同上。

将测量实验数据列表(见表10-7),考虑粗大误差等随机、系统误差等因素,对测量结果进行实验分析。

**表 10-7 微尺寸测量实验记录表**

实验地点： 实验时间： 年 月 日

实验者： 记录：

| 检测对象<br>检测项目 | | 对 象 1 | 对 象 2 | 对 象 3 | 对 象 4 | 对 象 5 |
|---|---|---|---|---|---|---|
| 测量值 | 1 | | | | | |
| | 2 | | | | | |
| | 3 | | | | | |
| | ⋮ | | | | | |
| 平均值 | | | | | | |
| 标准差 | | | | | | |
| 变异系数 | | | | | | |
| 重量比 | | | | | | |

**2. 微动台精度实验**

（1）将高压直流稳压源输出与微动工作台致动器(PZT)输入接口可靠连接(避免短路等)。

（2）固定千分表，将表头与微动工作台测量台面接触，记录千分表当前指示刻度作为微动工作台的初始位置，如图 10-23 所示。

图 10-23 微动台

（3）利用精密仪器综合测试系统软件(或高压直流稳压源输出调节旋钮)调整高压电源使其输出从 0～150 V；在升压和降压的过程中，每变化 10 V，由千分表读数，重复做3 次，将数据记录在表 10-8 中。

表 10-8 微动工作台特性实验记录表

实验地点： 实验时间： 年 月 日

实验者： 记录：

| 次数 \ 位移 \ 电压/V | | 0 | 20 | 40 | 60 | 80 | 100 | 120 | 140 | 150 |
|---|---|---|---|---|---|---|---|---|---|---|
| 1 | 升压 | | | | | | | | | |
| | 降压 | | | | | | | | | |
| 2 | 升压 | | | | | | | | | |
| | 降压 | | | | | | | | | |
| 3 | 升压 | | | | | | | | | |
| | 降压 | | | | | | | | | |
| 平均 | 升压 | | | | | | | | | |
| | 降压 | | | | | | | | | |

注：① 由于压电驱动源输出为高压(0～300 V)，请勿直接接触！

② 微动台位置检测也可根据实验需要选用其他仪器，如电感测微仪、电容测微仪等。

**3. 图像法调焦实验**

(1) 连接系统接通电源，打开“检测软件系统”，进入操作界面。

(2) 单击“初始化”按钮，对光栅计数卡等硬件进行初始化。

(3) 单击“Bmp path”按钮，选择保存调焦图像的文件路径，如图 10-24 所示。

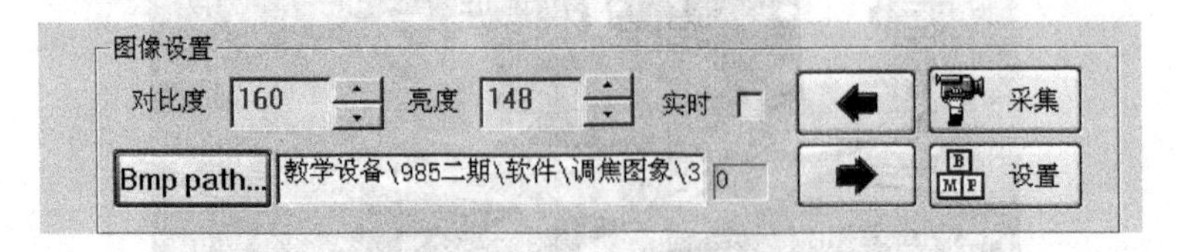


图 10-24 图像设置

(注：调焦图像的获得可以通过光电系统沿光轴微调，并与图像采集软件配合获得)

(4) 设置调焦设置和图像数量。

(5) 单击“分析”按钮，进行离线图像清晰度分析；单击“调焦”按钮，进行在线图像清晰度分析。

(6) 设置“绘图”控件，显示当前调焦模式下的清晰度变化曲线；曲线颜色可通过“清晰度”下的按钮调整。

(7) 选择设置选项,针对不同调焦模式,可以进行不同调焦效果的对比,如图 10-25 所示。

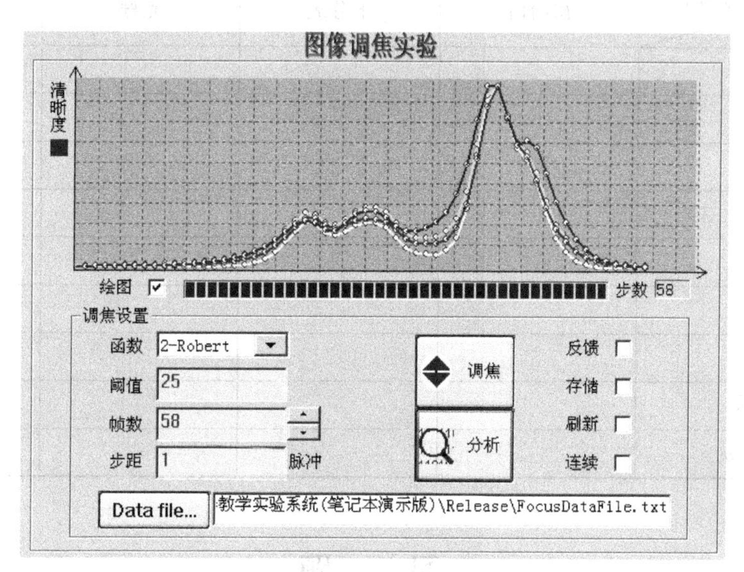


图 10-25 不同调焦方法实验对比

**4. 光栅定位测量实验**

(1) 连接系统接通电源,打开"综合测试台软件系统",进入操作界面。

(2) 单击"初始化"按钮,对光栅计数卡等硬件进行初始化。

(3) 利用粗调(微调)旋钮调整承载台高度,记录其初始位置。

(4) 单击"清零"按钮,对光栅计数软件置零。

(5) 设置"存数"、"数显"和"绘图"等选项。其中,"存数"用于保存实验中微调旋钮和光栅信息;"数显"可使光栅计数实时显示;"绘图"使承载台高度变化与光栅计数曲线实时显示,如图 10-26 所示。

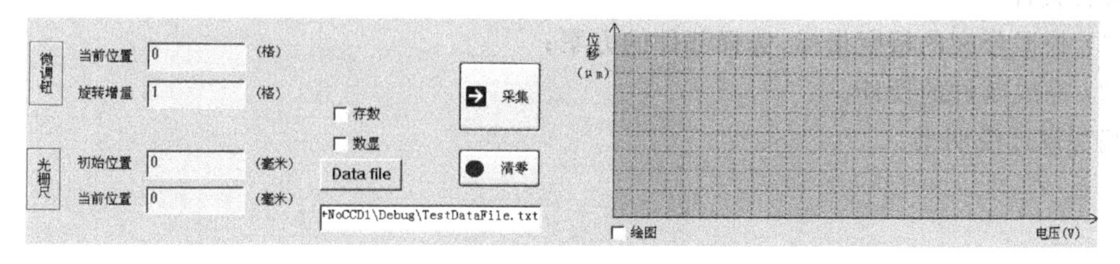


图 10-26 光栅定位实验

(6) 实验中也可用千分表同时记录和显示承载台高度变化,并与光栅进行对比分析。实验表格如表 10-9 所示。

**表10-9 光栅定位测量实验记录表**

| 承载台 / 旋钮格数 | 初始值 | 千分表 | 光栅 | 初始值 |
|---|---|---|---|---|
| 1 | | | | |
| 2 | | | | |
| 3 | | | | |
| 4 | | | | |
| 5 | | | | |
| 6 | | | | |
| 7 | | | | |
| 均值 $\overline{X}$ | | | | |
| 标准差 $\sigma$ | | | | |

# 习　题

设计一台精密仪器,系统具体要求如下:

1. 查阅资料,了解国内外同类产品的水平、技术指标、原理方案和特点。
2. 总体方案设计
   (1) 对设计任务进行分析,归纳出设计的技术指标;
   (2) 总体方案原理设计。
3. 精度分析与分配
   (1) 根据仪器的精度要求对仪器组成的各部件进行精度分配;
   (2) 精度综合。
4. 部件设计
   (1) 根据分配的精度指标,选择部件的方案;
   (2) 完成部件的设计。
5. 编写设计说明书。

# 参考文献


[1] 李庆祥,王东生,李玉和. 现代精密仪器设计. 北京：清华大学出版社,2004

[2] 王大珩,胡柏顺. 迎接21世纪挑战,加速发展我国现代仪器事业. 科技导报,2000,(9)：3～6

[3] 薛实福,李庆祥. 精密仪器设计. 北京：清华大学出版社,1991

[4] 王因明. 光学计量仪器设计. 北京：机械工业出版社,1982

[5] 史习敏,黎永明. 精密机械设计. 上海：上海科学技术出版社,1987

[6] 毛英泰. 误差理论与精度分析. 北京：国防工业出版社,1982

[7] 梁铨廷. 物理光学. 北京：机械工业出版社,1980

[8] 叶声华. 激光在精密计量中的应用. 北京：机械工业出版社,1980

[9] Koller R. 机械、仪器和器械设计方法. 吕持平,译. 北京：科学出版社,1982

[10] 潘锋. 自动量仪动态精度. 北京：机械工业出版社,1983

[11] 王因明. 光学计量仪器设计. 北京：机械工业出版社,1989

[12] 殷纯永. 光电精密仪器设计. 北京：机械工业出版社,1996

[13] 陈林才,张鄂. 精密仪器设计. 第2版. 北京：机械工业出版社,1991

[14] 巴甫洛夫 A B. 光电装置. 赖叔昌,杨文库,译. 北京：国防出版社,1981

[15] 孙祖宝. 量仪设计. 北京：机械工业出版社,1981

[16] 张善钟,浦昭邦. 光栅副间隙的确定. 仪器仪表学报,1983,4(3)：244～251

[17] 殷纯永. 自动双频激光测量系统. 清华大学学报,1979,2：35～42

[18] 高宏,李庆祥,严普强. 亚微米柔性铰链微位移工作台的设计及其精度分析. 清华大学学报,1988,25(5)：19～28

[19] Kenny T W,Kaiser W J. Micromachined tunneling displacement transducers for physical sensors. Journal of Vaccum Sciences Technology A, 1993, 11 (4)：797～801

[20] Kubena R L, Atkinson G M. A New Miniaturized Surface Micromachined Tunneling Accelerometer. IEEE Electron Device Letters, 1996,17(6)：306～308

[21] 龙志峰. 微硅电子隧道加速度计的设计和工艺实验研究：[学位论文]. 北京：清华大学仪器科学与机械学系, 2002

[22] Li Qingxiang, Bai Lifen, Xue Shifu. Auto focus system for microscope. Optical Engineering, 2002, 41(6)：1249～1289

[23] 李玉和. 基于光学显微系统微装配系统实验研究：[学位论文]. 北京：清华大学仪器科学与机械学系, 2001

[24] 宋文绪. 传感器与检测技术. 北京：高等教育出版社,2004

[25] 安毓英. 光学传感与测量. 北京：电子工业出版社,2001

[26] 吴国庆,王格芳,郭阳宽. 现代测控技术及应用. 北京：电子工业出版社,2007

[27] 李永怀,冯其波.光学三维轮廓测量技术进展.激光与红外,2005,35(3):143~147

[28] 传感器选择原则,www.tede.cn

[29] 浦昭邦,王宝光.测控仪器设计.第2版.北京:机械工业出版社,2007

[30] http://www.emckairong.com/products_1/products_14/products_14_04.htm

[31] http://www.eaw.com.cn/news/newsdisplay/article/15479

[32] http://www.dianli1000.com/dlsb/jdqjcq/200706/4804.html